现代水轮机调速器
实用技术及试验、维护

时雷鸣　陈小翠　主　编

汪德楼　陆炅　周杰　胡万飞　冯陈　副主编

中国电力出版社

CHINA ELECTRIC POWER PRESS

内 容 提 要

本书主要介绍了现代水轮机调速器的结构原理、设备组成和设计，以及系统调试和现场运维等知识要点。本书的重点是立足于调速器的现场实际应用，从水轮机调速器的特点和应用出发，进行分析和总结。结合近十年水轮机调速器设计制造和调试维护的经验，理论联系实践，用通俗易懂的文字表述了现代水轮机调速器这一重要专业和产品的特点，形象、具体而实用。

本书可作为水利水电工程类专业的学生和技术人员的参考教材，对从事水轮机调速器技术开发、设计和运行维护等的专业人员有一定的参考价值。

图书在版编目（CIP）数据

现代水轮机调速器实用技术及试验、维护／时雷鸣，陈小翠主编 . —北京：中国电力出版社，2022.10

ISBN 978-7-5198-7171-0

Ⅰ . ①现… Ⅱ . ①时… ②陈… Ⅲ . ①水轮机－调速器 Ⅳ . ① TK730.4

中国版本图书馆 CIP 数据核字（2022）第 198506 号

出版发行：中国电力出版社
地　　址：北京市东城区北京站西街 19 号（邮政编码 100005）
网　　址：http://www.cepp.sgcc.com.cn
责任编辑：娄雪芳（010-63412375）
责任校对：黄　蓓　常燕昆
装帧设计：王红柳
责任印制：吴　迪

印　　刷：三河市万龙印装有限公司
版　　次：2022 年 10 月第一版
印　　次：2022 年 10 月北京第一次印刷
开　　本：787 毫米×1092 毫米　16 开本
印　　张：27.75
字　　数：537 千字
印　　数：0001—1000 册
定　　价：180.00 元

编　委　会

主　　编　时雷鸣　陈小翠

副主编　汪德楼　陆　炅　周　杰　胡万飞　冯　陈

参编人员　郑应霞　李成军　黄靖乾　方　杰　张宝勇　曹春建

主　　审　陈顺义　李　青　荣　红

前言

近 20 年来，我国的水电建设突飞猛进，总装机容量和单机规模都呈现前所未有的指数式增长。这期间铸就了很多伟大工程，大中型水电站如雨后春笋般蓬勃而起，也产生了很多新设备和新技术。尤其中国的机电技术、机电装备，完全走在了世界前列。本书在这个背景下，着眼于实际工程应用、实际设备投运和实用运维方法这一角度，以水轮机调速器的原理、设计、调试和维护为轴线，总结了水电站水轮机调速器这一专业和设备的新技术、新设备、新方法。

本书的主要内容如下：第一章介绍了现代水轮机调速器的基本原理和基本任务，以及调速器的结构和组成。鉴于此知识广见于同类书籍之中，多为概括。从调速器的定义和系统完整性出发，针对非专业背景人员，特突出了控制对象水轮机的内容。第二章为水轮机调速器电气控制系统，此部分为调速器的"大脑"，集中了采集、计算、逻辑等核心部分，包含 PID 控制模型、控制器的设备和软件结构、编程语言；电气部分，还介绍了电气反馈元件以及调速器的控制流程。第三章为水轮机调速器液压系统，此与第二章呼应，为调速器的执行部分。本章有别于其他行业书籍，是从调速器实用的专业培养和技术掌握的角度，大篇幅地介绍了液压元件、液压辅件和高油压系统，比如各类型的液压阀、蓄能、过滤系统、阀门等。此为同类书籍所少见。本章还对油压装置、主配压阀、事故配压阀、分段关闭装置等工程实用设备进行了介绍。第四章为水轮机调速器设计，具体包括主配压阀和事故配压阀设计计算，电气控制系统原理和配置设计，以及系统的电气和液压接口设计。第五章为水轮机调速器调试和试验，为本书的重点内容之一，此部分为行业少见，详细介绍了目前设备出厂测试、现场投运调整和试验以及涉网试验方法。第六章为水轮机调速器常见故障及维护，故障分为电气、机械和系统三个部分，维护方面也从局部和全局两个方面做了翔实论述。文末还就调速器智能化和新技术进行一定的展望。

本书不同于常见的一般的水轮机调速器专著，主要有以下几个特点：

（1）本书较少地收录专业的艰深晦涩的理论和公式，因为这些其他书籍已有，不必重复赘述。主要以实用和技术人员培训的角度，采用通俗易懂的语言，深入浅出地进行说明。

（2）本书涉及的故障均从电厂实际发生，非空想杜撰，撷拾了十余年的案例，十分不易。部分典型故障，为了便于说明，是以整个故障的案例排查过程为专题介绍呈现的。涉及的电厂名字均以拼音缩写出现。

（3）为了启发思考，书中涉及同类知识点的，做了一定的引申发散，以启迪知识的创造性应用和思考。

本书由中国电建集团华东勘测设计研究院有限公司和河海大学共同编写，全书由时雷鸣和陈小翠担任主编，全书由中国电建集团华东勘测设计研究院有限公司陈顺义教授级高级工程师、南方电网储能股份有限公司李青高级工程师和南瑞集团荣红高级工程师担任主审。本书在编写过程中，何林波高级工程师、吴春旺高级工程师、河海大学周领教授提供了宝贵建议，南京南瑞水利水电科技有限公司也给本书提供了极有价值的资料，在此表示衷心的感谢。

尽管编者已力求至善，以尽可能地较少舛错，但限于水平和视野，不妥之处在所难免，尚祈读者不吝赐教，以便及时更正。

编　者

2022 年 8 月 22 日

目 录

第一章 | 现代水轮机调速器导论

水轮机调速器是电力系统中动力部分重要的专业设备，也是原动机控制技术的核心，承担着机组开停机、频率和负荷调节、机组保护等重要任务，同时与电网运行、维护及安全技术不可分割。国内外对调速器的研究有百余年的历史，技术和产品日趋成熟，但随着时代的变化、科技的发展，调速器也与时俱进，既有经典控制方式，也有新技术应用和特色。本章从基本的概念、原理和任务，结合当前实际应用，从实用角度对调速器进行介绍。

第一节　调速器的概念及原理

中国对水利开发和水力利用在中国古代很早就出现了，历史遗留下很多伟大的水利工程，无论是杠杆、螺旋还是转速控制，都有典型应用，类似转轮的速度控制，古代有一定的技术萌芽，技术和经验传承关键在于需要一定的科学总结。

水轮机调速器，顾名思义是对水轮机进行调节的机器。水轮机是旋转的，对旋转的对象进行精准的转速和功率控制，并实现控制对象在整个系统中发挥的作用，这就需要科学和技术。

一、调速器概念

调速器是调节和控制水电机组转速及有功的核心设备，也是保障电网频率稳定的关键要素，承担着机组启动、停止、负荷调整、一次调频等重要任务。它的动作实质是通过检测导叶开度、机组频率、机组有功，并作为反馈，最终控制导叶开度来实现控制机组的出力，达到控制机组的开度、频率或功率的目的。

水电站发电原理如图 1-1 所示。它是一个很经典的表述常见的水电站中调速器如何控制导叶以达到控制机组出力的简图。

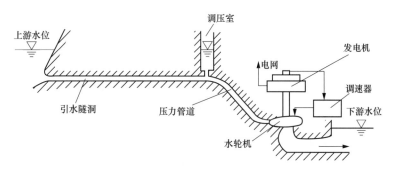

图 1-1　水电站发电原理图

如图 1-1 所示，大坝使得江河中的水形成不同水的落差，形成水的势能。水流通过引水系统，一般是钢管，以速度约为 5m/s 的流速，冲击到蜗壳内的水轮机的叶片上，水轮机的叶片形状呈"翼形"，通过最优的水力流道和水力机械设计，可以最大化地吸收水能（对反击式主要是水的势能，对冲击式主要是水的动能），水流在流出尾水之前，一直是"窝"在压力管道里的，水流包含了上游传递下来的势能，能量最终在转轮上转换和释放。水轮机通过大轴，带动发电机，发电机借助励磁调节器，根据电磁感应原理，发出电磁有功。

这里控制水流量的关键是导叶开度，导叶的控制是由接力器联动传动机构来实现，接力器是调速器直接控制的。常见的径向式水轮机导水机构如图 1-2 所示。

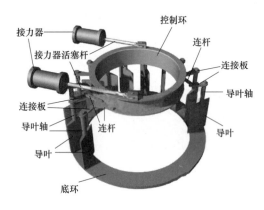

图 1-2 径向式水轮机导水机构

传动机构，业内称为导水机构。文中常出现的导叶是"活动导叶"或"导水叶"的简称，外形像一个巨大的乒乓球拍，由上轴径、翼型体和下轴径组成。多个导叶排在蜗壳的出水口，在固定导叶和转轮之间，环绕一周。导叶可绕自身轴线同步转动，总体联动像百叶窗帘一样。

俯视，水流在导叶间的流动状态见图 1-3，分段线的是导叶俯视图，箭头线表示水流方向。图 1-3（a）所示是导叶关闭位置，水流被切断，在机组甩负荷时，关闭导叶使水轮机停止运行；图 1-3（b）和图 1-3（c）所示是导叶转到中开度与大开度位置，水流走向见图中箭头线，通过改变导叶的角度可以改变进入转轮的水流大小与角度。

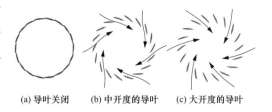

(a) 导叶关闭　　(b) 中开度的导叶　　(c) 大开度的导叶

图 1-3 导叶间的水流状态

二、电网的频率

不同国家或地区的电网频率是不同的，我国的额定频率是 50Hz，这就要求国内所有的水电站的调速器或火电站的 DHE 系统的并网下的额定频率设定必须为 50Hz，这一点是确保并列在系统内所有旋转机组为额定转速的关键，发电机组为 50Hz，也决定了电网额定频率为 50Hz。以额定频率为基准，电网频率的稳定或波动，取决于电力系统中机组发出的总电能和所带负荷消耗能量的平衡。根据能量守恒定律：当某系统内各发电厂发出的有功的总和大于系统的有功负荷时，电力系统中多发的电能就会转化成各机组的动能，从而转速升高，系统的频率随之增加。反之，系统发出的有功小于了系统的有功负荷，根据能量守恒，如果源头不去调节，机组就会慢下来，减少一部分动能，以维持平衡，频率降低。这也是调速器自调节或自平衡的一种特性。

由此引申，这犹如一匹马拉车，正以额定的速度前进，如果马力是恒定的，与阻力（摩擦阻力和重量有关；风阻力和速度有关）形成平衡，这时如果突然卸掉一部分负载，摩擦阻力变小，车速就会加快，随着速度的提升风阻力变大，与马力形成一种新的平衡状态，但此时速度是大于初始速度的。反之，如果突然加重负载，如果马力不变，摩擦阻力变大，速度就会降下来，速度小之后风阻力会变小。最后形成一种稳定状态，但此时速度是小于初始速度。

谈调速器，前提需清晰电网系统频率的概念。电网系统频率和发电机组的转速是一致的，且发电机组的转速决定电网系统频率，我们知道决定发电机组转速的就是原动机的调速器。这个调速器名字中间的"速"就是源于这个意义和作用。后面要讲的一次调频和二次调频，甚至调速器自身的调节，也是多基于这一自平衡特性控制的。

电网频率的自平衡特性并不特殊，自然界中很多事物都具备自平衡能力，看似简单的事物运动中，蕴含了深刻的物理原理；人工行为下的自动控制系统尽量在此基础上进行设计和应用，则事半功倍。自平衡特性，简言之就是在无外部干预的前提下，一个系统受到干扰，在一定的范围内，会自动由原来的稳定状态转换到新的稳定状态。

既然事物具备这个自平衡特性，我们在设计、制造和调试一个人工的自动控制系统的时候，应该善于利用这个特点，以最小代价达到最佳组合。或者延伸开来讲，我们在设计一个自动控制设备时候，要充分了解对象的特性，了解执行机构的特性，然后再整体优化设计。

对并在大网上的机组调速器而言，于电网频率控制而言，似乎没有"太大"的作用。但在机组空载、同期并网的时候，如果调速器自身投入追踪网频的功能，该网频就是机组转速追踪的目标，这时就显露出调速器的调频的作用。单机空载和孤网下的频率调节，很能说明调速器的调频特性；但如果将大电网等效为一个小网，把所有机组等效为一个机组，所有调速器等效为一个调速器，这时这个大网的频率调节本质上还是被调速器调节，实质上和孤网或单机是类似的，这个等效也称之为戴维南定理。

针对单机的空载频率控制，具体办法是网频加上一个滑差（频率偏差）作为当前调速器的频率给定。当网频出现故障时，调速器则自动退出跟踪网频的功能，而接受同期装置的脉冲增频和减频。滑差的大小和增频减频具体数值是技术人员真正要掌握的要点，后文会再次论述这个数值大小。孤网的频率控制则是直接设定频率给定为 50Hz，调速器所有的调节行为都是把系统频率调整到目标值，作为最大任务。

电网频率的概念相对抽象，可以用数学的方式，表征正弦交流电的旋转矢量，其实质可用正弦余弦函数来表达，单位是 Hz（赫兹），它是时间的倒数，实际物理意思是单位时间

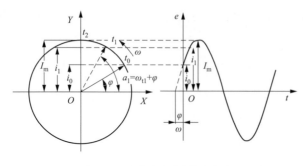

图 1-4　正弦交流电的旋转矢量图

φ—相角；ω—角速度；α—相位

（国际单位 1s）内，震荡多少次。

图 1-4 中巧妙地将圆周和正弦联系起来，这样就有助于理解交流电的正弦特性。因为发电机的磁场正是围绕着大轴做圆周运行，形成一个个交变的、有规律的正弦波。这一点，在苏联波波夫（В. С. Попов）编著的《电工学》一书有着非常详细的解释，不再赘述。

三、水轮机调节任务

首先，表述一下机组的转速和频率的关系。我国的电网频率是 50Hz，这就意味着，无论什么机组，发出电的频率必须是 50Hz，这样就要求电机或水轮机的额定频率是 50Hz。但是不同的机组，有不同的安装环境和设计要求，尤其是水电站，机组的转速不可能都是一样的，所以需要用一个公式诠释两者的内部联系。

水轮发电机一般是三相交流同步电机，频率 f 与转速 n 之间的关系为 $f = Pn/60$，式中 P 为发电机磁极对数。因为水电机组一般是"矮胖"型，转速低，体积大，所以这样就需要把极对数提高，以满足出口电压的频率是 50Hz。火电机组"瘦长"，转速高，体积小，一般是 3000r/min，极对数为 1 对。

由上文可计算出 $Pn = 3000$，从而可以互求 P 和 n。需指出的是，极对数不光对测速装置的研制者有意义，对现场齿盘的加工也有指导意义。一般经验，齿盘加工的齿数是极对数的整数倍。齿盘的高低齿越密集越好，但齿距不能小于齿盘探头的直径。

水轮发电机组的转速由作用在机组转轴上的转矩决定，忽略摩擦阻力的力矩，其运动方程式可写为

$$J \frac{\mathrm{d}w}{\mathrm{d}t} = M_t - M_g \tag{1-1}$$

式中　J——水轮机转动部分的转动惯量；

w——$\left(= \dfrac{n\pi}{30} \right)$ 机组旋转角速度；

M_t——水轮机转矩，可简称水力矩；

M_g——发电机负荷阻力转矩，可简称磁力矩。

上式表明，只有在水轮机转矩与负荷阻转矩相等的时候，机组的转速才能稳定。否则，机组角速度将发生变化，由此引起频率波动。

这个公式，从本质上诠释了水轮机调节的原理。为了便于理解，M_t 可"视为"（其实不

是等同于）水流能、水能、出力；M_g 可"视为"电能、有功、电磁有功。机组和电网如果没有联系，机端出口的断路器是断开的，发电机组就成了孤立的一个机械旋转设备。这时，如果调速器把导叶打开，水流能量就会驱动水轮机（水轮机吸收水能），使得转速上升，甚至过速、飞逸。从式（1-1）也可分析，如果机组和电网没有电气联系，意味着发电机无论是在空载还是空转，是没有电流送出的。没有电流，就形不成电磁阻力——电流代表一种能量、一种"力量、功"。这时发电机的 M_g 为 0，如果改变导叶开度大小，M_t 即随之改变，从而就可以轻而易举地改变 ω。一旦机组安装到现场，其质量、形状和摩擦特性是一个确定的定值，该定值可能不那么容易测量（实际的测量手段是有的，见后文）和获取，但知道是一个定量就够了。这样若该公式中 M_t 不断增加，J 又是定值，ω 必然变大。因此，现场的机械过速试验，就是利用了这个简单的道理。

也是基于这个简单的道理，调速器才能通过改变导叶开度大小，在空载、空转工况下，轻易地改变机组转速，这就是转速调节，目的是让机组维持在额定转速附近，以利于并网。

如果，机组和电网是连在一起的，姑且这个电网视为无穷大电网。这时，机组的转速和电网的频率是同步的，也就是常说的"机组被电网拖住了"。这句话的深刻含义，如果从单个机组和整个电网的视角这样说，是对的。人为改变导叶开度，单台机组的输出能量，不足以改变机组的转速，因为转速和大网是同步的。所谓同步，这样讲还是很抽象，尽管电机学里也说了，电机一般是同步发电机或同步电动机。

系统频率，抛开其他非旋转机组的光伏能源等，整个系统的频率，可以看做是一个个旋转机组的转速，如果哪怕改变系统的一点点频率，就意味着先将无数机组的转速都要改变，这就需要很大的注入能量，其他机组无能量改变，仅靠单台机的能量改变，是很难带动整个系统内机组转速的，作用微乎其微。这就犹如一滴水和大海的关系，一滴水滴入大海，海平面几乎视为不变；但如果大海的整个表面均滴入一滴水，大海就要抬升一滴水的高度。

水轮机出力是水轮机轴端输出的功率，常用符号 P 表示，常用单位为 kW。

水轮机的输入功率为单位时间内通过水轮机的水流的总能量，即水流的出力，常用符号为 P_n 表示，即

$$P_n = \gamma QH = 9.81QH \ (\text{kW}) \tag{1-2}$$

水流出力不可能完全被水轮机所吸收，参考水轮机的效率，可得出水轮机出力公式为

$$P = P_n \eta_t \ (\text{W}) = 9.81QH\eta_t \ (\text{kW}) \tag{1-3}$$

式中　P_n——水流输入水轮机的出力，kW；

　　　　γ——水的重度，N/m³；

　　　　Q——通过水轮机的流量，m³/s；

　　　　H——水轮机净水头，m；

η_t——水轮机效率，目前大型水轮机的最高效率可达 90%～95%。

这个公式的单位说明了出力和功率单位是一样的，是单位时间内的能量，但不是能量的表示。事实上，说一个水电机组具有多少能量是没有意义的，彼此没有可比性。γ 是很关键的参数，是介质的密度乘以重力加速度，两个量都是定值且经常组合，于是诞生重度的概念。它包含了"重力加速度"，展现出一种"力感"。所以不难理解，为何在水力学里，动力黏度＝运动黏度×γ，力来源于此。

这个公式，不仅仅是一个数学表达式，还是分析现场问题很实用的工具。后面会详述之。

水轮机转矩的表达式为 $M_t = \dfrac{\gamma QH\eta_t}{\omega}$。公式中分子是水轮机出力，出力越大，转矩越大。分母是转速，为何转速越大，力矩越小呢。ω 在分母上，数学意义上是不允许等于零的，但事实上，机组转速经常为零。看似一种矛盾，其实有其他角度的含义。一般地，Q 为 0，力矩等于 0，ω 等于 0，这种情况下，是没有实际应用意义的；当导叶开启瞬间，大轴似动非动的时刻，在同等流量下的转矩是最大的；随着转速的升高，比如做过速试验，就会发现机组转速上升，转速受导叶开度大小的影响越来越偏弱，问题就是转速变大了，同等开度下的力矩变小了。为什么转速变大，力矩会变小？这个问题是可以推导出来的，但实际上可以借助联想就能意会。其实它包含了两个意思，转矩如果传递到大轴的截面上，我们假设这个截面上布满了可测扭矩的传感器，在机组转动前，假设此处的扭矩为 A，如果机组转速慢慢变大，水力矩的能被动能释放了，等转速稳定后，此处扭矩为 B。B 肯定小于 A。另一个角度去想想，如果转速越来越大，水流还能冲击到叶片上吗？肯定被甩出一部分，形成一部分水能浪费和撞击耗能，因此转矩也只能和 ω 成反比。

这个公式还包含了一个物体的"自平衡"，比如空载下，对单机组开启导叶开度，水轮机出力增加一定量，转速未必能始终呈现上升，因为随着转速的上升，转矩在下降，这样最终会在唯一一个可测量的转速点达到平衡。

上述公式，ω 在分母上，纯粹是一个公式表达，未揭露能量或力量的先后顺序（这一点尤其要注意，我们在用一个公式去推导另一个公式，或用公式表征一个量时，尽量不要紊乱因果关系），能否等于 0，其实揭露了一个因果关系。公式原始来源为 $P = M_t\omega$，是先有 M_t，次有 ω，再有 P，ω 为 0 的前提是 M_t 为 0，因此上文说的等于 0 没意义。这里就犹如圆的周长 $L = 2\pi r$，依此虽可以说 $\pi = L/2r$，但并没有表征的 π 本质，仅仅是公式表达而已。

水轮机运动方程简单而深刻地揭露了调速器调节水轮机能量的基本道理，但把调速器放在一个水电机组控制、水电站中控（站控）和集控系统之中来看，水轮机调节的主要任务可归纳如下：

（1）机组和调速器处于空载状态下，维持机组转速在额定转速附近，以使得机组并网。

（2）并网状态下，完成监控下达的功率指令，以功率模式或开度模式调节水轮机组有功功率。

（3）满足电网一次和二次调频要求。

（4）完成机组的开机、停机、紧急停机等控制、保护任务。

（5）执行计算机监控系统的调节及控制指令。

但需要强调的是无论调速器在何种工况、何种模式、通过调速器实现何种功能，都是通过对接力器的控制直接或间接完成的；因此，导叶开度控制是整个调速器控制的核心和关键。

这里需要说明的，由于行业习惯，"导叶开度"通常和"接力器行程百分比"混用，本文在未特殊强调或对说明问题未产生理解困难、歧义时，也将两者混用或混称。

四、调速器的控制对象

调速器的控制对象，通俗一点讲，就是控制谁。在控制系统诸多环节中，总有一个控制主线，调速器的直接控制对象只有一个，就是接力器。调速器通过控制接力器，从而控制导叶开度，间接控制水轮机的出力，进而再间接控制机组的转速和机组的有功。间接控制的对象，也需要这个对象的反馈信号。比如，机组的转速信号、有功反馈甚至水压信息。

调速器从广义上讲也称之为水轮机调节器，我们说水轮机是调速器的控制对象，也是没错的。因此，谈调速器的控制，就离不开对水轮机基本特点的了解。

水轮机从大类上，可分为冲击式和反击式水轮机，如图 1-5 所示。

（一）冲击式水轮机

冲击式的特点是水流从喷嘴喷出后，水的势能在空气中以速度的形式释放，形成的高速、没有势能的水流冲击在冲击式机组的水斗内，带动转轮旋转形成原动力。该原理的利用类似丽江景区的著名的大水车，不同的是大水车是木质结构，是一种观赏性玩物。图 1-6 所示为四川草坡水电站冲击式水轮机转轮。

此类水轮机对水能的利用比较直观，易于理解，即 $Ft = m\Delta v$，这样的一个初中物理中的动量定理。

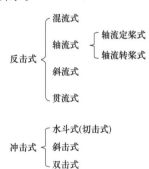

图 1-5　常见水轮机分类

就此类水轮机对调速器而言，显著的不同在于喷针和折向器的分散控制，以及两者的配合关系。喷针的个数一般是偶数个（也有奇数个的），对称布置，常见有 4 喷 4 折或 6 喷 6 折。喷针越多，需要调速器配置的阀组越多，由于喷针的位移一般不大，且对速度要求不快，调速器的控制往往采样 6 通径或 10 通径的比例阀即可完成，不需要主配压阀。喷针利用其锥形面的特点，轴向位移伸缩可以改变喷嘴的开口大小，来改变水流量。折向器，从字面上就可得知，其投入和退出，通过对水流方向的改变，来完成对水流的导通或截断。

图 1-6　草坡水电站冲击式水轮机转轮

冲击式机组应用水头一般在 1000m 以上，水的射流力极大，因此转轮的材料、喷针与水斗安装及位置控制，对机电制造、安装和调试都是较大考验。

喷针的开关速度控制和反击式机组有着本质区别。一般时间很长，这样对液压设备的选型余地就很大。喷针的接力器容积不大，速度又慢，一般不需要液压放大，就是不需要设置主配压阀，用比例阀即可完成其控制。草坡冲击式机阻喷针如图 1-7 所示。

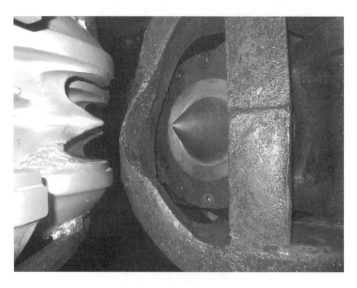

图 1-7　草坡冲击式机组喷针

甩负荷、紧急停机情况，需要迅速切断能量，这时折向器就要发挥作用。折向器的控制主要在以下情况投入：

正常停机，投入折向器，迅速降低机组转速；甩负荷的时候，投入折向器，抑制机组转速过高；事故停机动作，投入折向器，作用类似事故配压阀。静止态投入折向器，防止喷针关闭不严，水流引起机组蠕动。

折向器一般称为"投入"和"退出"，不称为"开启"和"关闭"。后者概念不清晰，没有从功能上、作用上进行突出描述。在冲击式机组带孤网或小网运行时，折向器的投退要慎用，有的电站，比如在并网状态下，检测频率波动大于一定数值，比如超过 52Hz，延时 1s，即投入折向器，这其实对频率快速调节并无益处，徒然增加频率波动。一旦投入折向器，水轮机出力会瞬间下降，这时频率会突然跌落，然后折向器迅速退出，喷针开度快速增加，这时频率又会突然增加，折向器再次投入，如此反复投退，频率忽大忽小，在对频率的抑制和调节中折向器完全是起副作用。

冲击式机组一般装机容量不大，水头高、流量小，但如果条件允许，高水头、大流量，装机容量也可以很大，技术上没有限制。

（二）反击式水轮机之混流式

混流式水轮机如图 1-8 所示，属反击式水轮机的一种，由美国工程师弗朗西斯于 1849 年发明，又称弗朗西斯水轮机。水流从四周径向流入转轮，然后近似轴向流出转轮，转轮由上冠、下环和叶片组成，见图 1-9。近年来的发展趋势是高水头、大容量、高比转速和高效率。

图 1-8　混流式水轮机

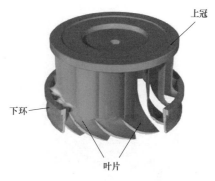

图 1-9　混流式水轮机转轮立体结构图

混流式水轮机结构紧凑，效率较高，能适应很宽的水头范围，是目前世界各国广泛采用的水轮机型式之一。当水流经过这种水轮机工作轮时，它以辐向进入、轴向流出，也称为辐向轴流式水轮机。事实上，因为水流出的方向是很复杂的，尤其是转速不定的时候，可以认为水的流态是混乱的，所以称之为"混流"。

它适用于水头自 20m 直到 700m 的范围内，机构简单，运行稳定，并且效率高，但它一般是用在中水头范围内（500～400m）。单机出力从几十千瓦到几十万千瓦。目前，这种水轮机最大出力已经达 100 万 kW，是运用最广泛的一种水轮机。混流式水轮机结构简单，主要部件包括蜗壳、座环、导水机构、顶盖、转轮、主轴、导轴承、底环、尾水管等。蜗壳是引水部件，形似蜗牛壳体，一般为金属材料制成，圆形断面。座环置于蜗壳和导叶之间，由上环、下环和若干立柱组成，与蜗壳直接连接；立柱呈翼形，不能转动，亦称为固定导叶。导水机构由活动导叶、调速环、拐臂、连杆等部件组成。转轮与主轴直接连接，是该类型水轮机的转动部件，转轮由上冠、下环、泄水锥和若干固定式叶片组成，其外形和各组成部分的配合尺寸根据其使用的水头不同而有所不同。尾水管是将转轮出口的水流引向下游的水轮机泄水部件，一般为弯肘形，小型水轮机常用直锥形尾水管。

图 1-10 所示是混流式水轮机核心部分结构示意图，转轮通过导轴承安装在水轮机顶盖下方，转轮下方有底环与尾水管，转轮可自由转动，在导轴承下方有轴密封装置防止水沿轴漏入顶盖上方；转轮的上冠与顶盖间缝隙很小，在转轮的下环与底环间缝隙也很小，在保证转轮自由旋转的同时还要防止漏水影响水轮机效率。在顶盖与底环之间安装导叶，导叶轴穿过顶盖连接到导水控制机构，在顶盖上方安装控制环与活塞缸（接力器），一同组成导水控制机构。转轮主轴上方将连接水轮发电机的主轴。

蜗壳内沿连接着底环与顶盖，共同组成水轮机外壳。图 1-11 就是一个混流式水轮机结构示意图（为使图片清晰简单，图中略去了座环）。在图中用箭头线表示经过水轮机的水流走向，水从蜗壳入口进入水轮机，通过导叶形成向中心的环流进入转轮，推动转轮旋转做功后由下方尾水管排出。

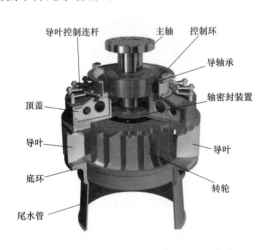

图 1-10 混流式水轮机核心部分结构示意图

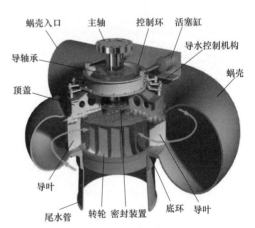

图 1-11 混流式水轮机结构示意图

乌东德、三峡、小湾、糯扎渡、锦屏一级水电站等机组都是采用的该类型水轮机，因为机组惯性大，质量大，所以开机的时候，水流不能轻易改变它的初始状态（静止）；待机组达到额定转速的时候，又非常稳定，小的导叶开度波动和水压波动，对其转速不构成"威胁"。因此，它空载稳定性很好，调速器控制起来相对容易得多。

（三）反击式水轮机之轴流式

轴流式水轮机属于反击式水轮机，主要由转轮、转轮室、导水机构、蜗壳组成。轴流式水轮机的转轮叶片像电风扇的叶片，图 1-12 所示为四叶片轴流式转轮。

转轮安装在转轮室内，水流进入转轮和离开转轮均是轴向的，如图 1-13 所示。

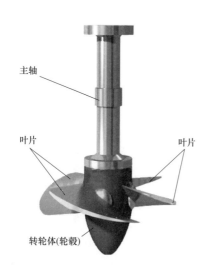

图 1-12　四叶片轴流式转轮

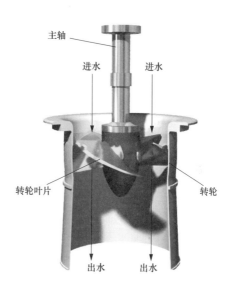

图 1-13　轴流式转轮与转轮室

轴流式水轮机分为轴流定桨式和轴流转桨式两种，如图 1-14 所示。

(a) 轴流定桨式转轮

(b) 轴流转桨式转轮

图 1-14　轴流式水轮机的转轮

轴流定桨式水轮机转轮叶片固定在轮毂上，结构简单，造价便宜，但只能通过调节导水机构控制出力，在水头与负荷变化较大时，水轮机效率会有较大下降。轴流定桨式水轮机通常使用在水头 25m 以下，功率不超过 5 万 kW。

轴流转桨式水轮机转轮叶片可按水头和负荷变化作相应转动，改变叶片的攻角，可在水

11

头和负荷有较大变化时仍有良好的运行性能，控制叶片转动的机构在轮毂内，主要有推动叶片转动的液压缸，缸内活塞通过活塞杆、连杆、叶片臂等驱动叶片转动。它是卡普兰于1916年提出的，也习惯称之为"卡普兰式"水轮机。

图 1-15 所示为轴流转桨式水轮机转轮叶片转动角度示意图，图 1-15（a）是叶片在关闭位置；1-15（b）是计算位置，是正常运转时的设计位置；图 1-15（c）是全开位置。

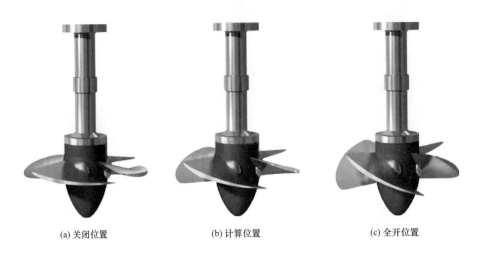

(a) 关闭位置　　　　　　　(b) 计算位置　　　　　　　(c) 全开位置

图 1-15　转轮叶片转动角度示意图

葛洲坝的轴流式水轮机单机容量是 17 万 kW，转轮直径为 11.3m，是目前世界上直径最大的轴流式水轮机；福建水口水电站单机容量是 20 万 kW，是目前世界上单机容量最大的轴流式水轮机。图 1-16 所示为吊装过程中的葛洲坝水轮机转轮。

轴流式水轮机转轮安装在转轮室中，转轮室上端是水轮机的底环，在底环上端有顶盖，顶盖中部有导轴承，是支撑水轮机转轮的轴承；顶盖中下部有密封装置，防止高压的水通过轴进入顶盖上部的设备空间；导叶安装在底环与顶盖之间，在顶盖上方安装控制环与接力器等导水机构有关部件；在转轮室下方连接有尾水管。水流经过导叶进入转轮室推动转轮旋转做功，然后再从尾水管排出，箭头线表示水流走向，如图 1-17 所示。

(四) 反击式水轮机之贯流式

贯流式水轮机适用于 1～25m 的水头。水流道呈直线状，是一种卧轴水轮机，转轮形状与轴流式转轮相似，类似于电风扇叶片，贯流式水轮机转轮也有定桨和转桨两种。由于水流在流道内基本上沿轴向运动，不转弯，所以机组的过水能力和水力效率能有所提高。贯流式水轮机作水轮机运行与作水泵运行均有较好的水力性能，特适用于潮汐电站，其双向发电、双向抽水和双向泄水等功能很适合综合利用低水头水力资源。

贯流式水轮机的机组主要有轴伸贯流式、竖井贯流式、灯泡贯流式、全贯流式四种形式，由于全贯流式水轮机制造工艺要求很高目前应用很少，下面介绍前三种形式。

1. 轴伸贯流式水轮机组

轴伸贯流式水轮发电机组采用卧式布置，也有倾斜安装的，其结构简单，造价与工程投资少，但效率较低，在低水头、小水电站中应用较广，其中水平卧式用得最多。图 1-18 所示为轴伸贯流式水轮发电机组示意图。

图 1-16 吊装过程中的葛洲坝水轮机转轮

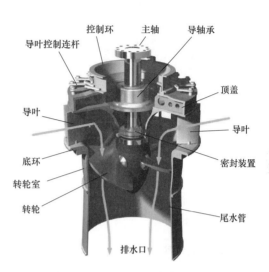

图 1-17 轴流式水轮机的转轮与导水机构

轴伸贯流式水轮机组水轮机部分主要由转轮室、转轮、导叶与导叶控制机构、S 形尾水管组成，转轮主轴穿出尾水管连接到发电机。由于低转速发电机体积大、价格贵，小型贯流式水轮发电机组多采用齿轮增速后带动高速发电机的形式。图中箭头线表示水流走向，水流沿轴向进入，经过导叶进入转轮室，推动转轮旋转做功，流经转轮叶片后，通过 S 形尾水管排出。

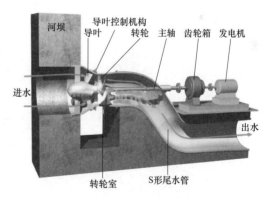

图 1-18 轴伸贯流式水轮发电机组示意图

2. 竖井贯流式水轮机组

竖井贯流式水轮机组是将发电机组安装在水轮机上游侧的一个混凝土竖井中，图 1-19 所示为竖井贯流式水轮机组布置图。

水轮机部分主要由转轮、转轮室、尾水管、导叶、导叶控制机构组成，转轮主轴伸入混凝土竖井中，通过齿轮箱等增速装置连接到发电机。也有把发电机布置在上面厂房平台，转轮主轴通过扇齿轮或皮带轮与发电机连接，使竖井尺寸更小一些。

图 1-19 中箭头线表示水流走向，水流进入后从混凝土竖井两旁通过，再汇集到导叶进

入转轮室，水流推动转轮旋转做功后从尾水管排出。为更清楚看清水流走向，在图 1-20 中显示剖去混凝土结构上部分的机组图，图中箭头线表示水流走向。

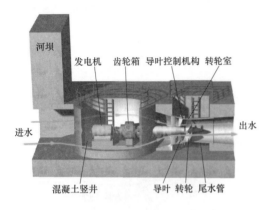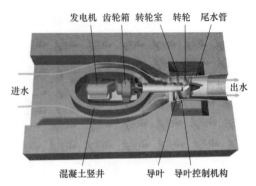

图 1-19　竖井贯流式水轮机组布置图　　　　图 1-20　竖井贯流式水轮机组剖视图

竖井贯流式水轮机组结构简单、造价低廉、运行和维护方便，但效率较低、在低水头、小水电站中应用较广。

3. 灯泡贯流式水轮机

灯泡贯流式水轮机组的发电机密封安装在水轮机上游侧一个灯泡型的金属壳体中，发电机水平方向安装，发动机主轴直接连接水轮机转轮。图 1-21 是灯泡贯流式水轮机组结构示意图。

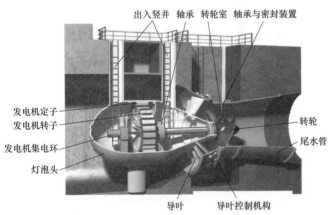

图 1-21　灯泡贯流式水轮机组结构示意图

灯泡贯流式水轮机组的水轮机部分由转轮、转轮室、导叶与导叶控制机构、尾水管组成；发电机轴直接连接到转轮，一同安装在钢制灯泡外壳上，发电机在灯泡壳内，转轮在灯泡尾端，发电机轴承通过轴承支持环固定在灯泡外壳上，转轮端轴承固定在灯泡尾端外壳上，发电机轴前端连接到发电机滑环与转轮变桨控制的油路装置。钢制灯泡通过上支柱、下支柱固定在混凝土基础中，上支柱也是人员出入灯泡的通道。水流进入后从灯泡周围均匀通过到达转轮，推动转轮旋转做功后由尾水管排出。通过导叶角度与转轮叶片角度的调整配合可使水轮机运行在最优状态。

灯泡贯流式水轮机组结构紧凑、稳定性好、效率较高，适用于低水头大中型水电站。图 1-22 所示为灯泡贯流式水轮机组旋转动画截图，小球表示水流走向。

长洲灯泡贯流式水轮机组模型图如图 1-23 所示。

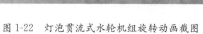

图 1-22 灯泡贯流式水轮机组旋转动画截图　　　　图 1-23 长洲灯泡贯流式水轮机组模型图

由于目前中高水头水电资源开发殆尽，可开发的水电资源多为低水头，贯流式水轮机适合低水头应用，而且效率高投资低，近年来发展较快，功率也越来越大。目前我国最大的灯泡贯流式水轮机组是 2009 年投产的桥巩水电站，单机容量达 5.7 万 kW；我国援助巴西制造的世界上最大的灯泡贯流式水轮机组达 7.5 万 kW；在国外世界上最大的竖井贯流式水轮机组单机容量已达 2.5 万 kW。

(五) 水轮机的水头

谈及水头，实际上是一个水资源统计的概念，是水电站最基本的参数之一，其实是和水电站相关联的，建设一个电站，要根据历史水文数据进行分析，确定 3 个关键的水头。它们分别是最小水头、最大水头和额定水头。确定了水头，水轮机的选型就有依据了。

额定水头，来源于电站的加权平均水头，即在后者乘以一个小于 1 的系数。

额定水头是水电站设计的一个概念，即电厂（全部机组）发出额定出力时，水轮机所需的最小工作水头（净水头），这一水头一般由电站水能设计人员确定；而设计水头是水轮机设计一个概念，即水轮机运行处在最优工况点对应的水头，水轮机具有最高效率的水头。按 GB/T 15468—2020《水轮机基本技术条件》额定水头：水轮机在额定转速下，输出额定功率时所需的最小水头。

根据 NB/T 10878—2021《水力发电厂机电设计规范》，水轮机设计水头接近或略高于加权平均水头，有利于水轮机在较高水头运行时的水力稳定性，可提高水轮机加权平均效率，增加年平均发电量。对混流式水轮机，一般推荐最大净水头与设计水头的比值在 1.07～1.11 之间，同时兼顾使最小水头与设计水头的比值大于或等于 0.65。

根据实际投运的电站，小湾额定水头为 216m，长洲为 9.5m，班多为 36m，冶勒为 580m。基本还是和图 1-24 很对应的。从图 1-24 中可以看出，水轮机的水头范围是有重叠现象的。尤其是轴流式和贯流式重叠范围很大。

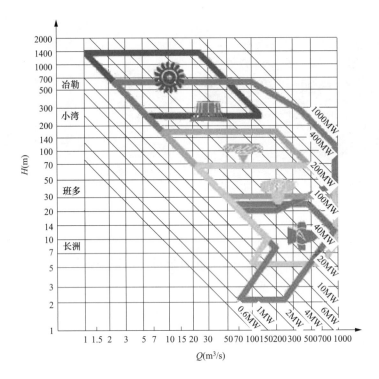

图 1-24　各水轮机适应水头范围分布图

第二节　调速器结构和组成

一、调速器的硬件组成

调速器广义上一般由电气控制系统、主配压阀及其电液转换系统、事故配压阀、分段关闭装置、机械过速装置、锁锭装置、主令控制器、各类传感器等组成。

狭义上讲，调速器由四部分组成：测量元件（齿盘探头、TV 测频等）、给定元件（电气控制部分）、放大元件（电气放大之功放、液压放大之主配压阀）、执行机构（接力器）、反馈元件（位移和转速传感器）。

调速器系统＝调速器＋导水机构；水轮机调节系统＝调速器系统＋水轮发电机组＋引水系统。尤其是后者，在专业和功用上凸显出调速器在电厂的地位。

调速器系统范围如图 1-25 所示。

油压装置及其油源控制柜严格意义上讲不属于调速器的范畴，在部分电站，将其划归为辅机设备也是很有道理的。但是也有很多电站，调速器的机械部分是和油压装置一起布置的，所以将之归入调速器也没有问题。

辅机好像是辅助的、可有可无的东西，其实不然；根据多年经验，导致机组流程失败或机组非停的情况有很多是各类辅机的问题。比如，技术供水流量信号中断、制动触点未全部复位、高顶启动失败等。

图 1-26 所示为可逆式机组调速器各设备之间的联系示意图，大致表示出了设备间的电气、机械联系，但不标明具体方位和具体信号数量。仅仅是一种粗线条表示。图中的水轮机为水泵水轮机，不是常规机组，但是调速器设备硬件配置基本一致。

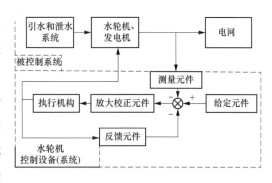

图 1-25 调速器系统范围

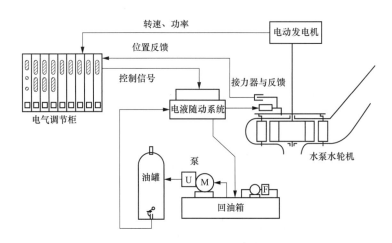

图 1-26 可逆式机组调速器各设备之间的联系示意图

图 1-27 所示为南京某公司调速器双机控制系统的结构图，图中没有实物，实物用方块代替，集中布置体现出一个完整的调速器结构。该图是典型的双套、单调节配置。

装置的基本调节原理：采用了多级闭环、变结构变参数的控制系统，整个控制系统由主环和导叶副环及轮叶副环所组成。主环控制是变结构的控制机构，变换的原则是适应当时的运行工况和控制方式以获得最优的调节品质，多级闭环控制包括成组调节环，协联环，功率、频率、开度闭环等控制。另外，CPU 在完成正常调节的空闲时间里，利用分时工作法，进行各种在线诊断和控制逻辑的分析判断。

图 1-28 所示为武汉某公司调速器双机控制系统结构图，双机之间共享输入开关量指令信号、面板操作信号、显示信号，共享一台触摸屏进行人机对话和操作。每台机有各自的导叶开度、有功功率、水头等模拟量信号和残压、双路齿盘测频信号及一路电网频率信号。

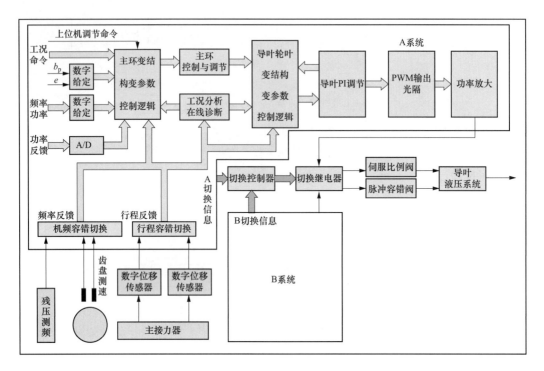

图 1-27　南京某公司调速器双机控制系统的结构图

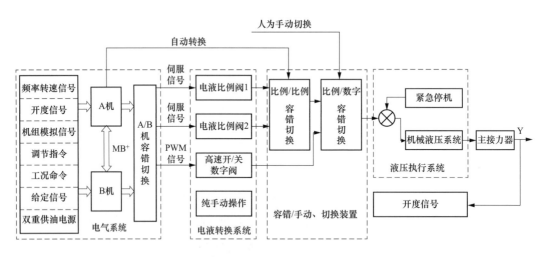

图 1-28　武汉某公司调速器双机控制系统结构图

　　机械液压随动系统的电液转换机构、切换阀等由工作机来控制，工作机将当前的运行工况、运行参数、调节参数实时地传送给备用机，备用机将采集的转速信号、开度信号、有功及水头信号和自身的运行状况实时地传送给工用机，双机间通过 MB＋（Modbus Plus）口进行数据通信。

　　工作机本身硬件工作正常时，如果采集的输入信号故障，则取用备用机的输入信号；当工作机硬件故障时则自动退出，备用机自动投入获得控制权。

备用机可热备用也可冷备用，也可全套拆除且不影响工作机正常工作。调速系统的各种运行方式的切换操作，保证机组有功、转速及开度不产生扰动。

二、调速器的软件基本构成

控制系统软件基本上由分时实时控制、系统初始化及主程序模块、调试模块三大部分组成，全部软件都是功能模块化编制的，各功能模块软件具有相对独立性和完整性，相互之间可进行信息交换，整个软件部分可按功能模块进行装配。软件基本结构图如图 1-29 所示。

实时控制软件使装置具有水轮机调速器的全部调节控制功能，同时可分为两种情况，即中央控制室常规控制方式或中控室上位计算机控制方式，在中央控制室控制方式运行时，装置的全部操作均与现有常规电液调速器的操作

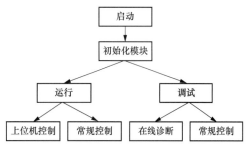

图 1-29　软件基本结构图

相同，无需操作任何键盘按键，操作简单直观，易于运行人员掌握，同时在装置实际运行过程中，液晶显示面板能实时反映大量运行状态、工况等信息，便于运行人员及时掌握装置的运行情况。在中控室上位计算机控制方式运行时，装置与上位机进行信息交换，按照上位机发出的指令进行调节控制，能按等开度的方法进行经济成组运行。

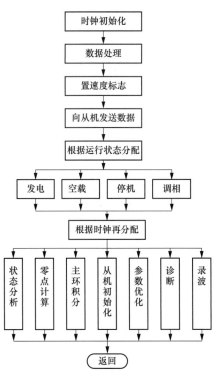

图 1-30　实时控制时钟中断软件的程序框图

实时控制时钟中断软件的程序框图如图 1-30 所示。

适应式变参数变结构调节如下。

所有控制都不是一成不变地在原有设计的 PID 框架内呆板地进行控制，实际控制中，若控制对象发生本质的改变，这时的 PID 结构、参数都应该自动地相应变化。变化过程准确合理，且变化的新的模型参数是优选的，这已经足够了。目前，调速器还不能完全做到大范围内的精确的变化控制。据说，有的设备厂商已经在某大电站做到了数十组的参数变化（主要是水头变化，给水轮机出力带来的影响；不同负荷段，机组出力的特性不同），来适应调速器的精确控制。

变结构，具体到调速器而言，就是不同的工况采用不同的控制方式。典型的空载和发电工况，结

构是不同的，不同之处已经在上文中详述了。

结构都变了，参数肯定要变，这就是变参数。当然，有的结构没有变化，参数也可能会变化，比如协联关系的控制、不同水头下、参数的优选控制等。调速器是自然科学和工程应用技术的范畴，在代价不大的前提下，其参数一般推荐，事实上也是依靠真机实况的试验来优选（相对最优，认知范围内的）；建模仿真是一种工具，但对相对复杂的调速系统，此手段目前还不能完全做到参数直接用的程度，但可以证明参数的功能、方向和正确性。

自适应、适应性，还有一个重要的部分，就是故障判断和切换，或统称为容错控制，这是变结构控制的一种。适应式变结构算法的目的是双重的，首先是提高可靠性，其次是提高调节品质，前者以容错控制技术为依据，后者以控制结构优化为依据。使在各种工况下都具有优良的调节性能。

容错控制就是能适应其环境的显著变化。在这类问题中，允许实际反馈系统的一个或多个关键部件失效，而且这种失效对稳定性及性能都有很大的影响。一般来说，调速器的转速反馈的消失，或有关部件的损坏，对于普通 PID 算法或参数自适应的算法都是绝对不允许的。

容错控制是当今世界自动控制领域的十大挑战性课题之一，其基本思想是当关键部件失效时，允许采用降低性能的方法来保持系统的稳定工作。调速器的容错控制，是利用电站所具有的各种自动装置的能力和微机调速器的特殊算法，保证调速系统的稳定运行，以达到对于运行操作人员来说，第一，不会产生危及机组的问题；第二，可继续保持对机组的有效控制，同时又不要求改变操作程序。等到机组有时间停机时再进行处理。

调速系统针对频率、功率、水位、开度测量等故障都有相应的容错保护策略。下面以发电机频率反馈失效为例来说明装置的软件处理。

发电机频率反馈是调速器关键之一。对于非变结构的调速器来说。出现故障就只能切为手动。发电机频率反馈失效时，主环变结构决策机构的动作过程如图 1-31 所示。

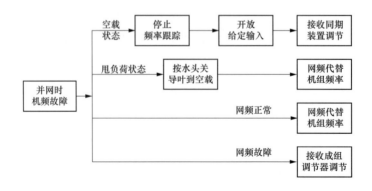

图 1-31　发电机频率反馈失效时，主环变结构决策机构的动作过程图

主环变结构决策机构收到发电机频率反馈失效时，按照三种工况分别执行结构变换。假设故障发生调速器按常规运行时，首先检查系统频率输入是否正常。如果正常则用它代替发电机频率，继续维持调差运行；否则，转向要求与成组调节器联合闭环运行。在无成组调节器的电站中，接受中控室的功率给定开关的调整来改变负荷。假如在这种情况下发生甩负荷、油开关跳开，调速器立即把导叶关至空载开度以下并转为空载运行。同时，打开数字给定器接受电站准同期装置或运行人员的调节指令、这些调节指令经过决策机构的特殊变换之后再送至主环控制器。如果未能迅速投入准同期装置或人工未及时干预。那么调速器将按照当时水头所决定的空载开度，从而维持发电机转速在额定值附近，不产生危及机组安全的后果。

第三节　调速器分类和新技术发展

调速系统的发展和计算机技术、控制技术和液压技术的发展密切相关。由于抽水蓄能电站起步较晚，水泵水轮机调速系统控制设备主要参照常规水电站设备及技术，多年来变化不大。但与常规水电机组相比，抽水蓄能机组调速系统的重要性和控制复杂性相对要高，近年来随着抽水蓄能电站建设的快速发展，其控制设备的研制和控制技术的研究也越发显得重要。

早期的水轮机是采用测速元件直接控制水轮机执行机构的直接作用式小型调速系统，至20世纪30年代已发展为相当完善的机械液压型，它用液压放大元件提供离心摆与导叶之间调节所需的功率放大，又用缓冲器和调差机构来反馈以实现所需的调节规律，其控制策略均采用PI型，因而它的性能可满足当时电站运行的要求。但随着工业的精益生产的需求，对系统频率精度和稳定性日益重要，大机组、大电网的出现，对电站运行和自动化程度提出了更新的要求。20世纪40年代，出现了电气液压型调速器。随着电子技术的发展，电液调速器经历了电子管、晶体管和集成电路三个时期，其控制策略大多为PI或PID及其改进型。

随着计算机技术的发展，人们开始研究用微机实现调速系统方案，20世纪80年代出现了微机调速器。国外，日立公司研制的微机调速器于20世纪80年代初期即应用于抽水蓄能机组，东芝公司也较早地将容错技术应用于微机调速器中，瑞典ABB公司、法国奈尔皮克（NEYRPIC）公司、德国西门子（SIEMENS）公司、美国伍德沃德（WOODWARD）公司等国外著名设备生产商也均相继推出了各自的微机调速器产品。在国内，20世纪70年代末华中科技大学率先开展了微机调速器相关理论和技术研究，并研发了国内首台样机。20世纪80年代初开始，南京自动化研究院、河海大学、长江控制设备研究所、天津电气传动研究所等单位都相继研制出了相应的微机调速器。微机调速器调节规律由PID型发展到连续变参数适应式PID、智能控制、自适应控制、最优PID控制以及模糊控制等新型控制规律，其硬件发展经历了 Z80 单板机、工业单片机（Microcontroller Unit，MCU）、工业控制计算机（Industrial Personal Computer，IPC）、可编程逻辑控制器（Programmable Logic Controller，PLC）、可编程计算机控制器（Programmable Computer Controller，PCC）等不同发展阶段。

近年来，PCC 在水轮机调速器研究领域得到了高度的重视。它将计算机的分时多任务操作系统及高级编程语言引入到可编程逻辑控制器，从而使得可编程计算机控制器同时具有 PLC 的高可靠性和计算机的快速、多任务及编程通用化等特点，使得复杂的控制任务能够顺利实现。

当前，我国的微机调速器领域正向更先进、更可靠、性价比更优越的方向发展。

对于抽水蓄能机组调速系统，国外著名设备生产商都有各自的相关产品，而我国已建和在建的抽水蓄能电站调速系统早期基本上都是依赖进口。如中国最早的河北岗南抽水蓄能电站建于 1968 年，采用日本富士的机组设备，机组单机容量为 11MW，调速系统主要由模拟式电气调节器和液压控制装置组成。后续 2003 年前建设的几座大型抽水蓄能电站，如广州抽水蓄能电站一期、二期、天荒坪抽水蓄能电站、十三陵抽水蓄能电站等均采用了国外全套设备，如广州抽水蓄能电站调速系统主要采用德国 VIOTH SIEMENS 设备，十三陵抽水蓄能电站采用了奥地利 ELIN 设备，天荒坪抽水蓄能电站采用了挪威 KVAERNER 公司设备，且均为微机调速器，当时国内还没有掌握大型抽水蓄能机组调速器的设计和制造技术。但国内通过研究国外产品，在中小型抽水蓄能调速系统的制造上取得了突破。2000 年，国电自动化研究院通过研发，对密云抽水蓄能机组调速系统进行了改造。2007 年，东方电机股份有限公司完成了基于工控机的抽水蓄能机组调速器的开发，并在响洪甸抽水蓄能电站投运。2008 年，武汉事达电气股份有限公司通过引进国外安德里茨调速器并进行消化吸收，也研制了相应产品。应用在白山抽水蓄能电站。华中科技大学也对基于可编程逻辑控制器的抽水蓄能机组调速系统进行了研究。通过早期中小抽水蓄能电站的实践，我国已经取得了一定成果，但是单机容量为 250MW 及以上大型抽水蓄能电站国产调速系统还没有应用。2003—2010 年，国内抽水蓄能电站得到了快速发展，但仍然以国外为主，如宝泉、惠州、白莲河 16 台机组设备均由法国 ALSTOM 公司成套提供，直到 2011—2012 年，南京南瑞集团公司自主研发的大型抽水蓄能电站机组调速系统在安徽响水涧 4 台 250MW 可逆式机组上成功投运，实现了我国大型抽水蓄能机组调速系统的自主化突破。

一、控制策略的发展

水轮机控制策略从较早的 20 世纪 70 年代的研究，发展到 21 世纪初，经历了一个不断改进的过程。

1. PI 调节

早期的调速系统是机械液压型的。根据其反馈系统的结构，可以分为两种：一种是从主接力器引出反馈，称为辅助接力器型；另一种从中间接力器引出反馈，称为中间接力器型。图 1-32 所示为采用从主接力器引出反馈的调速系统的传递函数结构图。图 1-32 中输入量是速度偏差，输出量是导水机构行程。从理论上讲，辅助接力器型和中间接力器型的动态特性是相近的，但工程实践表明，中间接力器调节型的动态特性往往较易满足要求。其重要原因之一是在工程上主接力器处于水车室内，其反馈系统较长，杠杆较多，易产生死程，从而导致动态特性恶化。而中间接力器位于调速系统柜内，易于保证反馈质量。

图 1-32 所示系统的传递函数为

$$G(s) = \frac{T_d s + 1}{T_{y1} T_d s^2 + (T'_y + b_p T_d + b_t T_d)s + b_p}\qquad(1\text{-}4)$$

式中　T_d——暂态反馈（软反馈）时间常数；

　　　T_{y1}——辅助接力器时间常数；

　　　b_λ——辅助接力器反馈系数；

　　　T'_y——主接力器时间常数；

　　　b_p——永态转差系数；

　　　b_t——暂态转差系数。

在 $T_y = 0$，$b_p = 0$ 时，传递函数近似为

$$G(s) = K_P + \frac{K_I}{s}\qquad(1\text{-}5)$$

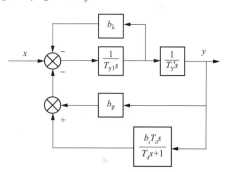

图 1-32　采用从接力器引出反馈
的调速系统的传递函数结构图

这种比例加积分的控制方式调节响应时间较长，不能很好满足对调节特性的需要。有关文献论述了式（1-4）中 T_d 和 b_p 两个参数整定问题，并给出了选择这两个参数的计算方法。

2. PID 调节

为了改善调节性能，在比例-积分的基础上，增加了微分环节，这便是 PID 调节式。其传递函数为

$$G(s) = K_P + \frac{K_I}{s} + K_D s\qquad(1\text{-}6)$$

PID 控制主要适用于低阶、不太复杂的线性系统，它物理概念清晰、易于实现，目前也是水轮机调速系统中应用最广泛、技术最成熟的一种控制规律，由于微处理器在水轮机调速系统上的大量使用，PID 控制目前大多数由软件来实现，图 1-32 和图 1-33 所示结构比较常用，其中图 1-33 称为调速器发电工况下，开度模式下带调差的经典 PID 控制结构，图 1-34 称为其改进型 PID 控制结构。

式（1-5）和式（1-6）中，输入的是转速偏差，输出的是与偏差成比例的控制量。两者

区别主要在永态转差率 b_p 的不同反馈取法，一个取自 PID 综合输出，一个单取自积分 I 输出。经典 PID 控制传递函数为

$$G(s) = \frac{K_D s^2 + K_P s + K_I}{b_p K_D s^2 + (b_p K_P + 1)s + b_p K_I} \tag{1-7}$$

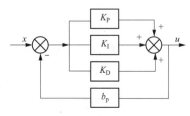

图 1-33　经典 PID 控制结构图

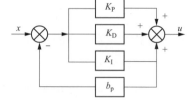

图 1-34　改进型 PID 控制结构图

改进 PID 控制传递函数为

$$G(s) = \frac{K_D s^2 + K_P s + K_I}{s + b_p K_I} \tag{1-8}$$

式中　K_p——比例系数；

　　　K_I——积分系数；

　　　K_D——微分系数；

　　　b_p——永态转差系数。

比较式（1-7）和式（1-8），发现两者分子相同，但式（1-8）的分母比式（1-7）少一阶，也即改进型 PID 控制比经典 PID 在传递函数上少一个极点，式（1-8）结构具有更好的动态调节性能，稳定域较宽。相关文献也比较了两者的区别，提出改进型并联 PID 结构的优点：一是系统稳定性得以提高，二是系统动态调节性能得以提高。

实现 PID 控制的具体结构很多，例如在原有的 PI 反馈调节环节上增加测量加速度的回路。到目前为止，大量的调速系统还是采用 PID 控制规律。为了改善水轮机的动态性能，提高输电系统的稳定性，PID 调节器的参数设定曾经成为一项重要的研究课题。

关于调速器的参数整定，随着社会的发展，人们对电能的要求越来越高，其中水轮机调速器性能是影响电能质量的关键因素之一。水轮机调节系统是一个集水力、机械、电气为一体的综合调节系统，调节对象的特性十分复杂。描述水轮发电机组和电力系统的方程都呈现出很强的非线性，调节系统具有固有的非线性特性，水轮机的运行工况有可能随时偏离设定的工况。目前水轮机调速器的控制规律基本还是 PID 控制，调节系统的 PID 控制是按水轮发电机组转速偏差的比例、积分和微分的线性组合进行控制的方式，PID 参数的整定对水轮机组的稳定运行十分重要。在工况确定的情况下，适当地选择比例、积分、微分系数可以使水轮机调节系统得到比较完善的动态和稳态性能。依据控制理论的基本方程，利用变分原理提出一种通过设定目标函数，探讨水轮机调节系统在转速扰动下调速器参数整定的方法，从而使水轮机调节系统在转速扰动下具有更好的动态特性。

3. 变调节参数控制和自校正控制

变调节参数控制是将变增益控制方法用于调速系统，以进一步改进调节性能。该方法是把运行工况分成若干子集，对每个子集确定一组最佳调节参数，并储存于控制机中。在运行时，实测运行工况，并相应改变增益。有关文献介绍了这种变增益调节的实用控制器。根据上述方法，对于水轮机调节系统的变参数控制是把水轮机按照工况分为几个集合，在线选择对应的增益。显然，采用这种控制技术的增益变化是不连续的。

自校正控制由 K. J. ÅSTRÖM 提出，并被 D. W. Clarke 应用于非最小相位系统。自校正控制有最小方差控制、极点配置自校正控制、零极点配置自校正控制等几种形式。最小方差控制以最小二乘参数估计法估计对象参数。当被估计的参数值收敛于某一数值时，根据估计模型得到输出量偏差的方差最小控制。D. W. Clarke 试图将自校正控制方法用于调速系统，但到目前为止，这种控制方式并没有在实际工程中得到有效应用。

4. PID 参数衰减曲线法整定

现场调整试验，控制系统中的被控对象、传感器、执行器和控制方案都已确定，系统的控制品质就取决于调节器的各个参数值的设定。PID 调节器参数的整定就是确定最佳过渡过程中调节器的比例、积分和微分增益系数。

目前，通用的参数选取方法采用的是现场凑试法，即按照先比例，再积分，后微分的顺序不断地改变目标给定值和施加扰动信号，观测系统的输出和扰动响应曲线特征，根据标准的要求的性能指标，直到获得最佳的动、静态特性为止。

凑试法是有效的，但对试验人员的经验性要求较高，效率较为低下。衰减曲线法也是一种闭环参数整定方法，它是基于控制系统过渡响应曲线的衰减比为 4∶1（定值控制系统）或 10∶1（随动控制系统）的试验数据，利用一些经验公式确定控制器的最佳参数值。

衰减曲线法整定控制器参数时需注意以下几点：

（1）在生产过程中，负荷变化会影响过渡过程特性，当负荷变化较大时，必须重新整定调节器参数值。

（2）对于随动系统宜应用 10∶1 衰减响应过程。对于 10∶1 衰减曲线法整定控制器参数的步骤与试凑法完全相同，如果衰减振荡周期 T_s 很难确定，可以将系统响应曲线上升时间 T_r 作为衰减振荡周期 T_s。

二、调速系统装置的发展

1. 机械液压型

我国曾广泛使用机械液压型的调速器。它使用离心摆作为测速元件，以离心摆的移动支持块的机械位移作为输出，输出信号送至综合放大元件之一的引导阀，经比较、放大后去调节水轮机导叶的开度。到 20 世纪 50 年代，机械液压调速器发展得比较完善。

随着生产的发展，用户对系统频率的要求更加严格；大机组大电网的出现，对电站运行和自动化程度提出了新的要求。这就要求人们对调速器装置的性能和结构进行不断的改进。20 世纪 40 年代，出现了电气液压调速器。

2. 电气液压型

电气液压调速器是在机械液压调速器的基础上发展起来的，它保留了液压放大部分，用"电-液转换器"代替了"机械-液压转换器"，原来的离心摆测速器为先进的转速传感器所取代。

电气液压调速器比机械液压调速器有以下明显的优点：

（1）具有较高的精确度和灵敏度。电气液压调速器的转速死区通常不大于 0.05%，而机械液压调速器则为 0.15%，电气液压调速器接力器的不动时间为 0.2s，而机械液压调速器则为 0.3s。

（2）制造成本低。用电气回路代替了较难制造的离心摆、缓冲器等机械元件，降低了成本。

（3）便于综合各种信号（水头、流量、出力等），便于实现成组调节，为电站的经济运行、自动化水平及调节品质的提高提供了很有利的条件。广泛使用的功率与频率双调节的功频电液调节器就属于这种形式。

（4）便于扩充新的控制模块。

（5）便于与数字计算机连接，实现计算机控制，达到改善机组控制的目的。

（6）便于标准化、系列化，也便于实现单元组合化，以利于调速系统生产质量的提高。

（7）安装、检修和测试调整都比较方便。

3. 微机型调速器

20 世纪 70、80 年代，伴随着集成电路、单片机的规模性成熟应用，出现了将微机用于电气液压调速器的科技进步，使调速器的功能有了更进一步的提高。近十多年来，国内外不少学者和研究单位都在研究和开发水轮机发电机组的微机液压调速器（简称微机调速器）。微机调速器自 20 世纪 80 年代中期在国内研制出来以后，经历了 8 位机、16 位机、32 位机时代，现在已进入了百花齐放的局面，有单片机型、PLC 型、PCC 型、工控机型等。微机调速器与电气液压调速器相比，有许多明显的优点：

（1）调节规律用软件程序实现，不仅可以实现 PI、PID 调节规律，还可以实现其他更复杂的调节规律，如前馈控制、自适应调节等。

（2）调节参数的整定和修改方便，运行状态的查询和转换灵活。

（3）机组的开、停机规律可方便地用软件程序实现。即停机过程可根据调节保证书的计算要求，灵活地实现折线关闭规律；开机过程可根据机组增速及引水系统最大压力降的具体要求进行设定。

（4）简化了操作回路。各种运行操作相互间的逻辑关系均可以用软件程序完成，减少了大量的继电器，降低了成本，提高了可靠性。

（5）通过网络或数字通信与电厂中控室或区域电力系统中心调度所的上位机相连接，提高了水力发电厂和电力系统的自动化水平。

一个行业和专业的发展，离不开它所处的时代的整体科技水平，尤其是与此相关的控制科学、计算机科学、信息科技以及大数据、人工智能技术等整体的科技环境。调速器本身的发展历程也是紧密伴随着这些科技进步而发展的。可以预见，在不久的将来，调速器的发展一定朝数字化、信息化、智能化方向发展。届时，调速器会更加可靠和先进，在生命周期内实现零故障率是完成可能的。

第四节　水轮机调速器静态和动态特性

静态和动态特性是控制系统中重要的概念，它表达了信号输入、输出两者的对应关系和过渡过程，一个为稳态，一个为暂态。调速器的输入信号为频率信号，输出信号为导叶给定，如果从液压执行环节看，输入信号是导叶给定，输出信号为主配压阀或接力器的位移，在设计好的控制原理下，找准这些变量之间的关系，以及与参数的关系，就能准确把握这个控制系统的设备动作特征和规律。

一、水轮机调节系统的静态特性

当给定信号恒定时，水轮机调节系统处于平衡状态，被控参量偏差相对值与接力器行程相对值的关系如图 1-35 所示，在工程实际中，有时也采用图 1-36 所示的静态特性图，将图 1-35 所示的被控参量偏差值改用被控参量绝对值表示。

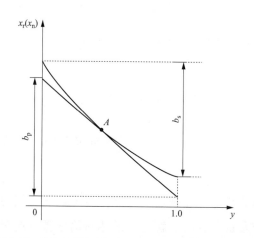

图 1-35　被控参量偏差相对值与接力器行程相对值的关系

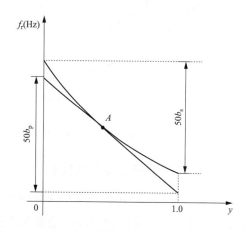

图 1-36　水轮机调节系统静态特性

在图 1-35 和图 1-36 中：

$f_r = P n_r / 60$——额定频率，$f_r = 50\mathrm{Hz}$；

$\qquad P$——发电机磁极对数；

$\qquad n_r$——机组额定转速，r/min；

$x_n = n/n_r = x_f$——机组转速的相对值；

$\qquad n$——机组转速，r/min；

$y = Y/Y_M$——接力器行程相对值；

$\qquad Y$——接力器行程，m；

$\qquad Y_M$——接力器最大行程，m。

（一）永态差值系数 b_p 和 b_s

1. 永态差值系数 b_p

如图 1-37 所示，水轮机调节系统静态特性曲线上，取某一规定点 A，过该点作一切线，其切线斜率的负数就是该点的永态差值系数，即

$$b_p = -\mathrm{d}x_r / \mathrm{d}y$$

图 1-37 所示的两条曲线为静态特性曲线，A 点的转速死区为 i_x，其对应的值为 $50 b_p \mathrm{Hz}$（当额定频率 $f_r = 50\mathrm{Hz}$ 时）。

随动系统不准确度 i_a 是指在调速器的电液随动系统中对于所有不变的输入信号，相应输出信号的最大变化区间的相对值，如图 1-38 所示。

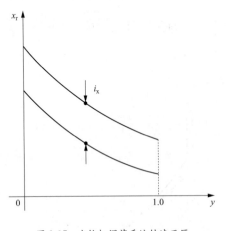

图 1-37　水轮机调节系统转速死区

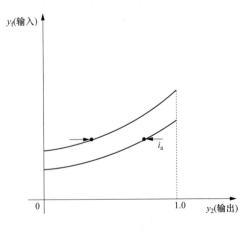

图 1-38　水轮机调节系统不准确度

2. 最大行程的永态差值系数 b_s

在图 1-35 所示水轮机调节系统静态特性曲线上，在规定的给定信号下，得出接力器在全关（$y=0$）和全开（$y=1.0$）位置的被控参量（频率、转速）的相对值之差，这个差值即为 b_s。

  显然，对于一条曲线型的静态特性线，选取不同的 A 点，会得到不同的 b_p 值。但是，实践表明，对选择了合适接力器位移变送器的水轮机微机调速器来说，其静态特性十分接近于一条直线。因此，在这种情况下，如果取 b_s 作为 b_p，也不会有过大的误差。

（二）转速死区 i_x

  给定信号恒定时，被控参量的变化不起任何调节作用的两个值间的最大区间称为死区，当被控参量为转速时，即为转速死区 i_x。其在静态特性图上的表述如图 1-37 所示。

（三）随动系统不准确度

  随动系统中，对于所有不变的输入信号，相应输出信号的最大变化区间的相对值称为随动系统不准确度 i_a（见图 1-38）。

  这里既然称之为静态特性，其和动态特性是有区别的。顾名思义，静态就是指机组在不旋转的情况下或者与机组旋转没有关系的情况下，调速器自身就能推算、推导、演算、演绎出的一些明确的参数和参数关系。比如，转速死区，看起来好像和转速有关系，其实它是可以在静态下提前根据调差公式进行测定的。此可能不完全符合实际数值，但从理论上分析是完全正确的。

  这里对 b_p 阐述得更多一些，但其不是静态特性全部。其实调速器还有很多表征静特性的参数，比如一些机械环节的时间常数。调速器一旦制造、安装完毕后，静态试验完成后，其特性就是唯一确定了的。问题的关键就是待人去挖掘、去认识、去利用。

  能称之为静态特性的东西，比如，主配压阀的遮程、CPU 的扫描周期、电液转换器的死区和电气与流量的关系、管路的长度和阻尼、油压的大小、接力器的容积，传递机构的摩擦力等，都是可以称之为静态特性。即求取这些量只要和机组旋转、水压、功率没有关系的，皆可称之为静态特性。

  但从 DL/T 563—2016《水轮机电液调节系统及装置技术规程》来看，"水轮机调节系统静态特性"是已经做好定义了的，专指 b_p、b_s。这个就是系统稳定后、平衡后、静态后，输入和输出的一个"恒定关系"，是静态的关系特征表现，所以称之为静态特性。

二、水轮机调速器的动态特征

（一）缓冲装置特性

  早期的机械式调速器一般采用缓冲器装置（机械液压式），微机调速器没有了，若有也是以电气模型的形式通过编程实现或电气回路构成（电气缓冲环节）。

  在机械液压型调速器中，反馈元件为油缓冲器，缓冲器及杠杆组成暂态反馈机构。其输入信号是导叶主接力器或中间接力器的位移信号，输出信号也是行程（一般送至引导阀针塞上）。不过该行程是一个随时间衰减的信号。可见是非线性的，有微分衰减的作用。缓冲器在调节系统中起到软反馈（非线性；线性，特指硬反馈）的作用，即要求调节系统的反馈信号只在调节过程中存在，调节结束后为零。它的存在可以使得调节系统实现无差调节、保证稳定和改善动态品质。

缓冲器的工作原理如图 1-39 所示。缓冲器动作过程简述如下：

正常时主动活塞和从动活塞处于中间位置。当主动活塞由于接力器位移而被迫下移时，由于油是不可压缩的，而且一下子又来不及从节流孔流到上部去，所以油压会升高，此压力作用在从动活塞上，使从动活塞开启，从而把信号输送到引导阀上去。从动弹簧上升使弹簧压缩，随后，活塞底部的油慢慢地通过节流孔流到活塞的上部去。在弹簧压力作用下，从动活塞也就慢慢地恢复到中间位置。当主动活塞上移时，活塞下部产生负压，把从动活塞吸下来，从而把信号送到引导线上，此时也压缩弹簧，随后，由于油慢慢地从上部流到下部，在弹簧力的作用下，活塞又回复到中间位置，缓冲器的工作由节流针塞来调节。

涉及缓冲器，经常会遇到暂态反馈（动态特性）、暂态差值系数、缓冲装置时间常数等概念。

1. 暂态差值系数 b_t

永态差值系数（b_p）为零时，缓冲装置不起衰减作用，它在稳态下的差值系数就称为暂态差值系数 b_t。

图 1-40 所示为暂态差值系数 b_t 的定义，即

$$b_t = -\mathrm{d}x_f / \mathrm{d}y$$

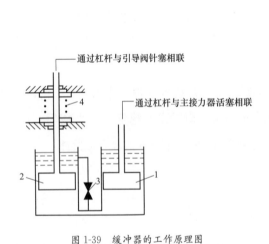

图 1-39　缓冲器的工作原理图

1—主动活塞；2—从动活塞；3—节流孔；4—弹簧

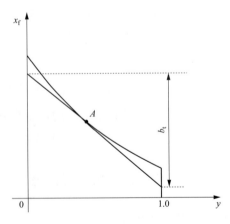

图 1-40　暂态差值系数定义

缓冲装置不起衰减作用时，暂态差值系数 b_t 和永态差值系数 b_p 有相同的意义——为调速器静态特征图上某点切线斜率的负数。在工程应用上可取为接力器全关（$y=0$）和全开（1.0）时对应的频率相对值之差。当然，实际的缓冲装置特性是衰减的，因而可以认为 b_t

是缓冲装置在动态过程中"暂时"起作用的强度。

2. 缓冲装置时间常数 T_d

缓冲器的特性是从动活塞的自由回复过程。输入信号停止变化后，缓冲装置将来自接力器位移的反馈信号衰减的时间常数称为缓冲装置的时间常数 T_d（见图1-41）。如果把某一开始衰减的缓冲装置输出信号强度设为1.0，那么至它衰减了0.63为止的时间就是 T_d。

3. 缓冲装置在阶越输入信号下的特性

缓冲装置的动态特性可用下列传递函数式来加以描述，即

$$f_t(s)/y(s) = b_t T_d s/(1 + T_d s) \qquad (1-9)$$

式中 $f_t(s)$——缓冲装置输出的拉普拉斯变换；

$y(s)$——接力器位移的拉普拉斯变换。

在其输入端加一个 Δy_0 的阶越信号后，其相应特性如图1-42所示。图1-42中，f_t 为缓冲装置的输出。

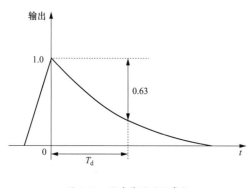

图 1-41 缓冲装置时间常数

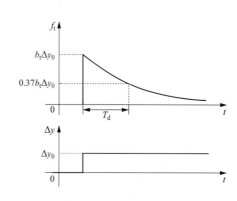

图 1-42 缓冲装置的阶跃响应特性

在图1-42中可以清楚地看出：

（1）缓冲装置仅在调节系统的动态过程中起作用，在稳定状态，其输入总是会衰减到0。

（2）暂态差值系数 b_t 反映了缓冲装置的作用强度。

（3）缓冲装置时间常数 T_d 则表征其动态衰减的特征。

（4）包含有频率测量及加速度环节，起加速度（指被测频信号的微分）作用的加速度环节的传递函数为

$$f_D(s)/f_g(s) = T_n s/(1 + T_{IV}) \qquad (1-10)$$

式中 $f_D(s)$——加速度环节输出的拉普拉斯变换；

$f_g(s)$——被测机组频率信号的拉普拉斯变换；

T_n——加速时间常数，s；

T_{IV}——微分环节时间常数，s。

4. 加速时间常数 T_n

当取永态差值系数 b_p 和暂态差值系数 b_t 为 0，频率信号 x 按如图 1-43 所示形状变化。接力器刚反向运动时，被控参量（频率）相对偏差 x_1 与加速度（dx/dt）1 之比的负数称为加速度时间常数。

$$T_n = x_1/(dx/dt)1$$

值得指出的是，用这种方法求取 T_n 的值是比较困难的，稍后会看到，采取其他方法求取 T_n 将比较简单和方便。

5. 加速度环节

在其输入端加一个 Δf_0 的阶越信号后，其相应特性如图 1-44 所示。图 1-44 中最高点 $f_t = T_n s/(1+T_{1V})$，由于计算周期的存在，该处的阶跃输出实际上不可能完全垂直于 t 轴，其中随着曲线衰减跌落，在最大高度的 0.37 处，对应的 t 轴的时刻为止，T_{1V} 为微分环节时间常数，也叫衰减时间常数。

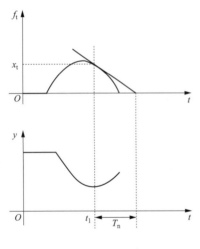

图 1-43　加速时间参数

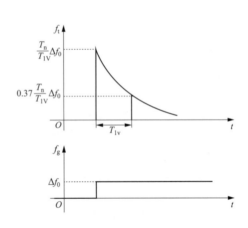

图 1-44　加速度环节的阶跃响应特性

(二) 常见的缓冲装置结构

图 1-45 是常见的大型单调整机械液压调速器结构，主配压阀的控制有个辅助接力器，相当于中间放大结构。导叶接力器通过一个缓冲器，形成负反馈信号和频率反馈（飞摆测速）进行抵消，然后转速调整机构（类似频率给定）和这个已经不是"失真了的频率"进行比较，输出信号到导叶引导阀，从而控制主配压阀和导叶接力器。

大概是可以这样定性地分析，假设转速调整机构（利用杠杆原理，调整螺母离支点的距离；类似杆秤原理）为额定频率 50Hz，这时如果频率是 45Hz，这样就开启导叶，导叶一旦开启，这时缓冲器就将此信号，叠加到频率反馈环节，假设形成 47Hz 的频率反馈，这样做的目的就是说导叶开启了，频率反馈尽管还没上来，但导叶开了，频率应该是变大的，因

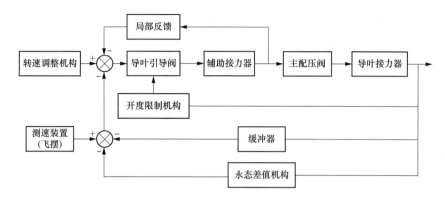

图 1-45 大型单调整机械液压调速器结构

此，先把频率预放大一些，防止主配压阀开得过大，超调。这有点像过程控制中的"微分先行"的控制原理。

这里需要强调的是，传递函数框图中的＋和－，一定要理解其物理意义，正负号的意义是方向。如果不知是何方向，完全可以采用假设的方法，去计算一个周期，就知道真正的方向了。这样不至于在编程中把方向搞反。这里的缓冲器转换后的信号，完全可以当作频率反馈的一分部。自动闭环里面，所有的反馈，一般都是用来和给定做差的，如果是做和，基本是无法控制的。正反馈控制，在行业内很少利用。但原子弹、氢弹、炸药原理是正反馈，它是不收敛的、发散的、不可掌控的。

图 1-46 所示为缓冲型机械液压 PID 调速器传递函数，可见缓冲装置的函数实际是微分的写法，T_d 是微分时间常数。控制学中频繁出现时间常数的概念，它表示过渡过程反应的时间过程的常数。指该物理量从最大值，按指数规律衰变（衰减）到最大值的 1/e 所需要的时间。在不同的应用领域中，时间常数也有不同的具体含义。

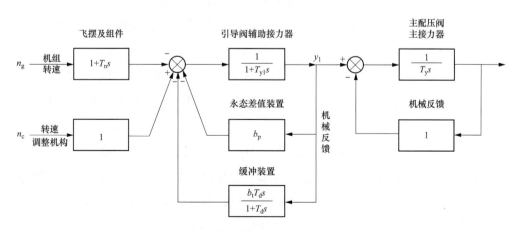

图 1-46 缓冲型机械液压 PID 调速器传递函数

e 值约为 2.71828182845904523536。和 e 一样的自然数，还有圆周率 π、黄金分割点等。

图 1-47 中机组频率反馈做可加速度环节的处理，这样做的目的一是可以消除频率反馈环节的毛刺采样，剔除失真的数据（机组的实际变化不会跳变），二是机组具有惯性，利用对趋势（加速度）的变化，可以进行提前调节，起到较好的控制效果。

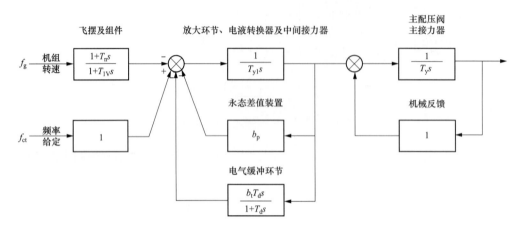

图 1-47　加速度-缓冲型电液调速器结构

(三) 采用 PID 调节器的调速器动态特性

若永态差值系数 b_p 为 0，则得到 PID 调节器输出 Y_{PID} 对其输入频差 Δf 的传递函数为

$$Y_{PID}(s)/\Delta f(s) = -(K_P + K_I/s + K_D s/1 + T_{1V})$$

和 $\qquad Y_{PID}(s)/\Delta F(s) = -(K_P + K_I/s + K_D s) \qquad$（取 $T_{1V} = 0$）

式中　$Y_{PID}(s)$ ——YPID 的拉普拉斯变换；

$\quad \Delta f(s)$ ——Δf 的拉普拉斯变换。

$\qquad K_P$——比例增益，它是 $b_p = 0$ 和 $K_D = 0$ 的水轮机调节系统的接力器行程相对偏差 y 与阶跃被控参量相对偏差 x 之比的负数；

$\qquad K_I$——积分增益（1/s），它是 $b_p = 0$ 的水轮机调节系统的接力器速度 dy/dt 与给定被控参量相对偏差之比的负数，即 $K_I = -(dy/dt)/x$；

$\qquad K_D$——微分增益（s），它是 $b_p = 0$ 和 $K_D = 0$ 的水轮机调节系统的接力器行程相对偏差 y 与被控参量相对变化率 dx/dt 之比的负数，即 $K_D = -y/(dy/dt)$。

式中，等式右端的负号表示正的频差信号对应于负的接力器开度偏差。

PID 调节器对频率阶跃变化输入 Δx 的响应特性如图 1-48 所示。直线段 EB 是积分的作用，延长 EB 与纵轴 y 交于 D 点，与横轴交于 A 点，微分衰减段 BF 延长交于 C 点。

(1) 比例作用体现在图 1-48 所示的 OD 段所代表的值，即

$$OD = K_P \Delta x = Y_P$$

OD 在数值上等于比例系数 K_P 与频率阶跃变化值 x 的乘积，记为比例分量 Y_P。

（2）微分作用，图 1-48 所示曲线 *OFB* 是由于微分作用引起的分量，其最大值为 *CD* 线段的长度，它代表了微分作用的峰值。

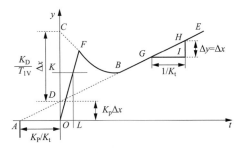

$$CD = K_D/T_{IV}\Delta x = Y_{DM}$$

式中　Y_{DM}——微分作用的最大输出值。

　　　T_{IV}——微分衰减时间常数，一般取扫描周期 τ 的 6～10 倍数。在参数建模的时候，如果仿真仪器足够精良，控

图 1-48　PID 调节器对频率阶跃
变化输入 Δx 的响应特性

制器模拟量输出周期足够小，一般 *CD* 的数值是可以抓取到的。很完善的建模试验，还会对 T_{IV} 进行测试。其测试方法为，在 *CD* 上取一点 *K*，使得 $CK = 0.63CD$，在 *K* 点平行与 *OF* 相交于一点，该点的横坐标的时间 *OL* 就是 T_{IV}。这里会有人问，为什么是 0.63，一是有理论支撑，二是可以根据理论的时间常数反推，发现每次都是在 0.63 处。

调节器单微分输出的过渡过程曲线如图 1-49 所示。

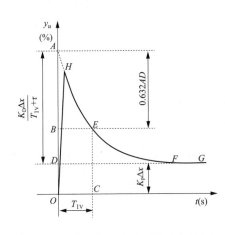

图 1-49　调节器单微分输出的过渡过程曲线

（3）积分作用，在图 1-48 所示直线段 *EB* 上截取线段 *HG*，使其纵坐标差值 *HI* 在数值上等于频率阶跃变化值，即 $\Delta Y = \Delta X$（这种等式不强调量纲的一致性，理论上不可以相等，这里表述纯粹为了方便计算而已），横坐标差值 $GI = 1/K_I$。因此，积分增益系数可以求解。

如果计算 K_I 还可以从其物理定义求解，$K_I = (\Delta y/\Delta t)/\Delta x$。$\Delta y/\Delta t$ 就是直线的斜率，这是好求的。Δx 是频差阶跃量（百分比）。从该式子可推导出 $\Delta t = (\Delta y/\Delta x) \times (1/K_I)$。如果如上所言，$\Delta y = \Delta x$，则 $\Delta t = 1/K_I$。

这就是图中所表述了的。这样或是一种比较清晰的表达。

（4）线段 *OA* 显然有

$$OA/OD = GI/HI$$

故有

$$OA = (GI/HI) \cdot OD = [(1/K_I)/\Delta x] \cdot K_P\Delta x$$

最后得

$$OA = K_P/K_I$$

知道 *OA*、K_P 了，自然知道 K_I。同理，知道 *OA*、K_I 了，自然知道 K_P。

对微机调节器来说，由于不存在接力器最短开启/关闭时间的限制，因此图 1-48 所示的

起始响应可用线段 OCB 取代线段 OFB。

上文的各种参数之间是有内部联系的，即

$$K_P = \frac{T_d + T_n}{b_t T_d} \approx \frac{1}{b_t}, K_I = \frac{1}{b_t T_d}, K_D = \frac{T_n}{b_t}$$

$$b_t \approx \frac{1}{K_P}, T_d \approx \frac{K_P}{K_I} = \frac{1}{K_I b_t}, T_n \approx \frac{K_D}{K_P} = K_D b_t$$

（四）接力器反应时间常数 T_y

水轮机调速器技术条件规定，接力器反应时间常数 T_y 是接力器带一定的负载，是其相对速度与主配压阀相对行程关系曲线斜率的倒数。其数学表达式为

$$T_y = \frac{dy_1}{d\left(\frac{dy}{dt}\right)}, 所以 \frac{1}{T_y} = \frac{d\left(\frac{dy}{dt}\right)}{dy_1}$$

如图 1-50 所示，横坐标是主配压阀阀芯的位移，纵坐标是接力器的移动速度，曲线的斜率就是 $1/T_y$。那么问题来了，这个曲线如何测试呢。曲线实质就是描点拟合。点怎么来呢，实测。每一个点，是一个二维数据，不同的阀芯位移（开口），对应一个接力器速度，

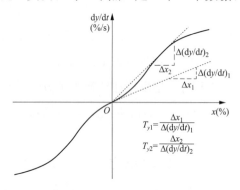

图 1-50 接力器响应时间常数 T_y

这是肯定。因此，我们只要不断地改变阀芯位移（逐点由小到大，并保持片刻），并记录接力器的速度（仪器录波是可以做到的）。开关两个方向，次数做多一些，就可以了。靠近主配压阀中间位置处，曲线出现明显的非线性，这是由主配压阀搭接量引起的，这使得这个区间的 T_y 有较大的数值。而大于主配压阀搭接量的区域接近于线性的区段，则有较小的 T_y 值。

但说起来容易做起来难，难点在于如何让主配压阀阀芯移动到需要的位置，并保持一会。如果控制系统弄成开环，接力器是发散的，主配压阀会抽动；如果是闭环，闭环的控制特性会使主配压阀阀芯的移动规律是脉冲尖峰，如图 1-51 所示，而不是冲到一个位置保持不动。图 1-51（b）是我们需要的。至于如何做到，根据多年的经验，在后文会详述之。总之不是频率阶跃法，也不是开度阶跃法。

三、调速器与调节对象的（调节系统）动态特性

（一）被控制系统的参数

1. 水流惯性时间常数

水流惯性时间常数 T_w 是在额定工况下，表征过水管道中水流惯性的特征时间。其表达

式为

$$T_w = \frac{Q_r}{gH} \sum \frac{L}{S} = \sum \frac{Lv}{gH}$$

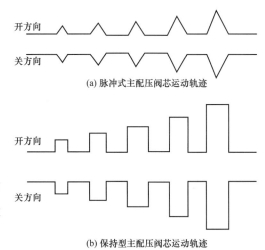

(a) 脉冲式主配压阀阀芯运动轨迹

(b) 保持型主配压阀阀芯运动轨迹

图1-51 主配压阀阀芯运行轨迹曲线

式中　S——每段过水管道的截面积，m^2；

　　　L——相应每段过水管道的长度，m；

　　　v——相应每段过水管道的流速，m/s；

　　　g——质量加速度，m/s^2。

Lv 为流道系数、管道特性系数，其包含以下部分：压力钢管段、蜗壳段、尾水管段（直锥段、肘管段、扩算段）。

其物理概念是在额定水头 H_r 作用下，过水管道内的流量 Q 由 0 加大至额定流量 Q_r 所需要的时间。这里问题来了，就是导叶应该处在什么位置？若导叶在全开，又在额定水头，实际运行是不可能的，因为导叶开启一定是有时间存在。所以，根据这个定义去实测还是很难的。

根据了解，目前有技术可以做到其实测，通过对水轮机组进行甩负荷或快减负荷试验的方法获取水轮机流量、蜗壳水压、接力器行程的动态响应数据及曲线；根据流量变化与水压变化的关系得到水流惯性时间常数解析公式和数值计算公式，从而直接获取其数值。

2. 机组惯性时间常数

机组惯性时间常数 T_a 是机组在额定转速时的动量矩与额定转矩之比。T_a 表达式为

$$T_a = \frac{J_{\omega_r}}{M_r} = \frac{GD^2 n_r^2}{3580 P_r}$$

式中　$J_{\omega r}$——额定转速时机组的惯性矩，$kg \cdot m^2$；

　　　M_r——机组的额定转矩，$N \cdot m$；

　　　GD^2——机组飞轮力矩，$kN \cdot m^2$；

　　　n_r——机组的额定转速，r/min；

　　　P_r——机组的额定功率，kW，研究电力系统机电暂态过程时常用视在功率 S_0 代替有功功率 P_r。

当上述 GD^2、P_r、n_r 分别采用 $kN \cdot m^2$、kW 和 r/min 时，其表达式为

$$T_a = \frac{J_{\omega_r}}{M_r} = \frac{GD^2 n_r^2}{365 P_r}$$

T_a 的物理概念（物理意义）是在额定力矩 M_r 作用下，机组转速 n 由 0 上升至额定转速 n_r 所需要的时间。

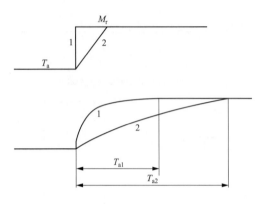

图 1-52　不同力矩下转速上升时间

这样依然还是存在一个问题，就是机组达到额定转矩也是有时间的，不可能一开始就产生一个额定力矩。这样，转速的上升特性也肯定是不同的，如图 1-52 表示。

机组惯性应包括发电机、水轮机以及流道水体惯性，通过甩 50% 以上额定负荷测试机组惯性时间常数。

根据甩负荷录波图（见图 1-53），求出甩负荷起始时刻转速变化曲线的斜率 $\mathrm{d}(\Delta n/n_r)_0/\mathrm{d}t$，即可按下式得出

$$T_a = \frac{P_0/P_r}{\mathrm{d}(\Delta n/n_r)_0/\mathrm{d}t}$$

式中　P_0——机组甩负荷幅度，kW；

　　　P_r——机组额定功率，kW；

　　　Δn——机组转速变化，r/min；

　　　n_r——机组额定转速，r/min。

3. 负载惯性时间常数

负载惯性时间常数 T_b 是由电网引起的动量矩与额定转矩之比，是一个电网负荷具有类似于机组惯性时间常数的参数。

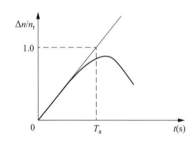

图 1-53　甩负荷时机组加速过程曲线

4. 管道反射时间

管道反射时间 T_r 是压力波在引水管内往返一次所经历的时间，其表达式为

$$T_r = \frac{2\sum L}{a}$$

式中　L——相应每段引水管的长度，m；

　　　a——压力波在每段引水管中的传播速度，m/s。

同样，这个概念对调速器的应用而言并不是很重要，但可以更好地理解调速器，有助于分析问题。但，要想理解水击现象、调压井、分段关闭等，就不能不认真分析。压力波是一种复杂现象，是波的一种，是一种能量的表现，和水速不能混为一谈。

5. 水轮机转矩对转速的传递系数

水轮机转矩对转速的传递系数 $e_t(e_x)$ 是水头和主接力器行程恒定时，水轮机转矩相对偏差值与转速相对偏差值的关系曲线在所取转速点的斜率（水轮机力矩对转速的偏导数），又称水轮机的自调节系数，即

$$e_x = e_t = \frac{\partial_m}{\partial_x}, e_x = e_t = \frac{\partial \dfrac{M_t}{M_r}}{\partial \dfrac{\omega}{\omega_r}}$$

6. 发电机负载转矩对转速的传递系数

发电机负载转矩对转速的传递系数 e_g 是在规定的电网负荷情况下，发电机负荷转矩相对偏差值与转速相对偏差值的关系曲线在所取转速点的斜率（发电机负荷力矩对转速的偏导数），又称发电机负载自调节系数。

$$e_g = \frac{\partial m_g}{\partial x_{nx}} = \frac{\partial \dfrac{M_g}{M_r}}{\partial \dfrac{\omega}{\omega_r}}$$

7. 被控制系统自调节系数

被控制系统自调节系数 $e_n = e_g - e_t$，这样水轮机力矩至发电机转速的传递函数可表示为

$$G_g(s) = \frac{1}{T_a s + e_n}$$

它是一阶惯性环节。发电机频率特性见图 1-54，发电机阶跃响应见图 1-55。

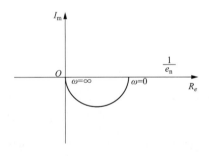

图 1-54　发电机频率特性

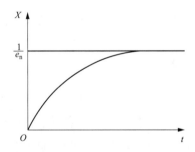

图 1-55　发电机阶跃响应

频率特性可写为 $G_g(j\omega) = \dfrac{1}{T_a j\omega + e_n}$

由此，$\omega = 0$ 时，$G_g(j\omega) = \dfrac{1}{e_n}$；$\omega \to \infty$ 时，$G_g(j\omega) = 0$。频率特性是位于第四象限的半个圆。由频率特性知，当 $t = 0$ 时，$x(0) = 0$；当 $t \to \infty$ 时，$x(t) = \dfrac{1}{e_n}$，其过程为一指数曲线。

由此引申，这里首次出现无穷大，可提出一个有趣的数学现象"莫比乌斯带"：拿一张白的长纸条，把一面涂成黑色，然后把其中一端翻一个身，粘成一个莫比乌斯带，如图 1-56 所示。一人可以走遍整个曲面而不必跨过它的边缘，也就是说，它的曲面只有一个。

8. 电网负载特性系数

电网负载特性系数 e_b 是电网负载的相对转矩变化 dm 与相对转速变化 dx_n 之比，即

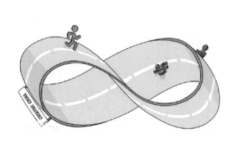

$$e_b = \frac{\mathrm{d}m}{\mathrm{d}x} = \frac{\mathrm{d}\Delta M/M_r}{\mathrm{d}x}$$

在实践中系数 e_b 为

$$e_b = \frac{\dfrac{\Delta P_G}{P_{G1}}}{x_n} - 1$$

式中　ΔP_G——功率变化值；

　　　P_{G1}——电网吸收的实际功率；

　　　x_n——相对转速变化。

图 1-56　莫比乌斯带

令 $\dfrac{\dfrac{\Delta P_G}{P_{G1}}}{x_n} = K_H$，定义为负载功率特性系数，则

$$e_b = K_H - 1$$

e_b 和 e_g 是可以转换的，转换关系式可查。两个数也可以根据实验测定数据来求取。在实验时，要求保持用户组成和工况不变，保持电压校正器均投入运行，在实验中不得进行任何人为的电压调整。实验开始后，将输入到电网的功率适量变化，全电网各记录点在规定时间内同时准确记录稳态功率变化及其相应的稳态频率变化和电压变化。

（二）调速器及其控制对象的数学模型

控制对象包括有压过水系统、水轮发电机组和电力网络，其中引水系统和水轮机合称水轮机组段。对于水轮机组段的研究，虽然原则上可以用各种数值方法（如三维有限元）求解分析水轮机内水的流动，或者用几何参数定性地表示水轮机的过流量和力矩等，但实际上仍然只能依靠模型实验的方法来求得水轮机特性的定量表示。目前还只能用水轮机稳态特性来分析调节系统的动态过程。实践证明，在工况变化速度不太高，如 $\omega < 1 1/s$ 时使用水轮机稳态特性得出的理论结果与实测结果是比较接近的。对于发电机和电力网络则可以用一组微分-代数方程来描述。另外，对于设计控制器而言，应避免在模型中使用复杂的电力网络参数，否则不容易求解控制规律。

1. 有压引水系统模型

水力发电厂压力引水系统是由不同截面的过水段组成，包括压力进水管道、水轮机过水管道、排水管道等。在水轮机调节过程中，由于水流惯性的影响会发生水击造成"反调"现象，从而恶化了系统的动态调节过程。图 1-57 所示为单管单机有压管道示意图。

我们知道，图 1-57 所示有压管道内非恒定流可用下述偏微分方程来描述（前一个为动量方程，后一个为连续方程），即

图 1-57　单管单机有压管道示意图

$$\begin{cases} \dfrac{\partial H}{\partial x} + \dfrac{1}{gA}\dfrac{\partial Q}{\partial t} + \dfrac{fQ^2}{2gDA^2} = 0 \\[3mm] \dfrac{\partial Q}{\partial x} + \dfrac{gA}{a^2}\dfrac{\partial H}{\partial t} = 0 \end{cases} \tag{1-11}$$

式中　H——压力；

　　　x——上游端开始计算的长度；

　　　A——截面；

　　　Q——流量；

　　　f——摩擦损失系数；

　　　D——管路直径；

　　　a——波速。

经推导可得：1、2 断面流量和压力之间的关系式为

$$\begin{bmatrix} H_1(s) \\ Q_1(s) \end{bmatrix} = \begin{bmatrix} c(r\Delta x) & -Z_c s(r\Delta x) \\ -\dfrac{s(r\Delta x)}{Z_c} & c(r\Delta x) \end{bmatrix} \begin{bmatrix} H_2(s) \\ Q_2(s) \end{bmatrix} \tag{1-12}$$

和

$$\begin{bmatrix} H_2(s) \\ Q_2(s) \end{bmatrix} = \begin{bmatrix} c(r\Delta x) & Z_c s(r\Delta x) \\ \dfrac{s(r\Delta x)}{Z_c} & c(r\Delta x) \end{bmatrix} \begin{bmatrix} H_1(s) \\ Q_1(s) \end{bmatrix} \tag{1-13}$$

上式中
$$\begin{cases} r = \sqrt{LCs^2 + RCs} \\[3mm] Z_c = \dfrac{r}{Cs} \\[3mm] L = \dfrac{Q_0}{gAH_0} \\[3mm] C = \dfrac{gAH_0}{a^2 Q_0} \\[3mm] R = \dfrac{fQ_0^2}{gDA^2 H_0} \end{cases} \tag{1-14}$$

不考虑水头损失时，$r = \dfrac{1}{a}s$，则 $Z_c = 2w$，式中 $w = \dfrac{aQ_0}{2gAH_0}$，为水管特征系数。

图 1-58 所示有压系统，根据式（1-12），对于 A、B 断面可得

$$\begin{bmatrix} H_A(s) \\ Q_A(s) \end{bmatrix} = \begin{bmatrix} c(r\Delta x) & -Z_c s(r\Delta x) \\ -\dfrac{s(r\Delta x)}{Z_c} & c(r\Delta x) \end{bmatrix} \begin{bmatrix} H_B(s) \\ Q_B(s) \end{bmatrix} \tag{1-15}$$

根据 $H_B(s) = 0$（上游水位不变），$\Delta x = L$，得

$$\dfrac{H_A(s)}{Q_A(s)} = -Z_c\dfrac{s(rl)}{c(rl)} = -Z_c t(rl) \tag{1-16}$$

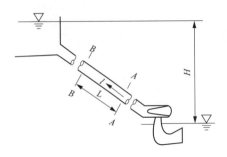

图 1-58 有压引水系统及示意图

不计水头损失，将 $r=\dfrac{1}{a}s$，$Z_c=2w$ 代入式（1-16）得 A 点的水击传递函数为

$$G(s) = \frac{H_A(s)}{Q_A(s)} = -2wt(0.5T_rs) \quad (1-17)$$

式中：$T_r=\dfrac{2L}{a}$，为相长，由于式（1-17）含双曲正切函数，使用不方便，利用级数展开，可得下述两种实用计算公式，即

$$G(s) = -2w\frac{\dfrac{1}{48}T_r^3s^3+\dfrac{1}{2}T_rs}{\dfrac{1}{8}T_r^2s^2+1} \quad (1-18)$$

$$G(s) = -2w(0.5T_rs) = -T_ws \quad (1-19)$$

式中　T_w——水流惯性时间常数，$T_w=\dfrac{LQ_0}{gAH_0}$。式（1-17）、式（1-18）称为弹性水击模型，式（1-19）则称为刚性水击模型。三式中都没有考虑沿程水头损失。

上述说明过程中，都认为管道是等截面的。若管道截面不等，则需将管道分成若干段，分别计算，即

$$L = \sum_{i=1}^{n}L_i,\ A = \frac{\sum_{i=1}^{n}L_i}{\sum_{i=1}^{n}\dfrac{L_i}{A_i}},\ T_r = \sum_{i=1}^{n}\frac{2L_i}{a_i},\ w = \frac{aQ_0}{2gH_0A},\ T_w = \frac{\sum_{i=1}^{n}\dfrac{L_i}{A_i}Q_0}{gH_0}$$

T_w 的物理意义是压力引水系统中的水流在不变的水头 H 作用下，如不考虑管道内的水力损失，流量（流速）从零增大到 Q_r（或 V_r）所需要的时间。因此，T_w 也称为水流加速时间，表征引水系统中水流惯性的重要参数。在其他条件相同时，T_w 越大，水击压力值也越大，对调节过程的影响也越大。

对于大型水力发电厂（单机 200MW 以上），大都属于单机单管引水的混流式机组，引水管道也不是太长，所以式（1-17）、式（1-18）、式（1-19）基本上是适用的。

考虑刚性水击，其水力系统传递函数可表达为 $G(s)=-T_ws$。

2. 水轮机模型

水轮机具有复杂的非线性时变特性，对其动态特性的研究至今尚不完善。原则上，应使用水轮机的动态特性来分析调节系统，但后者至今也无法用模型试验来求得。因此目前只能用水轮机的稳态特性来分析其动态特性，在工况变化不剧烈的情况下，这种分析得出的理论结果和实测结果的误差是允许的。

对于混流式水轮机，可用水力矩 M_t、流量 Q、水头 H、转速 n 和导叶开度 a 等表示其

动态特性，即

$$\begin{cases} M_t = M_t(H,n,a) \\ Q = Q(H,n,a) \end{cases} \tag{1-20}$$

由于导叶开度 a 与接力器行程 Y 有着对应关系，式（1-20）中 a 也可用 Y 代替。考虑小波动情况下，水轮机动态特性可在工作点用台劳级数展开，并取第一项，则

$$\begin{cases} \Delta M_t = \dfrac{\partial M_t}{\partial H}\Delta H + \dfrac{\partial M_t}{\partial n}\Delta n + \dfrac{\partial M_t}{\partial Y}\Delta Y \\ \Delta Q = \dfrac{\partial Q}{\partial H}\Delta H + \dfrac{\partial Q}{\partial n}\Delta n + \dfrac{\partial Q}{\partial Y}\Delta Y \end{cases} \tag{1-21}$$

用偏差值表示为

$$\begin{cases} M_t = e_h + e_x x + e_y y \\ q = e_q h + e_{qx} x + e_{qy} y \end{cases} \tag{1-22}$$

式中　　$M_t = \dfrac{\Delta M_t}{M_r}$ ——水轮机水力矩偏差相对值；

$h = \dfrac{\Delta H}{H_r}$ ——水头偏差相对值；

$x = \dfrac{\Delta n}{n_r}$ ——转速偏差相对值；

$y = \dfrac{\Delta Y}{Y_M}$ ——接力器行程（导叶开度）偏差相对值；

$q = \dfrac{\Delta Q}{Q_r}$ ——流量偏差相对值；

$e_h = \dfrac{\partial m_t}{\partial h}$ ——水轮机水力矩偏差相对值对水头偏差相对值的传递函数；

$e_x = \dfrac{\partial m_t}{\partial x}$ ——水轮机水力矩偏差相对值对转速偏差相对值的传递函数；

$e_y = \dfrac{\partial m_t}{\partial y}$ ——水轮机水力矩偏差相对值对导叶开度偏差相对值的传递函数；

$e_q = \dfrac{\partial q}{\partial h}$ ——流量偏差相对值对水头偏差相对值的传递函数；

$e_{qx} = \dfrac{\partial q}{\partial x}$ ——流量偏差相对值对转速偏差相对值的传递函数；

$e_{qy} = \dfrac{\partial q}{\partial y}$ ——流量偏差相对值对导叶开度偏差相对值的传递函数。

在额定工作点附近，转速变化很小，不考虑转速变化对水轮机力矩和流量的影响，得到水轮机导叶开度变化对力矩影响的方块图，见图 1-59。

水轮机组段传递函数为

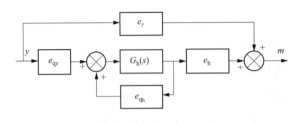

图 1-59　导叶开度变化对力矩影响的方块图

$$G(s) = \frac{e_y - (e_{qy}e - e_q e_y)T_w s}{1 + e_q T_w s} \tag{1-23}$$

对于理想水轮机，则有

$$G(s) = \frac{1 - T_w s}{1 + 0.5 T_w s} \tag{1-24}$$

3. 液压随动系统模型

调速器输出的控制信号经过电液转换器变成液压信号，再通过引导阀、主配压阀逐级放大，最后推动主接力器动作，带动水轮机导叶开启或关闭。这部分通常是一个随动系统，对于混流式机组，只有导叶调节，其液压模型相对简单，如图 1-60 所示。对于把控制信号转换为导叶开度的接力器，其模型相对比较简单。

从图 1-60 中可得

$$y = \frac{1}{1 + T_y s} u \tag{1-25}$$

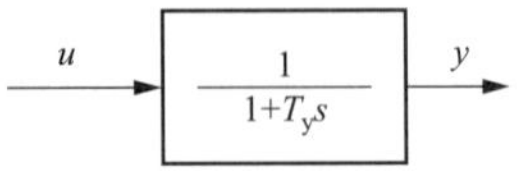

图 1-60　液压随动系统模型

式中　u——控制信号；

　　　y——导叶开度；

　　　T_y——接力器时间常数。

再考虑理想水轮机的水轮机组段模型，两模型可以描述为（导叶开度统一用 y 来表示）

$$\begin{cases} m = \dfrac{1 - T_w s}{1 + 0.5 T_w s} y \\ y = \dfrac{1}{1 + T_y s} u \end{cases} \tag{1-26}$$

式中　m——机械力，写成微分方程的格式为

$$\begin{cases} \dot{m} = \dfrac{2}{T_w}\left[-m + y - \dfrac{T_w}{T_y}(-y + u) \right] \\ \dot{y} = \dfrac{1}{T_y}(-y + u) \end{cases} \tag{1-27}$$

$$P_m = \omega \cdot m \tag{1-28}$$

如果频率 ω 变化很小，计算机械功率 P_m 时可近似认为频率 ω 为额定。

则式（1-27）中力矩 m 可以用机械功率 P_m 近似代替，即

$$\begin{cases} \dot{P}_m = \dfrac{2}{T_w}\left[-P_m + y - \dfrac{T_w}{T_y}(-y + u) \right] \\ \dot{y} = \dfrac{1}{T_y}(-y + u) \end{cases} \tag{1-29}$$

现代水轮机调速器都普遍采用了调节器＋电液随动系统的结构，即由模拟电路或微机产

生所需的控制规律，而液压放大部分自行闭环，形成一个相对独立的电液随动系统。多年来，人们普遍将注意力集中在新型控制律的研究之上，如基于极点配置的 PID 控制律、自适应控制律、模糊控制律、智能控制律等。而对电液随动系统的处理仅仅是简单地将辅助接力器（或中间接力器）和主接力器这两个具有积分性质的液压放大环节闭环，按典型的二阶环节设计方法，通过设计内环反馈增益（对流量输出型电液转换器）和综合放大器的放大倍数使得电液随动系统达到理论上的最优。然而，实际调试经验表明，用这种方法得到的参数往往与实际相差甚远。通常是，为保证随动系统的动态稳定性，不得不将综合放大器的放大倍数调整得很小或将内环反馈增益调得很大，结果使得系统的静态精度大幅度降低，转速死区大幅度升高，以至于有可能使调速系统的静态指标不能达到国家规定的标准。将以基本线性系统为出发点，以 SIMULINK 作为主要工具，分析非线性因素和高阶因素对电液随动系统的影响。

调速器电液随动系统的仿真模型如图 1-61 所示。调速器输出的控制信号和主配压阀的反馈信号经过综合放大，通过电液转换器变成液压信号，再通过主配压阀逐级放大，最后推动主接力器动作，带动水轮机导叶开启或关闭。这部分通常是一个随动系统，对于一些电站混流式机组，只有导叶调节，其液压模型相对简单。

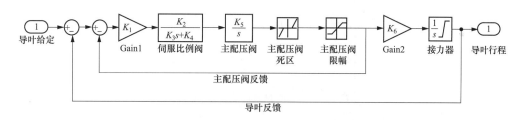

图 1-61　调速器电液随动系统的仿真模型

4. 同步发电机及负载模型

采用两阶发电机模型（其中第一个方程为发电机转子角度 δ 的运动方程，第二个为发电机转子运动方程）得

$$\begin{cases} T_a \dfrac{d\omega}{dt} = M_m - M_e - M_D \\ \dfrac{d\delta}{dt} = \omega - \omega_0 \end{cases} \tag{1-30}$$

式中　　　T_a——发电机转动惯量时间常数；

ω_0——系统转速基值；

M_m、M_e、M_D——机械转矩、电磁转矩、阻尼转矩，其中阻尼转矩主要与转速有关。

在额定转速附近，ω 变化很小，可近似认为 $M_m = P_m$，$M_e = P_e$，$M_D = P_D$。

另有 $P_D = D\omega$，D 为阻尼系数，全部采用标幺值，式（1-30）可变为

$$\begin{cases} \dot{\omega} = \dfrac{1}{T_a}[P_m - D(\omega - 1) - P_e] \\ \dot{\delta} = (\omega - 1)\omega_0 \end{cases} \tag{1-31}$$

其中 $$\omega_0 = 2\pi f_0$$

$$P_e = \frac{E'_q U_s}{x'_d}\sin\delta + \frac{U_s^2}{2}\frac{(x'_d - x_q)}{x'_d x_q}\sin 2\delta \tag{1-32}$$

式中　ω——角速度；

　　　E'_q——q 轴暂态电势；

　　　U_s——母线电压；

　　　δ——发电机转子角度；

　　　x'_d——d 轴暂态电抗；

　　　x_q——q 轴电抗。

5. 包括水轮机组段-发电机-电力网络的整体系统模型

根据式（1-29）、式（1-31）可建立包括水轮机组段-发电机-电力网络的整体系统模型，即

$$\begin{cases} \dot{\delta} = (\omega - 1)\omega_0 \\ \dot{\omega} = \dfrac{1}{T_a}[P_m - D(\omega - 1) - P_e] \\ \dot{P}_m = \dfrac{2}{T_w}[-P_m + y - T_w \dot{y}] \\ \dot{y} = \dfrac{1}{T_y}(-y + u) \end{cases} \tag{1-33}$$

其中 $$P_e = \frac{E'_q U_s}{x'_d}\sin\delta + \frac{U_s^2}{2}\frac{(x'_d - x_q)}{x'_d x_q}\sin 2\delta \tag{1-34}$$

此处 $\omega_0 = 2\pi f_0$，考虑频率变化很小，计算机械功率时可近似认为频率为额定。

式中　T_w——水击时间常数；

　　　T_y——接力器时间常数；

　　　u——导叶控制变量。

6. 调速系统

调速系统模型可分为两部分，图 1-62 所示为水轮机调节系统调节器模型，其中 C_f 为频率给定，C_y 为开度给定（负荷给定）。SAFR-2000H 系统转速调节采用改进型 PID 控制，与经典 PID 相比，主要是 b_p 反馈的输入点不同。具体参数说明如下：

比例 K_P：空载工况，1~5；负载工况，1~8。

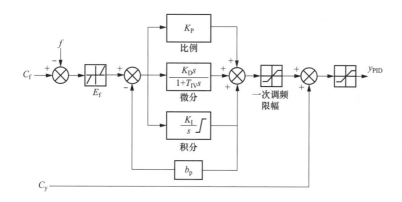

图 1-62　水轮机调节系统调节器模型

积分 K_I：空载工况，0.05～0.5；负载工况，1～8。

微分 K_D：空载工况，1～10，负载工况，1～5。

死区 E_f：空载工况，0；负载工况，0～0.5 可调整。

调差率 b_p：空载工况，0；负载工况，0.04～0.06 可调整。

微机调速器的传递函数为

$$G_P(s) = K_P\left(1 + \frac{1}{TIS} + TDS\right)$$

第二部分为水轮机调节系统执行机构模型，见图 1-63，图中：

比例 K_{P2}：导叶闭环调节增益，1～10。

积分 K_{I2}：导叶闭环调节积分，1～10。

微分 K_{D2}：导叶闭环调节微分，1～10。

T_{y1}：比例伺服阀及主配压阀反应时间常数。

T_y：导叶接力器反应时间常数。

$\boxed{\varepsilon^{-\tau s}}$ 为延时环节，后面依为死区环节、限幅环节、接力器积分环节。

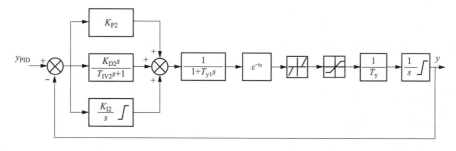

图 1-63　水轮机调节系统执行机构模型

需要说明的是，上述为执行机构模型，接力器本身为积分器，在前端的 PID 模型里一般不包含积分环节，在调节到位后，积分要进行清零处理，否则接力器无法稳定。再就是在实际应用中，接力器很稳定，微分环节一般也不需要。

执行机构为数字控制的执行机构，由综合放大环节、电液伺服环节（比例阀）、配压阀及主接力器等环节构成。该模型中另有部分速度限制、限幅等非线性环节，主配压阀和接力器（火力发电称为油动机）环节的开关速度是不一样的，经过归并简化得到图 1-64 所示的模型。

（三）技术标准对水轮机调节系统动态特性指标

（1）调速器应保证机组在各种工况和运行方式下的稳定性指标。

手动空载工况（发电机励磁在自动方式下工作）运行时，水轮发电机组转速摆动相对值对大型调速器来说不得超过 ±0.2%；对中、小型和特小型调速器来说均不得超过 ±0.3%，当调速器控制水轮发电机组在空载工况自动运行时，在选择调速器运行参数时，待稳定后所记录 3min 内的转速摆动值应满足下列要求：

1）对于大型电气液压调速器，不超过 ±0.15%。

2）对于大型机械液压调速器和中、小型调速器，不超过 ±0.25%。

3）对于特小型调速器，不超过 ±0.3%。

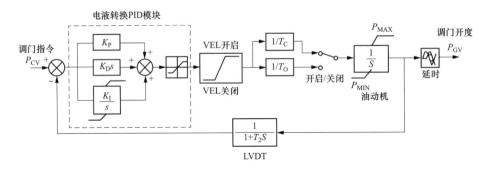

图 1-64　电液伺服系统模型

（2）如果机组手动空载时的转速摆动相对值大于规定值，那么其自动空载转速摆动相对值不得大于相应手动空载转速摆动相对值。

1）甩 25% 额定负荷后。机组甩 25% 负荷，转速或指令信号按规定形式变化，接力器不动时间 T_q：对于采用通径在 200mm 以下主配压阀的电液调节系统，不得超过 0.2s；通径 200mm 之上的系统，不超过 0.3s。对于采用先慢后快的特殊关机规律的除外。影响不动时间超标的因素很多，一旦超标也很难排查和处理。

2）甩 100% 额定负荷后。在转速变化过程中，超过 3% 额定转速以上的波峰不超过两次。

GB/T 9652.1—2019《水轮机调速系统技术条件》规定：从接力器第一次向开启方向移动到机组转速摆动值不超过 ±0.5% 为止所经历的时间应不大于 40s，IEC 61362《水轮机控制系统技术规范导则》规定：在甩负荷中，若记从甩负荷开始至出现最大转速上升值为止的

时间为 t_M，记从甩负荷开始到机组转速摆动值不超过 $\pm 0.1\%$ 为止的时间为 t_E，则 t_E/t_M 的推荐值对于冲击式机组为 $2.5 \sim 4.0$，对于高水头混流式机组为 15。

（3）技术标准对 T_a 和 T_w 的规定。

1）水轮机引水系统水流惯性时间常数 T_w：

a. 对于 PID 型调速器，不大于 4s；

b. 对于 PI 型调速器，不大于 2.5s。

2）机组惯性时间常数 T_a：

a. 对于反击式机组，不小于 4s；

b. 对于冲击式机组，不小于 2s；

3）惯性比率 R_1 比值 T_w/T_a 不大于 0.4。

其他方面，有些标准中未提到的技术指标，但实际应用和现场用户又非常重视的几个指标，在此也罗列如下，可以作为一个技术的努力方向。

比如，贯流机或轴流转桨机组，甩负荷时，会低频，低频就会灭磁，甚至停机。一般现场要求不低于 45Hz，如果低于 45Hz 励磁就灭磁，灭磁是不允许的。

再如，有的电站要求调速器掉电自关闭，有的电站要求掉电自复中，两者不能统一，其次掉电自复中，有的要求尽可能小漂移，最好不动，有的电站要求要有关闭方向的趋势，要缓慢关闭。缓慢关闭的速度全凭经验，也没技术指标。

第二章 │ 水轮机调速器电气控制系统

调速器电气控制部分是整个调速系统的核心，承担着数据采集、PID 计算、模式功能，以及输出和接口等，是电液伺服和机械液压系统行为的前级信号指令。

本章就 PID 控制模型、控制器结构、软件结构、电气反馈单元、控制流程等进行介绍。

第一节　调速器 PID 控制模型

一、控制简介

现代控制是在 20 世纪中期出现的，其实现代控制完全离不开经典控制，目前经典控制依然是现实生活中的控制的主流（常规控制）。

经典控制理论：以传递函数为基础，研究单输入-单输出一类的定常控制系统的分析与设计问题。

现代控制理论：以状态空间法为基础，研究多输入-多输出、时变、非线性一类控制系统的分析与设计问题。系统具有高精度和高效能的特点。

现代控制理论的三个阶段：

20 世纪 60 年代，数字计算机的出现为复杂系统的基于时域分析的现代控制理论提供了可能；

从 1960 年到 1980 年，确定性系统、随机系统的最佳控制，以及复杂系统的自适应和学习控制，都得到充分的研究。

从 1980 年到现在，现代控制理论进展集中于鲁棒控制、模糊控制及其相关课题。

现代控制是工业自动化的基础，自动化水平已成为衡量各行各业现代化水平的一个重要标志。自动控制系统可分为开环控制系统和闭环控制系统。一个控制系统包括控制器、传感器、变送器、执行机构、输入输出接口。控制器的输出经过输出接口、执行机构，加到被控系统上；控制系统的被控量，经过传感器、变送器，通过输入接口送到控制器。不同的控制系统，其传感器、变送器、执行机构是不一样的。比如压力控制系统要采用压力传感器，电加热控制系统的传感器是温度传感器。

（一）自动控制原理中的一些术语

自动控制原理中的一些术语及说明见表 2-1。

（二）自动控制系统示例

1. 人取书

动物本身就是一种复杂的高级的控制系统，比如人取桌子上的一本书的过程，可以视为一个反馈控制系统。手是被控对象，手位置是被控制量（即系统的输出量），产生控制作用的机构是眼睛、大脑和手臂，统称为控制装置。我们可以用图 2-1 的系统方块图来展示这个系统的基本组成及工作原理。

表 2-1 　　　　　　　　　　　　自动控制原理中的一些术语及说明

术语	诠释	说明
自动控制	在无人直接参与的情况下，通过控制器使被控对象或过程自动地按照预定要求进行	有别于人工控制；其实把人看作"设备"，其行为也反映出自动控制的特征
对象	是一个设备，它是由一些机器零件有机地组合在一起的，其作用是完成一个特定的动作	对象有直接对象、间接对象和最终对象之分。在控制中，控制的目标一般是对象的某种状态
过程	称任何被控制的运行状态为过程，其具体例子如化学过程、经济学过程、生物学过程	过程，是一个传递性的东西，和变化、动作、传递联系紧密
系统	完成一定任务的一些元件、部件的组合。这里要注意一些概念：元件、部件、零件、设备、装置等，这些与系统的关系	系统一词很宽泛，需谨慎使用。但往往人们对一个事物不熟悉，常常冠以系统二字概括，实为大谬
扰动	扰动是一种对系统的输出产生不利影响的信号。如果扰动产生在系统内部称为内扰；扰动产生在系统外部，则称为外扰。外扰是系统的输入量之一	扰动是必然存在的，这是事物本身相互联系和自身运动的结果。与控制目标相矛盾，正是因为不确定因素存在，控制才有意义
反馈	将系统的输出返回到输入端并以某种方式改变输入，进而影响系统功能的过程，即将输出量通过恰当的检测装置返回到输入端并与输入量进行比较的过程。一般由反馈装置及其表述特征的信号组成，比如位移传感器	分为正反馈和负反馈。如果要扩大事端，把事搞大、失控，就采用正反馈，比如炸弹、原子弹等均是正反馈原理。负反馈是把目标收住，使其受控。大部分控制是采用负反馈。反馈本质是测量偏差、利用偏差、减少（乃至消除）偏差
反馈控制	反馈控制是这样一种控制过程，它能够在存在扰动的情况下，力图减小系统的输出量与参考输入量（也称参考量）（或者任意变化的希望的状态）之间的偏差，而且其工作正是基于这一偏差基础之上的	这是一个抽象的概念，控制肯定基于反馈，当然也有根据预设模型进行开环"控制"。利用预知的模型（经过大量的数据和经验，采用科学算法等）或公式进行输出，实质已经不是控制的范畴了
反馈控制系统	反馈控制系统是一种能对输出量与参考输入量进行比较，并力图保持两者之间的既定关系的系统，它利用输出量与输入量的偏差来进行控制	应当指出，反馈控制系统不限于工程范畴，在各种非工程范畴内，诸如经济学和生物学中，也存在着反馈控制系统
随动系统	随动系统是一种反馈控制系统，在这种系统中，输出量是机械位移、速度或者加速度。因此，随动系统这个术语，与位置（或速度或加速度）控制系统是同义语。在现代工业中，广泛采用随动系统	随动是动态的，跟随动作。控制中往往是指它的特性
过程控制	在工业生产过程中，诸如对压力、温度、湿度、流量、频率以及原料、燃料成分比例等方面的控制，称为过程控制	过程控制在技术和管理上均是一门专门学科，这里的过程控制就是实时控制

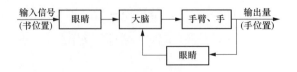

图 2-1　人取书的反馈控制系统方块图

眼睛在这里就是一个测量元件和反馈元件，一旦目盲了，就开环了，没有控制目标，没了控制反馈，就失控了。

2. 集水井液位控制系统

水电机组检修时，需要以自流的方式排空压力钢管的水，但蜗壳和尾水管的水无法排空，这时需要先将其内的水自流至位置更低的检修集水井，然后利用多台排水泵将水抽排至厂外下游河道。这套检修排水系统，多为人工完成。

蜗壳和尾水管内的水是通过一个可调节开口大小盘型阀自流到集水井，这里就存在一个集水井水位控制。如果盘型阀开口过大，水泵来不及排除，集水井内的水将溢出，如果盘型阀开口过小，排水泵开启过多，水泵将吸入空气，损坏水泵。

针对上述问题，可以设计一套机组检修排水阀门与排水泵联动系统，实现盘型阀的远程操作，并通过控制系统与排水泵控制柜之间的信号交互，实现盘型阀与排水泵的自动联动控制，以减少排水作业人员需求和安全生产风险。

系统控制原理框图如图 2-2 所示。

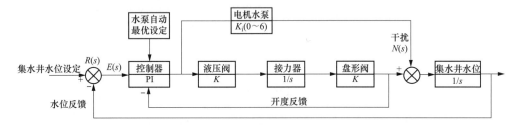

图 2-2　系统控制原理框图

以集水井水位的设定为控制目标，比较设定的水位和水位反馈的偏差，来设定盘型阀的开口大小和水泵启动台数。达到最快的排水目的。

系统控制示意图如图 2-3 所示，其中控制系统需要采集进水阀（盘型阀）的开度，集水井水位的高度，需配置相应的传感器。该系统保留手动控制功能。

3. PID 控制

PID 调节算法本身并不很复杂。PID 典型调节中有 K_P、K_I、K_D 三个主要参数，分别为比例增益参数、积分增益参数和微分增益参数。

比例增益参数 K_P：在调节中起拉快速度的主导作用；计算时根据设定值和实测值的差

值乘以比例系数得出一个Yp输出。选择合适的比例项参数，能够实现快速调节到目标值，满足调节快速的要求。

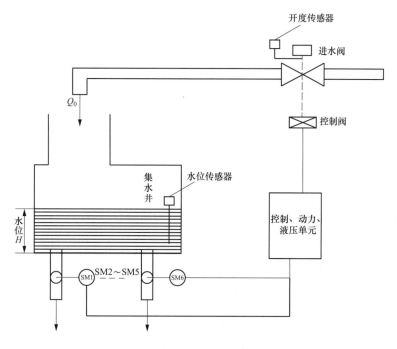

图 2-3　系统控制示意图

积分增益参数 K_I：是为了消除进入稳态后的稳态误差而引入的参数，该参数的计算调节是全过程的，在不到稳态时，也参与计算，只是在积分的实际处理上，输入端会有一定的偏差限制。

微分增益参数 K_D：为了克服调节中的惯性环节或滞后误差有可能出现超调振荡甚至失稳而引入的参数，可根据超调振荡的次数酌情选择，满足调节平滑的要求。计算时根据两次调节间实测值的差值乘以微分系数得出一个 Y_d。

并联 PID 最终的输出的调节脉宽即是这三者之和。

二、调速器的控制算法

水电机组调节系统由调速器和调节对象组成，调速器由调节器和电液随动系统两部分组成，调节对象包括压力引水系统、可逆式机组、电动发电机和电网。可见，机组调节系统是一个集水力、机械、电气为一体的复杂控制系统，选取合适的控制算法和调节规律，非常关键。本小节主要分析运行时的调速器控制算法。

（一）概述

轴流转桨机组调节系统水轮机方向运行示意图如图 2-4 所示。

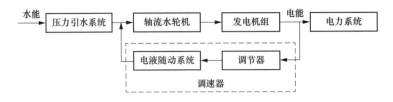

图 2-4　轴流转桨机组调节系统水轮机方向运行示意图

由于压力引水系统的水流惯性、水轮发电机组各个环节的非线性特性、机组传递函数随工况而改变的时变特性以及随时发生的电力系统负荷扰动，使得轴流转桨机组调节系统的控制十分困难。所以轴流转桨机组调速器必须选取合适的控制算法和调节规律，才能保证轴流转桨机组调节系统的稳定控制。

从调速器所采用的调节规律来看，传统的模拟式调速器的调节规律是 PI 或 PID 调节，而且只有空载和负荷两组参数。近年来，随着微机调速器硬件水平的提高和控制理论的发展，水轮机调节规律的研究也取得了很大进展，许多先进的调节规律相继出现，比如，从定参数 PI、PID，有级变参数 PID，发展到微机调速器时代的连续变参数适应式 PID 控制，自适应、变结构、变参数、自完善控制，模糊控制，人工神经网络控制等新型控制规律，这些研究成果在理论研究和工程实践中对调速器的发展均起着积极的推动作用。但是，目前国内外投入运行的微机调节器所采用的调节规律基本上都是常规 PID 型，而真正的高级控制策略用在微机调速器中还只限于仿真研究和试验阶段。

（二）调速器 PID 调节的特点

PID 调节器由于其结构简单，对模型误差具有鲁棒性，易于操作，参数易于调节，至今仍是生产过程自动化中使用最多的一种调节器。因此，PID 控制可以作为机组调节系统一种比较理想的控制方式。

1. PID 调节的功能

PID 控制中的比例作用相当于放大系数可以调整的放大器，其优点是不增加系统传递函数的阶次，有利于系统的稳定，装置简单易于实现。比例控制在水轮发电机组偏差出现时，能立即给出控制信号，使控制量朝着减小偏差的方向变化。但比例系数较小时控制信号也小，调节过程较慢；较大时又有可能破坏系统的动态特性，且单纯的比例作用会形成水轮机调节系统的静差。

积分作用对偏差进行记忆并积分，可以防止小偏差长期存在，有利于消除静差。一个带积分作用的控制器能够使闭环系统达到内稳并存在一个稳定状态。但在偏差出现初期，偏差比较小，此时无论是比例控制还是积分控制作用都比较小，因此，积分作用速动性差，具有滞后性。

微分作用是按照被调量偏差的变化速度来产生调节作用的，在偏差刚形成时，就能有较大的控制作用，从而加快调节过程。能在偏差过大之前进行有效的校正，因此，可以减小系统的最大偏差。增大微分控制作用可加快系统的响应速度，使超调量减小，增加系统稳定性。但微分作用对干扰十分敏感，使系统抑制干扰的能力降低。

机组调节系统的常规 PID 控制是按水轮发电机组转速偏差的比例、积分和微分的线性组合进行控制的方式，在工况确定的情况下适当地选择比例、积分、微分系数就可以使蓄能机组调节系统得到比较完善的动态和稳态性能。

2. 调速器并联 PID 调节和串联 PID 调节的特点

在水轮机调速器的 PID 调节中，又有并联 PID 和串联 PID（即频率微分＋缓冲式）两种结构，国内生产厂家均采用并联 PID 结构，从国外进口的大型机组的调速器有的采用串联 PID 结构。下面分析并联 PID 调节和串联 PID 调节两种结构的特点。图 2-5 和图 2-6 给出了并联 PID 和串联 PID 的传递函数结构图。

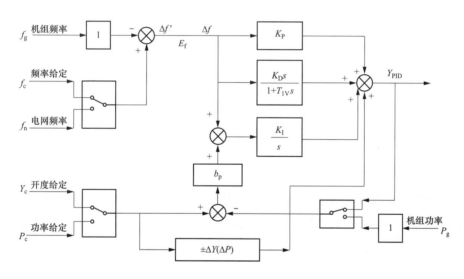

图 2-5　并联 PID 的传递函数结构图

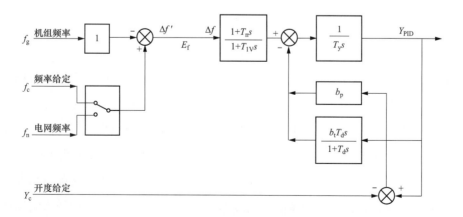

图 2-6　串联 PID 的传递函数结构图

图中：Δf——频率偏差；Y_{PID}——计算的导叶输出；K_P、K_I、K_D——比例增益、积分增益、微分增益；b_p——永态差值系数；b_t、T_d、T_n——暂态差值系数、缓冲时间常数、加速度时间常数；T_{1v}——微分衰减时间常数；T_y——主接力器时间常数。

在图 2-5 和图 2-6 中，当取 $b_p=0$ 和忽略 T_y、T_{1v} 的作用且不考虑开度或功率给定增量的作用时，机组频率 $\Delta f(s)$ 至导叶开度 $Y_{PID}(s)$ 的传递函数如下。

并联 PID 为

$$\frac{Y_{PID}(s)}{\Delta f(s)} = K_P + \frac{K_I}{s} + K_D s \tag{2-1}$$

串联 PID 为

$$\frac{Y_{PID}(s)}{\Delta f(s)} = \frac{T_d + T_n}{b_t T_d} + \frac{1}{b_t T_d s} + \frac{T_n s}{b_t} \tag{2-2}$$

可以看到，并联 PID 和串联 PID 有相同结构的传递函数。但当考虑开度或功率给定增量和 b_p 的作用时两种 PID 结构就会呈现不同的效果。

在并联 PID 结构中引入了开环增量环节，当开度给定 Y_c 或功率给定 P_c 为恒定值时，此环节不起作用；当 Y_c 或 P_c 以一定比例增减时，则有一相应的增量直接加在 PID 输出点。因而对开度给定或功率给定增量来说是一个比例、积分调节。当取 $\Delta f=0$ 时，则传递函数为

$$\frac{Y_{PID}(s)}{\Delta Y_c(s)} = 1 \tag{2-3}$$

式（2-3）表明，在开度给定 Y_c 或功率给定 P_c 增减过程中，导叶开度 Y_{PID} 可以瞬间跟踪 Y_c 或 P_c 的变化，这样就可以使调速器及时响应负荷给定的变化，减少滞后。

对于串联 PID 结构，当取 $\Delta f=0$ 时，开度给定 Y_c 至导叶开度 Y_{PID} 的传递函数为

$$\frac{Y_{PID}(s)}{\Delta Y_c(s)} = \frac{b_p(1+T_d s)}{T_y T_d s^2 + [(b_t+b_p)T_d + T_y]s + b_p} \tag{2-4}$$

对于式（2-4）取 $T_y=0$ 可得

$$\frac{Y_{PID}(s)}{\Delta Y_c(s)} = \frac{1+T_d s}{\left(\frac{b_t}{b_p}+1\right)T_d s + 1} \tag{2-5}$$

式（2-5）表明，当取 $b_t=0.4$、$T_d=10s$、$b_p=0.05$ 时，其分母的时间常数为 90s，考虑分子零点的作用，当发生单位阶跃响应时，Y_{PID} 至 95% 稳定值的时间约为 260s。因此，这种无开环增量的串联 PID 结构使得在开度给定 Y_c 或功率给定 P_c 变化时，导叶开度 Y_{PID} 有较大的时间滞后。同时这种 PID 结构中的 T_y 不可能等于 0，因此调节规律就由电气和机械液压部分共同组成，机械液压部分死区等非线性就会影响到调节规律。采用这种结构的调速器在功率调节过程中容易出现调节过程缓慢、调节震荡等情况。而且采用这种结构的调速器的比例、积分和微分参数是由暂态差值系数 b_t、缓冲时间常数 T_d 和加速度时间常数 T_n 的相互

关系决定的，这样就使得参数调整比较复杂。

因此，在设计机组调速器控制算法中，将应用并联 PID 结构，并且增加一个功率或开度给定的前馈环节，以使调速器能根据负荷给定的变化及时地调整导叶的输出开度，减少滞后。

（三）调速器并联 PID 控制算法

由于微机调速器是数字式调节器，因此，本文只对数字 PID 微机调节器的控制算法进行讨论。数字并联 PID 微机调节器按算法不同可分为位置型和增量型两种。

1. 位置型数字 PID 控制算法

数字式调节器是对离散信号进行运算，为了用计算机实现 PID 调节规律，需要通过离散化处理，将连续 PID 算式转换成离散 PID 算式。现采用并联的连续 PID 算式推导出离散化的 PID 算式。

对于并联的连续 PID 算法有

$$y(t) = K_P e(t) + K_I \int_0^t e(t)\mathrm{d}t + K_D \frac{\mathrm{d}e(t)}{\mathrm{d}t} \tag{2-6}$$

式中　K_P、K_I、K_D——比例增益、积分增益、微分增益；

　　　　$y(t)$ ——连续 PID 调节器的输出；

　　　　$e(t)$ ——连续 PID 调节器的输入偏差。

在采样周期 T 较短时，微分可以被差分所替代，积分可以被求和（矩形法）运算所替代，通过替代变换可将式（2-6）的微分方程转化为差分方程，从而得到离散化的数字 PID 表达式，即

$$y_\mathrm{n}(k) = K_P e(k) + K_I T \sum_{j=0}^{k} e(j) + \frac{K_D}{T}\big[e(k) - e(k-1)\big] \tag{2-7}$$

或写成

$$y_\mathrm{n}(k) = K_P e(k) + K_I \sum_{j=0}^{k} e(j) + K_D\big[e(k) - e(k-1)\big] \tag{2-8}$$

$$K_P = K_p,\ K_I = K_i T,\ K_D = \frac{K_D}{T}$$

式中　　　　T——采样周期；

$e(k)$、$e(k-1)$——第 k 次与第 $k-1$ 次采样周期的输入偏差；

　　　　$y_\mathrm{n}(k)$ ——第 k 次采样周期数字 PID 调节器的输出量。

式（2-8）为位置型数字 PID 控制算式，调节器输出的 $y_\mathrm{n}(k)$ 直接控制调速器执行机构的位置值。这种算法的缺点是由于全量输出，所以每次输出均与过去的状态有关，计算时要对 $e(k)$ 累加，微处理器运算工作量大。而且，调节器输出的 $y_\mathrm{n}(k)$ 对应的是执行机构的实际位置，如果微处理器出现故障，则会引起执行机构位置的大幅度变化，导致调节系统严重的故障或波动，这种情况往往在实际中是不允许的。

2. 增量型数字 PID 控制算法

为了解决位置型数字 PID 控制算法存在的问题，人们提出了目前应用较为广泛的增量型数字 PID 控制算法。

根据位置型数字 PID 控制算法可得第 $(k-1)$ 次采样周期的输出表达式为

$$y_n(k-1) = K_P e(k-1) + K_I \sum_{i=0}^{k-1} e(i) + K_D[e(k-1) - e(k-2)] \tag{2-9}$$

用式 (2-8) 减去式 (2-9)，化简后可得增量型数字 PID 控制算式为

$$\Delta y_n(k) = y_n(k) - y_n(k-1)$$
$$= K_P[e(k) - e(k-1)] + K_I e(k) + K_D[e(k) - 2e(k-1) + e(k-2)] \tag{2-10}$$

式 (2-10) 就是增量型数字 PID 控制算式。由表达式可知，增量型数字 PID 调节器输出的是控制对象调节机构位置的增量，即直接输出增量控制步进电机等具有累加功能的中间接力器，因此误动作时影响小；算法中不需要累加，增量只与最近几次采样值有关，容易获得较好的控制效果。对于式 (2-10)，根据三次的测量偏差值，在 K_P、K_I、K_D 确定的条件下就可以求出数字 PID 调节器输出的增量。

3. 实用的调速器 PID 控制算法

在实际应用中，为提高 PID 调节器的抗干扰能力，应当用实际微分环节取代理想微分环节，即用 $\dfrac{K_D s}{1+T_d s}$ 取代 $K_D s$，则在实际微分通道上输入 $e(t)$ 和输出 $y_d(t)$ 之间有如下微分方程，即

$$y_d(t) + T_d \frac{\mathrm{d}y_d(t)}{\mathrm{d}t} = K_d \frac{\mathrm{d}e(t)}{\mathrm{d}t}$$

转换成差分方程，可得

$$y_d(k) + T_d \frac{y_d(k) - y_d(k-1)}{T} = K_d \frac{e(k) - e(k-1)}{T}$$

经整理得

$$y_d(k) = \frac{T_d}{T+T_d} y_d(k-1) + \frac{K_d}{T+T_d}[e(k) - e(k-1)] \tag{2-11}$$

同理可得

$$y_d(k-1) = \frac{T_d}{T+T_d} y_d(k-2) + \frac{K_d}{T+T_d}[e(k-1) - e(k-2)] \tag{2-12}$$

将两次求差可得

$$\Delta y_d(k) = y_d(k) - y_d(k-1)$$
$$= \frac{T_d}{T+T_d}[y_d(k-1) - y_d(k-2)] + \frac{K_d}{T+T_d}[e(k) - 2e(k-1) + e(k-2)]$$

$$\tag{2-13}$$

若将式（2-8）中的微分分量用式（2-11）替代，则有实用的位置型数字 PID。

控制算式为

$$y_n(k) = K_P e(k) + K_I \sum_{j=0}^{k} e(j) + \frac{T_d}{T + T_d} y_d(k-1) + \frac{K_D}{T + T_d}[e(k) - e(k-1)] \quad (2\text{-}14)$$

若将式（2-10）中的微分分量用式（2-13）替代，则有实用的增量型数字 PID。

控制算式为

$$\Delta y_n(k) = K_P[e(k) - e(k-1)] + K_I e(k) + \frac{K_D}{T + T_d}$$

$$[e(k) - 2e(k-1) + e(k-2)] + \frac{T_d}{T + T_d}[y_d(k-1) - y_d(k-2)] \quad (2\text{-}15)$$

另外，对于水轮机工况下的调节任务而言，并网前按 PID 调节规律进行控制只是控制任务的一部分，更多的是在并网之后按永态转差系数 b_p 作有差调节，考虑调差作用的水轮机工况 PID 调节器典型框图如图 2-7 所示。

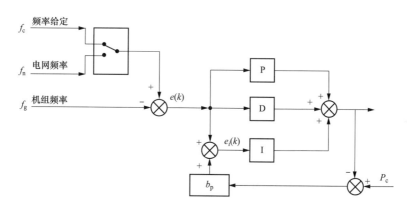

图 2-7 水轮机工况 PID 调节器典型框图

并网前，机组频率与频率给定或电网频率比较，其偏差 $e(k)$ 输入 PID 调节器，形成与偏差相对应的调节规律。机组并网后，机组频率等于电网频率，调速器按永态转差系数 b_p 对机组进行有差调节。由图 2-7 可见，PID 调节器的输出与功率给定的差值作为 b_p 的输入信号，而该输出与频差信号进行比较后仅送到积分通道，因此只需将式（2-14）和式（2-15）中积分项的偏差用 $e_i(k)$ 代替，就可得到用于实际的微机调节器控制算式。

因此，在考虑 b_p 时的实用的位置型数字 PID 控制算式为

$$y_n(k) = K_P e(k) + K_I \sum_{j=0}^{k} e_i(j) + \frac{T_d}{T + T_d} y_d(k-1) + \frac{K_D}{T + T_d}[e(k) - e(k-1)] \quad (2\text{-}16)$$

在考虑 b_p 时的实用的增量型数字 PID 控制算式为

$$\Delta y_n(k) = K_P[e(k) - e(k-1)] + K_I e_i(k) + \frac{T_d}{T + T_d}$$

$$[e(k)-2e(k-1)+e(k-2)]+\frac{T_d}{T+T_d}[y_d(k-1)-y_d(k-2)] \qquad (2-17)$$

式中 $e(k)$——频率偏差；

$e_i(k)=e(k)-b_P[y_n(k-1)-p_c(k)]$——积分项的综合输入偏差。

P_c——功率给定。

（四）调速器 PID 控制算法

通过上面的分析可以看到，位置型数字 PID 微机调速器在微处理器出现故障时会引起执行机构位置的大幅度变化，增量型数字 PID 微机调速器需要有相应的具有累加功能的中间接力器如步进电机来配合。结合设计的电液随动系统，调速器的导叶控制系统原理框图如图 2-8 所示。

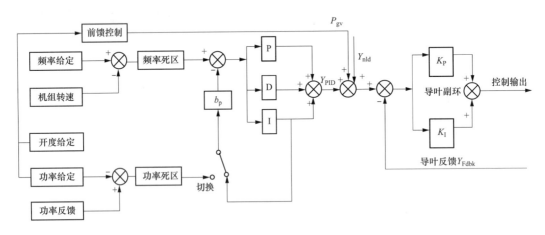

图 2-8 调速器的导叶控制系统原理框图

将导叶接力器在第 k 次采样时刻的反馈信号 Y_{fdbk} 引入到计算机中，将位置型数字 PID 第 k 次采样周期计算的输出 Y_{PID} 与开度给定或功率给定增量的前馈值 P_{gv} 以及空载开度 Y_{nld} 叠加运算，运算结果与导叶反馈叠加形成偏差，将偏差经过导叶副环 PI 的控制作用输出到电液随动系统，驱动导叶接力器。

这样的设计利用了位置型数字 PID 算法的输出，又避免了位置型数字 PID 算法全量直接输出的缺点，具备了增量型数字 PID 算法的优点。将第 k 次采样时刻的反馈信号引入到计算机中构成闭环系统，通过对偏差的速度控制作用加快了调速器的调节过程，随着调节系统趋于平衡偏差趋于零。

另外，针对机组控制的特点，调速器的控制系统原理在积分环节、调差的反馈信号所取的位置以及微分环节都进行了改进，下面分析这种改进的优点。

1. 积分环节的改进

从位置型数字 PID 算式（2-8）可以看到积分环节的算式可以表示为

$$y_{\mathrm{I}}(k) = K_{\mathrm{I}} \sum_{j=0}^{k} e(j) \tag{2-18}$$

即每次积分运算的结果是先将偏差累加求和之后，再乘以积分系数 K_{I}，这样当在控制过程中 K_{I} 发生了改变，例如机组在空载和发电工况下 K_{I} 可能不一样，或者在运行中人工修改 K_{I}，就会引起积分结果的大幅度变化，进而引起控制输出的突变。所以，对积分环节进行了修改，采用式（2-19）求积分结果。

$$y_{\mathrm{I}}(k) = \sum_{j=0}^{k} K_{\mathrm{I}}(j) e(j) \tag{2-19}$$

这样，积分的结果是将每次的偏差乘以当时的积分系数 $K_{\mathrm{I}}(j)$ 之后再求和，因为当 $K_{\mathrm{I}}(j)$ 变化时，$K_{\mathrm{I}}(j)$ 起作用的也只是当前的偏差，所以不会引起积分结果的大幅度变化，控制输出也就不会产生突变。

2. 改进并联 PID 调节的优点

永态差值系数 b_{p} 有利于调速系统的稳定，但当调差的反馈信号所取位置不同时，调差对调速系统的动态特性影响也不相同。图 2-9（a）所示结构比较常用，称为经典 PID 结构图，图 2-9（b）所示结构为改进 PID 结构图。两者区别主要在永态差值系数 b_{p} 的不同反馈取法上，前者取自 PID 综合输出，后者只取自积分输出。

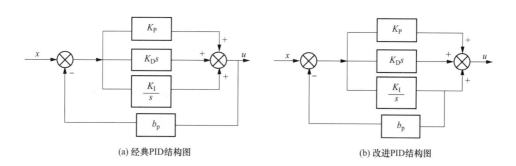

(a) 经典PID结构图　　　　　　　　(b) 改进PID结构图

图 2-9　PID 结构图

经典 PID 控制传递函数为

$$G(s) = \frac{K_{\mathrm{D}}s^2 + K_{\mathrm{P}}s + K_{\mathrm{I}}}{b_{\mathrm{p}}K_{\mathrm{D}}s^2 + (b_{\mathrm{p}}K_{\mathrm{P}} + 1)s + b_{\mathrm{p}}K_{\mathrm{I}}} \tag{2-20}$$

改进 PID 控制传递函数为

$$G(s) = \frac{K_{\mathrm{D}}s^2 + K_{\mathrm{P}}s + K_{\mathrm{I}}}{s + b_{\mathrm{p}}K_{\mathrm{I}}} \tag{2-21}$$

比较式（2-20）、式（2-21），发现两者分子相同，但式（2-21）的分母比式（2-20）少一阶。式（2-20）所表示的传递函数的极点可表示为

$$S_{1,2} = \frac{-(b_{\mathrm{p}}K_{\mathrm{P}} + 1) \pm \sqrt{(b_{\mathrm{p}}K_{\mathrm{P}} + 1)^2 - 4b_{\mathrm{p}}^2 K_{\mathrm{D}}K_{\mathrm{I}}}}{2b_{\mathrm{p}}K_{\mathrm{D}}}$$

式（2-21）所表示的传递函数的极点可表示为

$$S = -b_\mathrm{p} K_\mathrm{I}$$

因此，改进并联 PID 控制比经典并联 PID 控制在传递函数上少一个闭环极点，由自动控制理论可知，传递函数的闭环极点将增大系统的阻尼，使系统的峰值时间滞后，式（2-21）比式（2-20）有更小的超前作用。而水轮机调节系统尤其是轴流转桨机组调节系统的调节对象是非最小相位系统，调节对象严重滞后，这就要求调节规律应该有大的超前作用，应选用式（2-21）为传递函数的改进并联 PID 调节。

上述两个传递函数中的所有参数都为正数，通过分析，它们的闭环极点都位于 S 平面的左半平面，因此根据控制系统的稳定性判据可知这两个控制系统都是稳定的。但当 $(b_\mathrm{p}$ $K_\mathrm{P} + 1)^2 - 4b_\mathrm{p}^2 K_\mathrm{D} K_\mathrm{I} < 0$ 时，式（2-20）所表示的传递函数将存在一对负实部共轭复数闭环极点，而式（2-21）所表示的传递函数的闭环极点始终为负实数。由自动控制理论知道，如果闭环极点是负实部共轭复数极点，则系统的时间响应一般是振荡衰减后趋于稳定；而当闭环极点是负实数时，系统的时间响应是按指数衰减后趋于稳定。因此，改进型并联 PID 控制比经典 PID 控制具有更好的稳定性。

调速器可以采用改进型并联 PID 调节，充分利用改进后的优点，以保证动态调节过程有较短的调节时间和更好的稳定性。

（五）小结

在这一节中首先对比了调速器并联 PID 调节和串联 PID 调节的特点，经过对比看到在并联 PID 调节中加入功率给定或开度给定增量的前馈环节，将使得调速器能够及时跟踪负荷给定的变化；详细阐述了调速器并联 PID 控制的数字算法；在此基础上结合调速器的控制系统原理框图，分析了对积分环节以及调差的反馈信号所取位置进行改进之后的优点。

第二节　调速器控制器结构

水轮机调速控制系统是水电系统中重要的频率有功调节控制系统，响应速度快，可控容量大，调节连续，无论是正常运行时保证电网频率的合格率还是紧急时控制机组安全稳定运行，都能起到重要作用。而目前在国内水力发电厂里运行的水轮机调节器，绝大部分由国内专业生产厂家设计制造，使用过程中时常会出现各种各样的故障。有必要在硬件选择、控制策略上对大中型机组调速器进行深入的研究，研究开发出高可靠性的微机水轮机调速器。

一、控制器

（一）系统硬件选型

大中型机组调速器在硬件上可以有以下几种选择：单片机、工业控制计算机（IPC）、可编程逻辑控制器（PLC）和可编程计算机控制器（PCC）。

当前基于单片机的微机调速器硬件多为自行设计制造，由于元件检测、筛选、老化处理、焊接及生产工艺等受到限制，所以运行中可能出现单片机死机及其他故障情况，从而使调速器的可靠性大大降低。基于工控机的微机调速器，虽然其硬件标准化程度比较高，软件资源丰富，有实时操作系统的支持，但装置访问时间较长，体积大，且成本高，一般适合大型机组。基于可编程逻辑控制器的微机调速器，虽然可编程逻辑控制器本身的可靠性很高，但它的计数频率低，所以测频单元一般由单片机来实现，然后再向 PLC 传递数据，这样就由于测频装置的可靠性不高以及数据传递过程中的延时的原因，而使这种基于 PLC 的微机调速器的可靠性仍旧不高。

而由奥地利 B&R 公司生产的可编程计算机控制器（PCC）代表着一个全新的控制概念，它集成了 PLC 和 IPC 的优势，既有 PLC 的高可靠性、易扩展性，又有 IPC 的分时多任务操作系统功能，具有运算能力强、实时性好、编程方便的特点；同时 PCC 的 CPU 模块有独特的时间处理单元（TPU），可以在不增加主 CPU 负荷的前提下很好地解决水电机组调速器的频率测量问题。因此，把 PCC 作为调速器的硬件能保证调速器的高可靠性。

（二）PCC 的主要特点

1. PCC 的硬件特点

（1）模块式结构。PCC 的硬件都是模块式结构，有 CPU 模块、I/O 模块、通信模块等。这样用户可以根据控制系统不同的需要选择合理的模块进行组合，简化了硬件之间的连接，给扩展、安装、调试、维修都带来了方便。

（2）高可靠性。PCC 的所有输入/输出（I/O）接口电路均采用光电隔离，并有 R－C 滤波器，能有效抑制外部干扰源对 PCC 的影响。各模块均有屏蔽措施，防止辐射干扰。系统具有自诊断功能，一旦电源、软件、硬件发生异常情况，CPU 立即采取措施（如 WATCHDOG、冗余校验等），防止故障扩大。

（3）PCC 的 CPU 模块采用多处理器结构。除主 CPU 外，系统还提供了输入输出处理器，其主要负责独立于 CPU 的数据传输工作；双口控制器负责网络及系统的管理。因而其 CPU 模块有 3 个处理器，它们既相互独立又相互联系。这样既使主 CPU 的资源得到了合理使用，又最大限度地提高了整个系统的速度。同时，PCC 中除了 CPU 模块外还有一个时间处理单元（TPU），TPU 可以在不增加主 CPU 负荷的前提下，完成对时间响应很高的控制任务，如对机组或电网频率的测量、脉宽调制等。

（4）良好的通信能力。PCC 的 CPU 模块带有 CAN 通信接口，这样可以方便地进行控制器之间的通信。另外，可以通过选用不同的通信模块使 PCC 和监控系统或显示界面以灵活的方式进行通信。

2. PCC 的分时多任务操作系统

PCC 最大的特点在于它具有类似于大型计算机的分时多任务操作系统，与常规 PLC 采用的单任务时钟扫描方式有所不同。PCC 采用分时多任务机制构筑其应用软件的运行平台，这样应用程序的运行周期由操作系统的循环周期来决定，而与程序的长短无关。因此，它将应用程序的扫描周期同真正外部的控制周期区别开来，满足了实时控制的要求，而且这种控制周期可以在 CPU 运算能力允许的前提下，按照用户的实际要求任意修改。

分时多任务操作系统来自大型计算机，它可以将整个操作界面分成数个具有不同优先权的任务等级（TASK CLASS），不同任务等级具有不同的循环扫描周期。其中优先权高的任务等级有着较短的循环扫描周期，而且每个任务等级可包括多个具体任务，在这些任务中间可再细分其优先权的高低。在这种操作系统的管理下，优先权高的任务等级总是先被执行，剩余的时间里可以执行优先权较低的任务等级。因此，分时多任务操作系统可以将一些比较重要任务的任务等级定义得高一些，而将一些一般任务的任务等级定义得低一些，这样多个任务可以在多任务操作系统的管理下并行运行，使整个控制系统得到了优化，具有较好的实时性。

PCC 为用户提供了 8 个具有不同循环时间和不同优先级别的任务等级，这 8 个任务等级处在两个不同的任务层：高速任务层（Timer）和标准任务层（Cyclic）中。

（1）高速任务层。高速任务层中的任务是由各自的硬件定时器来触发的。它只能被优先级更高的中断（例如更高优先级别的 Timer 任务等级或来自 I/O 模块的中断），中止它的执行过程。

用户可以通过 PCC 的编程系统 Automation Studio（As）来设置高速任务层的循环时间。循环时间可以从 1ms 到 20.0ms（以 0.5ms 为步长）。各高速任务层的循环时间缺省值如表 2-2 所示。

表 2-2　　　　　　　　　　　各高速任务层的循环时间缺省值表

任务层	缩写	循环时间（缺省值）（μs）	处理器
高速任务层 1	Timer #1	3000	B&R 2010、2005、2003
高速任务层 2	Timer #2	5000	B&R 2010
高速任务层 3	Timer #3	7000	
高速任务层 4	Timer #4	9000	

（2）标准任务层。标准任务层的任务切换是由系统管理器来完成的。用户也可以通过编程系统来设置这些任务等级的循环时间。循环时间可以从 10ms 到 5000ms（以 10ms 为步长）。各标准任务层的循环时间缺省值如表 2-3 所示。

任务层的优先级并不决定于任务层的循环时间，而是按 Cyclic#4、Cyclic#3、Cyclic#2、

Cyclic♯1、Timer♯4、Timer♯3、Timer♯3、Timer♯1 由低到高排列。一般来说，循环时间应与优先级相适应（优先级越高，循环时间越短），否则将会出现循环时间的混乱问题。调速器应用程序的任务分配框图如图 2-10 所示。

表 2-3　　　　　　　　　　各标准任务层的循环时间缺省值表

任务层	缩写	循环时间（缺省值）(ms)	处理器
标准任务层 1	Cyclic♯1	10	B&R 2010 B&R 2005 B&R 2003
标准任务层 2	Cyclic♯2	50	
标准任务层 3	Cyclic♯3	100	
标准任务层 4	Cyclic♯4	10	

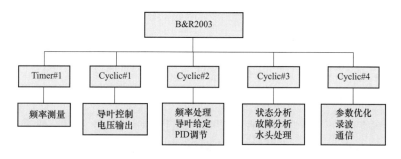

图 2-10　应用程序的任务分配框图

正是由于 PCC 具有分时多任务操作系统以及不同任务等级的特点，这样在编程时，一个完整的项目可以被分成多个独立的任务来完成，每个任务都是独立的程序部分，它们可以完成不同的功能，合理地分配项目可以使应用项目结构化、应用程序模块化。

因此，用户可以根据需要将任务分配在不同的任务等级中，并且可以给每个任务等级设置不同的循环时间，使任务在设置的循环时间内保证被相应地执行一次。

3. PCC 的编程语言

PCC 提供了多种编程语言，除了支持传统 PLC 编程语言：梯形图 LAD、指令表 IL、结构文本 ST、顺序功能图 SFC 外，还支持通用编程语言 C，这就使用户编程简单、方便，而且容易实现功能复杂的计算。另外，PCC 还提供一种更适合完成复杂的工业控制和监视的自动化编程语言 Automation Basic（AB）。这是一种基于 Windows 的高级语言，类似于 C 语言，它能够充分利用 PCC 的特点，使编程更简单、更灵活。常用的编程语言为 AB 语言。

PCC 作为水电机组调速器的硬件，借助于 PCC 模块的高可靠性以及 PCC 分时多任务操作系统的特点和编程语言的优点，将能满足机组调速器对可靠性和实时性的要求。

二、控制器电气设计

微机调节器以高可靠性的微机控制器为核心，采集机组频率、功率、水头、接力器位移等信号和电站计算机监控系统的控制信号，用计算机程序实现复杂的运算，以实现调节和控制功能，并以一定方式输出信号，控制电液转换器及机械液压系统，并向电站计算机监控系统输出微机调速器的工作状态信号。微机调节器具有高可靠性、外围电路少、编程方便、功能扩展性好等特点。

1. 硬件设计

微控制器本体优先采用批量生产且具有高可靠性的标准产品，采用不低于 32 位的工业单片机（MCU）、工业控制计算机（IPC）、可编程序控制器（PLC）、可编程计算机（PCC）、可编程自动化控制器（Programmable Automation Controller，PAC）与专用控制器。目前国内主流调速器厂家多采用奥地利贝加莱 PCC 系列控制器，国外厂家一般采用自主开发的硬件控制平台。

微机调节器的硬件结构，一般采用双微机系统冗余结构，冗余型式又可细分为平行冗余和交叉冗余两种，如南瑞 SAFR－2000H 系统在响水涧抽水蓄能电站，Woodward 公司在宜兴抽水蓄能电站均采用了平行冗余的结构。

分布式导叶控制是另一种多对象控制结构，由于控制对象较多，一般采用单 CPU 控制单元与单位置控制器结构，如阿尔斯通 T-LSG 系统在惠州、宝泉等抽水蓄能电站的应用。

双机冗余结构有以下方式实现

（1）两套独立的控制及 I/O 系统。两套之间采用切换模件或者双机通信确定主机，如南瑞、能事达等国内厂家多采用此类设计，如图 2-11 所示。

（2）采用双套 CPU 控制单元两套交叉冗余型 I/O 系统，I/O 系统通过通信模块与 CPU 进行通信（安德里茨、福伊特），如图 2-12 所示。

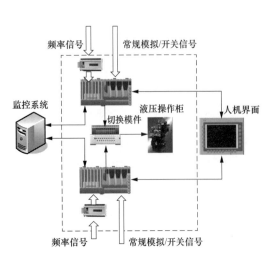

图 2-11　控制器冗余系统结构图

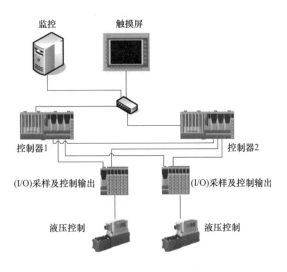

图 2-12　交叉冗余系统结构图

平行冗余结构配置简单，I/O 与 CPU 之间通过底板总线进行数据交换，当一套系统中的 I/O 模块出现故障时，控制主动权全部交给另外一套控制器。交叉冗余结构 I/O 与 CPU 之间通过现场总线进行数据交换，当一套 I/O 模块出现故障时，主控 CPU 与另外一套 I/O 进行数据交换，采用交叉冗余结构切换逻辑相对复杂，对总线的可靠性与实时性要求较高，但可实现 I/O 模件的分布式控制，并提高主控 CPU 的控制利用率。这两种结构在国内电站都有成功的应用经验。

2. 电气控制系统结构一般要求

（1）调速器一般采用高品质双可编程控制器冗余系统加独立的电气手动操作系统。该系统采用双重冗余结构，冗余系统中的每一个通道，从输入至输出以及电源测频系统均能够完全独立，局部设备发生故障时冗余系统可以无扰动地实现自动切换。平常也可以人工干预实现手动切换，调速器整体具备优良的可维护性和可利用率。微处理机控制系统设备布置在电气柜内，在电厂发电机周围环境下运行不会产生扰动和零漂。

（2）调速系统配备的微处理机选用准 64 位字长及以上具有兼容性的高性能处理器，CPU 等级不低于 486，主频不低于 100MHz，能适应将来主要功能和辅助功能扩展的需要，能长期可靠工作，运行速度和控制精度可以保证调速器满足标准中所有性能和功能要求。

（3）调速器控制系统具备现场总线接口功能，一般以 Modbus 通信协议或其他工业通信协议与电站计算机监控系统进行通信。

（4）采用彩色液晶触摸显示器作为微机调节器的人机接口与显示界面，通过计算机网络与两套微机调节器进行数据通信，具有良好的人机图形界面，人机界面为汉化版本。

（5）控制器软件的出力限制线、水头等不变部分固化在 EPROM 中，可变部分存在带干电池的 RAM 中。储存容量除满足实现当前控制功能的需要外，并留有 50％的备用容量。干电池的容量应保证外部电源消失后 30 天内 RAM 中的信息不丢失。

（6）微处理机的 I/O 模块与外部的 I/O 信号均有光电隔离措施。各种型号的模拟输入输出及数字输入、输出通道数能够根据设计规范规定的性能要求配置并预留 20％的裕量。

（7）各种集成电路板均允许带电插入或拨出故障插板。

（8）提供合适的系统软件和应用软件去完成规定的工作。软件模块化设计并允许从规定的程序接回设备去改变程序运行方式或控制参数。软件使用方便，维护容易，所有软件均应经过测试，并能直接投入现场操作。

两套微机系统的测量信号均按双套配置，相互间没有电气联系。

3. 交叉和平行冗余设计

为确保设备的可靠和容错，国内大中型水电站调速器设计有两种方式，即交叉冗余和平行冗余。采用不同的冗余方式，在故障分类、硬件配置、切换策略有较大的差别。

下文以陕西 AK 电站由交叉冗余改为平行冗余为例，进行介绍。

（1）调速器系统原交叉冗余控制方式：电气控制柜 PCC 输出电压分别作用于第一组回路（综合控制模块 1、伺服阀 1）和第二组回路（综合控制模块 2、伺服阀 2）；当 PCC1 有故障、PCC2 无故障时或 PCC1 的故障等级高于 PCC2 时，由 PCC1 切换至 PCC2 控制。PCC2 开始输出电压分别作用于第一组回路（综合控制模块 1、伺服阀 1）和第二组回路（综合控制模块 2、伺服阀 2）。调速器交叉冗余控制方式如图 2-13 所示。

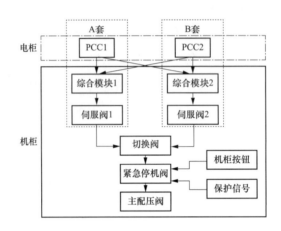

图 2-13　调速器交叉冗余控制方式

（2）伺服阀故障上报定义：直接判断依据是综合控制模块电源消失或伺服阀反馈电压的绝对值大于 8.5V，报伺服阀故障；间接判断依据是上报导叶液压故障［自动状态 and 导叶反馈无故障 and（导叶给定与反馈的偏差＞20％）］，延迟 8s 后报伺服阀故障。根据直接判断，当伺服阀 1 故障、伺服阀 2 无故障时，伺服阀 1 切换至伺服阀 2 控制。

在交叉冗余下，发生过一次故障，某日 1 号机在增加负荷过程中，伺服阀 1 卡阻在开位置，主配压阀偏开，接力器朝开方向以接近极限速度全开。在伺服阀 1 发卡时其反馈电压未达到 8.5V 以上，调速器未报出伺服阀 1 故障；伺服阀 2 因主配压阀的开方向，电柜控制输出关电压使阀芯向关方向调节，其反馈电压在−8.5V 以下，调速器报伺服阀 2 故障。之后 PCC1 上报液压报警，切换至 PCC2，但此时液压回路仍用伺服阀 1 在控制。调速器未报警上报伺服阀 1 故障，调速器没有进行伺服阀间切换。

此过程暴露出，该报警的未报出，不该报警的报出了，且误报导致了切换混乱，未能达到理想中想要的切换。

（3）调速器改为平行冗余控制方式：PCC1 输出电压作用于第一个回路（综合控制模块 1 和伺服阀 1），PCC2 输出电压作用于第二个回路（综合控制模块 2 和伺服阀 2）。当 A 套回路中的任一设备有问题，无论是设备直接报警还是程序通过判断间接报警都会切换至 B 套回路进行控制执行。A 套主用、B 套跟随；反之，亦然。平行冗余控制方式如图 2-14 所示。

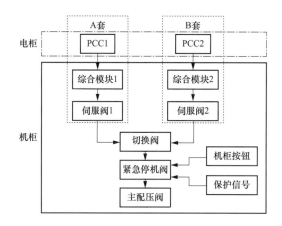

图 2-14 平行冗余控制方式

交叉冗余与平行冗余对比，交叉冗余：逻辑烦琐，对判断依据要求高，设备利用率高。平行冗余：逻辑简洁、运行可靠、便于故障整理区分。

第三节 电 气 反 馈 单 元

调速器反馈单元很多，比如导叶位移传感器、齿盘探头、主配压阀反馈传感器、压力罐压力变送器、磁翻板液位计等，随着水电站自动化水平的提高，调速系统所需的自动化元件也越来越多，越来越重要。选用安全稳定、性能可靠的自动化元件是进一步实现水电站集中控制和综合自动化的重要保证。本节就参与控制的反馈单元进行逐一介绍。

一、接力器位移传感器

通常每套微机系统或 PCC 各采用 1 个导叶反馈传感器，每个传感器之间电气回路上完全独立运行，一般要求测量误差不超过 0.1%，接力器最大行程不超过传感器最大测量范围的 80%，可以适应安装现场环境，抗干扰能力强，不会出现振荡或不稳定的输出信号，输出电流模拟量为 4～20mA。

接力器位移传感器用于测量导叶接力器的行程，将所测的位移信号转换为等比例的模拟量信号送至调速器。接力器位移传感器常用拉绳式和磁致伸缩式。

（一）拉绳式位移传感器

一种简便的长度位移传感器，具有结构紧凑、测量行程长、便于安装、测量精度高等优点。缺点是防潮能力弱，拉绳易磨损、被外力损断。

拉绳式位移传感器的功能是把机械运动转换成可以计量、记录或传送的电信号。拉绳式

图 2-15　拉绳式位移传感器

位移传感器由可拉伸的不锈钢绳绕在一个有螺纹的轮毂上，此轮毂与一个精密旋转感应器连接在一起，感应器可以是增量编码器、绝对（独立）编码器、混合或导电塑料旋转电位计、同步器或解析器，如图 2-15 所示。

应用时，拉绳式位移传感器安装在固定位置上，拉绳缚在移动物体上。拉绳直线运动和移动物体运动轴线对准。运动发生时，拉绳伸展和收缩。一个内部弹簧保证拉绳的张紧度不变。带螺纹的轮毂带动精密旋转感应器旋转，输出一个与拉绳移动距离成比例的电信号。测量输出信号可以得出运动物体的位移、方向或速率。

（二）　磁致伸缩式位移传感器

磁致伸缩式位移传感器是根据磁致伸缩原理制造的高精度、长行程绝对位置测量的位移传感器，通过内部非接触式的测控技术精确地检测活动磁环的绝对位置来测量被检测产品的实际位移值，如图 2-16 所示。

(a)悬浮滑块式磁致伸缩式传感器外形　　　　　　(b)磁致伸缩式传感器的现场安装照片

图 2-16　磁致伸缩式位移传感器

工作原理：测量元件是一根波导管，波导管内的敏感元件由特殊的磁致伸缩材料制成。测量过程是由传感器的电子室内产生电流脉冲，该电流脉冲在波导管内传输，从而在波导管外产生一个圆周磁场，当该磁场和套在波导管上作为位置变化的活动磁环产生的磁场相交时，由于磁致伸缩的作用，波导管内会产生一个应变机械波脉冲信号，这个应变机械波脉冲信号以固定的声音速度传输，并很快被电子室所检测到。由于这个应变机械波脉冲信号在波导管内的传输时间和活动磁环与电子室之间的距离成正比，通过测量时间，就可以高度精确地确定这个距离。由于输出信号是一个真正的绝对值，而不是比例的或放大处理的信号，所以不存在信号漂移或变值的情况，更无需定期重标。

由于作为测量用的活动磁环和传感器自身并无直接接触，非接触式的测量消除了机械磨损的问题，保证了最佳的重复性和持久性，因而其使用寿命长、环境适应能力强，可靠性高，安全性好，便于系统自动化工作，即使在恶劣的工业环境下（如容易受油渍、尘埃或其他的污染场合），也能正常工作。

（三）导叶反馈冗余设计

调速系统各种反馈量中，尤其以导叶行程最为重要，因为不管是机组转速或功率的控制都要通过控制导叶行程（开度）来实现，若导叶反馈出故障，调速系统根本无法实现机组转速或功率的闭环调节，只能停机或维持当前开度不动，若措施不当，很可能造成导叶开度失控（全开或全关），给机组造成极大危害。因此，加强导叶开度反馈的冗余度非常有必要。

导叶反馈主要采用双冗余方式，参见图 2-17 和图 2-18，平行方式当变送器 1 故障时，A、B 套系统必须进行切换，且两套变送器数据无法比较。交叉方式当变送器 1 故障时，可以不进行切换，A 套自动选用变送器 2 控制，且两套变送器数据可以互相比较，偏差较大时可以做报警处理。要求较高的机组，导叶反馈还会采用"三选二"的方式，具体实施又细分为"三选优"或者"三选中"等方式。

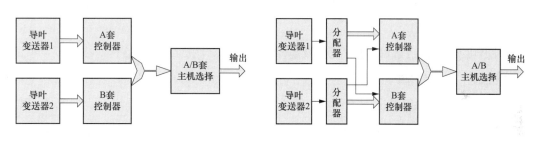

图 2-17　导叶反馈平行冗余方式　　　　图 2-18　导叶反馈交叉冗余方式

在电力行业相应的规范或者强制规定中，近些年对重要的信号反馈，明确提出了"三选二"或"三选中"的要求以及其表征的最终结果，但具体实现方法没有统一，不同的厂家或用户对此理解和实际应用也不尽相同，在实际应用中比较多样。

1. 传感器平行接入通道的三选二

（1）通道接线。在硬件上，采用三只导叶位移传感器，将三路传感器信号均通过信号分配模块分别送给调速器 A、B 套控制器（为 PCC）。三路信号平行接入调速器两套控制器模入通道如图 2-19 所示。

由于两只传感器无法相互矫正，此时需要第三只信号进行参考矫正。本方案总体思路：当传感器 1 和 2 的开度值偏差超过 3% 时报导叶开度偏差故障，并分别将传感器 1、2 与传感器 3（类似裁判角色）做比较，选择与传感器 3 偏差绝对值较小且偏差小于 3% 的传感器信号作为主用，若 3 个传感器的开度值两两偏差均超过 3%，则降级到不依赖导叶开度控制的手动或其他模式。此中定值 3% 为经验数值，可根据现场实际修改。

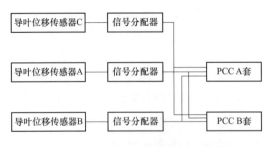

图 2-19 三路信号平行接入调速器两套控制器模入通道

（2）三选二基本前提。三选二的核心逻辑的前提，首先建立在导叶传感器无故障的基础上，换言之，导叶传感器有无故障，是切换选择的首先依据。如传感器自身故障，即剔除。如 1 号故障，2、3 号传感器无故障，且偏差小于阈值，程序则选取 2 号为主用；如 1、2 号均故障，剔除 1、2 号，自动切手动或选择 3 号主用。准确、全面地识别导叶传感器故障并切换，是导叶传感器应用的核心，其次才是三选二。

控制程序对 3 只传感器分别进行品质判断，如有断线、越限死值、跳变等故障时，进行故障判定，剔除标记为"故障"的传感器，同时，在触摸屏界面、监控（通过通信）系统相关界面中给予指示、记录。

导叶开度传感器断线、跳变、死值及越限判断逻辑如图 2-20 所示。

（3）三选二基本逻辑

3 个传感器均无故障情况下，两两进行差值比较，若两两之间偏差均大于设定值，则开出总故障，切换主机；若 1 号偏差故障，则选用 2 号传感器主用；若 2 号或者 3 号偏差故障，则选用 1 号传感器主用；均无故障，选用 1 号传感器主用。导叶三选二逻辑流程框图如图 2-21 所示。

2. 传感器交叉接入通道的三选二

（1）通道接线。第二种较为常见的三选二信号接线如图 2-22 所示，特点是导叶传感器 1 和 2 的接线通道采用非对称式接线，对 A、B 套控制的主用通道 CH1 和程序的一致性而言，A 套控制器采用传感器 1 作为主反馈控制，B 套控制器采用传感器 2 作为主反馈控制。表面上，传感器 1、2 信号接线为交叉接线，但实质采用是平行控制的理念。

导叶传感器 3 接入通道 CH3，仅做辅助判断，不作为控制使用。

此方案比前者较为简洁，也能满足三选二的要求。

（2）三选二基本前提。在三选二之前，需要对传感器自身的品质进行判断。当然这是因为自身品质容易判断，人为将其归属于自身故障，传感器的偏差故障属于机械或安装导致的异常（至于系统的控制而言），就是因为无法区分，无法归为品质故障，才产生的三选二的概念，因果关系需明确。

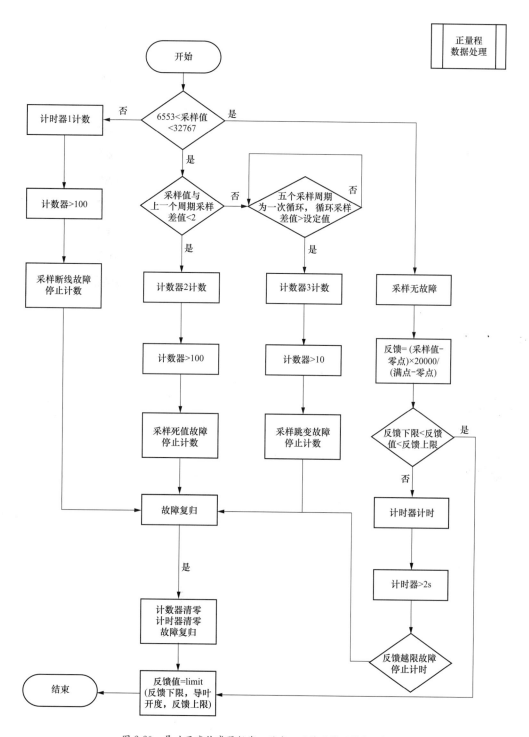

图 2-20　导叶开度传感器断线、跳变、死值及越限判断逻辑图

三路信号品质判断示意如图 2-23 所示。

（3）三选二基本逻辑。由于不同的三选二思路，本方案在硬接线上做了特别设计，导叶三选二逻辑如图 2-24 所示。

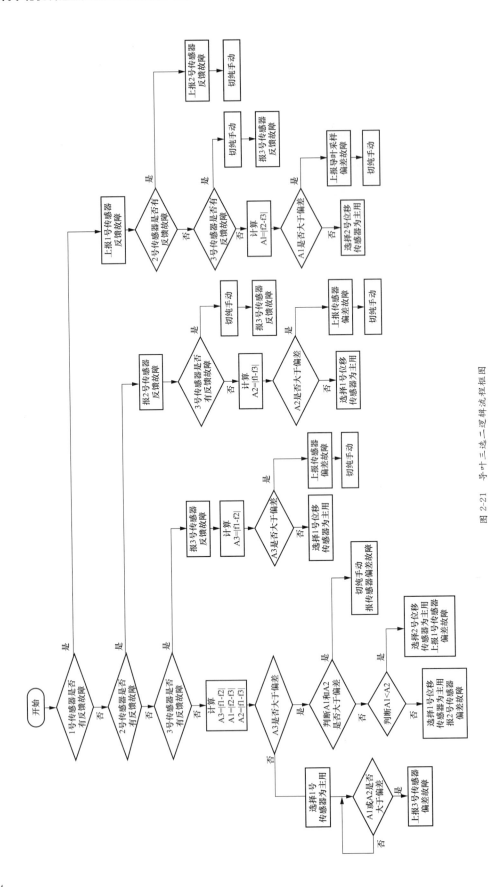

图 2-21 导叶三选二逻辑流程框图

比如以 A 套控制器为视角，逻辑可简述如下：

检测导叶传感器 1（CH1 通道）若有故障，A 套报大故障，这时 B 套检测传感器 2（CH1 通道）是否故障，若故障，说明两套传感器均故障，切手动。若 B 套传感器 2 无故障，则报小故障，系统切为 B 套主用。

检测导叶传感器 1（CH1 通道）若无故障，这时 B 套检测传感器 2（CH1 通道）是否故障，若故障，说明两套传感器均故障，B套报大故障，A 套保持主用。若 B 套传感器 2 无故障，则 A 套仍保持主用。

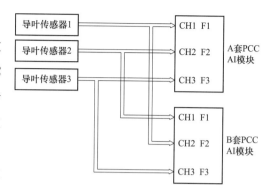

图 2-22　三路信号平行接入调速器两套控制器模入通道

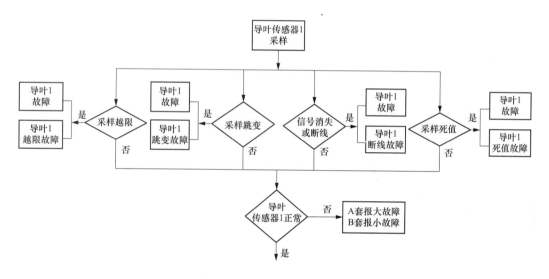

图 2-23　三路信号品质判断示意图

上述过程传感器 3 只做自身故障判断报警，不参与任何控制。在上述 3 套传感器均无故障下，再进行偏差对比和选择、切换。

如图 2-24 所示，以 A 套控制器为视角，检测传感器 12、13 之间偏差，两者偏差均小于设定值时，说明传感器 1 信号可信，可作为主用。

若两者偏差只有一个偏差超标，则报小故障和偏差故障。但两者偏差均超标，且主用传感器 1 本身无故障，报偏差故障和大故障，以此进行主从切换。若主用传感器 1 故障，则报上述故障的同时，如果调速器在空载，本套直接报停机故障；如果在发电，本套降级到机手动。整个系统如何，此时仍需看 B 套的故障检测情况。

上述视角为 A 套，若在 B 套分析，原理一样，逻辑图中为了便于描述整个系统，将 A、B 套检测和系统的切换状态，也一并做了描述。

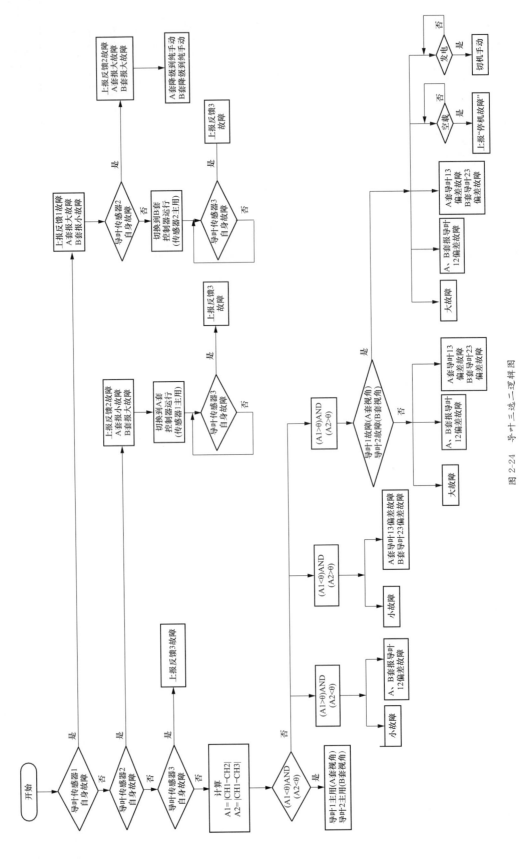

图 2-24 导叶三选二逻辑图

需要指出的是，所谓三选二，应该保持信号源的一致性，比如采用相同的传感器、安装在相同的位置等要点，这样三者比较才有意义。根据这样的原理，其他反馈信号，比如有功、水头、频率等反馈信号，也可参与类似的原理去做。但需要考虑机组、工况等特殊性，比如频率，一般而言 TV（电压互感器）比齿盘要稳定和精准，在一路 TV 和两路齿盘时，宜默认 TV 为主用，但有些机组，比如大惯量或抽水蓄能机组，如果停机采用电制动，下次开机由于剩磁很少，在低转速阶段，TV 幅值很低，容易导致测频不稳，这时开机过程，应该采用齿盘作为控制。

二、频率反馈

机组转速测量信号采用齿盘测速和残压测速两种方式。

（1）齿盘测速。齿盘测速系统由装在发电机主轴上的齿盘、转速传感器以及相应的转速信号处理装置构成，每套微机或 PCC 系统各采用 2 个齿盘转速传感器。

（2）残压测速。残压测速系统由测量装置直接输入发电机机端电压互感器电压信号。

由齿盘测速和残压测速两部分构成冗余的调速器转速检测系统。微处理机控制系统应能对这两个测速系统传来的转速数据进行合理性判断，当两者均正常时，取其中一个作为转速信号输出；当其中一个测速系统故障时，应能给出故障信号，而以正常的测速系统测得的转速作为转速信号输出。当两套微机系统的两个测速系统都故障时，若机组处于开机状态，调速系统应能使机组调节到空载运行，若机组处于空载或并网运行，应使机组在开度不变的情况下维持运行，并发报警信号。

测速装置的机械部分和转速传感器能连续运行，且在水轮机最大飞逸转速下不被损坏。

（3）齿盘测速探头。齿盘测速探头是用于测量机组转速的一种接近开关，是调速器齿盘测速功能的重要构成部分，如图 2-25 所示。

常用的电感式接近开关由振荡电路、信号触发器和开关放大器组成。振荡电路的线圈产生高频变磁场，该磁场经由传感器的感应面释放。当金属材料靠近感应面并达到感应距离时，在金属目标内产生涡流，使振荡电路能量减少，从而降低振荡以至

图 2-25 测速探头

停振。当信号触发器检测到该减少现象时，便把它转换成开关信号，从而达到非接触式检测的目的。"衰减"和"无衰减"对应了接近开关的两种开关状态。有测速齿形决定的循环方波信号（与标准齿形发出的信号比例约为 1：1），在整个转速量程范围内，信号输出电平相同。内置差分式信号处理装置确保负载为 0 或最大时，信号输出保持稳定。信号电平在空载

时接近供电电压，而负载较大时，例如 500Ω，或信号传输距离较大时，信号电平衰减约为 2V。传感器有效传输最大距离超过 1000m，传感器具有短路和极性保护功能。

实际应用时，在发电机大轴上固定一加工的齿盘，齿附近安装测速探头，使其感应面与齿面保持一定的可测距离。当机组旋转时，通过齿盘与发电机的同步转动，让测速探头产生反映机组转速的 0、1 脉冲方波信号，传递给调速器测速装置。

当安装现场存在油污或水汽或者安装位置较小时，建议选用封装电缆。

（4）TV 频率反馈。频率测量一般要求至少满足两路电压互感器信号 TV 与两路齿盘探头信号（IE）输入；TV 信号电压有效值为 0.5～150V 时均能稳定可靠工作，且可承受 180V 交流电压 1min；测频单元应具备一定的抗干扰能力，应能滤除测频信号源中的谐波分量和电气设备投切引入的瞬间干扰信号，在各种强干扰情况下均能准确可靠工作。测速探头信号的输出形式为 PNP 型或者 NPN 型，输出的频率不低于 1kHz，TV 测频和齿盘测频采用互为冗余的测频方式，为了避免在 SFC（静止变频器）拖动或者电制动过程中的电磁干扰，避免频率信号发生错误，此时应保证齿盘探头信号的可靠性，尽量采用齿盘探头信号作为主用，待机组转速升到接近额定时，若 TV 信号正常，再切换回 TV 信号。

三、有功功率反馈

有功变送器是将机组功率采集并输出电流 4～20mA 的一种变送器，调速器接受此信号用作显示或控制。当然输出信号也可是 2～10V、0～10V 等。可逆式机组，功率变送器应能测量负功率。

功率变送器产品和技术国内已经极其成熟和可靠，精度和响应时间完全满足当前控制要求。电厂很多功率显示不准、控制不准，往往不是功率变送器问题，是标定的一致性差，控制方法粗略而致。

功率变送器选型要结合互感器的电压和电流的变比，确定输入的电压和电流，一般为 AC 100V、1A 或 AC 100V、5A；响应时间应小于 500ms，测量精度为 0.2 级或 0.5 级。0.2 级完全满足调速器有功功率的控制精度要求，也有 0.1 级精度，但水电机组功率自身波动基本大于 0.5%，过于追求测量精度意义不大。

功率变送器选型方法，要知道机端出口母线的额定电流，该电流可以从主机厂获取；或者根据发电机有功、额定电压和功率因数进行计算。

比如，首先知道一次侧电流是为 25000A，其次要知道变比，假设是 30000/1，这时二次测电流是 0.83A。

额定二次电流的标准值 1、2A 和 5A 为优先值。对于角接的电流互感器，这些额定值除以 $\sqrt{3}$ 也是标志值。设计选型，要计算出二次侧的电流是多少，不可能超过 5A。

功率变送器的外形及端子接线图如图 2-26 和图 2-27 所示。

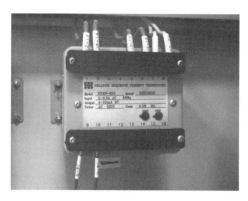

图 2-26　功率变送器外形

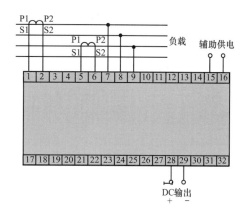

图 2-27　功率变送器端子接线

四、主配压阀阀芯反馈

主配压阀阀芯反馈是保证主配压阀稳定和导叶精准控制的关键传感器，其作用是用来测量主配压阀阀芯位置，尤其是测量主配压阀阀芯位置与中位之间的偏差，送入控制器或专用伺服模块。该传感器称为线性可变差动直线位移传感器（Linear Variable Displacement Transducer，LVDT），广泛适用于各种位置测量领域。

该类型传感器容易和 PLC、数字显示表、A/D 转换器、数据收集系统配合使用，量程从 2.5mm 到 500mm 可选。具有分辨率高、重复性好以及低延迟的特点。图 2-28、图 2-29 所示为美国 GE 公司 FC 主配压阀采用的一款 LVDT，电源为 DC ±15V，输出为 DC $0\sim\pm10$V。

图 2-28　LVDT 传感器外形图

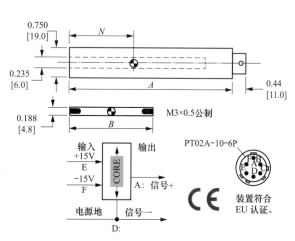

图 2-29　LVDT 传感器接线图（单位：mm）

除此之外还有其他类型的传感器，如阜新的普通连接传感器或施耐德的非接触式传感器，输出信号可以是电压，也可以是电流型。电压型的使用基于主配压阀的中位和自平衡特性，采用 0V 作为标定，基准能量较低，稳定性和可靠性较强，即便是传感器故障，信号仍为 0V，系统在无外部大扰动时，仍然是稳定的，缺点是信号故障不易判别，比如信号或电源消失，信号边界还是 0V，程序很难检测；且中位的确定依赖传感器的安装调整，不便于检修维护。采用电流型，信号故障便于判断，零点采用某毫安作为基准点，调整零点可以通过模拟的或数字的偏置进行调整，比较方便，不依赖传感器本身的位置调整，但该类型的传感器，一旦损坏，如果切换不及时或无备用切换或故障保护不到位，由于反馈信号的消失，引起较大的伺服控制输出，主配压阀将会产生较大的扰动，这是不利的。

还有一种是接触式主配压阀传感器，安装方式如图 2-30 所示。该传感器可以是电流型也可以是电压型，常用的为阜新传感器、MTS 传感器等。接触式主配压阀传感器现场应用如图 2-31 所示。

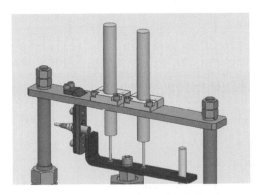

图 2-30　接触式主配压阀传感器安装方式　　　图 2-31　接触式主配压阀传感器现场应用

阜新传感器技术参数如下：

电源：DC 10V（DC 9～12V），测量范围为±25mm；

输出：DC 0～±10V，线性度误差为 0.3%。

还有一种非接触式主配压阀传感器，如图 2-32 所示。比如常用的为施耐德 XS4P12AB120，供电电压为 DC 24V（可 DC 10～38V），测量范围为 0.8～8mm，输出电流为 4～20mA，电缆构成为 $3 \times .034mm^2$。这类传感器，可以减少机械磨损，不容易零点漂移，也便于断线检测。

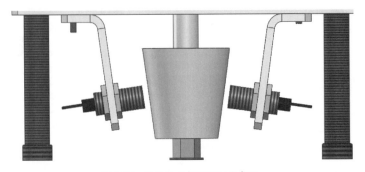

图 2-32　非接触式主配压阀传感器

五、压力开关

压力开关安装于压力罐上，以测量罐内的压力值，输出开关量信号至油压装置控制柜。压力开关常分为机械式和电子式两大类。

机械式压力开关为纯机械形变导致微动开关动作。被测压力作用在感压力元器件时，会使之发生形变，从而产生移动。当被测压力升高超过设定值时，产生的移动通过栏杆、弹簧等机械结构，启动微动开关，改变开关元件的通断状态；当被测压力降至恢复值时，感应元件复位，则开关自动复位，如图 2-33（a）所示。

(a) 机械式压力开关 　(b) 电子式压力开关

电子式压力开关如图 2-33（b）所示，内置精密压力传感器，通过高精度仪表放大器放大压力信号，通过高速 MCU 采集并处理数据，采用 LED 实时数显压力，可输出继电器信号，上下限控制点可以自由设定。

图 2-33　机械式压力开关和电子式压力开关

图 2-34 所示为压力开关现场实际布置位置的照片，其通常布置在压力罐上，也可单独布置在回油箱侧壁或集中布置在附近墙面上，如图 2-35 所示，美观且便于安装、调整。

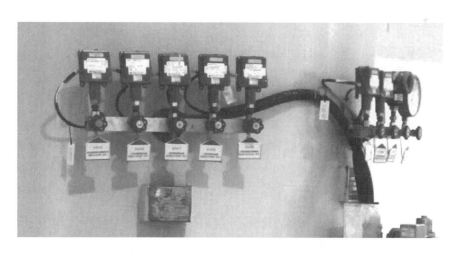

图 2-34　压力开关现场安装布置位置的照片（布置在压力罐上）

六、压力变送器

压力变送器是一种将压力转换成气动信号或电动信号进行控制和远传的设备，如图 2-36 所示。将压力变送器安装于压力罐上，也是用于测量罐内的压力值，输出模拟量信号至油压装置控制柜，以供测量、指示和过程调节。

压力变送器感受压力的电器元件一般为电阻应变片，电阻应变片是一种将被测件上的压力转换成为一种电信号的敏感器件。通常将应变片通过特殊的黏合剂紧密地黏合在产生力学应变基体上，当基体受力发生应力变化时，电阻应变片也一起产生形变，使应变片的阻值发生改变，从而使加在电阻上的电压发生变化。

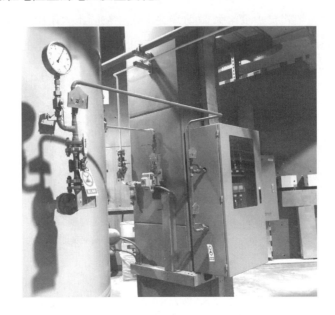

图 2-35　压力开关现场安装示例（布置在墙壁上）

图 2-36　压力变送器

七、磁翻板液位计

磁翻板液位计可用于直接观察压力罐和回油箱内的油位高度，配套的液位开关输出独立的开关量信号，配套的液位变送器输出模拟量信号。压力罐磁翻板液位计采用侧装式，回油箱磁翻板液位计可采用侧装式或顶装式，具体视回油箱安装方式而定，如图 2-37 所示。

磁翻板液位计是根据浮力原理和磁性耦合作用研制而成的。当被测容器中的液位升降时，液位计本体管中的磁性浮子也随之升降，浮子内的永久磁钢通过磁耦合传递到磁翻柱指示器，驱动红、白翻柱翻转 $180°$，当液位上升时翻柱由白色转变为红色，当液位下降时翻柱由红色转变为白色，指示器的红白交界处为容器内部液位的实际高度，从而实现液位清晰的指示。

磁翻板液位计仪可以做到高密封，防泄漏和适用于高温、高压、耐腐蚀的场合。它弥补了玻璃板（管）液位计指示清晰度差、易破裂等缺陷，且全过程测量无盲区，显示清晰，测量范围大。

(a) 顶装式磁翻板液位计　(b) 侧装式磁翻板液位计　(c) 顶装式磁翻板液位计安装照片　(d) 侧装式磁翻板液位计安装照片

图 2-37　磁翻板液位计

八、温度变送器

温度变送器用于测量回油箱内油的温度，以及冷却器管路中油和冷却液的进出口温度，如图 2-38 所示。

温度变送器采用热电偶、热电阻作为测温元件，从测温元件输出信号送到变送器模块，经过稳压滤波、运算放大、非线性校正、电压/电流转换、恒流及反向保护等电路处理后，转换成与温度成线性关系的电流信号或电压信号，用于工业过程温度参数的测量和控制。

温度变送器尽量体积小巧，安装方便，输出采用标准信号。比如国内常用的麦克 MTM 型一体化温度变送器，可直接测量各种液体、气体介质以及固体表面温度。温度变送器安装接口尺寸、形式，以及安装位置，设计者需注意，尤其是安装位置，如果不当在调试和检修期间很容易被外部机械损毁。

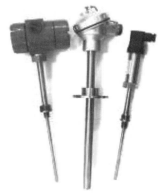

图 2-38　温度变送器

九、油混水

油混水是调速器油压装置的标准配置，用来测量油液中的含水量是否超标并预警，信号输出有两种形式，一类为达到设定值后开关量报警，另一类是输出含水量的实时值。

图 2-39 所示为一款常用的 WM1-DC 24V 油混水信号器，用来控制和调节各种液体，特别适合水和润滑油等应用场合。指示器主要基于电容和电解质充电原理来检测油中混"水"量，以监测各种油中的含水量，当含量超过设定点时发出报警信号。该设备在设计安装位置时，应考量装卸方便，尤其是悬挂式油压装置，安装在底部，是极其难于维护和更换的。同

样，在更换的时候，也应考量油液隔离的设计，电气接线采用屏蔽电缆，避免干扰。

图 2-39　油混水信号器

第四节　调速器控制流程

控制调节原理不同的机组，其特征参数也不同，需设置不同的调节参数。调节过程中，机组有多种运行工况，调节参数也应随工况的改变而改变。一般情况下，调速器可根据机组的特征参数和运行工况，先适时选择 PID 参数，再进行 PID 运算。同时，根据机组开机、空载、并网、停机等工况的变化，自动改变微分、频率给定值、人工失灵区、永态转差系数、开度限制值、功率给定值等参数。同时，各工况下参数的改变和调节输出量的计算均由微控制器的软件实现。

一、控制模式和工况

国内微机调速器将导叶开度反馈控制引入微机，增加了导叶副环数字 PID 控制，使导叶闭环控制更精确，调速系统的动态响应、静特性指标、开度测量准确性更好；机组运行时，系统转速调节主要采用变结构、变参数、改进型 PID 控制（见图 2-40），系统振荡时叠加非线性鲁棒控制规律，以抑制电力系统振荡，增加电力系统阻尼。

图 2-40 中有两个 PID 调节环，前一个称为频率主环，后一个 PI 调节框图称为导叶副环，P_{GV} 是负荷的给定值，导叶采样周期为 8ms，可通过软件来实现导叶闭环控制，能达到模拟闭环的效果。最终控制输出 u 实际上是对应导叶偏差的增量信号。

空载运行时，主要有开度闭环和转速闭环控制两种调节模式，并网运行时，主要有开度闭环、转速闭环、功率闭环控制三种调节模式。

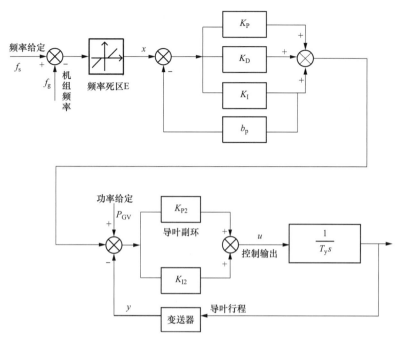

图 2-40 调节原理框图

水电厂常见"工况"的概念，监控系统、调速器和励磁系统的工况要与机组实际状态相对应。工况下的控制方法和工况转换，各不相同。

图 2-41 所示为常规机组调速器典型工况及其工况转换图。

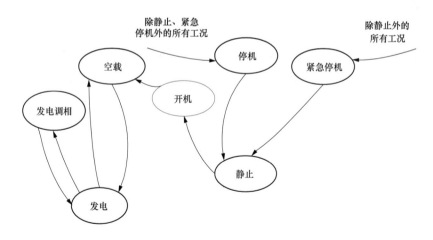

图 2-41 常规机组调速器典型工况及其工况转换图

二、工况控制

工况控制分为工况转换和工况下的模式控制，具体说明如下。

（一）静止

静止，为调速器判断机组停机完毕或停机完成的一个稳定状态，表现为导叶关闭，机组转速很小（一般小于 5Hz）或完全停止。调速器判断静止的方法是，从上一级的"停机过程"转来，当检测到导叶小于 2%、转速小于 10% 时（数值仅为举例），调速即刻转入"静止"工况。此次，机组可能还在旋转，其他流程还未走完。

调速器处在"静止"的唯一控制特征是输出一个偏关的控制信号，使得主配压阀处在关闭趋势，关闭强度可以不必如紧急停机那样强，由于油压的传递和积累，接力器即便在主配压阀开口很小的前提下，也会处在额定油压下能够达到的关闭行程（压紧行程）。这样做的目的有两个，一是可以方便锁锭的投入和拔出，尽管锁锭块和投入孔有一定的间隙容量；二是可以尽可能地关紧导叶，防止漏水或减少漏水，从而防止机组蠕动。

有的调速器厂家会按停机状态管路无压设计，此种设计方案之下，调速器的偏关控制信号仅能起到方便锁锭投退的效果，不再有压紧导叶减少漏水的作用。

（二）开机

这里的开机指的是调速器的开机，非机组的开机。这时一般机组的开机流程基本走到后期了，从拔出锁锭开始，监控下发开机令。调速器从"静止"态转到"开机"态。

调速器一般采用改进的两段开环开机控制规律进行调节。调速器开机令，则启动控制器内部计时器计时，同时按一定速率将导叶开到第一段启动开度，当机组频率上升到频率设定值 1 时，再按一定速率将导叶切换到第二段启动开度，当机组频率上升到频率设定值 2 时，机组进入空载调节，此后在空载 PID 调节的控制下机组转速稳定在额定转速。

同时，为了保证机组的安全，在开机过程中，若调速器所有控制器始终无法测到机组任何一路转速（频率全部故障），则调速器目前已经失去了目标，失去了必要的手段，只能将导叶开至空载开度。这个空载开度是人工预设的、可以根据水头自动计算出的开度定值。这个开度不可能完全等于实际的空载开度，但至少是一种安全开度。频率全部故障的情况下，将导叶关闭也是一种常规的策略。

当然，不同的厂家对开机规律的处理是不尽相同的，主要是根据机组类型，结合调速器厂家的经验确定开机策略。当然，也可以根据事先通过的仿真计算或模型试验，确定具体的开机规律，比如福伊特公司提出的柔性开机策略。

为了确保机组启动成功率，调速器也会根据开机时间来判断机组从"开机过程"转入"空载"。

导叶第一开启开度和第二开启开度需根据机组实际空载开度而定，而机组实际空载开度是根据水头确定的，不同的水头对应不同的空载开度值；频率设定值 1 一般为 35Hz，频率设定值 2 一般为 47.5Hz。

水电机组由静止至开机至空载过程曲线如图 2-42 所示。

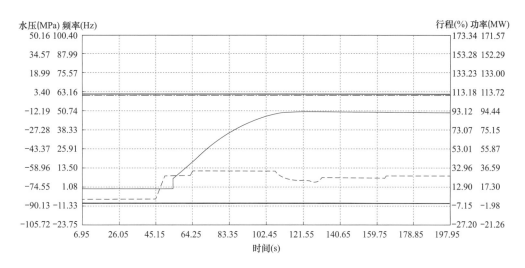

图 2-42　水电机组由静止至开机至空载过程曲线

对双调机组而言，导叶开启的过程中，桨叶应从启动开度关闭到 0。

在转入空载工况之前，调速器的导叶开度给定是控制目标值，频率仅仅是判断的条件，未参与闭环控制。因此，有人称之为"开环开机"。在控制上，采用这种理念是常见的高效手段。

开机过程中，导叶开限一般是空载开限。开机是一个过程，不是一个常态，也就是说调速器正常时不可能长时间处在"开机"工况下运行，机组亦然。

（三）空载

调速器（从开机或发电）转入空载后，根据前面对调节过程的分析，这时候 PID 调节投入工作。此时的调节任务是将机组频率反馈调节到频率给定，即频率闭环调节模式，完成对频率的调节。

此时，调速器的频率给定有两只形式，运行时可以选择设定。

一是"网频跟踪投入"，调速器采集系统频率信号（即网频），若系统频率正常，则机组频率跟踪系统频率，频率给定为系统频率＋滑差；若系统频率故障，即网频故障，则调速器自动退到"网频跟踪退出"；在这种控制模式下，程序将忽略远方增减信号和准同期装置的控制信号。

二是"网频跟踪退出"，程序在额定频率 50Hz（不同国家的额定频率不同）的基础上叠加远方频率增减信号的和，作为频率的调节给定值。一般未发出同期合闸令时，即同期装置未投入工作时，频率给定为额定频率。

上述的滑差和增频减频的频差量是可以设定的。根据经验，滑差设置推荐范围为 0～0.1Hz，调频步长为 0.05～0.3Hz/s。

这些定值，需要根据机组在手动和自动下的频率摆动大下，以及空载调节性能进行确定。比如，如果机组空载摆动加大，滑差可以设置小一些。如果空载调节灵敏，调频步长可以大一些。总之，需要结合机组实际和并网效果，寻找一个最优定值。

滑差一般为正向，即调速器的频率给定等于网频加滑差，这样在并网瞬间，能量是由机组和电网传递，对机组伤害较小。

同样，调频步长不能设置太大，这个可以在调速器上先把速度设置好，然后需要在静态和同期联调，如果不联调，不知道同期发出的脉冲的时间宽度，依然是不行的。这需要两者配合。经验是同期一个脉冲下来，无论时间多长，频率给定变化量不大于0.3Hz。

空载态比例、积分和微分系数为空载PID设定值（来自空载扰动试验），人工失灵区（频率死区）为0Hz，永态转差系数b_p为0，电气开度限制为空载设定值加10%或1.5倍空载开度。调节器对机频反馈与频率给定的差值进行PID运算，调节输出信号V_y带动电液比例阀随动装置，调节导叶开度，直至机组频率等于给定频率，从而实现了频率调节。

调速器空载调节的原理框图如图2-43所示。

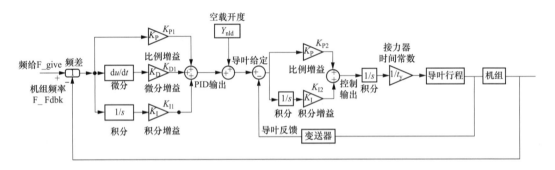

图 2-43 调速器空载调节的原理框图

F_give—频率给定；F_Fbdk—频率反馈；Y_{nld}—机组空载开度

对调速器而言，机组空转和空载，均成为空载。也有个别电厂，将机组并网负荷为0的状态称为空载。

（四）并网

并网，即于电网并列，也称为发电，多为并入大网。如果并入是小网过孤网，"并网"就多称为"带小网""带孤网"。

调速器收到断路器位置后，若断路器合闸后可以表征机组电气主接线已经并网，调速状态就从空载转入发电。在发电模式下，根据调速器的调节目标的不同，分为"开度模式"和"功率模式"。下面根据南瑞调速的原理进行简单介绍。

1. 开度模式下的功率调节

图2-44所示为调速发电控制原理框图（开度模式）。调速器转入"发电态"后，处在开度模式，调速器的当前调整目标为导叶开度给定。此时的导叶开度给定＝空载开度Y_{nld}＋主

环 Y_{PID} ＋脉冲开度给定 P_{gv}。空载开度 Y_{nld} 为预设的定值，其大小和水头自动成一一对应的关系。主环 Y_{PID} 为频率主环的计算输出；机组并网后，机频和网频同步，其数值和频率给定（发电下，自动为 50Hz）的偏差，若频率波动不大，一般在设定的人工失灵区（频率死区）以内，则在死区之后的频差为 0，此时的主环为具有调差 b_p 的负反馈闭环环节，因此输出的 Y_{PID} 为 0。

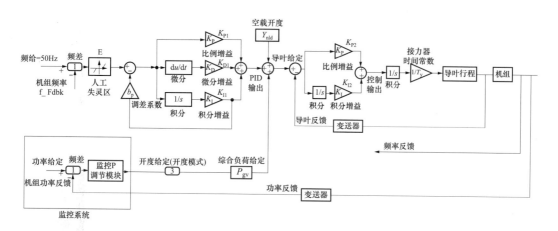

图 2-44 调速器发电控制原理框图（开度模式）

导叶给定还有一个重要的变量为 P_{gv}，该数值来自监控系统的功率调节模块。如图 2-44 中方框部分，监控检测自身的功率反馈和功率给定（功率设定）之间的偏差，在监控功率调节（P 调节）投入时，计算该偏差，输出响应的脉冲增加或减少。调速器收到该脉冲后，根据其脉宽（一个脉冲的持续时间）的长短，与之对应形成一个开度累积量，即 T_{rp}。

该过程，对调速器而言是一个脉冲式的积分过程，积分公式为 $P_{gv(t)} = P_{gv(t-1)} \pm T_{rp}$。其中，$T_{rp}$ 一般设置范围为 1％/s～5％/s。需要指出的是，调速器为了防止脉冲粘连，T_{rp} 的累积只在 2s 钟内有效，超过 2s 后的脉冲失效。在 2s 内，累积的速度和脉冲时间成正比。举例说明，葛洲坝调速器 T_{rp} 目前设置为 2％/s，如果脉冲为 2s，则 2s 内累积 4％，0.5s 累积 1％，3s 依然是 4％。

由此可见，在开度闭环模式下，如果机组调整功率，调速器此时是监控大功率调节下的一个开度执行环节。只对开度给定负责，不对功率负责。在监控的功率调节下，监控通过脉冲的增加、减少改变调速器的 P_{gv}，从而改变调速器的导叶给定。调速器通过导叶副环的 PI 环节，对导叶反馈进行控制。从而改变机组有功，机组有功监控采集后，再次与其功率设定进行比较，如此形成循环有功调节控制。

该模式下，如果网频波动较大，同时机频也波动较大，当频差超过频率死区后，一次调频动作，这时该频差（减去死区后的部分）送入主环 PID 进行计算，输出 Y_{PID}，从而改变导叶给定和导叶开度。当频差在频率死区以内时，一次调频复归，由于调差 b_p 的负反馈作用，主环PID输出逐渐反算为0，形成的开度给定偏差消失，恢复到调频动作前的开度给定和开度。

2. 功率模式下的功率调节

图2-45所示为调速器发电控制原理框图（功率模式）。调速器转入"发电态"，投入功率模式令后，调速器处在"功率模式"下。顾名思义，当调速器处在功率闭环时，调速器的调节目标为功率给定。功率给定来自监控系统的设定，该设定一般以通信下发或者模拟量输出两种手段给调速器。调速器接收此功率数值，进行标幺转换为百分比。首先将此进行斜坡处理，即是将监控下发的功率给定，以一定速度限制形成一个"中间功率给定"（如图所示位置），可见该给定不是突变的，而是缓慢（速度可调）上升或下降的。该"中间功率给定"与调速器自身的功率反馈（来自变送器）做差后，形成的功率偏差 $\times e_p$，既为对应的频差，然后对频差送入主环PID进行调节（调取功率闭环PID参数），从而输出 Y_{PID}，形成下一个环节导叶副环的导叶给定变化量，从而进行开度调整和功率调整。

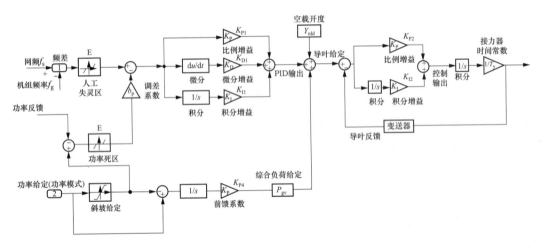

图2-45 调速器发电控制原理框图（功率模式）

"中间功率给定"在由原功率给定到新设定的功率给定变化过程中（一般时间很快），新设定的功率给定减去中间功率给定，形成的偏差，经过前馈系数 K_{P2} 相乘，之后累积到 P_{GV} 之上，以形成导叶开度的预调节，如此可以加快功率的调节速度。

当一次调频动作后，调节原理类似开度模式。需要指出的是，此时调频的动作量应是功率的变化量，其数值是由频差和 e_p 的调差公式计算所得。

功率闭环模式下，功率调节和一次调频采用的是叠加原理，互不影响。即一次调频动作产生的功率偏差不会被功率闭环的功率调节拉回，同时一次调频动作与否，也不影响调速器自身对来自监控功率设定的功率调节。一次调频产生的动作量不会改变功率设定值（设定值只允许监控设定）。举例说明：功率设定为50%，一次调频动作后，功率变动+2%；此时功率设定还是 50%，但功率反馈为 52%。这时，新的功率设定为 60%，若调频没有复归，则功率自动调整到 62%；此时，若一次调频复归了，功率调整到 60%。

上述的两个模式下的 PID 参数需要试验确定，一次调频参数和 b_p、e_p、频率死区为涉网参数，投运后，不可随意修改。一次调频也不可随意退出。

（五）停机

调速器接到停机命令后，将开度给定值为 0，调节器输出控制信号使导叶全关，直至机频下降为零。当转速和开度小于一定数值后，转入静止。

停机也称为停机工程，上一级工况为空载，不可从发电越级到停机。在机组实际停机过程中，在发电态一键停机，也是遵循发电减负荷-空载-停机-静止这一过程顺序。

调速器进入停机过程后，以两种（或一种）关闭速度使导叶关闭至全关，并转至停机等待状态。

图 2-46 所示为某电站停机规律原理图。当机组需要停机时，负荷减到最小，导叶关闭至空载开度附近，断路器断开后关闭导叶，当频率表为零时调速器进入停机状态。

机组在各有关状态或过程、接收到停机指令，均转至停机过程。当电气开度限制和导叶接力器开度均关闭至零值时，转至静止状态。在停机过程中，导叶 PI 投入工作，在开度调节模式下运行。

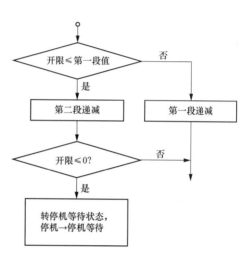

图 2-46　某电站停机规律原理图

调速器停机过程接力器关闭曲线如图 2-47 所示。

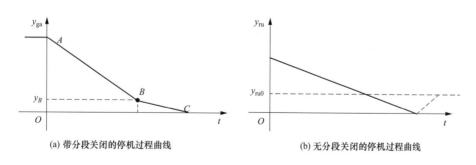

(a) 带分段关闭的停机过程曲线　　(b) 无分段关闭的停机过程曲线

图 2-47　调速器停机过程接力器关闭曲线

导叶接力器开度的关闭过程以两段关闭折线关闭至全关，其拐点 B 可由程序设定，程序也可以方便地整定 AB 段和 BC 段的关闭速度；当导叶接力器关闭至全关位置时，调速器进入停机等待状态。

对双调机组而言，导叶关闭的过程中，桨叶应从 0 开至启动开度。桨叶开启，张大开口，作用一是将水快速泄流，降低水能量，二是桨叶叶片在水中形成搅拌，可利用水阻力快速降低转速。在下次开机时，导叶开启，桨叶从启动开度关闭可以快速拉升机组转速。

图 2-48 所示为广西 QG 电站调速器自动停机录波曲线，根据停机过程曲线，在当前水头下，可记录导叶、桨叶的调节及转速下降情况。尤其是轴流转桨机组，导叶过快会引起过量抬机，需调整合适的时间。

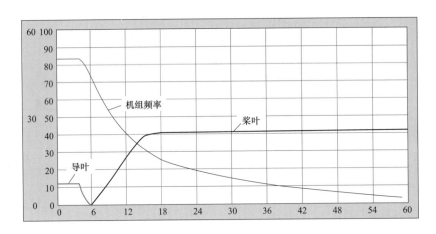

图 2-48　调速器自动停机录波曲线

停机过程，如果机组有电制动功能，残压测频会受到干扰。影响转速判断。这时，增加一定的延时作为条件。具体延时多少，可以结合停机过程的频率实际衰减曲线，比如拟合出一个方程，这样可以大致得出转速与时间的关系，可以对误投风闸之类进行一个保护。

对抽水蓄能机组而言，工况不仅仅限于此，但本书的主要内容还是常规机组调速器，故在此不多阐述。

（六）　紧急停机和手动

紧急停机，不属于调速器的工况，上述工况是控制器自动运算、输出和转换。而紧急停机是硬接线＋机械液压行为，直接作用于主配压阀紧急停机电磁阀或事故配电磁阀，不经过控制器。

调速器手动有多种形式，一般分为以下几种情况：

一是纯机械手动。无需电，只靠油压和若干手柄电磁阀、步进电机手动转盘等组合，即可完成主配压阀和接力器的操作。

二是开环手动。需要电，通过若干把手和继电器硬回路，操作电磁阀，完成主配压阀和接力器的开环操作。操作速度一般靠节流阀调整；若连续施加增减信号，导叶动作速度会不受节流阀限制。尤其是刚开始操作的前 5s 和后面的操作差别很大。因为无论手动节流阀如何调节，随着主配压阀阀芯最终达到极限位置（这是必然的，只是达到该位置的时间长短不一样），接力器速度最终扩散至最大。纯机械手动也存在类似问题。开环手动方式操作一般是点动增加、减少，需缓慢调节和等待跟随。三是闭环手动，依赖模拟电路或数字 PID 模块，通过必需的导叶反馈和主配压阀反馈，操作手动把手或软把手，完成接力器的闭环控制。其调节速度依赖控制参数、反馈增益、增减率大小。闭环手动，和自动导叶控制类似，区别是导叶给定的方式不同，自动方式来源于电调的综合计算，手动方式来源于人工操作把手。

第三章 | 水轮机调速器液压系统

液压系统是调速系统重要的组成部分，承担着整个系统的电气转换、液压放大、能量传递和机构执行等重要任务。本章重点从实用的角度，由小到大、由局部到整体，分类分层进行加以介绍，本章也是本书最重要的一部分。

调速器液压部分包含油压装置、主配压阀、事故配压阀、分段关闭装置、机械过速装置等，这些设备又由各不相同的压力罐、蓄能器、电机、油泵、阀件等组成。

第一节 液压元件原理及应用

调速器电气控制部分完成计算输出后，还需要将输出的电流或电源信号施加到各种液压阀件上，经过液压放大，实现对控制对象的最终操作。调速系统 70% 以上的设备都是液压元件。液压元件的主要优点是其响应速度快、无滞后、传递距离远、执行力大，能源容易储备和形成，对电力的依赖较小。电力、石化、建筑、航空、油轮等都离不开形形色色的集成液压站，液压站为各种液压阀件提供能源，实现电气控制信号的液压、位移、操作的转换。

一、液压技术概况

液压传动相对于机械传动来说，是一门新学科，从 17 世纪中叶帕斯卡提出静压传动原理，18 世纪末英国制成第一台水压机算起，液压传动已有 200～300 年的历史，只是由于早期技术水平和生产需求的不足，液压传动技术没有得到普遍的应用。一些通用机床到 20 世纪 30 年代才用上了液压传动。目前，采用液压传动的程度已成为衡量一个国家工业水平的重要标志之一。

（一）液压传动在各类机械中的应用

液压传动应用广泛，其应用领域见表 3-1。

表 3-1　　　　　　　　　　　　　液压传动应用领域

行业	设备	行业	设备
工程机械	推土机、挖掘机、压路机	起重运输	汽车式起重机、叉车、港口龙门式起重机
矿山机械	凿岩机、提升机、液压支架	建筑机械	打桩机、平地机、液压千斤顶
农业机械	拖拉机、联合收割机	冶金机械	压力机、轧钢机
锻压机械	压力机、模锻机、空气锤	机械制造	组合机床、冲床、自动线
轻工机械	打包机、注塑机	汽车工业	汽车中的转向器、减振器
水利水电	液压启闭机、调速器、阀门		

（二） 液压系统的五个组成部分

（1）动力装置。作用是向液压系统提供具有一定压力的液体流量，它将原动机输入给它的机械能转换成液体的压力能。

（2）执行机构。包括液压缸和液压马达，作用是把液体的压力能转换成直线运动形式和旋转形式的机械能。

（3）控制调节装置。用于控制液流的方向、流量和压力的元件统称为阀，它们分别是电磁换向阀、节流阀和溢流阀等。

（4）辅助装置。用于液压介质的储存、过滤、传输以及对液压参量进行测量和显示等元件都属于辅助装置，也叫附件。

（5）工作介质。用以传递动力并起润滑作用。根据使用环境和主机的不同，需采用不同的工作介质。

（三） 液压传动的优缺点

1. 液压传动的优点

液压传动与其他传动方式相比，主要优点有：

（1）功率质量比大，液压传动装置的体积小，质量轻。

（2）液压传动实现无级调速方便，且调速范围大，性能好。

（3）液压传动装置工作平稳，响应快，可频繁启动、制动和换向。

（4）液压传动装置易于实现过载保护。

（5）液压传动所用元件和辅件便于实现标准化、系列化和通用化。

（6）液压介质有良好的润滑和防锈性，有利于延长液压元件的使用寿命。

（7）液压传动装置便于实现运动转换，液压元件和辅件的排列及布置也可根据需要灵活调整。

（8）功率损失所产生的热量可通过液压介质方便地带走。

2. 液压传动的缺点

液压传动的主要缺点如下。

（1）液压传动难以保证严格的传动比。

（2）液压传动的总效率比较低，这是因为液压传动装置工作过程中存在着机械摩擦损失、压力损失和容积损失。

（3）液压传动装置的性能受温度的影响较大。

（4）液压传动不宜远距离传输能量，布置液压管路不如布置导线灵活，工作介质在管路中流动时功率损失较大。

（5）液压介质有泄漏现象。

二、液压阀

液压传动控制调节元件主要是指各类阀。它们的功能是控制和调节流体的流动方向、压力和流量，以满足执行元件所需要的启动、停止、运动方向、力和力矩、速度和转速、动作顺序和克服负载等要求，从而使系统按照指定的要求协调地工作。

（一）控制阀的分类

1. 按用途分类

液压传动所用的控制阀的种类繁多，可按不同的特征进行分类，最常见的是按控制阀的用途进行分类。

（1）方向控制阀（如单向阀、换向阀）。

（2）压力控制阀（如溢流阀、减压阀、顺序阀）。

（3）流量控制阀（如节流阀、调速阀）。

这三类阀还可根据需要构成组合阀，如单向顺序阀、单向节流阀、电磁溢流阀等。组合后可使阀的结构紧凑、连接简单、使用方便。

2. 按控制方式分类

（1）开关（或定值控制）阀。借助于手轮、手柄、凸轮、电磁铁、弹簧等来开关液流通路，定值控制液流的压力和流量的阀类统称普通液压阀。

（2）比例控制阀。这种阀的输出量与输入信号成比例。阀芯位移可根据输入信号变化的规律而相应的动作，最终实现液压系统的流量、速度控制。多用于开环液压程序控制系统。

（3）伺服控制阀。其输入信号（电气、机械、气动等）多为偏差信号（输入信号与反馈信号的差值）可以连续成比例地控制液压系统中压力流量，多用于高精度、快速响应的闭环液压控制系统。

（4）数字控制阀。其是指用数字信息直接控制的阀类。

3. 按结构形式分类

按结构形式可分为滑阀（或转阀）、锥阀、球阀、喷嘴挡板阀、射流管阀。

4. 按安装连接方式分类

（1）螺纹式（管式）。阀的连接口用螺纹管接头与管道及其他元件连接，它适用于简单系统。

（2）板式连接阀。将板式阀用螺钉固定在连接板（或油路板、集成块）上。

（3）集成块式连接。把若干阀用螺钉固定在一个集成块的不同侧面上，集成块内部根据油路的设计进行打孔，来实现各个阀的油口的功能组合。拆卸时不用拆卸与它们相连的其他元件。

（4）叠加式安装连接。上下面为连接接合面，各连接口分别在这两个面上。

（5）法兰式安装连接。与螺纹式连接相似，只是用法兰代替螺纹管接头。

（6）插装式安装连接。阀没有单独的阀体，由阀芯、阀套等组成的单元体装在插装块的预制孔中，用连接螺纹或盖板固定，并通过插装块内通道把各插装式阀连通组成回路。

（二）单向阀

单向阀控制流体只能正向流动，反向截止或有控制的反向流动。按其功能分为普通单向阀、液控单向阀。

普通单向阀的作用是使液体只能沿一个方向流动，不许它反向倒流，故又称作止回阀。

1. 普通单向阀

（1）普通单向阀的作用是使液体只能沿一个方向流动，不许它反向倒流，如图3-1所示。

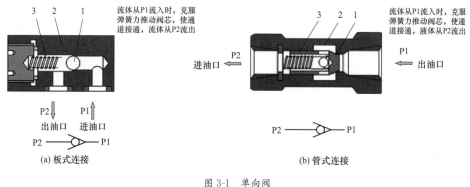

图 3-1 单向阀

1—阀芯；2—阀体；3—弹簧

（2）对单向阀的要求主要如下：

1）通过液流时压力损失要小，而反向截止时密封性要好。

2）动作灵敏，工作时无撞击和噪声。

（3）主要用途：

1）选择液流方向。

2）区分高低压油。

3）保护泵正常工作（防止压力突然增高，反向传给泵，造成反转或损坏）。

4）泵停止供油时，保护缸中活塞的位置。

5）作背压阀用，提高执行元件的运动平稳性（背压作用——保持低压回路的压力）。

2. 液控单向阀

液控单向阀按控制活塞的泄油方式不同，有内泄式和外泄式之分。内泄式控制活塞的背压腔通过活塞杆上对称铣的两个缺口与油口 p_1 相通；外泄式的活塞背压腔直接通油箱，如图3-2所示。

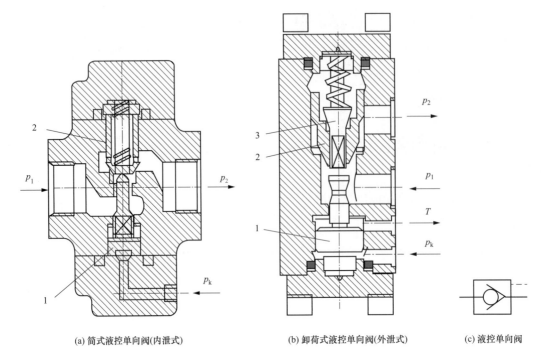

(a) 简式液控单向阀(内泄式)　　　(b) 卸荷式液控单向阀(外泄式)　　　(c) 液控单向阀

图 3-2　液控单向阀

1—活塞；2—阀芯；3—小阀芯

液控单向阀按结构特点可分为简式和卸载式两类。卸载式的特点是带有卸载阀，当控制活塞上移时先顶开卸载阀的小阀芯 3，使主油路卸压，再顶开单向阀芯。这样可大大减小控制压力，使控制压力与工作压力之比降低到 4.5%，因此，可用于压力较高的场合。

（三）换向阀

换向阀的作用是利用阀芯和阀体之间的相对运动来开启和关闭油路，从而改变液流的方向，使液压执行元件启动、停止或变换运动方向。

对换向阀的一般要求：通油时的压力损失小，通路关闭时密封性好，各油口之间的泄漏少；动作灵敏、平稳、可靠，没有冲击、噪声。

换向阀的主要性能如下。

（1）工作可靠：换向阀能否可靠地换向和可靠复位。

（2）压力损失：由于阀工作时的开口较小，故流体流过阀口时会产生较大的压力损失。

（3）内泄量：当换向阀在各个不同的工作位置时，在规定的工作压力下，从高压腔漏到低压腔的泄漏量称为内泄量。

（4）换向时间与复位时间：分别是从收到信号到阀芯换向终止的时间和从信号消失到阀芯复位终止的时间。

（5）使用寿命：换向阀用到某一零件损坏，不能进行正常的换向或复位动作。

换向阀的分类如表 3-2 所示。

表 3-2 换 向 阀 的 分 类

按阀芯结构分类	滑阀式、球阀式、转阀式、锥阀式、截止式
按阀芯工作位置分类	二位、三位、四位、多位
按通路分类	二通、三通、四通、五通、多通
按操纵方式分类	手动、机动、液动、气动、电磁动、电液动

常见阀位机能的表示方法如表 3-3 所示。

表 3-3 常见阀位机能的表示方法

序号	名称	结构原理	图形符号
1	二位二通	A　B	
2	二位四通	B　P　A　O	
3	二位五通	O₁　A　P　B　O₂	
4	三位四通	A　P　B　O	
5	三位五通	O₁　A　P　B　O₂	

注 图形符号含义：

1. 用方框表示阀的工作位置，有几个方框就表示有几"位"。
2. 方框内的箭头表示通路处于接通状态，但箭头方向不一定表示流体的实际方向。
3. 方框内符号"⊥"或"⊤"表示该通路不通。
4. 方框外部连接的接口数有几个，就表示几"通"。
5. 通常，阀与系统连接的进口用字母 P 表示；阀与系统连接的出口用字母 O（有时用 T）表示；而阀与执行元件连接的通路用字母 A、B 等表示；必要时在图形符号上用 L 表示泄漏口。
6. 换向阀都有两个或两个以上的工作位置。阀芯未受到操纵力时所处的位置为换向阀的常态位，三位阀的中位是常态位。利用弹簧复位的二位阀则以靠近弹簧的方框内的通路状态为其常态位。绘制系统图时，通路一般应连接在换向阀的常态位上。

1. 手动换向阀

手动换向阀就是常见的带手柄搬动的小阀，手柄有的带定位有的是自复中；用于小流量，间歇时间较长的场合，如图 3-3 所示。

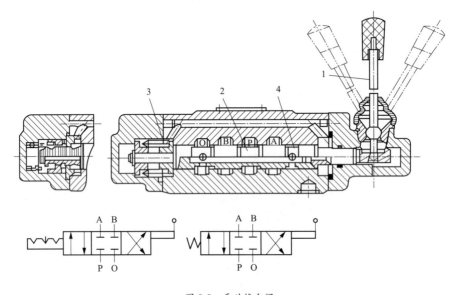

图 3-3　手动换向阀

1—手操纵杆；2—主阀芯；3—对中弹簧；4—钢球定位装

2. 机动换向阀

用执行机构上安装的凸轮式挡块移动阀芯，用以控制油路的通断，以达到行程控制的目的。改变凸轮的外形，以获得合适的换向程度，减少换向冲击。结构如图 3-4、图 3-5 所示。

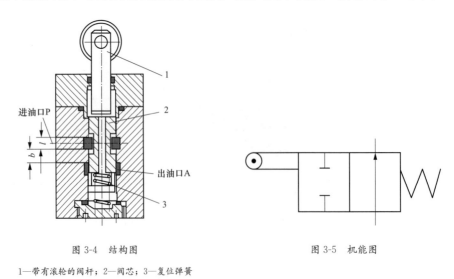

图 3-4　结构图　　　　　　　　　　　图 3-5　机能图

1—带有滚轮的阀杆；2—阀芯；3—复位弹簧

3. 电磁换向阀

左、右两个电磁铁的线圈只允许分别得电，可以同时失电，同时失电后对中弹簧使阀芯复于中位，如图 3-6、图 3-7 所示。

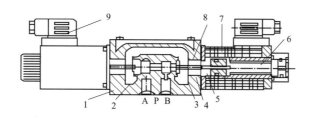

图 3-6 结构图

1—阀体；2—阀芯；3—对中弹簧；4—挡圈；5—定位套；6—衔铁；7—线圈；8—推杆；9—插头组件

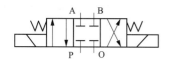

图 3-7 机能图

（四）压力控制阀

压力控制阀（简称压力阀）是用来控制液压传动系统中流体压力的一种控制阀。常用的压力阀有溢流阀、安全阀和插装阀等。

1. 溢流阀

溢流阀的主要用途有如下两点。

（1）调压和稳压。是用来保持液压系统或回路的压力恒定。在系统正常工作时，溢流阀的阀口是常开的。

（2）限压。是在系统中作安全阀用，此时，在系统正常工作时，溢流阀的阀口处于关闭状态，只是在系统压力大于或等于其调定压力时才开启溢流，对系统起过载保护的作用。图 3-8 所示为直动型溢流阀。

这里需要指出的是，安全阀与泄压阀是不完全一样的，在结构、作用上存在一定差异。

当管路中的压力大于卸压阀的设定压力的时候，油液会由卸压阀处流出，从而控制管路中的压力不会超过某一限定值。针式泄压阀，是通过调整阀门中的弹簧力长短，来调节压紧力，当管路中压力高于设定值时，弹簧被反向压迫，从而密封顶针打开，油液泄漏流出，起到保护设备、调节系统压力的作用。

2. 安全阀

所谓安全阀广义上讲包括泄压阀，从管理规则上看，直接安装在一类压力容器上，其必要条件是必须得到技术监督部门认可的阀门，狭义上称之为安全阀，其他一般称之为泄放阀。

两者的区别是安全阀与泄压阀在结构和性能上很相似，两者都是在超过开启压力时自动排放内部的介质，以保证生产装置的安全。由于存在这种本质上类似性，人们在使用时，往往将两者混同。

按照美国机械工程师协会标准《ASME 锅炉及压力容器规范》第一篇中所阐述的定义来理解：

（1）安全阀（Safety Valve）一种由阀前介质静压力驱动的自动泄压装置。其特征为具有突开的全开启动作。用于气体或蒸汽的场合。

（2）泄压阀（Relief Valve），又称溢流阀，一种由阀前介质静压力驱动的自动泄压装置。它随压力超过开启力的增长而按比例开启。主要用于流体的场合。

3. 插装阀

插装阀又称逻辑阀，是一种较新型的液压元件，它的特点是通流能力大、密封性能好、动作灵敏、结构简单，因而主要用于流量较大系统或对密封性能要求较高的系统。插装阀由控制盖板、插装单元（由阀套、弹簧、阀芯及密封件组成）、插装块体和先导控制阀（如先导阀为二位三通电磁换向阀）组成。由于插装单元在回路中主要起通、断作用，故又称二通插装阀。

插装阀的组成如图 3-9 所示。

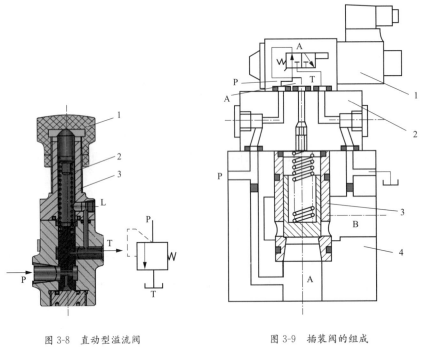

图 3-8　直动型溢流阀　　　　　图 3-9　插装阀的组成

1—调节螺杆；2—调压弹簧；3—阀体　　　1—先导控制阀；2—控制盖板；3—逻辑单元（主阀）；4—阀块体

图 3-10 和图 3-11 中 A 和 B 为主油路仅有的两个工作油口，K 为控制油口（与先导阀相接）。当 K 口回油时，阀芯开启，A 与 B 相通；反之，当 K 口进油时，A 与 B 之间关闭。

（五）比例伺服阀

比例伺服阀（也称为伺服比例阀）是调速器中重要的电液转换器，了解之前需要了解比例阀和伺服阀。

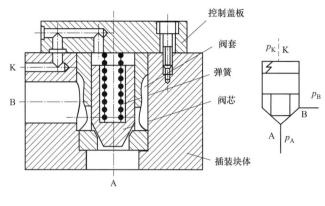

图 3-10　方向控制插装阀

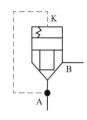

图 3-11　插装阀用作单向阀

伺服阀与比例阀的主要共同点有用电信号进行控制，阀口开度连续可调。

伺服阀与比例阀的主要差异点主要有：

（1）伺服阀控制阀口采用零遮盖结构，可以用于任何闭环系统；比例阀采用正遮盖阀口，有较大的零位死区，可方便用于速度闭环系统，电控器中配置阶跃信号发生器，可用于力闭环与位置闭环。但总存在一定的不便。

（2）伺服阀通过提高加工精度、油液过滤精度，加上将油源压力的⅓用于控制阀口，因而频响很高，从几十到几百赫兹，相应的弱点就是成本高、维护难，能量利用率较低；而比例阀在加工、过滤要求上低一个档次，阀口压差也较小，因此，频响比伺服阀低一个档次，一般在几到 100Hz 以内，优点是成本低、较易维护，可靠性比较高，能量损失相对小。

（3）伺服阀一般都是在零位附近工作，而比例阀除了在零位附近工作外，经常需要在大开口位置工作，即其工作模式有较大差别，这是目前还不能使伺服阀与比例阀形成统一系列的重要原因。

（4）伺服阀运行中常会出现零飘，而比例阀有较大的零位死区，就不存在零飘的问题。

（5）伺服阀只用于闭环系统，比例阀还经常用于开环系统。

（6）现在一般首先从要求的频响，就可大体确定选用什么阀，频响要求高的只能选伺服阀，频响要求相对低的就选比例阀。另外，要综合考虑性能、成本、维护、可靠性等因素。一般的原则是：

1）能用传统阀的，不用比例阀；能用比例阀的不用伺服阀；

2）非用伺服阀的，不用比例阀；非用比例阀的不用传统阀。

（7）在伺服阀与一般比例阀之间的伺服比例阀（闭环比例阀、高频响比例阀、调节阀），特性介于两者之间。

比例伺服阀配套其功放板可以将输入的电气控制信号转换成相应输出的流量控制，阀芯装有位移传感器，将阀芯位移反馈信号引入电路形成闭环控制，可提高控制精度。此外，比例伺服阀的电磁操作力大，为环喷式和双锥式电液伺服阀电磁操作力的 5 倍以上。总而言之，比例伺服阀结合了伺服阀和比例阀的优点，既有伺服阀的高精度高响应性又有比例阀的出力大、耐污染及防卡能力强等高可靠性。机械液压控制流程示意如图 3-12 所示，伺服比例阀外形如图 3-13 所示。

图 3-12　机械液压控制流程示意

伺服比例阀自带功放，功放顾名思义，是对控制信号的功率放大，使其具备能量，实现伺服阀阀芯移动的位移（可测量伺服阀反馈电压）和控制信号（输入到功放的控制信号）成 1∶1 的正比关系。比例伺服阀阀芯如图 3-14 所示。

图 3-13　伺服比例阀外形

图 3-14　比例伺服阀阀芯

伺服电动机（servo motor）是指在伺服系统中控制机械元件运转的发动机，是一种补助间接变速装置。伺服电动机可使控制速度、位置精度非常准确，可以将电压信号转化为转矩和转速以驱动控制对象。伺服电动机转子转速受输入信号控制，并能快速反应，在自动控制系统中，用作执行元件，且具有机电时间常数小、线性度高等特性，可把所收到的电信号转换成电动机轴上的角位移或角速度输出。分为直流和交流伺服电动机两大类，其主要特点是，当信号电压为零时无自转现象，转速随着转矩的增加而匀速下降。

三、接力器

水电站所用的接力器在液压系统称为油缸，它可以作为液压放大系统中的一个环节，可以传递压力，完成对操作对象进行的操作。水电站导水机构动作需要很大的推力和操作功，所以配置接力器。

接力器及活塞杆和推拉杆如图 3-15 所示，接力器外形图如图 3-16 所示。

图 3-15 接力器及活塞杆和推拉杆

图 3-16 接力器外形图

不同的电站接力器个数和形式都不同，比如 HZ 抽水蓄能机组是每个导叶均有一个接力器，金沙水电站采用 4 个接力器，也有单个接力器的，小型蓄能器式油压装置往往将接力器内置，通过传动轴传递到控制环。

接力器是调速器控制系统的第一执行元件，其内部结构示意如图 3-17 所示。

接力器是利用液压传递操作力矩进行机械操作的液压装置。在水轮机中采用接力器液压操作的部件主要有活动导叶、转桨式水轮机的叶片、冲击式水轮机的喷针和折向器、锁锭装置等。接力器的运行方程如下：

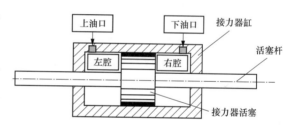

图 3-17 接力器内部结构示意

$$\frac{\mathrm{d}y}{\mathrm{d}t}=\frac{1}{T_y}u \Rightarrow \mathrm{d}y=\frac{1}{T_y}u\mathrm{d}t \Rightarrow y=\frac{1}{T_y}\int_0^t u\mathrm{d}t$$

式中　y——接力器行程相对值（%），$y=Y/Y_m$。

　　u——主配压阀阀芯行程相对值（%），$u=S/S_m$。

　T_y——接力器反应时间常数，s。

意义，接力器的输出大小、快慢、响应时间不仅与自身机构有关，还与主配压阀的窗口开启大小及速度有关。T_y 是反映接力器速度特性的参数，受机构、尺寸多种因素影响，一般要求：0.05～0.2s。当主配压阀一定时，T_y 越小则接力器移动速度越大，这有利于调速器及时动作。

主配压阀到接力器就是一个积分环节，接力器行程是对主配压阀阀芯位置的一个积分过程。

从上式中可以看到，$1/T_y$ 其实是控制信号的积分增益系数，既然是系数，其大小对接力器的控制是动决定性的，如上所述。在教材中，一旦称为系数就意味着，该数值是可以修改的，但水电站不是，设备在前期设计、制造和安装完成后，该系数就已经唯一不可改变了。$1/T_y$ 是一个比较容易被人忽视，但又极其重要的一个参数。

接力器不动时间 T_q（如图 3-18 所示）是甩负荷时，从发电机定子电流消失或转速开始上升，到接力器开始关闭之间的时间，电调 T_q 小于 0.2s，机调小于 0.3s。一般要求在甩 25％负荷后，$T_q = 0.2 \sim 0.3$s

接力器不动时间误差在 0.5s 以内，在实际中对机组控制产生多大的实质影响，需要研究。

接力器关闭时间和关闭规律，由调速器调节保证计算得出；一般开启时间无法给出，根据经验，其可以调整到关闭时间的 1.5～2 倍之间。

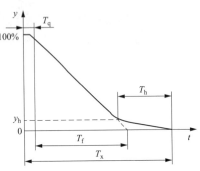

图 3-18　接力器不动时间 T_q

通常液压系统中液压缸所承受的负载种类有很多种，水电机组的接力器也同样承受各种负载。在一般情况下其负载由六部分组成，即工作负载、导轨摩擦负载、惯性负载、重力负载、密封负载和背压负载，前五项构成了液压缸所要克服的机械总负载。

1. 工作负载

不同的机器有不同的工作负载。对水轮机而言，接力器的工作负载就是推动导水结构，控制活动导叶需要的操作功；对于金属切削机床来说，沿液压缸轴线方向的切削力即为工作负载；对液压机来说，工件的压制抗力即为工作负载。工作负载与液压缸运动方向相反时为正值、方向相同时为负值（如顺铣加工的切削力）。工作负载既可以为恒值，也可以为变值，其大小要根据具体情况加以计算，有时还要由样机实测确定。

2. 导轨摩擦负载

导轨摩擦负载是指液压缸驱动运动部件时所受的导轨摩擦阻力，其值与运动部件的导轨形式、放置情况及运动状态有关。各种形式导轨的摩擦负载计算公式可查阅有关手册。活动导叶在轴径处，存在摩擦力，如果加工或装配不当，会出现接力器推不动导叶的现象。

3. 惯性负载

惯性负载是运动部件在启动加速或制动减速时的惯性力，其值可按牛顿第二定律求出。

4. 重力负载

垂直或倾斜放置的运动部件，在没有平衡的情况下，其自重也成为一种负载。倾斜放置时，只计算重力在运动上的分力。液压缸上行时重力取正值；反之，取负值。这一类型，在带重锤的贯流式机组最为常见。

5. 密封负载

密封负载是指密封装置的摩擦力，其值与密封装置的类型和尺寸、液压缸的制造质量和油液的工作压力有关，其计算公式详见有关手册。在未完成液压系统设计之前，不知道密封装置的参数，无法计算，一般用液压缸的机械效率加以考虑，常取 0.90～0.97。

6. 背压负载

背压负载是指液压缸回油腔背压所造成的阻力。在系统方案及液压缸结构尚未确定之前，也无法计算，在负载计算时可暂不考虑。调速器几种常用系统的背压阻力主要原因是管路过细、回油箱位置过高、管路过长且绕。

第二节　油压装置及其控制系统

油压装置包含压力罐和回油箱，根据机组大小、压力等级分为不同的类型。油压装置是调速器的能源动力提供者，维持其油压和油位稳定的是一套电气控制系统和一系列自动化元件，电气控制部分一般称为油源控制柜。

一、油压装置

（一）概述

油压装置是水电站中为液压设备提供压力能源的设备，目前广泛应用于水电站机组控制系统，比如水轮机组调速器、筒阀、进水阀等控制系统，其他需用压力能源的地方均可选用。油压装置稳定、安全、可靠是机组安全稳定运行和调速器可靠运行的保证。

油压装置一般由压力罐、回油箱（集油槽）、电机油泵组、组合阀、自动化元件及其控制系统组成。根据压力罐和回油箱的集成不同，有分体式和合体式；组合式，即回油箱和压力罐组合安装，其特点是结构紧凑，安装调试方便，一般用在中小电站，压力罐容积不超过 $6m^3$；分体式，是压力罐由于体积较大，与回油箱分开布置，压力罐超过 $20m^3$ 的，要考虑将其分为压力油罐和气罐。按照安装方式的不同，分为落地式和悬挂式。工作介质一般为 46 号透平油和压缩空气，在高寒地区也可采用 32 号透平油。

部分小型电站调速器油压装置也有采用蓄能器式，一个或多个管路并联使用，体积小、结构紧凑，额定压力多为 6.3MPa 或 16.0MPa。高校、企业实验室用调速器油压装置也有采用蓄能器式，由于在室内，需注意安全，所以一般要考虑降压使用或试验完毕后将蓄能器内油液排至回油箱，使液压系统处于能量最低状态。

设有油泵启动缓冲装置，避免了油泵处于高压启动，提高了油泵及电动机的使用寿命。同时安装了电动机软启动器及保护回路，使电动机启动回路可靠、安全，提高了油源的可靠性。

（二）型号

1. 油压装置的形式

油压装置及其用油设备构成了一个封闭的循环油路，回油箱内净油区的清洁油经过油泵的吸油管吸入，升压后送至压力罐内。正常工作时罐的上半部为压缩空气，下半部为压力油，罐内压力油通过压力油管路引出送到用油设备，回油则通过回油管路送到回油箱的污油区。净油区与污油区之间用两道（方便运行期间清洗）隔离式滤网隔开。其命名方式如下。

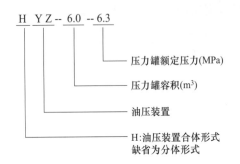

分体式悬挂式油压装置如图 3-19 所示。

2. 油源装置参数

（1）压力油罐容积：0.6～20.0m³（可选），体积不限于此。

（2）回油箱容积：1.0～25.0m³（可选），体积不限于此。

（3）油泵设置个数和排量：根据技术要求确定。

（4）电动机功率：根据油泵选择。

图 3-19　分体式悬挂式油压装置

（三）系统组成

1. 压力罐

压力罐在正常情况下，有 2/3 容积为压缩空气。为能反映出罐中的油位高度，装设了磁翻柱式油位信号计（一般带有 4 个油位开关触点及油位 4～20mA 模拟量输出），可以直观地反映出压力罐内的油位高度，同时，将测量信号 1（4 个油位触点）及测量信号 2（油位模拟量为 4～20mA）送入油源控制柜，在控制柜面板上可以精确显示压力罐内油位。

压力罐上还安装了高精度压力变送器，将其测得的罐内压力信号转换为 4～20mA 的电流信号输到油源控制柜中，既能在控制柜面板上显示出罐内压力，又能进行压力控制；压力罐上同时安装了压力开关，作为冗余控制的另一测量通道。同时，在罐上还安装了压力表直观显示罐内压力值。

压力罐到主配压阀之间设置了高压球阀以控制压力油的通断，设置了高压空气过滤器（依据技术要求而定）以过滤压缩空气，还设置了自动补气装置进行自动补气及排气。

当罐内压力未达到设定值，而油位已超过上限值时，系统需补气。此时自动停泵并打开电磁补气阀，待油压达到最高正常值或者油位降至设定的补气退出油位值后，关闭补气阀完成一次补气操作。如补气过程中油压降至备用泵投入油压，系统停止补气操作，同时油泵启动，保证系统压力并准备下一次补气操作。

当罐内压力在最高正常值，而油位已低于下限值时，系统需排气。打开电磁排气阀，此时罐内压力会下降，当到达主泵启动压力值时，主油泵启动向罐内补油。当罐内压力升到最高正常值时停泵，停止补油。此时罐内继续排气，当罐内压力再次降到主泵启动压力值，油泵启动补油。如此反复几次后，罐内压力在正常值，油位达到设定的停止排气油位时，关排气电磁阀。

系统如果出现自动化元件故障，则自动切换到冗余自动化元件并向监控系统报警，如冗余自动化元件也出现故障，则系统自动复归控制输出，保持先前状态，同时向监控系统报警。

压力罐材质常采用 16MnR，由于它是承压容器，其生产严格按 GB/T 150《压力容器》（所有部分）的有关规定执行，并经过水压试验和探伤检查。压力罐（气罐＋油罐）如图 3-20 所示。

图 3-20　压力罐（气罐＋油罐）

2. 蓄能器

一些小电站的调速器也可以采用蓄能器提供能源，近几年也日渐常用，其职能符号如图 3-21 所示。

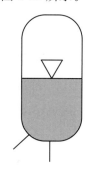

图 3-21　蓄能器
职能符号

（1）蓄能器主要用于储存油液的压力能，下面根据功能划分，给予介绍。

1）辅助动力源。工作周期较短的间歇工作系统或一个循环内速度差别很大的系统，在系统不需要大流量时，可以把液压泵输出的多余压力油储存在蓄能器内，到需要时再由蓄能器快速向系统释放，这样就可以减小液压泵的容量以及电动机的功率消耗，从而降低系统温升。

图 3-22 所示为液压机的液压系统，当液压缸保压时，泵的流量进入蓄能器 4 被储存起来，达到设定压力后卸荷阀 3 打开，泵卸荷；当液压缸快

速进退时，蓄能器与泵一起向液压缸供油，因此，系统设计时可按平均流量选用较小流量规格的泵。

2）系统保压。在液压泵停止向系统提供油液的情况下，蓄能器所存储的压力油液向系统补充，补偿系统泄漏或充当应急能源，使系统在一段时间内维持需要的压力。

避免系统在油源突然中断时所造成机件的损坏。带单向和溢流功能的液压系统如图3-23所示。

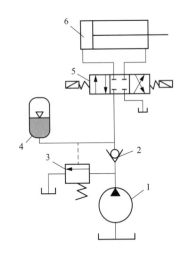 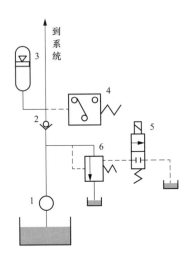

图3-22 液压机的液压系统

1—液压泵；2—单向阀；3—卸荷阀；

4—蓄能器；5—换向阀；6—液压缸

图3-23 带单向和溢流功能的液压系统

1—液压泵；2—单向阀；3—蓄能器；

4—差压发信器；5—电磁卸压阀；6—卸荷阀

3）吸收系统脉动，缓和背压冲击。蓄能器能吸收系统压力突变时的冲击，如液压泵突然启动或停止、液压阀突然关闭或开启、液压缸突然运动或停止。也能吸收液压泵工作时的流量脉动所引起的压力脉动，相当于油路中的平滑滤波。

（2）如果根据蓄能器的结构形式进行蓄能器划分，蓄能器通常有重力式、弹簧式和充气式（气体加载式）等几种。目前常用的是利用气体压缩和膨胀来储存、释放液压能的充气式蓄能器。

1）重力式蓄能器。重力式蓄能器结构原理如图3-24所示，它是利用重物的位置变化来储存、释放能量的。重物1通过柱塞2作用在油液3上。

主要用于冶金等大型液压系统的恒压供油，其特点是结构简单，压力稳定；缺点是反应慢，结构庞大。

2）弹簧式蓄能器。

如图3-25所示，弹簧式蓄能器是利用液体3通过柱塞2压缩和释放弹簧1来储存和释放能量的。

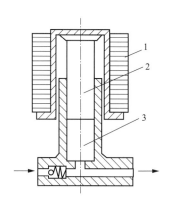

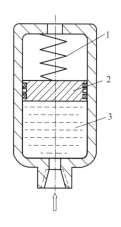

图 3-24 重力式蓄能器结构原理   图 3-25 弹簧式蓄能器

弹簧式蓄能器的特点是结构简单，反应较灵敏，但容量小。

不适用于高压或高频率的工作场合，只宜供小容量及低压回路缓冲之用。

3）活塞式蓄能器。如图 3-26 所示。活塞式蓄能器中的气室 5 与油室 4 用一浮动的活塞 1 隔开，因此气体不易混入油液中，油液不易氧化。

活塞式蓄能器结构简单，工作可靠，寿命长，主要用于大体积和大流量。

但由于活塞惯性和摩擦阻力的影响，反应不灵敏，容量较小，缸筒加工和活塞密封性能要求较高，宜用来储存能量或供中、高压系统吸收脉动之用。

4）皮囊式蓄能器。如图 3-27 所示，皮囊式蓄能器中气体和油液由皮囊 3 隔开。皮囊用耐油橡胶作原料与充气阀一起压制而成，囊内贮放惰性气体。

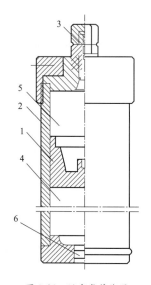

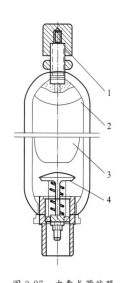

图 3-26 活塞式蓄能器   图 3-27 皮囊式蓄能器

1—活塞和密封；2—壳体；3—进气口；   1—充气阀；2—壳体；3—皮囊；4—提升阀

4—液体腔；5—气体腔；6—进油口

提升阀是用弹簧复位的菌形阀，它能使油液通过油口进入蓄能器而又防止皮囊经油口被挤出。充气阀只在蓄能器工作前为皮囊充气，蓄能器工作时始终关闭。

这种结构使气、液密封可靠，并且因皮囊惯性小而克服了活塞式蓄能器响应慢的弱点，因此，它的应用范围非常广泛，其缺点是工艺性较差。

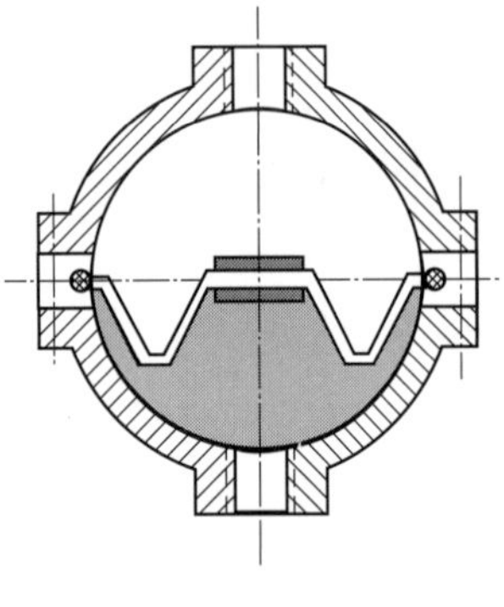

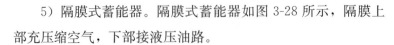

5）隔膜式蓄能器。隔膜式蓄能器如图 3-28 所示，隔膜上部充压缩空气，下部接液压油路。

利用薄膜的弹性来储存、释放压力能，主要用于体积和流量较小的情况，如用作减震器、缓冲器等。

由于其重量容积比最小，而广泛用于航空上。

（3）蓄能器安装时应注意下列事项。

图 3-28 隔膜式蓄能器

1）皮囊式蓄能器原则上应垂直安装（油口向下），只有在空间位置受限制时才考虑倾斜或水平安装。因为倾斜或水平安装时皮囊会受浮力而与壳体单边接触，妨碍其正常伸缩且加快其损坏。

2）吸收冲击压力和脉动压力的蓄能器应尽可能装在振源附近。

3）装在管路上的蓄能器，承受着一个相当于其入口面积和油液压力乘积的力，必须用支持板或支持架使之固定。

4）蓄能器与管路系统之间应安装截止阀，供充气、检修时使用。蓄能器与液压泵之间应安装单向阀，防止液压泵停车时蓄能器内储存的压力油倒流。

3. 回油箱

回油箱的基本功能是储存工作介质；散发系统工作中产生的热量；分离油液中混入的空气，沉淀污染物及杂质。按油面是否与大气相通，可分为开式油箱与闭式油箱（充压式油箱）。开式油箱广泛用于一般的液压系统，它与大气相通，散热条件较好；闭式油箱则用于水下和高空无稳定气压的场合，充压油箱体积小、散热性差，需设置专门的冷却装置，一般用于行走机械。

（1）油箱的基本结构。为了在相同的容量下得到最大的散热面积，油箱外形以立方体或长六面体为宜，油箱的顶盖上有时要安放泵和电动机，阀的集成装置有时也安装在箱盖上，最高油面只允许达到油箱高度的 80%，油箱底脚高度应在 150mm 以上，以便散热、搬移和放油；油箱四周有吊耳，以便起吊装运。

（2）吸、回、泄油管的设置。泵的吸油管与系统回油管之间的距离应尽可能远些，管口都应插到最低液面以下，但离油箱底要大于管径的 2～3 倍，以免吸空和飞溅起泡。吸油管端部所安装的滤油器，离箱壁要有 3 倍管径的距离，以便四面进油。

回油管口应截成 45°斜角，以增大回流截面，并使斜面对着箱壁，以利散热和沉淀杂质。

阀的泄油管口应在液面之上，以免产生背压；液压马达和泵的泄油管则应引入液面之下，以免吸入空气。

（3）调速器回油箱（集油槽）。调速器回油箱上设置了磁翻柱式油位信号计（同时带有4个油位开关触点及油位4～20mA模拟量输出，依据技术要求而定）、油温信号计（4～20mA，依据技术要求而定）、油混水信号计（依据技术要求而定），以检测油位、油温及油内含水量。根据使用环境的需求，回油箱有时还会设置加热器或冷却器以控制油温。回油箱上还可以设置静电液压过滤系统（依据技术要求而定）的接口以便进行油的净化。落地式回油箱如图3-29所示。

图 3-29　落地式回油箱

4. 油泵

因为系统设计油泵为零压启动，所以油泵启动时压力为零。这时油泵出口处的耐震压力表显示压力为零。当经过 N 秒延时后（注：N 为延时时间，可程序设定；一般是 5～9s），油泵加载阀动作，系统建压，油泵向压力罐内打油，此时压力罐内的压力即是油泵出口压力，直至压力升到系统设定的停泵压力，油泵停止打油。当压力罐内的压力降到系统设定的启泵压力时，油泵又再次启动打油。

通常设有多台（根据技术要求确定）油泵，在主泵启动油压及双泵启动油压分别启动打油；多台油泵可自动轮换工作（轮换方式可以程序设定）或人工切除进入检修状态。

5. 组合阀

为保证油泵及系统的可靠性，每台油泵装设具有卸荷、安全、止回以及截止功能的模块式阀组。油泵出口的阀组采用插装式结构，即安全阀、卸荷阀、单向阀、低压启动阀组合在一起形成一个统一的阀组。该阀组特点是液阻小，通油能力大，动作灵敏，密封性能好，工作可靠，没有噪声。同时，在油泵出口处设置了1套手动操作阀，能够在任何一台油泵检修或更换时与油压系统隔开而不影响系统运行。在每台组合阀出口还可配备带有差压信号的滤油器。组合阀外形照片如图3-30所示。

6. 安全阀

系统中设置了三道安全阀，第一道位于油泵出口组合阀处，第二道为压力罐顶端气动安全阀，如果设定它们的动作压力分别为 p_1、p_2，那么在出厂调试时已将它们的值调好，要求 $p_1 < p_2$。

图 3-30　组合阀外形照片

（四）工作原理

油压装置和其用油设备构成一个封闭的循环油路。电动机带动油泵旋转时，回油箱内的油液经滤油器过滤后，由吸油管吸入，经油泵后到达油泵高压腔。在电动机启动的瞬间，由于组合阀中低压启动阀的作用，压力油经主阀被排至回油箱，油泵电动机在低负载下运行。当电动机转速升至额定转速后，压力逐渐建立，低压启动阀关闭，主阀控制腔的压力随之建立，将主阀关闭。当压力升至额定值后，压力油推开组合阀中的单向阀经滤油器、截止阀进入压力油罐内。需用压力油时，压力罐内的压力油经电动球阀送至工作系统的各用油部件，工作后的回油排入回油箱，这样就构成了一个循环的油路系统。

为了保证油压装置工作的可靠性，装有多台相同的油泵，多台油泵可定期互相切换，依据压力罐的油压控制信号运行。

为了保证工作油温，回油箱设置了冷却器和加热器（依据技术要求而定），油温超过允许的工作值时，温度变送器发出信号至控制系统投入循环泵和冷却器。当油温低于正常工作值时，温度变送器发出信号至控制系统投入加热器，使油温保持在正常工作范围内。

为了保证油箱内油液清洁，装有油循环的过滤泵及滤油器（依据技术要求而定），循环过滤泵做连续运行，当滤油器堵塞时可发出差压信号需更换滤芯。

在正常情况下，压力罐内装有 2/3 的压缩空气、1/3 的液压油，油气比可以从压力罐上的磁翻板液位信号计直接观察。当空气减少油位升高，破坏了正常的油、气比时，磁翻板液位信号计的高油位触点闭合，发出信号，通过自动补气控制系统使自动补气装置动作，进行自动补气。补气系统的压缩空气，经自动补气装置、空气阀进入压力罐，直至油位恢复正常。当自动补气阀出现故障不能补气时，可通过手动进行。压缩空气的泄放可通过自动补气装置或空气阀中的放气阀手动进行。当供气系统发生故障，不能停止补气而使罐内压力超过系统允许的上限值时，自动补气装置中的安全阀或罐体上的安全阀可自动打开排气，以保证系统安全。

油压装置系统原理图如图 3-31 所示，油压装置系统装配图如图 3-32 所示。

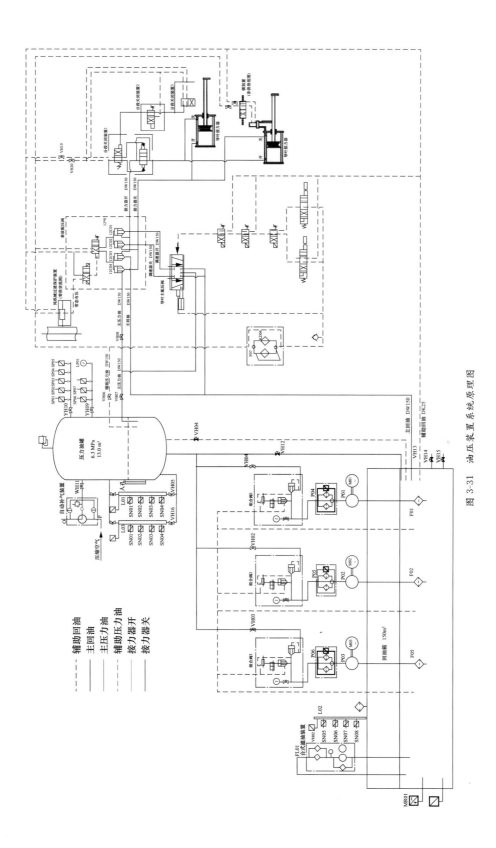

图 3-31　油压装置系统原理图

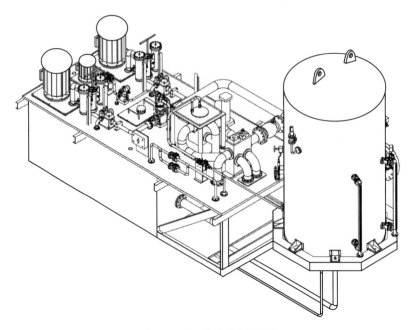

图 3-32　油压装置系统装配图

（五）　主要结构说明

1. 工作压力罐装配

压力罐由圆柱形的筒体及椭圆形的封头焊接而成。

压力罐依靠它下部的支座直立在楼板层上，顶部设有空气安全阀，侧壁装有自动补气装置、磁翻柱液位计，压力罐上设有压力开关、压力变送器、压力表。在每块仪表的下面，都装有各自相对应的压力表开关，可在线对仪表进行检修和更换。压力开关分配为油泵启动与停止、备用油泵启动与停止、高压报警、低压报警及事故停机。压力变送器用来测量压力罐内压力变化，并能相应输出 4～20mA 模拟量。可实现对油压装置整个运行过程中的压力监控。

压力罐液位信号计用来观测油位高低和监控压力罐内压力油与压缩空气的正常比例。并能相应输出 4～20mA 模拟量、设有四个油位开关（不包括事故低油位开关），分别用于自动补气及报警等。液位信号计通过球阀与罐体隔离以便于检修。罐体底部装有放油阀，侧部开有人孔供罐体检修用。

2. 回油箱装配

长方形的回油箱是用油系统工作后回油的汇集处，也是清洁油的储存箱，它是由钢板焊接而成的，可直接固定在厂房的楼板上。

回油箱体的侧面开有油泵供油口、压力油进口、系统回油口、通过法兰与外部油管相接。为保证油质的清洁，排回的油需经滤油网过滤后才进入油泵吸油区。

回油箱上装有液位信号计、组合阀、过滤器、油混水信号器、温度变送器、加热器及冷却器（依据技术要求而定）等。液位信号计用来对回油箱液位进行观测和报警，能输出 4～

20mA 的模拟量，可实现对回油箱中油位进行测量。设有两个油位开关，当油位过高或过低时可发出报警信号。油混水信号器用于检测回油箱中水分的含量，当油箱中水分含量超过预置的报警值时，则发出报警信号。

3. 螺杆油泵

油压装置采用的是立式螺杆油泵（依据技术要求而定），它具有结构简单、平面安装面积小、安装检修方便、漏油流不出泵体之外等优点，同时还具有效率高、流量均匀、工作平稳、寿命长、能瞬时高压启动等优点。

油泵系三螺杆油泵，一根主动螺杆和两根从动螺杆相互啮合，并被包容在衬套内同时工作，主动螺杆转动时使吸入室内的油随螺杆的旋转面进入到主动螺杆的啮合空间，主动螺杆的凸齿紧密地与从动螺杆的凹齿啮合，在保证螺杆一定的工作长度之后，螺杆的啮合空间形成密封空腔，进入密封空间的液体如同一"液体螺母"不能旋转，而均匀地沿螺杆轴向移动，最后从排出腔排出。

从动螺杆除了启动的瞬间外，正常工作时始终是依靠受压液体的压力而转动的。这样，从动螺杆在工作时就不承受主要扭矩，而起到阻止液体回流的密封作用。因此，该泵螺杆间的接触应力远比齿轮泵齿轮间的接触应力要小得多，因为在结构上螺杆的支撑面积很大，所以摩擦力很小。这些结构特点使该泵具有很长的寿命。

4. 组合阀

水电站油压装置油泵需频繁启动，若在原动机启动时就带上负载，则对液压系统及供电系统产生不利影响，为了减小原动机启动电流，缩短启动时间，减小启动过程中的压力冲击。组合阀具有低载启动、止回阀、安全阀等功能。

（1）让油泵在启动期间处于卸荷状态，直至原动机达到稳定转速时，才向压力油罐输油。

（2）当油压系统压力越过允许值时，安全阀自动打开，来自油泵的压力油排入集油槽，使油泵出口压力不再上升。

（3）当油泵停转或处于卸荷状态时，止回阀关闭，防止压力油罐中的压力向油泵倒流。

组合阀由单向阀（V1）、泄荷阀（V2）、先导电磁阀（V3）、安全阀（V4）组成，如图 3-33 所示。

油泵刚开始工作的时候先导电磁阀（V3）不带电，在弹簧力的作用下泄荷阀（V2）的控制腔为回油，因此油泵出口油直接回油箱，实现低压启动。当泵达到额定转速的时候先导电磁阀（V3）带电，泄荷阀（V2）的控制腔接泵的出口油，当压力上升后泄荷阀（V2）关闭，泵

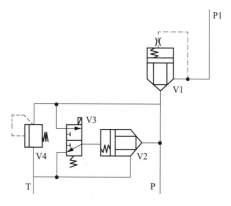

图 3-33 组合阀液压原理图

出口油经单向阀（V1）进入压力油罐。V4 为安全阀，当达到安全阀的设定压力时，泵的出口油经 V4 流回油箱，压力保持不变。

供油完毕时，光导电磁阀（V3）断电，V2 泄荷，单向阀（V1）关闭，泵实现低压关闭。

5. 空气安全阀

空气安全阀的设置是压力罐保护的后一级。当压力罐的油压升高，其所有保护不能正常工作时，空气安全阀打开排气，压力罐压力能保证在允许的范围内。

二、油源控制系统

油源控制系统采用 PCC 或 PLC 作为控制核心与 HYZ（YZ）油压装置配合完成全面的油源控制功能，可以采用多种自动化元件为控制依据，可以配合多种控制电动机启动回路，以软件流程形式实现可靠控制。设有多种控制方式，操作方便，具有完善的保护功能，保证油压装置运行安全、可靠。

油压装置控制柜（也称为油源控制柜）的型号一般可做如下定义：

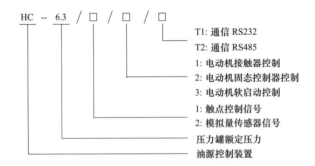

（一）主要功能

1. 控制功能

主要的控制功能为油压装置的自动压力控制、油压装置的自动油位控制、回油箱的油位监视、完善的油气比例控制、油泵的空载启动、油泵的空载停机、油泵电动机启动方式多样可选、补气装置的自动控制。

2. 报警功能

主要的报警功能有回油箱油位异常报警、压力罐油位异常报警、油混水报警、控制柜故障报警、模拟量故障报警、外部接口电源故障报警、模拟量电源消失报警、油泵投入发信、油滤堵塞报警、电动机启动发信、电动机故障报警、电动机过载故障报警、软启故障报警。

设有多种备用报警触点可以根据用户要求设定报警内容。

3. 数字显示功能

主要的数字显示功能有油压装置压力罐油压显示、油压装置压力罐油位显示、油压装置回油箱油位显示。

4. 通信功能

通过以太网接口完成与监控的通信，将油压装置的测量值、状态量、报警信息上送。

5. 面板显示功能

操作显示面板上设有：

（1）控制柜状态指示灯：控制电源、PCC 运行、控制柜故障、辅助泵运行、补气投入。

（2）油泵状态指示灯：动力电源、主泵方式、油泵投入、手动方式、退出运行。

（3）操作选择把手：泵自动/切除/手动、停止/启动、泵自动/切除/手动、泵停止/启动、辅助泵自动/切除/手动、辅助泵停止/启动。

人机界面可以显示更多信息，且可以根据现场需要设置运行方式。

（二）保护方式

油源控制系统具有软启动故障保护、电机过载保护和电机过流保护。

（1）软启动故障保护：软启动器故障或回路故障（如缺相、欠流、热保护、启动时间检测等）时，控制柜自动将本泵退出，启动其他正常软启动器。

（2）电机过载保护：主回路空气开关具有过载保护功能，同时软启动器可以人为设定过载范围和延时时间，条件满足时软启动器过载保护触点输出，控制柜自动分励本台电机空气开关，将本泵退出，启动其他正常油泵。

（3）电动机过流保护：主回路空气开关具有过流保护功能，当一相电流过大时，控制柜自动切除本台电机空气开关将本泵退出，起动其他正常油泵。

（三）运行方式

1. 自动运行

1 号泵、2 号泵、辅助泵操作选择把手任意一个置于"自动"位置、控制器 PCC 上电运行，油源控制柜运行在自动控制方式。自动状态下油压装置控制柜可以根据油压状态自动控制油泵启动、停止，保证油压系统压力稳定。面板指示灯提示几号泵为运行方式。

（1）辅助泵运行方式：辅助泵操作选择把手置于"自动"位置，压力罐压力低于辅助泵启动压力设定值（6.1MPa）时，辅助泵自动启动至压力罐压力达到额定压力（6.3MPa）停止。

（2）两泵轮换方式：1 号泵、2 号泵操作选择把手均置于"自动"位置，同时两泵均无故障时进入两泵轮换方式。两泵自动选择主泵运行、备用泵运行方式，设两泵自动轮换次数设定值为 5，当主泵启动 5 次后自动进行轮换。轮换顺序为初始状态 1 主—2 备；轮换为 2 主—1 备；轮换为 1 主—2 备；循环轮换。

（3）单泵运行方式：1 号泵、2 号泵操作选择把手只有一个置于"自动"位置或两泵操作选择把手均置于"自动"位置，但是一台泵故障时，单泵以主泵方式运行。

2. 手动运行

任意一台泵操作选择把手置于"手动"位置则本泵进入手动操作方式运行，同时点亮本泵手动方式指示灯。在手动运行方式下油压装置加载阀仍然由 PCC 控制。

3. 退出运行状态

任意一台泵操作选择把手置于"切除"位置或本泵故障，本泵退出运行，同时点亮本泵退出运行方式指示灯。当 3 台油泵均退出运行时，油源控制柜退出控制功能（包括自动补气功能），保留显示通信和报警功能。

4. 补气装置控制

（1）自动补气方式：通过人机界面设定自动补气方式，控制柜根据油压、油位信号自动控制补气装置投退。补气装置投入时点亮补气投入指示灯同时上报信号。

（2）手动补气方式：首先在人机界面选择补气方式的手动模式，其次由技术人员投入补气功能，即可补气。补气完成，选择退出补气。当然也视在装置上直接手动操作补气旁通阀或手自一体的阀门，完成补气。

（四）面板显示方式

1. 控制柜状态指示灯：

（1）控制电源：控制柜操作电源 DC 24V 存在时，控制柜面板操作电源灯亮。

（2）PCC 运行：PCC 电源开关开启，PCC 在运行状态时，控制柜面板 PCC 运行灯点亮。

（3）控制柜故障：当外部接口电源故障同时选择开关量方式控制；外部接口电源故障、选择模拟量方式控制同时模拟量故障；PCC 输入输出通道故障，除人为设定外的两泵退出状态时，控制柜均无法正常进行控制。控制柜面板控制柜故障灯点亮并同时上报信号。

（4）辅助泵运行：辅助泵手动或自动运行时，指示灯亮。

（5）补气投入：控制柜自动投入补气装置时，控制柜面板补气投入灯点亮。补气装置退出时指示灯熄灭。

2. 油泵状态指示灯

（1）动力电源：泵动力电源正常同时泵空气开关闭合时，控制柜面板泵动力电源灯点亮。

（2）主泵运行：泵自动或者人为设定为主泵运行方式时，控制柜面板泵主泵运行灯点亮。

（3）油泵投入：泵电动机自动或手动启动时，控制柜面板泵投入运行灯点亮。

（4）手动方式：泵操作切换把手切换至手动位置时，控制柜面板泵手动运行灯点亮。

（5）退出运行：泵操作切换把手切换至退出位置、泵故障或者空气开关没有闭合时，控制柜面板泵退出运行灯点亮。

（五）控制信号方式

1. 开关量控制方式

自动检测油压、油位外部开关量信号控制油泵启动、补气装置投退。可以实现主、备泵的轮换功能，故障自动切换功能。打油时可以自动实现油泵空载启动并延时后使油泵加载运行。

开关量控制方式为控制柜缺省控制方式，与其他方式的切换可以通过人机界面设定。

2. 模拟量控制方式

控制柜自动检测油压、油位模拟量信号，根据写入的设定值控制油泵启动、补气装置投退。可以实现主、备泵的轮换功能，故障自动切换功能。打油时可以自动实现油泵空载启动并延时后使油泵加载运行。

具有模拟量控制方式的信号有油罐油压模拟量控制、油罐油位模拟量控制、回油箱油位模拟量监视、回油箱油温模拟量控制。以上四种信号控制可以分别单独选用（如选择油压模拟量控制同时油位开关量控制），当选用的模拟量控制方式使用的模拟量信号故障时，控制柜自动切换为开关量控制。模拟量控制方式提高了油压装置控制柜的信号可靠性、冗余性，减少人为设置误差和器件误差，模拟量控制方式必须通过人机界面先写入油压油位设定值，并人为设定投入。

油源控制柜开关量上报方式

（六）报警和状态信号

（1）AC 220V 电源消失报警：油源控制柜交流电源消失后报警触点闭合。

（2）DC 220V 电源消失报警：油源控制柜直流电源消失后报警触点闭合。

（3）DC 24V 电源消失报警：柜内操作电源 DC 24V 消失报警触点闭合。

（4）PCC 故障报警：PCC 电源消失或 CPU 死机报警触点闭合。

（5）控制柜故障报警：当外部接口电源故障同时选择触点方式控制；外部接口电源故障、选择模拟量方式控制同时模拟量故障；PCC 输入输出通道故障，除人为设定外的两泵退出状态时控制柜均无法正常进行控制时报警。

（6）油混水报警：回油箱油混水信号发信时报警。

（7）回油箱油位异常报警：回油箱油位高于高限或低于低限，报警触点闭合。

（8）压力罐油位异常报警：压力罐油位高于高限或低于低限，报警触点闭合。

（9）1 号泵电动机故障：1 号泵启动过程持续 5min 以上，报警触点闭合。

（10）2 号泵电动机故障：2 号泵启动过程持续 5min 以上，报警触点闭合。

（11）3 号泵电动机故障：辅助泵启动过程持续 5min 以上，报警触点闭合。

（12）补气装置开启：补气装置阀全开时发信。

（13）补气装置关闭：补气装置阀全关时发信。

（14）1 号泵投入：1 号泵自动或手动启动时发信。

（15）2 号泵投入：2 号泵自动或手动启动时发信。

（16）辅助泵投入：辅助泵自动或手动启动时发信。

（七）典型控制流程举例

油源控制柜主要的控制功能是油泵的启停和轮换，自动补气功能投入和退出，故障报警、保护等功能。

图 3-34～图 3-38 中，数字代表的意思：0—额定停泵油压，1—增压泵启动油压，2—主泵启动油压，3—备用泵启动油压，4—压力罐高油位，5—停气低油位，6—低油压，7—事故低油压，8—回油箱高油位，9—回油箱低油位，10—高油压，A—油泵非自动状态，B—油泵异常状态，C—油泵切除状态。

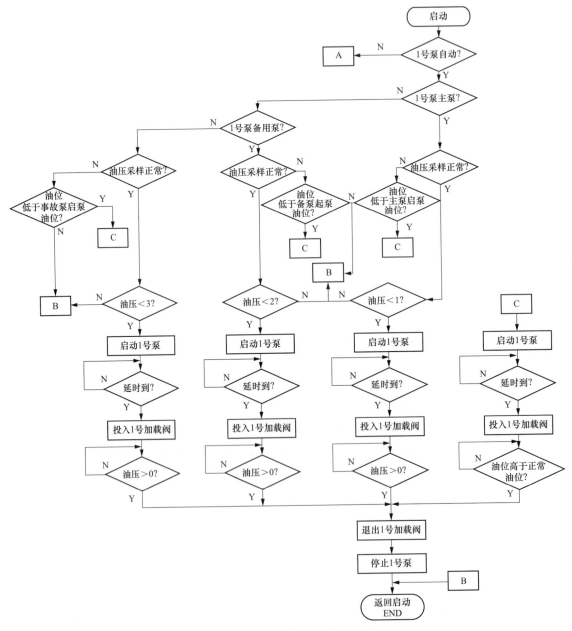

图 3-34　某电站 1 号泵控制流程

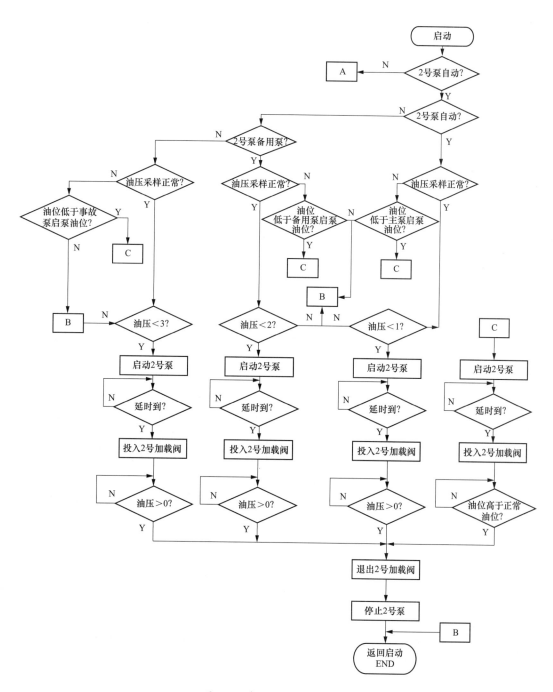

图 3-35 某电站 2 号泵控制流程

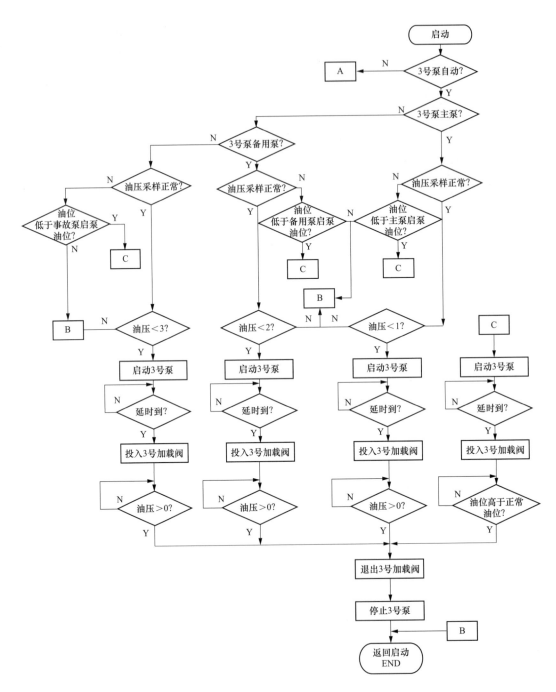

图 3-36　某电站 3 号泵控制流程

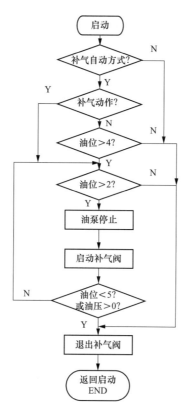

图 3-37 某电站自动补气控制流程

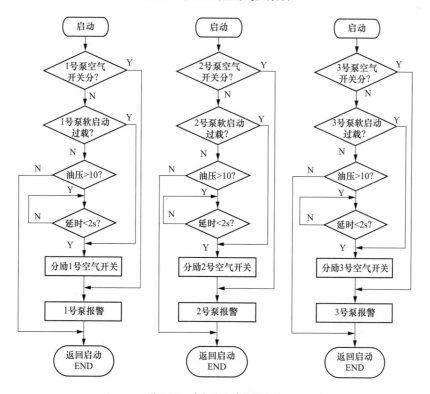

图 3-38 某电站故障保护流程

油位触点、油压触点可以通过油位、油压变送器信号变换提供，油压装置提供单独的油压压力开关做事故低油压触点。

第三节 高油压液压系统

一、概述

水轮机调速器的技术基础是电子技术和液压技术。随着电子电气技术的进步，调速器电气控制部分与时俱进，发展迅速。机械液压部分由于没有及时吸收、应用液压行业的新技术、新产品，工作油压仍维持在 4.0MPa 或 6.3MPa 的水平，与数十年前的机调无明显差别，导致了电调机械液压部分的停滞和落后状态与现代液压技术有着一定的差距。

现代液压技术拥有大量先进而成熟的技术成果、系统而完备的理论体系和计算方法；液压件为大批量工业化生产，品种齐全；标准化、系列化、集成化程度高；工作油压早已达到 16~31.5MPa。在冶金、矿山、起重、运输及工程机械等行业中得到广泛的应用。因而及时采用液压行业的新技术、新产品，是电调机械液压部分加快技术进步、实现产品更新换代的正确途径。近几年国内在高油压调速器上也有了很大进步和实际应用。

二、高油压调速器的应用

国内各厂家各系列高油压可编程调速器是新一代小型水轮机电液调速器，其电气部分以可编程控制器为核心，机械液压部分采用电液比例随动装置。电气-液压转换部件采用了电液比例阀，工作可靠，性能优良，结构简单，运行方便。向"少调整，免维护"的目标前进了一大步。其主要应用特点如下。

（1）采用了电液比例阀、液压集成块、高压齿轮泵等现代电液控制技术，工作可靠，标准化程度高。

（2）工作油压提高到 16MPa，减少了调速器的液压放大环节，结构更简单，体积有了大幅度减小。

（3）压力油源采用囊式蓄能器储能，皮囊内所充氮气与液压油不直接接触，油气分开。因此，油质不易劣化，且氮气极少漏失，一般不需经常补气即可维持长期工作。

（4）调速器电气柜布置在回油箱之上，油泵布置在回油箱的下面，安装灵活、方便。

常见的高油压调速器整体外形结构如图 3-39 所示。

1. 工作油压

在液压系统设计中，确定合理的工作油压是影响全局的问题，它对油泵、液压阀及液压附件的选择有直接影响。在传统的水轮机调速器及油压装置中，沿用 2.5MPa 以下的工作油压长达百年之久，只是在近十多年来，4MPa、6.3MPa 的液压系统才得到少量的应用。与此相应，其油泵采用价格很高的大流量螺杆泵；液压阀及液压附件则采用小批量甚至单件生产的专用液压件，功率质量比小，用油量大。因而在水轮机调节装置中应用现代液压技术，首要任务是较大幅度地提高工作油压。但工作油压超过 20MPa 时，势必采用价格昂贵且对油质要求很高的柱塞泵，同时也增加了囊式蓄能器的补气难度。综合考虑技术、经济因素，应以 16MPa 为额定工作油压、20MPa 为最高工作油压较为适宜。

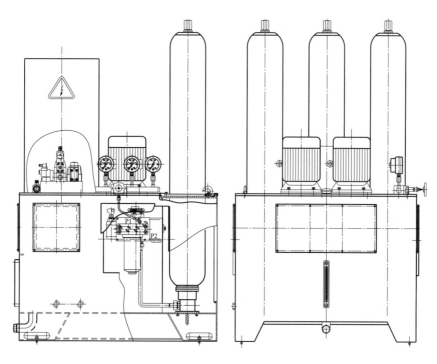

图 3-39 高油压调速器整体外形结构

2. 油泵

在各类油泵中，齿轮泵价格最低，抗油污能力最强。特别近十余年来，齿轮泵技术有了长足的进步，20MPa 甚至 25MPa 的高压齿轮泵已有成熟的系列产品。由于传统观点认为：与螺杆泵相比，齿轮泵流量、压力脉动大，噪声也大。因而在水轮机调节装置中并未得到推广应用。事实上，在水轮机调节装置中，有着容积较大的压力油罐或蓄能器，任何流量、压力脉动均将被其消除，不会对系统的工作产生任何影响；其噪声在水电站的运行环境中也不明显。可以肯定，齿轮泵不仅对高油压调速器十分适用，而且也将会在低油压水轮机调节装置中得到广泛采用。

油压装置液压原理如图 3-40 所示。回油箱体上将配置 2 套高压齿轮泵组件，一组工作，一组备用。运行中，主动泵和备用泵可互相切换，增加了油源可靠性，在特殊情况下，两台油泵也可同时在短时间内一起工作，加快打油速度。电触点压力表设有上、下限二位开关触点装置，在压力达到整定值时发出信号，导通控制电路，从而来控制油泵启停及事故低油压报警。电触点压力共有 3 个，其压力油路是由一个截止球阀控制；当需要更换电触点压力表时，可短时间关闭截止阀，进行更换或检修。

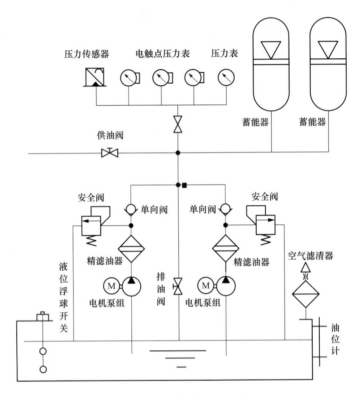

图 3-40　油压装置液压原理图

控制阀组中的安全阀采用先导式溢流阀，主要起系统安全保护作用。依靠系统中的压力油作用在阀芯上与弹簧力相平衡，以控制阀芯的启闭动作。当系统压力高于额定压力时，安全阀开启，使油泵输出的高压油排入回油箱中，防止系统的油压进一步升高，保护油压系统设备。单向阀与安全阀集成在一起，串连在油泵和蓄能器之间的油路上，其作用是允许油泵输入的压力油进入蓄能器，阻止蓄能器的油液倒流至油泵，保护油泵。

3. 蓄能器

传统油压装置的储能部分采用油气接触的压力油罐，运行时因压缩空气溶于油中而不断漏失。为此，使用大中型水轮机调节装置的电站，需设置专门的气系统及相应的副厂房，向压力油罐补充干燥的压缩空气；对于小型水轮机调速器，通常采用中间油罐和补气阀向压力油罐补充压缩空气。前者将增加电站投资和运行费用；后者因补充了未经干燥的压缩空气而会加速油质劣化。当工作油压升至 16MPa 以上时，如仍采用油气接触的压力油罐，溶于油中的气体将会导致系统的振动和元件的空蚀。上述问题，在采用高压囊式蓄能器后均可得到很好的解决。

气囊式蓄能器广泛用于工业控制领域。气囊式蓄能器将系统的工作压力稳定在一定范围，吸收油泵启动停止时所产生的压力脉动，在系统出现故障、油泵不能启动的情况下保证系统具有足够的工作容量（压力和油量）关闭导叶实现停机，保证机组安全。气囊式蓄能器内气/油完全隔离，一般预充气压力为 9.0MPa。

回油箱根据系统总油量的计算采用合适的容积，用于储存供系统工作循环所需的油液。回油箱一般采用落地式安装结构，箱体上设有用于回油箱检修的进人口和排油口，侧面应留有可拆解的观察窗或检查窗，排油口布置于回油箱体底部，便于箱体内部排油。在回油箱体上装设有油位计和集成一些压力测量仪表等。

4. 电液转换部件

低油压电液调速器的电液转换部件种类很多，常见的有电液转换器、电液伺服阀及各种控制电机带动的一些专用先导阀。他们各有优缺点，但均不能直接用于高压系统。对于高压系统，推荐采用电液比例阀。其主要优点是：与电液伺服阀相比，电磁操作力大，可靠性高；与电磁球阀相比，动作平稳、无振动，有较高的动态和静态指标，能较好地满足电液调速器的性能要求。此外，电液比例阀无静态耗油，这一点对蓄能器较小的中小型调速器尤为重要。此外，电液比例阀和电磁球阀也可用于中、低压系统作先导阀。

5. 主控阀

在高压系统中，依据调速器操作功的不同，其主控阀（即主配压阀）可以直接采用电液比例阀，也可由电液比例阀和插装阀组共同构成。插装阀组具有可靠性高、密封性好、过流能力大、压力损失小等突出优点，在构成高压、大流量阀组方面有独特的优势和广阔的前景。当然，插装阀组也可构成中、低压的大流量阀组，但因其功率潜能未充分发挥，故经济性受到影响。

6. 油液的清洁度

油液清洁度和液压元件的抗油污能力是确保液压系统安全、可靠工作的两个关键因素。液压系统和元件选定之后，保持和提高油液的清洁度，就是确保液压系统安全、可靠工作最关键的因素。

高压系统对油液清洁度的要求通常比低压系统高。但高压系统总油量少，密闭性好，标准液压件自身的清洁度较易保证。因而，合理选择滤油器，在制造、运行和维护的各个环节，认真消除内、外污染因素，系统的油液清洁度是可以保证的。油液污染引起的堵塞、卡滞等故障，通常发生在投运初期。因而在设备组装时认真进行油箱、管道、液压件、液压集成块及液压缸的清洗；设备安装并运转一段时间后及时更换清洁的新油等，是降低系统故障率的有效措施。

综上所述，高油压调速器的应用具有如下技术经济优势：

（1）采用了电液比例阀、高速开关阀（即所谓数字阀）等现代电液控制技术，减少了液压放大环节，结构简单，工作可靠，具有优良的速动性及稳定性。

（2）液压件为大批量工业化生产，标准化、系列化、集成化程度高，质量可靠，性价比高。

（3）采用囊式蓄能器储能，胶囊内所充氮气与液压油不接触，油质不易劣化；胶囊密封可靠，长期运行也不需补气。小型高油压调速器不须设自动补气阀和中间油罐；中型高油压调速器可省去高压气系统及相应的副厂房；运行人员省去了每个台班都要调压力罐油位的繁琐工作。

（4）工作油压高，因而体积小，质量轻，用油量少，电站布置方便、美观。

第四节　调速器主配压阀

主配压阀是调速系统重要的液压放大单元，将电液转换器的微弱信号放大为可以操作导叶接力器的液压位移信号，主体由阀体、阀套和阀芯三部分组成。完整的主配压阀一般配有阀芯位移传感器、开关时间调整机构、主配压阀阀芯拒动反馈装置、滤油器及其差压发信器、压力表等。主配压阀主流分为两大类，滑阀式和插装阀式；如果从先导控制的差异区分，分为比例伺服阀和步进/伺服电动机型，但主配压阀没有本质差异。

本节选择国内外公司的主流主配压阀进行介绍。

一、国产主配压阀典型介绍

（一）MDV1000系列主配压阀概述

MDV1000系列主配压阀由国内电力设备供应商南瑞设计，"MDV"取主配压阀英文名称"Main Distributing Valve"的首字母；"1"为企标"机械构件类及其他"；"000"表示主配压阀通径规格。如MDV1200主配压阀，表示通径为200mm的主配压阀。

该主配压阀总体相当于一个线性的三位五通液压放大阀，其典型原理：主阀芯两端油盘面积不相等，常通压力油的恒压腔面积小，连接电磁阀的控制腔面积大，因此通过电液转换器调节控制腔压力油流量的大小就可以控制主配压阀动作，进而控制接力器的调节。此类主配压阀为单端控制，也有双端控制主配压阀，其开关动作，需通过电液转换器对阀芯两端的压力油和回油的变换来实现。

主配压阀从通径和流量上可分为如表3-4所示。

表 3-4   主 配 压 阀 参 数 概 述

项目	MDV1050 (DN50)	MDV1100 (DN100)	MDV1150 (DN150)	MDV1200 (DN200)	MDV1250 (DN250)
额定压力（MPa）	2.5~6.3	2.5~6.3	2.5~6.3	2.5~6.3	2.5~6.3
设计流量（L/min）（6.3MPa）	1500	4000	7000	10000	20000
结构样式	卧式	立式	立式	立式	立式

主配压阀在阀芯失电特性上不同，有掉电停机型和自复中型两类。

1. 图形符号

图形是在液压原理图中表现液压设备功能、作用和逻辑关系的重要符号，大部分主配压阀实质是个大的滑阀，机能也和常规的电磁阀类似。主配压阀的自复中型和掉电停机型两种类型表示方法如图 3-41、图 3-42 所示。

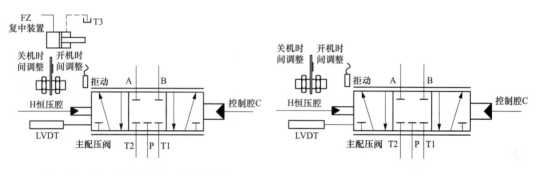

图 3-41 主配压阀图形符号（自复中型）   图 3-42 主配压阀图形符号（掉电停机型）

2. 实现功能

（1）自动运行：主配压阀在电气设备的控制下实现自动调节。

（2）紧急停机：在出现紧急情况时，使用该功能控制接力器关闭。

（3）电手动运行：通过南瑞自主研发的综合控制模块控制比例伺服阀实现开启、关闭及保持中位。

（4）掉电停机：在外部电源丢失的情况下，主配压阀控制接力器关闭。

（5）掉电复中：在外部电源丢失的情况下，主配压阀控制接力器保持在掉电前位置。

（6）机手动：在外部电源丢失的情况下，可依靠液压阀组手动控制主配压阀实现接力器开启、关闭。

主配压阀掉电后的功能需要提前确定，可以根据要求实现掉电停机或掉电复中功能；如果要求两者均具备，且可以先自由选择，仍然可以实现，但是先导控制阀组会非常复杂，不利于运维。机械手工功能基于掉电复中功能而实现。

3. 安全关机保护

在实际运行过程中有故障时，安全操作要求关闭接力器。此安全性能可通过以下两方面来实现：

（1）立式主配压阀安装在垂直位置而且阀芯靠自重下落运动来关闭。

（2）恒压腔通常压油，通过控制腔排油来关闭阀。

4. 油口的标准名称

卧式结构主配压阀油口定义示意图如图 3-43 所示，立式结构主配压阀油口定义示意图如图 3-44 所示。

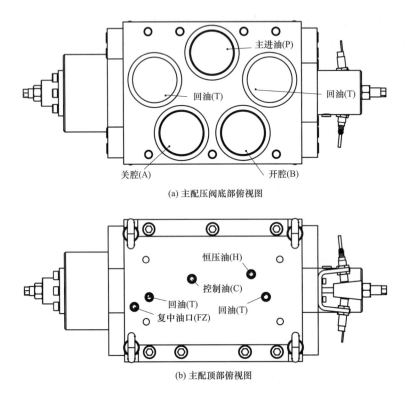

(a) 主配压阀底部俯视图

(b) 主配顶部俯视图

图 3-43　卧式结构主配压阀油口定义示意图

油口 P 为主进油口，油口 A 为接力器关腔的供油口，油口 B 为接力器开腔的供油口，油口 T1 为关腔的回油口，油口 T2 为开腔的回油口，油口 T3 用于复中装置及阀芯运动所引出的泄漏油的回收，油口 H 为恒压油口，油口 C 为控制油口，油口 FZ 为复中油口。

需要说明是 T3 油口需单独回油，严禁与 T1、T2 口接在一起；复中装配为选配，仅在带复中装置的主配压阀上带复中油口 FZ。

（二）主配压阀特点

MDV1000 主配压阀是一种液压控制型主配压阀，其是一种具有开创性全新概念的主配压阀，其结构简单，操作安全、方便、可靠，与电气控制柜装置相配套，主要用于水轮机组的自动调节与控制。该主配压阀的主导思想是提高调速系统的可靠性和速动性，全面代替进口产品。该主配压阀外形如图 3-45、图 3-46 所示。与传统的主配压阀相比，它有如下特性。

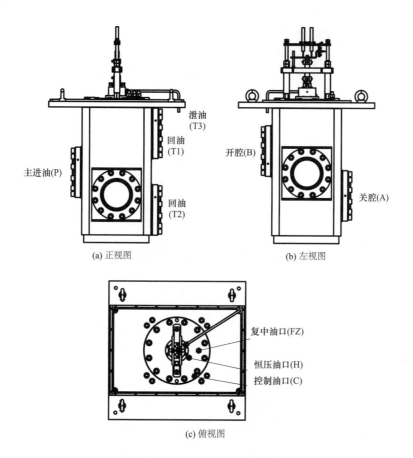

(a) 正视图　　　　　　　　　　　　(b) 左视图

(c) 俯视图

图 3-44　立式结构主配压阀油口定义示意图

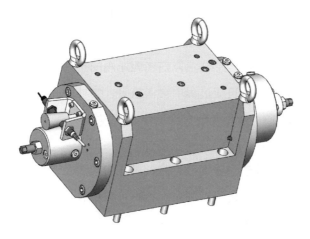

图 3-45　卧式结构主配压阀外形

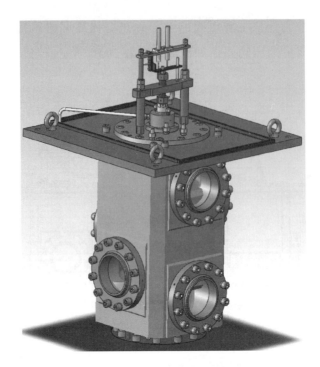

图 3-46　立式结构主配压阀外形

（1）取消弹簧复中，采用更加可靠的液压自复中。国内厂家的复中一般采用阀芯两端弹簧自复中，长期运行后，会出现弹簧力不足、回中时间过长等缺陷，引起复中失效。针对以上缺陷，该主配压阀取消弹簧，采用液压复中，保证了复中力。同时，液压自复中为客户选装配置，该主配压阀也可实现掉电关机。

（2）优化的阀体内部流道设计。传统的计算方法对于阀体油道尺寸很难把握，往往会出现内部流量饱和现象，会出现达不到最大设计流量或阀压降过大。主配压阀根据南瑞 ZFL系列设计的经验及 CFD（计算流体力学）仿真，得到了最优的阀体油道，保证了设计流量及压降要求。

（3）采用了非接触式的拒动传感器。以前主配压阀的拒动采用的是物理接触式，在多次碰撞后会出现偏移量较大，在甩负荷过程中会误报警。为杜绝此类现象，主配压阀采用了国外公司的接近开关，保证了拒动信号的可靠性。

（4）油口采用喇叭形设计。主配压阀主进油、开腔、关腔、回油口均采用喇叭形开口，避免了油口与法兰过渡处的油道形状突变，降低了压力损失及避免形成涡流。

（5）可实现多主配压阀位移传感器冗余配置。可根据客户需求，增加 1 个主配压阀位移传感器，以实现冗余控制，保证系统的可靠性。

（6）采用了全液控自复式主配压阀作为控制核心。主配压阀的控制信号为流量输入，由电液伺服比例阀直接控制，取消了常规的调节杠杆、明管、引导阀、辅助接力器及机械反馈传动机构，大大简化了系统的结构，提高了系统的可靠性和维护方便性。

电气控制回路上，引入了与伺服比例阀相配套的 BOSCH 进口功率放大板，同时引入了伺服比例阀芯反馈和主配压阀芯反馈，自行设计了多级闭环放大电路，充分提高了整个系统的稳定性、精确性、速动性等指标。同时由于伺服比例阀直接控制到主配压阀，所以整个系统频响特性好，响应速度较快。

完全改变主配压阀的系统结构，取消了调节杠杆、明管、引导阀、机械开限机构、辅助接力器及反馈传动机构，大大简化系统结构，提高了系统的可靠性，实现了无渗漏。

主配压阀控制信号改为液压流量输入，由比例伺服阀直接控制。主配压阀为一级流量放大。

主配压阀自身具有自动回复中位的特点，其自复机构简单可靠，零点漂移小。

（三） 主要技术参数及性能指标

MDV 主配压阀的主要技术参数如表 3-5 所示。

表 3-5　　　　　　　　　　　　MDV 主配压阀的主要技术参数

项目	MDV1050 (DN50)	MDV1100 (DN100)	MDV1150 (DN150)	MDV1200 (DN200)	MDV1250 (DN250)
压力等级（MPa）	2.5～6.3	2.5～6.3	2.5～6.3	2.5～6.3	2.5～6.3
阀芯行程（mm）	±10	±16	±20	±20	±25
设计流量（L/min） （6.3MPa）	1500	4000	7000	10000	20000
结构样式	卧式	立式	立式	立式	立式
质量（kg）	80	420	840	1265	1810
尺寸［长（mm）×宽 （mm）×高（mm）］ （不含法兰或安装板）	600×200×235	310×310×1100	400×400×1340	450×450×1412	530×530×1560
主配压阀位移 传感器品牌	施耐德 XS4P12AB120	施耐德 XS4P12AB120	施耐德 XS4P12AB120	阜新 FT81±25 0.3%	阜新 FT81±25 0.3%

1. 配套阀件和辅件参数

（1）阀组公称通径：DN6；

（2）滤芯精度：25um；

（3）主接力器的全关和全开时间在 2～60s 范围内可调。

2. 主要元件介绍

（1）主配压阀位移传感器。常用的主配压阀位移传感器型号有如下两种：

1）型号：阜新 FT81±25 0.3%。该主配压阀位移传感器采用回弹式结构，其可将阀芯位移信号转换成模拟量信号。其外壳由不锈钢制成，具有较强的抗腐蚀性能。

技术条件如下：

a. 供电电压：DC 10V（可 9～12V）。

b. 标定负载：20kΩ。

c. 文波：1%。

d. 温度范围：－25℃～＋55℃。

e. 温度系数：0.015%/℃（零点）、0.02%/℃（满度）。

f. 测量范围：±25mm。

g. 线性度误差：0.3%。

h. 接线方法。

a）红：电源（10）V；

b）兰：信号（＋）；

c）绿：电源（地）；

d）白：信号（地）；

e）绿、白可共地。

该传感器的主要特点是测量范围大，高分辨率，高精度，直流输入—直流输出，采用厚膜组件，提高可靠性。

2）型号：施耐德 XS4P12AB120。该主配压阀位移传感器采用电感应原理，为非接触式结构。

技术条件如下：

a. 供电电压：DC 24V（可 10～38V）。

b. 测量范围：0.8～8mm。

c. 输出电流：4～20mA。

d. 串接电阻：250Ω。

（2）主配压阀拒动传感器。该拒动传感器采用通用型接近开关。

1）型号：E2E-X3D2-N-Z5m。

2）技术条件。

a. 检测距离：3mm±10%。

b. 安装螺纹：M12×1。

c. 动作形态：NC。

d. 设定距离：0～2.4mm。

e. 应答频率：1kHz。

f. 电源电压：DC 12～24V。

g. 接线方法：

a）棕：电源（10～24V）；

b）青：电源（地）。

h. 动作显示灯：红色。

i. 环境温度：

a）动作时：－25～＋70℃；

b）保存时：－40～＋85℃（不结冰、结露）。

j. 环境湿度：

动作时、保存时各 35％～95％RH（不结露）。

该传感器的主要特点是非接触式，避免了由于多次碰撞而引起的拒动设定点变化。

（四） 主配压阀工作原理

主配压阀阀体基本动作原理示意见图 3-47，P 口接主进油腔，T1、T2 口均接回油，A

口连接力器关腔，B 口连接力器开腔；在阀套上设有油口；图示位置为中间位置，此时阀芯将油口完全封闭，P、A、B、T1、T2 口均处于截止位，接力器保持原位置不动。阀芯偏离中位向右运动时，P 口和 B 口接通，A 口和 T2 口接通，接力器开启；阀芯偏移中位向左运动时，P 口和 A 口接通，B 口和 T1 口接通，接力器关闭；通过阀芯的位移来控制油口的开口面积以控制接力器的开启或关闭及运动速度。

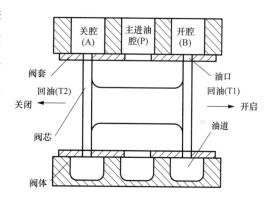

图 3-47　主配压阀阀体基本动作原理示意图

（五） 主配压阀结构

1. 卧式主配压阀结构示意图

如图 3-48 所示，主阀芯右部为恒压腔活塞杆，左部为控制腔活塞，控制阀芯位置的两

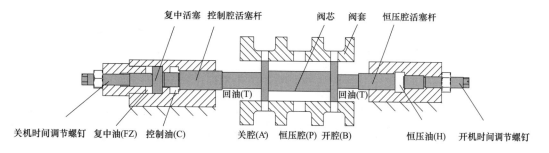

图 3-48　卧式配压阀结构示意图

活塞作用面积不同；恒压油作用在恒压腔活塞杆上，控制油作用在控制腔活塞上，放入压力油或接通回油，从而控制阀芯位置，此功能由比例伺服阀调节。

恒压腔活塞杆右部设有开机时间调节螺钉，控制腔活塞杆左部设有关机时间调节螺钉，用来分别限制主阀芯的极限位置，从而限制油口的开口面积，达到调节主接力器开关时间的目的。

主配压阀拒动感应块固定于主配压阀上端，作为主配压阀拒动的感应元件。

主配压阀最顶端为主配压阀位移传感器，用于将主阀芯的位移信号转换成模拟量信号提供给电气控制装置。

可根据客户需求实现自复中或掉电关机。

2. 卧式主配压阀动作原理

（1）自动运行功能。液压控制单元控制控制腔 C 口的压力来实现主阀芯的动作以实现主配压阀的自动运行。

（2）紧急停机功能。控制腔 C 口接回油，主阀芯在恒压腔 H 口的压力作用下向下动作，接力器关机。

（3）电手动运行功能。该功能通过南瑞自主研发的综合控制模块控制比例伺服阀，以控制控制腔 C 口的压力来实现主配压阀的电手动运行。

（4）掉电停机。在调速器失电的情况下，比例伺服阀切换至掉电保护位，控制腔 C 口接回油，阀芯在恒压腔 H 口压力油的作用下向左运动，接力器关机。

（5）掉电复中。在调速器失电的情况下，比例伺服阀切换至掉电保护位，控制腔 C 口接回油，阀芯在恒压腔 H 口压力油的作用下向左运动；复中油口 FZ 接压力油，控制阀芯向右运动至机械结构所限位置。以上过程时间极短，在两者的共同作用下，主阀芯停在中位，接力器保持掉电前位置基本不动。

3. 立式主配压阀结构示意图

如图 3-49 所示，主阀芯上部为恒压腔活塞，下部为控制腔活塞，控制阀芯位置的两活塞作用面积不同；恒压油作用在恒压腔活塞上，控制油作用在控制腔活塞上，放入压力油或接通回油，从而控制阀芯位置，此功能由比例伺服阀调节。

恒压腔活塞上装有开机时间调节螺母、关机时间调节螺母，并分置于定位块两端。用来分别限制主阀芯的极限位置，从而限制油口的开口面积，达到调节主接力器开关时间的目的。

主配压阀拒动感应块固定于主配压阀上端，作为主配压阀拒动的感应元件。

主配压阀最顶端为主配压阀位移传感器，用于将主阀芯的位移信号转换成模拟量信号提供给电气控制装置。

上端盖上部为自复中调节杆，用以实现机械零点的精确调节。

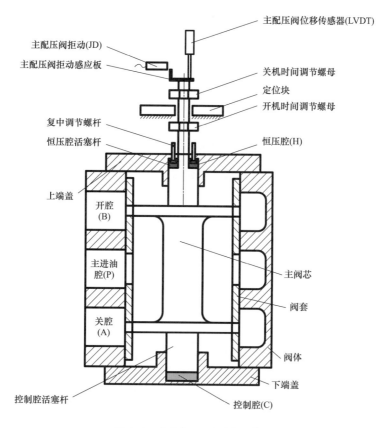

图 3-49 立式主配压阀结构示意图

可根据客户需求实现自复中或掉电关机。复中调节杆仅适用于自复中机型。

4. 立式主配压阀动作原理

（1）自动运行功能。液压控制单元控制控制腔 C 口的压力来实现主阀芯的动作以实现主配压阀的自动运行。

（2）紧急停机功能。控制腔 C 口接回油，主阀芯在恒压腔 H 口的压力作用下向下动作，接力器关机。

（3）电手动运行功能。该功能通过南瑞自主研发的综合控制模块控制比例伺服阀，以控制控制腔 C 口的压力来实现主配压阀的电手动运行。

（4）掉电停机。在调速器失电的情况下，比例伺服阀切换至掉电保护位，控制腔 C 口接回油，阀芯在恒压腔 H 口压力油的作用下向下运动，接力器关机。

（5）掉电复中。在调速器失电的情况下，比例伺服阀切换至掉电保护位，控制腔 C 口接回油，阀芯在恒压腔 H 口压力油的作用下向下运动；复中油口 FZ 接压力油，控制阀芯向上运动至复中调节杆所限位置（图 3-49 中未标示 FZ 油口位置）。以上过程时间极短，在两者的共同作用下，主阀芯停在中位，接力器保持掉电前位置基本不动。

完全机械手动，可实现在调速器失电情况下的手动增减。

（六） 安装与调整 （卧式结构）

1. 主配压阀的安装

主配压阀在其四周有吊环螺钉，起吊时必须 4 个螺钉同时起吊。

2. 机械零点调整

卧式主配压阀机械零点出厂时已经固化，无需调整。

3. 电气零点调整 （主配压阀传感器调整）

工作条件：机组停机；机组处于无水态；锁锭退出。

电气零点调整对于调速器的自动运行非常重要，对于掉电复中与掉电关机机组，调整方法相同。具体如下：

零点调节方法：向外旋转图 3-50 所示关机时间调节螺钉，至其不能调整。将急停投入，调节探头传感器至尽可能近的位置并锁紧，然后退出急停。

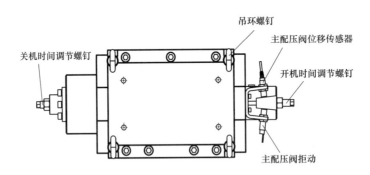

图 3-50　卧式主配压阀安装与调整示意图

固定传感器位置后可通过电气零点修正系数纠偏，使零点更加准确。顺时针调电位器，电压增大，导叶开起来。

通过调节电气零点修正系数将主配压阀开启，微调主配压阀位移传感器至接力器稳定在非全开、全关位置，标记此位置。继续调整电气零点修正系数，至接力器再次处于不稳定状态，标记此位置。回调电气零点修正系数至两次标记位置的中间位置，此位置即主配压阀电气零点。

4. 开关机时间整定

工作条件：机组停机；机组处于无水态；锁锭退出；机械零点调整完成；综合模块中对应定位参数已设定好，主配压阀可稳定于中位。

开关机时间整定可以通过调整图 3-50 所示开机时间调整螺钉和关机时间调整螺钉来实现。当开机时间调整螺钉向外旋时，开机时间变短，反之则时间变长。当关机时间调整螺钉向外旋时，关机时间变短，反之则时间变长。开关机时间整定可以通过手动来操作，利用录波仪或秒表来计时。整定好后需将开、关机时间调整螺钉侧螺钉锁紧。

5. 主配压阀拒动调整

工作条件：机组停机；机组处于无水态；锁锭退出。

一般主配压阀拒动传感器在拆卸、更换以及在机械零点调整时需要重新调整，该调整对于调速器的拒动信号非常重要，具体如下：

（1）比例伺服阀上电，主配压阀能稳定在中位附近；

（2）松开主配压阀拒动传感器上并紧螺母；

（3）调整主配压阀拒动传感器轴向位置，取拒动传感器常闭转向常开临界点稍向外，传感器上指示灯熄灭（常闭型）；

（4）恢复主配压阀拒动传感器上螺母及主配压阀拒动固定板上螺钉。

（七）安装与调整（立式结构）

1. 主配压阀的安装

如图 3-51 所示，在主配压阀四周有 4 个吊环螺钉，起吊时必须 4 个螺钉同时起吊。

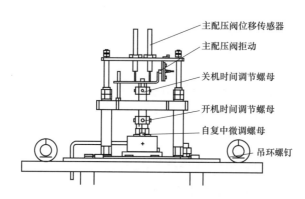

图 3-51　立式主配压阀安装与调整示意图

先将主配压阀部分吊装至基础板上（基础板事先校平），其中滤油器所在的一边为主进油口，让小基板上的 4 个安装孔与基础板上的螺孔分别对齐，用汽油清洗小基板上的 4 个安装孔和 4 只安装螺栓；然后拧紧 4 只螺栓；接着再往小基板上的 4 个安装孔内填满 703 硅胶（这主要是防止接油盆内有油通过该孔往下渗漏）。

2. 机械零点调整

工作条件：机组停机；机组处于无水态；锁锭退出。

对于掉电复中与掉电关机机型，调整方法有所不同。

（1）掉电复中型。

1）确认比例伺服阀断电。

2）确认复中电磁阀断电。

3）微调"自复中微调螺母"，至接力器首次稳定在非全开、全关位置，标记此位置。继续顺时针或逆时针微调"自复中微调螺母",至接力器再次稳定于非全开全关临界点,标记此位置。继续微调"自复中微调螺母",至自复中撞块稳定于此前两标记位置中间位置。调整时注意两"自复中微调螺母"受力应均等。

(2)掉电关机型。掉电关机型主配压阀不涉及机械零点。

1)电气零点调整(阜新主配压阀传感器调整)。

工作条件:机组停机;机组处于无水态;锁锭退出。

电气零点调整对于调速器的自动运行非常重要,对于掉电复中与掉电关机机组,调整方法相同。与机械零点的调整无先后关系具体如下:

a. 确认传感器下端螺纹连接处螺母已并紧;

b. 复中电磁阀上电;

c. 比例伺服阀上电;

d. 缓慢松开传感器支撑侧面两个螺钉直至传感器外壳可以手动上升及下降;

e. 将主配压阀位移传感器向上微调,接力器应向开启方向运动;将主配压阀位移传感器向下微调,接力器应向关闭方向运动;如运动方向与理论方向相反,则应对调主配压阀位移传感器信号线;

f. 微调主配压阀位移传感器至接力器稳定在非全开、全关位置;

g. 对于具备掉电复中功能的主配压阀,可在主配压阀掉电复中时调整主配压阀位移传感器至反馈电压在±5mV内。

2)电气零点调整(施耐德主配压阀传感器调整)。

工作条件:机组停机;机组处于无水态;锁锭退出。

如图3-52所示,电气零点调整对于调速器的自动运行非常重要,对于掉电复中与掉电关机机组,调整方法相同。具体如下:

a. 调整关机时间调节螺母至阀芯最大行程位置。将急停投入,调节探头传感器至尽可能近的位置并锁紧,然后退出急停。

图 3-52　施耐德主配压阀位移传感器安装与调整示意图

b. 固定传感器位置后可通过电气零点修正系数纠偏，使零点更加准确。顺时针调电位器，电压增大，导叶开启。

c. 通过调节电气零点修正系数将主配压阀开启，微调主配压阀位移传感器至接力器稳定在非全开、全关位置，标记此位置。继续调整电气零点修正系数，至接力器再次处于不稳定状态，标记此位置。回调电气零点修正系数至两次标记位置的中间位置，此位置即主配压阀电气零点。

3）开关机时间整定。

工作条件：机组停机；机组处于无水态；锁锭退出机械零点调整完成；综合模块中对应定位参数已设定好，主配压阀可稳定于中位。

开关机时间整定可以通过调整开侧调节螺母和关侧调节螺母来实现，当关侧调节螺母靠近调节支架时，关闭时间变长，反之则时间变短。同理，若整定开启时间，当开侧调节螺母靠近调节支架时，开启时间变长，反之则时间变短。开关机时间整定可以通过手动来操作，利用秒表来计时。整定好后需将开关机时间调节螺母侧螺钉锁紧。

4）主配压阀拒动调整。

工作条件：机组停机；机组处于无水态；锁锭退出。

一般主配压阀拒动传感器在拆卸、更换以及在机械零点调整时需要重新调整，该调整对于调速器的拒动信号非常重要，具体如下：

a. 比例伺服阀上电，主配压阀能稳定在中位附近；

b. 松开主配压阀拒动传感器上并紧螺母；

c. 松开主配压阀拒动固定板上下两处螺钉；

d. 调整其上下位置及轴向位置，确保其与主配压阀拒动感应块间的轴向距离在 3mm 附近；垂直方向点为拒动传感器常闭转向常开临界点稍向下，传感器上指示灯熄灭（常闭型）；

e. 恢复主配压阀拒动传感器上螺母及主配压阀拒动固定板上螺钉。

（八） 液压控制系统 （样例）

主配压阀的先导控制部分功能是根据实际需要进行定制设计，不同的用户要求不同。其控制液压原理也不尽相，可繁可简。

图 3-53 所示为一种具备自动开始、闭环手动、紧急停机和复中功能的主配压阀液压控制系统原理图。

（九） 日常使用

（1）主配压阀配合水轮机调速器相应电气装置使用；

（2）液压油应在设备投入运行后一个月全部更换；

（3）液压油在设备第一次更换后，每隔 3 个月过滤一次，每半年更换一次或经过相应检

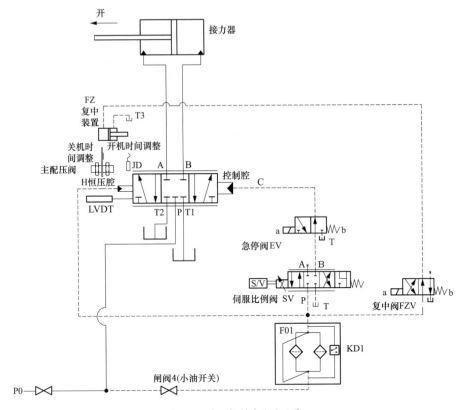

图 3-53　液压控制系统原理图

测确保液压油能继续使用；

（4）第一次使用后半个月需检查主配压阀上部螺钉是否松动，如松动则并紧或锁紧，以后每隔 3 个月检查一次；需要特别注意的是开关机时间螺母侧锁紧螺钉。

（十）注意事项

（1）主配压阀起吊时必须同时起吊 4 个吊环螺钉，并做好必要的防护措施。

（2）开机时间调节螺母、关机时间调节螺母，非专业人员切勿调节与靠近，以免伤害。

（3）主配压阀具备掉电停机或掉电复中功能，可由用户选择。

（4）若对主配压阀反馈传感器数量有要求，应提前联系生产厂家。

（5）主配压阀密封圈为优质密封圈，最好用原厂型号。

（6）维修工作条件：①机组停机；②关闭进水球阀或关闭进水闸门，放下尾水门；③锁锭投入；④关闭主进油处球阀或排空油箱，确保没有油液进入主配压阀；⑤按电站规定做好其他保护措施。

（7）主配压阀最高额定油压为 6.3MPa，电磁阀控制电压为 DC 24V、DC 220V、AC 220V，具体详见调速器设计图纸。

（8）主配压阀上侧螺钉第一次使用应半个月后紧固一次，此后每隔 3 个月紧固一次。

（9）配套滤油器滤芯第一次使用应半个月后更换一次，此后每隔 3 个月更换一次；期间，如滤油器上压差发信器报警，应更换滤芯。

（10）主配压阀是精密设备，非专业人员勿尝试拆解主配压阀，以避免损坏元件；如确需对阀体内部进行清洗，需专业厂家配合。

（11）每次大修后，务必重新做调速器无水试验和有水试验后，方能开机。

二、FC 主配压阀

美国 GE 公司生产的 FC1250/FC5000/FC20000 主配压阀是通过流量来控制操作液压系统的，在国内大中型电站获得广泛应用，滑阀结构为单端控制，卧式安装，具备分段和定中功能，全系列标准适用于各种压力、流量的装置，可以灵活设计其先导控制部分。

FC 主配压阀技术参数如表 3-6 所示。FC5000、FC20000 型主配压阀外形如图 3-54、图 3-55 所示。

表 3-6   FC 主配压阀技术参数

型号	FC1250	FC5000	FC20000
应用压力（MPa）	1～11.5（145～1665psi）	1～11.5（145～1665psi）	1～7.6（145～1100psi）
最大流量（L/min）	1900	7600	23700
质量（kg）	70	300	450

图 3-54   FC5000 型主配压阀外形图   图 3-55   FC20000 型主配压阀外形图

（一）特征说明

FC1250、FC5000、FC20000 主配压阀是模块化设计的，能很好地满足数字控制系统。包括液压集成块、流量可调节的主配压阀，保证了在最大流量下的安全可靠。双切换过滤装置可以在系统工作时无干扰切换。FC 主配压阀选用了许多标准的部件，更为经济方便，有别于其他主配压阀，采用接近为零搭叠的液压放大阀。第一阶采用标准的比例阀和引导阀，主配压阀位置反馈通过放大器综合。

主要特征如下。

（1）多种液压关闭方式。

（2）掉电时，比例阀关闭，停机。

（3）通过组合电磁阀关闭。

（4）通过现地手动关闭把手。

（5）通过远程液压装置，如液压过速保护装置。

（二）机手动功能实现

近年来随着水电行业的发展，越来越多的大型、特大型电厂均要求调速器主配压阀采用进口器件。由于发达国家电网较大，电厂自动化水平和设备可靠性高、调速器的故障率很低，即使故障也可立即停机，而不用考虑纯手动操作和断电自复中等问题。

但是国内一些大型新建电厂要求调速器主配压阀采用进口元件，同时又要求调速器能适应我国电网运行的要求，具有断电自复中和纯手动操作的功能。

我国电力系统对水电机组调速器运行的要求必须具有纯手动操作功能，以满足电厂的"黑启动"要求，并在调速器故障或电源消失时，保持故障前的运行状态，维持开度或功率不变。

当调速器故障或电源消失时能自动切换至纯手动方式下运行；因此在不改变原进口主配压阀原理和制造精度的前提下对进口主配压阀前置级进行了适当的改造并增加必要的部件就实现了自动复中及纯手动功能。具备掉电自复中功能的 FC 阀液压原理图如图 3-56 所示。

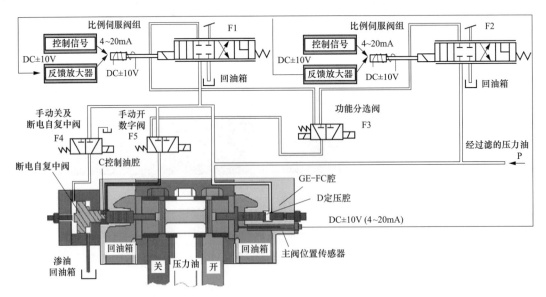

图 3-56　具备掉电自复中功能的 FC 阀液压原理图 1

1. 系统组成及要求

该系统由美国 GE 公司主配压阀 1 套、比例伺服阀 2 只（F1、F2）、功能分选阀 1 只

（F3）、手动关及断电自复中阀 1 只（F4）、手动开阀 1 只（F5）组成。该系统是对国外主配压阀结合中国电网的要求所做的改进，它解决了进口主配压阀断电不能自动复中的难题，巧妙地通过在美国 GE 公司主配压阀上安装一个复中辅助油缸，由一个电磁球阀（F3）控制，可靠地实现在调速器故障断电时主配压阀活塞回到中位，保持导叶开度不变，使水轮机组维持原发电量不变。

2. 液压原理说明

（1）比例阀控制：美国 GE 公司主配压阀为卧式结构，由阀体、活塞、活塞衬套、复中辅助油缸、阀芯位移传感器组成。该主配压阀受到两只并列的比例伺服阀（F1、F2）控制，一台工作、另一台备用，比例伺服阀的选择由功能分选阀（F3）来切换，图 3-56 所示状态为比例伺服阀（F1）工作，当上电以后比例伺服阀 F1 在控制信号的作用下自动控制，对主配压阀的控制油腔 C（大面积腔）提供压力油，当压力上升时主活塞右移，主配压阀开腔成比例打开，使接力器往开方向行走。当主配压阀大面积腔 C 压力降低时主活塞左移，主配压阀关腔成比例打开，使接力器往关方向行走。在控制过程中主阀小面积腔 D 常通压力油，同时复中阀常通电压处在图示位置，复中辅助油缸通回油小活塞处在最左位置。当 F1 比例伺服阀出现故障时，由 PLC 内程序立即无扰动地切换到 F2 比例伺服阀工作，该功能由分选阀 F3 切换。

（2）手动控制：为了保证该系统的可靠还在控制中加装了手动关数字阀（F4）、手动开数字阀（F5）。这两只阀的功能是当系统故障断电或调试过程中，当人为按动 F4 时使得复中活塞腔通回油，主活塞左移，接力器向关方向行走，手放开后复中活塞在压力油的作用下回到中间位置，接力器动作停止。当人为按动 F5 时主配压阀活塞大面积腔在压力油的作用下使得主配压阀活塞向右移，接力器向开方向行走，手放开 F5 后主配压阀活塞在小面积腔压力作用下立即回到中间位置，接力器停止移动。

（三）液压系统原理典型案例介绍

主配压阀丰富功能的实现要和先导液压原理回路相结合，下面就常用的一种典型工程应用原理进行介绍，液压原理图如图 3-57 所示。

液压控制系统主要由两个伺服比例阀 SV1、SV2，切换阀 EV2（切换伺服比例阀），切换阀 EV1（切换液控控制油），液控换向阀 HV1，梭阀 S1、S2，紧急停机阀 EV3，急停辅助阀 EV4，主配压阀 FC 组成。该系统采用双伺服比例阀，实现冗余控制，提高了系统的稳定性；利用伺服比例阀的掉电保护位实现了调速系统掉电自复中功能；系统配有紧急停机电磁阀，提高可靠性。

1. 控制原理

（1）正常情况下，调速器控制器通过伺服比例阀 SV1 控制主配压阀 FC 来控制接力器的开关状态。

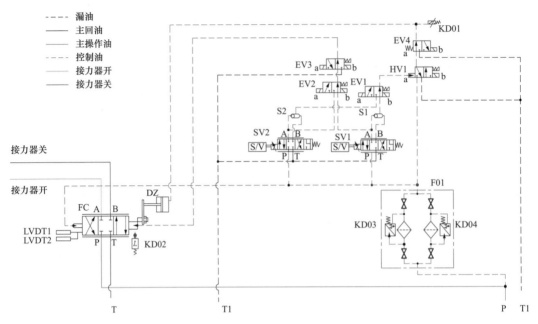

图 3-57　具备掉电自复中功能的 FC 阀液压原理图 2

（2）若伺服比例阀 SV1 故障，调速器控制器自动控制 EV1 切换到 a 端工作，EV2 切换到 a 端工作，伺服比例阀 SV2 工作，正常操作导叶接力器。

（3）当 EV3 的 a 端电磁线圈带电，EV3 工作于 a 端，主配压阀右腔直接通回油，定中缸控制腔通回油，由于主配压阀左腔一直通压力油，导叶往关方向运动，实现紧急停机。

（4）在系统掉电的情况下，伺服比例阀处于掉电保护位，液控阀 HV1 的 a 端控制油与回油相通，该阀在弹簧力的作用下工作于 b 端，此时定中缸的 DZ 控制腔为压力油，使主配压阀阀芯保持在中间位置，因此使接力器保持在掉电前的位置，实现了掉电自复中功能。

2. 主配压阀工作原理说明

系统采用美国 GE 公司的 FC 主配压阀，主阀芯两端油盘面积不一样，常通压力油的左端小，通伺服比例阀控制油的右端大。因此，通过伺服比例阀调节控制腔压力油流量的大小就可以控制主配压阀动作，从而控制接力器的开关；在紧急停机的情况下控制腔通回油，在左端压力油作用下，主配压阀处于左工作位，实现紧急停机。

3. 自复中说明

伺服比例阀 SV1 带电正常工作的时候，A、B 腔的压力分别与梭阀 S1 的 a、b 口连接，c 口输出 a、b 口中压力较大的值，因此正常工作的时候 c 口的压力大于或等于系统压力的一半，c 腔的控制油与液控阀 HV1 的液控端（a 端）相通，因此系统带电正常工作时，液控阀 HV1 工作于 a 端，定中缸 DZ 的控制腔与回油相通，因此不影响主配压阀阀芯的左右移动。在系统失电的情况下，伺服比例阀 SV1 处于掉电保护位，这时伺服比例阀 SV1 的 A、B 口均与回油相通，因此梭阀 S1 的 c 口输出的压力为零，液控阀 HV1 液控端的压力也为零，在弹簧力的作用下 HV1 工作于 b 端，此时定中缸 DZ 的控制腔通过液控阀与压力油相通，将主配压阀的阀芯推至中点位置，使接力器保持不动，因此导叶接力器保持在系统掉电前的位置。

若伺服比例阀 SV1 失效，则可以切换到伺服比例阀 SV2 工作，这时切换阀 EV1、EV2 工作于 a 端，SV2 的工作过程与 SV1 完全一致。

三、ALSTOM 主配压阀

（一）概述

阿尔斯通（ALSTOM）主配压阀为滑阀式主配压阀，机能符号表示方法与上述两种主配压阀类似。

对于大中型水轮机将电气信号转化为液压命令不能由两单级电液转换器来完成需要将电液转换器和主配压阀组合，形成液压放大，来完成接力器的操作。

采用 ALSTOM 公司的 250D 系列主配压阀，主配压阀采用立式结构，主阀芯上下两端油盘面积不一样，常通压力油的上端小，通伺服比例阀控制油的下端大。因此通过伺服比例阀调节控制腔压力油流量的大小就可以控制主配压阀动作，从而控制导叶的开关；在紧急停机的情况下控制腔通回油，可以实现紧急停机。

（二）安全关机保护

（1）在实际运行中有故障时，安全操作要求保证关闭导水机构。根据配压阀的型号，此安全性措施可通过以通过以下两方面来实现。

1）配压阀安装在垂直位置而且阀芯靠自重下落运动来关闭。

2）阀芯上方通常压油，通过底腔排油来关闭阀。

（2）排油状态可由以下系统实现：

1）断电时电液转换器的自然趋势。

2）断电时电磁配压阀弹簧安全复位。

3）由脱扣器控制的配压阀的动作。

依据流量阿尔斯通设计了 5 种通径主配压阀：D50、D80、D100、D150，对大型水轮机，特别生产配压阀 T250。阿尔斯通主配压阀技术参数见表 3-7。

表 3-7 阿尔斯通主配压阀技术参数

主配压阀系列	D50	D80	D100	D150	T250
阀芯质量（kg）	3.3	14.8	28	64	—
关机趋势（kg）	$9.7p_n$	$24.75p_n$	$25p_n$	$25p_n$	—

注　p_n 为额定工作压力，单位为 bar 或 MPa，两个控制部分的比（恒定压力与调节压力之比）为 1/2。

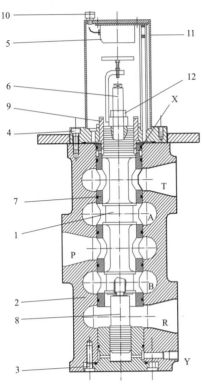

图 3-58 主配压阀结构图

1—阀芯；2—阀体；3—阀座；4—阀盖；

5—传感器；6—关闭调节杆；7—阀套；

8—推杆；9—开口调节套；10—关闭调节螺杆；

11—顶部保护盖；12—调节杆锁定螺母

（三）主配压阀的部件

主配压阀结构如图 3-58 所示。其中主配压阀的关键部套为阀芯、固定部件（阀体、阀座等）、阀芯位置传感器，用于控制阀芯，提高调速精度和稳定性。

液压系统包含主配压阀、接力器、液压站（提供压力油）、电调控制液压系统。其中主配压阀包含在水轮机调节机构的控制系统中，主配压阀液压系统由下列部分构成：

（1）电液转换器。连续将来自调速器的电信号按比例转换为相应液压信号。

（2）电磁配压阀。它在电源断开时将主配压阀置于关闭位置。

（3）也可具有一个由过速装置控制的配压阀，其作用与安全阀的作用类似。

（四）阿尔斯通主配压阀自复中控制原理介绍

阿尔斯通主配压阀为单端控制主配压阀，原本设计的理念也为掉电关机，如果实现掉电复中或机手动控制，需要对其先导控制部分进行一定的设计。图 3-59 所示为一种自复中控制原理图。

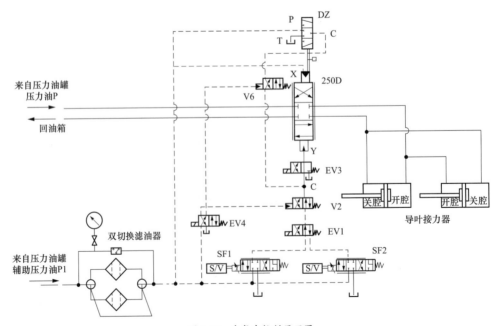

图 3-59 自复中控制原理图

1. 自动控制

系统具备双伺服比例阀，正常工作状态下，通过"导叶伺服比例阀SF1"控制主配压阀250D下端的液控腔来控制主配压阀阀芯的上下移动，进而控制导叶的开关。当"导叶伺服比例阀SF1"故障，"切换投入阀EV1"电磁线圈得电，"导叶伺服比例阀SF2"处于工作状态。双伺服比例阀可以实现无扰动切换。

2. 手动控制

通过控制液压操作柜上的手动操作把手，"导叶伺服比例阀SF1"或"导叶伺服比例阀SF2"通过手动闭环，实现手动增减操作。

3. 紧急停机

系统设置"急停投入阀EV3"，当"急停投入阀EV3"动作时，主配压阀下端控制腔直接通回油，主配压阀阀芯在自重和上端压力油作用下向下移动，实现紧急停机功能。

4. 掉电自复中

系统通过"自复中电磁阀EV4""液控阀V2""液控阀V6"及"自复中装置DZ"可实现调速系统掉电后，导叶保持在掉电前的位置。当调速系统失电，"自复中电磁阀EV4"电磁线圈失电，"自复中电磁阀EV4"换向，"液控阀V2"和"液控阀V6"的液控端通回油，液控阀V2"工作于左位、"液控阀V6"工作于右位。主配压阀下端控制腔Y口与自复中装置连通，通过自复中装置可以实现主配压阀阀芯保持在中间位置，达到动平衡，实现掉电自复中功能。

第五节　事故配压阀和重锤关机阀

一、事故配压阀

（一）概述

事故配压阀简称"事故配"或"事配"，通常名称为SG-□□□，SG为事故配压阀汉语拼音缩写，□□□为事故配压阀插装阀通径。比如SG-100，指事故配压阀通径为100mm。

事故配压阀也称为过速限制器，用于水电站水轮发电机组的过速保护系统中，当机组过速过高（一般整定为115%机组额定转速），同时主配压阀无法正常关闭拒动时，事故配压阀接受过速保护信号动作，其阀芯在差压作用下换向，将调速器主配压阀油路切断，油系统中的压力油直接操作接力器，紧急关闭导水机构，防止机组过速，为水轮发电机组的正常运行提供安全可靠的保护。事故配压阀必须与机组过速检测装置及液压控制阀配合使用，机组过速保护系统原理如图3-60所示。

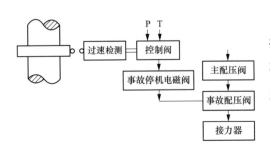

图 3-60　机组过速保护系统原理

正常情况下，事故配压阀犹如一个串联在接力器开关腔上的不起作用的"管道"，在发生事故时，切断主配压阀开关腔油路，通过自身来自压力罐的操作油来单独关闭接力器。

（二）基本原理

事故配压阀液压原理图 3-61 中插装阀 C1、C2 为一组，C3、C4 为一组，它们的启闭状态由液控换向阀 V9 控制。正常工作情况下，电磁换向阀 V8 工作于左位，来自机械过速保护装置的压力油，使液控换向阀 V9 工作于左位，C1、C2 控制腔通回油处于开启状态，由主配压阀控制接力器的开关；C3、C4 控制腔通压力油处于关闭状态，切断来自压力罐的操作油。

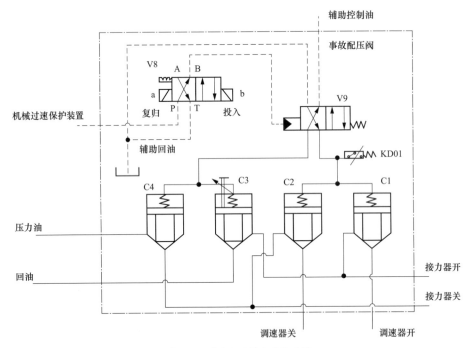

图 3-61　事故配压阀液压原理图

（1）在动作情况下：

1）电磁铁 V8b 得电，电磁阀 V8 工作于右位，C1、C2 控制腔通压力油处于关闭状态，切断来自主配压阀的操作油；C3、C4 控制腔通回油处于开启状态，来自压力罐的操作油能进入接力器的关腔，使接力器关闭。

2）机械过速保护装置动作时，来自机械过速保护装置的控制油接通回油，液控换向阀 V9 工作于右位，C1、C2 控制腔通压力油处于关闭状态，切断来自主配压阀的操作油；C3、C4 控制腔通回油处于开启状态，来自压力罐的操作油能进入接力器的关腔，使接力器关闭。

3）插装阀 C3 顶端盖板带有调节螺杆，可以调节事故配压阀关机时的关闭速度。调节螺杆顺时针转动时，阀芯开口变小，关机速度变慢，关闭时间变长；相反，则关闭时间变短。

事故配压阀设置有压力继电器 KD01，用于当事故配压阀动作时的发信。需要指出的是，该信号不能直接作用于机组停机流程。一般该信号是在机组停机流程已经启动的前提下，用作其他停机流程处理；或者作为开机条件闭锁之一。

原则上，无论自动还是手动，事故配压阀都不受调速器控制。

（2）部分电厂为了节省成本，未设置机械过速飞摆装置，图 3-62 就是其简化版事故配压阀的液压原理图。控制部分只有电磁阀作为先导，比较简单。事故配压阀动作原理如上，不再赘述。

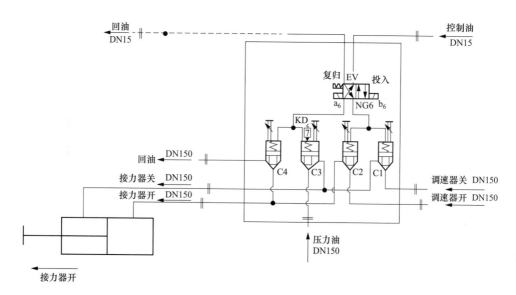

图 3-62　简化版事故配压阀的液压原理图

事故配压阀动作的一般条件：

1）机组转速大于 115％额定转速＋导叶开度在空载开度以上＋主配压阀拒动（拒关）；

2）机组转速大于电气过速（比如 140％，视具体电站而定）；

3）机组转速大于机械过速（比如 145％，视具体电站而定）；

4）其他来自监控系统的电气或机械紧急事故停机信号。

（三）性能指标

（1）电源电压：DC 220V 或 DC 24V。

（2）调节时间范围：5～100s 可调。

（3）输出信号：1 对动合触点，1 对动断触点。

（4）环境条件。

1）环境温度：－10～60℃。

2）介质温度：5～55℃。

（5）动作延时时间：小于0.2s。

（6）事故配压阀额定通径：80、100、125、150、200、250mm。

（四）主要器件

主要器件见表3-8。

表 3-8　　　　　　　　　　**主　要　器　件**

序号	编号	名称	通径	电压等级	品牌
1	V8	事故电磁阀	NG6/NG10	DC 24V/DC 220V	BOSCH
2	V9	液控阀	NG6/NG10	—	BOSCH/伊顿
3	KD01	压力继电器	—	空触点	BOSCH/黎明
4	C1～C4	插装阀	NS16～NS100	—	南瑞

不排除，考虑到价格因素，采用其他品牌器件，但器件机能不变。

（五）典型装配图

事故配压阀装配图如图3-63所示。

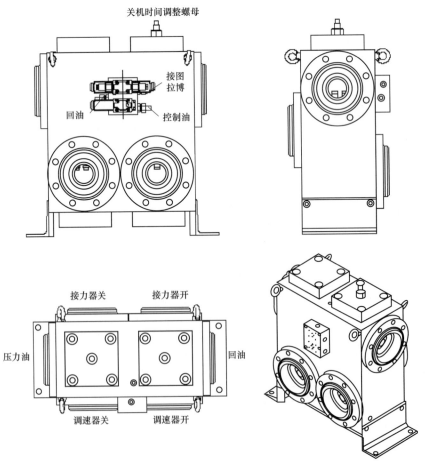

图 3-63　事故配压阀装配图

（六） 安装调整与维护

（1）使用前应仔细阅读说明书，或咨询厂家技术人员。

（2）在未有安装配管计划前，勿打开法兰油口的防污纸，防止杂物进入。

（3）现场安装建议垂直安装，操作油管安装要平整，尽量减少安装应力。

（4）管路充油以后，通过调整关机螺母来调整关机时间，螺母往外旋。

关机时间变短，往内旋，关机时间变长。时间调整好以后，须将螺母背帽并紧，并用记号笔做好标识。事故配压阀的关闭调整时间，一般按照分段关闭的第一段斜率速度进行全行程时间整定。若无分段，按照无分段要求下的关闭时间整定。调整工作方法具体如下：

人工退出（拔掉电磁阀插头或控制继电器）分段关闭控制，导叶手动开启至 100%，人工动作事故配压阀关机电磁阀，同时记录导叶关闭时间。对比实际动作时间和理论时间偏差，多次调整 C1 盖板上的调节螺杆，直至时间误差在 0.5s 以内。恢复分段的正常控制，导叶全开，再次动作事故配压阀，记录整个分段曲线的正确性（分段装置已调整完毕）。

若条件允许，由监控系统模拟下发过速信号（可放在静态配合走流程试验中进行），记录事故配压阀关闭动作是否正常、复归后是否正常工作。模拟机械飞摆动作，记录事故配压阀关闭动作是否正常，复归后是否正常工作。

如果是手动闭环的调速器，由于是设备单体的调试，彼此流程关联还未建立，上述复归事故配压阀操作可能会导致导叶的开启（开启至第一次手动开启的位置）。尤其要注意安全。

（5）安装完成以后要手动操作电磁阀 5 次以上，确保事故配压阀动作正常，动作点反馈正常。

（6）在长期停机的情况下，要定期人为投退事故配压阀，以免电磁阀与液控阀出现卡涩的现象。

二、重锤关机阀

（一） 概述

名称：ZC-□□□，ZC 为重锤关闭装置汉语拼音缩写，□□□为重锤关闭装置通径。比如 ZC-100，指分段通径为 100mm，意即外部法兰也为 DN100。也称为泄压阀组。

重锤关闭装置只有贯流式机组才会用到该设备。该设备的原理和作用类似事故配压阀，区别在于该装置无需单独供压力油，只需将接力器的开启腔油接通回油，然后接力器由于重锤的重力作用，自然关闭导叶接力器。

当发生事故（一般是过速，参考事故配压阀动作条件）的时候，能够通过重锤在重力作用下直接关闭接力器。正常情况下接力器开腔接通主配压阀，在发生事故时接力器开腔直接接通回油。调速系统如果配置了事故配压阀，重锤关闭装置一般不配置。重锤装置要配置一个单向阀，安装在接力器的关腔上，避免因关腔油管被拉真空而无法关闭导叶的情况。重锤关闭装置能够在系统没有压力或者爆管的情况下，安全地关闭导叶，保证机组的安全。

（二）基本原理

重锤关闭装置串联安装在接力器开管路上，如图 3-64 所示。主要由插装阀 C1、C2 及液控阀 V2 和电磁阀 V1 组成。正常工作时，液控阀 V2 工作于左位，插装阀 C1 控制腔通和回油联通关闭，插装阀 C2 控制腔通回油打开，调速器开与接力器开接通，主配压阀正常调节接力器开关。当事故时，液控阀 V2 液控油失去压力，由于弹簧力的左右，工作位换向到右端机能，插装阀 C1 打开，C2 关闭，来自主配压阀的油路被截止，接力器开腔接通回油，接力器在重锤的重力作用下直接关闭。可以通过调节插装阀 C1 盖板顶端的调节螺杆来改变当重锤关机时的关闭时间。压力继电器 KD02 用于重锤关闭装置动作时的发信。

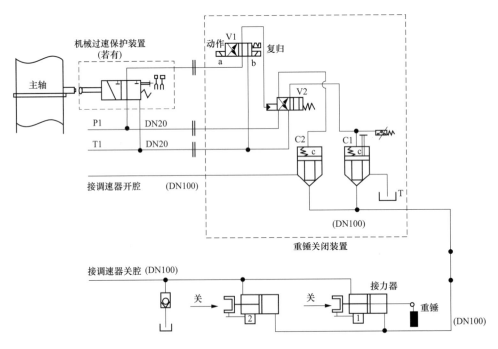

图 3-64 重锤关闭装置原理图

问题的关键在于，液控阀 V2 的换向，换向源来自 2 个地方，一个用作自电气过速信号的电磁阀 V1，另一个是机械过速装置的行程换向阀。无论是机械过速还是电气过速，只要任何一个信号发出，可靠动作了行程换向阀或电磁阀 V1、液控阀 V2 即产生换向。这样 C1 和 C2 的换向，从而选择开启腔的油压是与调速器主配压阀导通还是与回油导通，装置对应表现为复归或动作。

部分电厂为了节省成本，未设置机械过速飞摆装置，图 3-65 就是其简化版重锤关闭装置原理图。控制部分只有电磁阀作为先导，比较简单。重锤关闭动作原理如上，不再赘述。

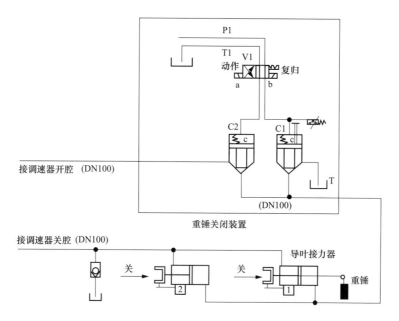

图 3-65　简化版重锤关闭装置原理图

重锤关闭装置动作的一般条件：

（1）机组转速大于 115％额定转速＋导叶开度在空载开度以上＋主配压阀拒动（拒关）；

（2）机组转速大于电气过速（比如 140％，视具体电站而定）；

（3）机组转速大于机械过速（比如 145％，视具体电站而定）；

（4）其他来自监控系统的电气或机械紧急事故停机信号。

（三）性能指标

（1）电源电压：DC 220V 或 DC 24V。

（2）调节时间范围：5～100s 可调。

（3）输出信号：1 对动合触点，1 对动断触点。

（4）重锤关机额定通径：80、100、125、150、200、250mm。

（5）环境条件：

1）环境温度：－10～＋60℃；

2）介质温度：5～55℃。

（6）动作延时时间：小于 0.2s。

（四）主要器件

滑阀式分段关闭装置推荐器件清单见表 3-9。

不排除，考虑价格因素，采用其他品牌器件，但器件机能不变。

表 3-9　　　　　　　　　　　滑阀式分段关闭装置推荐器件清单

序号	编号	名称	通径	电压等级	品牌
1	V10	事故电磁阀	NG6/NG10	DC 24V/DC 220V	BOSCH
2	KD02	压力继电器	—	空触点	BOSCH/黎明
3	C5~C6	插装阀	NS16~NS100	—	南瑞

（五）整定方法

重锤关闭装置的整定方法类似事故配压阀整定方法，其动作时间按照一段关闭时间的斜率来整定（分段关闭如果有）。调整工作方法具体如下：

人工退出（拔掉电磁阀插头或控制继电器）分段关闭控制，导叶手动开启至 100%，人工动作重锤关机电磁阀，同时记录导叶关闭时间。对比实际动作时间和理论时间偏差，多次调整 C1 盖板上的调节螺杆，直至时间误差在 0.5s 以内。恢复分段的正常控制，导叶全开，再次动作重锤关闭装置，记录整个分段曲线的正确性（分段装置已调整完毕）。

若条件允许，由监控系统模拟下发过速信号（可放在静态配合走流程试验中进行），记录重锤关闭动作是否正常，复归后是否正常工作。模拟机械飞摆动作，记录重锤关闭动作是否正常，复归后是否正常工作。

如果是手动闭环的调速器，由于是设备单体的调试，彼此流程关联还未建立，上述复归重锤操作可能会导致导叶的开启（开启至第一次手动开启的位置）。尤其要注意安全。

（六）典型装配图

重锤关闭装置装配图如图 3-66。

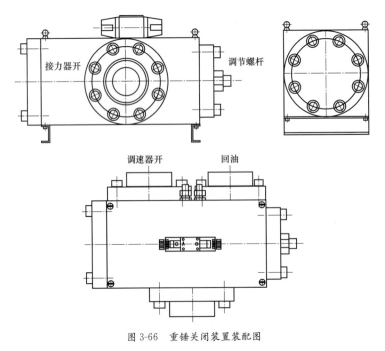

图 3-66　重锤关闭装置装配图

（七） 安装调整与维护

（1）现场安装建议垂直安装，操作油管安装要平整，尽量减少安装应力。

（2）管路充油以后，通过调整关机螺母，来调整关机时间，螺母往外旋，关机时间变短，往内旋，关机时间变长。时间调整好以后，要将螺母背帽并紧，并用记号笔做好记录。

（3）安装完成以后要手动操作电磁阀 5 次以上，确保事故配压阀动作正常，动作点反馈正常。

（4）在长期停机的情况下，要定期人为投退重锤关机装置，以免电磁阀或者液控阀出现卡涩的现象。

（5）如果关机时间较慢，可能原因为重锤质量不足或者单向阀选型偏小。如果调整中发生剧烈振动，可能是重锤过重导致。

第六节　分段关闭装置

一、概述

名称：FD-□□□，FD 为分段关闭装置汉语拼音缩写，□□□为分段装置通径。比如 FD-100，指分段通径为 100mm，意即外部法兰也为 DN100。

在水电站的工程实际中，由于其水工结构、引水管道、机组转动惯量等因素的影响，经过调节保证计算，要求调速器的接力器在紧急关闭时的有导叶分段（一般为两段）关闭特性，即在导叶紧急关闭过程中，要求按照拐点区分成关闭速度不同的两段（或多段）关闭特性，导叶分段关闭装置就是实现这种关闭特性的装置。

分段关闭装置是有主接力器的预定位置开始直到全关闭位置（不包括接力器端部的延缓段），使主接力器速度减缓的装置。

分段关闭装置由导叶分段关闭阀和接力器拐点开度控制机构组成，后者包括拐点检测及整定机构和控制阀。拐点开度控制机构分为纯机械液压的工作原理和电气与液压相结合的工作原理。

纯机械式，无需电源，可靠性高，但由于必须利用凸轮或楔形板使接力器再运动时控制切换阀换位，机械系统复杂，有的电站在布置上也有一定的困难。图 3-67 所示为接力器机械式导叶分段系统。

电气式分段布置方便，但须十分重视其控制电源和控制回路的可靠性，一般应采用两段厂用电直流电源对切换电磁阀回路供电。

如果电站有事故分配压阀，分段应该按照在事故配压阀与接力器之间的油路中。着重指出的是，在接力器位移凸轮机构/控制阀和分段关闭阀的布置上，一定要使两者尽可能靠近安装，以减小油管路长度，减少动作延迟。分段机理如图 3-68 所示。

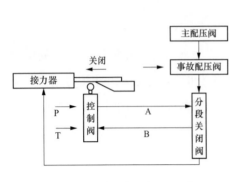

图 3-67 接力器机械式导叶分段系统

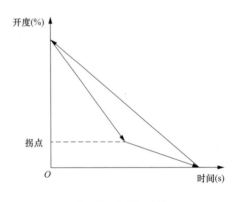

图 3-68 分段机理图

二、基本原理

分段关闭设置两段斜率，第一段主要抑制转速上升，第二段降低压力钢管水压上升率，减弱尾水水锤效应。

（1）根据分段自身实现节流方式的不同，比如某公司生产的分段关闭装置有两种不同机理：一种是滑阀式分段，另一种是插装阀式分段。

1）滑阀式。快速关闭时电磁换向阀 V1 在弹簧的作用下处于右位，在控制压力油的作用下液控阀 V2 处于左位，接力器开腔直接进调速器开腔，缓慢关闭时电磁铁 VD 带电，换向阀 V1 处于左位，在控制压力油的作用下阀 V2 处于右位，接力器腔需经过节流阀进入调速器开腔，调节节流阀的开度可以调节关闭速度。

开机工况：不管 V2 处于哪一位，调速器开腔能通过单向阀 V3 进接力器开腔，因此该装置不影响开机速度。

滑阀式分段关闭装置原理图如图 3-69 所示。

2）插装阀式。分段关闭装置本体由插装阀 C5、C6，液控换向阀 V3 及电磁换向阀 V2 组成。V3 的液控端接受来自电磁换向阀 V2、分段关闭装置液压集成块的拐点位置液压信号，当液控阀 V3 的液控端接通回油时，分段关闭装置投入，当液控阀 V3 的液控端接通压力油时，分段关闭装置退出。

分段关闭装置退出时：插装阀 C5 和 C6 的控制端均通回油，C5、C6 阀芯打开，接力器在开机和关机过程中，油路均不受插装阀节流，接

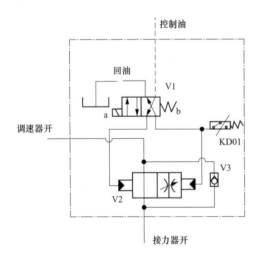

图 3-69 滑阀式分段关闭装置原理图

力器关闭速率不受影响。

分段关闭装置投入时：插装阀 C5 控制端通压力油，C5 关闭，插装阀 C6 的控制端通回油，C6 打开。关机过程中，油路只能通过插装阀 C6 回到回油箱，可以调节插装阀 C6 的阀芯开口大小来调节接力器关闭速率。

压力继电器 KD 可用于分段关闭装置动作时的报警。

分段关闭装置辅助压力油取自接力器关操作油管路，其目的是开机过程中即使接力器在拐点以内，分段关闭装置可以退出，不影响开机时间。

插装阀式分段关闭装置原理图如图 3-70 所示。

（2）根据分段先导控制部分的不同，可分为电气式、机械液压式或电气式＋机械液压式。

三种方式仅仅是先导控制部分的不同，其阀体自身节流原理依然为图 3-69、3-70 以及所述。后面不再赘述动作原理。

图 3-69、图 3-70 所示为电气式分段关闭装置。

图 3-71 所示为电气式＋机械液压式分段关闭装置。在实际控制中，电气和机械液压为共同作用，彼此不影响控制。谁先动作，谁第一个起作用。

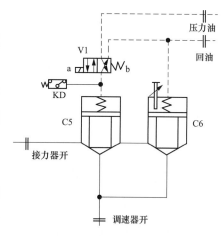

图 3-70　插装阀式分段关闭装置原理图

图 3-72 所示为机械液压式分段关闭装置。换向信号来自装在水车室内的换向阀，换向阀安装在一个液压阀块上，同时伸出的换向杆要和楔形板相配合。无论安装还是调试都有一定的不方便。机械液压式分段关闭装置目前常规为得压动作，为分段动作带来一定的延时性。也可设计为失压动作，这样分段动作迅速，容易满足设计要求。

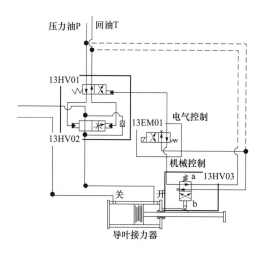

图 3-71　电气式＋机械液压式分段关闭装置

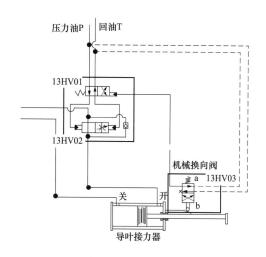

图 3-72　机械液压式分段关闭装置

分段动作的条件：导叶大波动调节的时候，一定投入分段。大波动调节主要包括：①机组从发电甩负荷到空载；②机组紧急事故停机。

分段复归的条件：导叶关闭到0（一般<1%）。

其他状态，比如正常停机、负荷减少，可投入也可不投入，并不影响负荷调节速度和特性。

分段的电气控制，有的是监控系统控制，有的是调速器控制。一般而言，导叶快速关闭，有可能是调速失去控制导致，这时由监控控制有一定道理。但往往监控控制分段，不了解控制对象的特性（电磁阀的电压、电磁阀单线圈还是双线圈），存在编程逻辑简单甚至漏洞问题。为此，分段关闭控制也有很多由调速器自己控制。这样控制的程序较为明确，且便于调试和后期维护，利于排查问题，不会出现推诿的现象。比如，尤其是高拐点的分段，有的业主担心发电时电磁阀长带电烧坏阀线圈，要求此时即便低于拐点也不投入。

三、性能指标

(1) 电源电压：DC 220V 或 DC 24V。

(2) 拐点开度整定范围为 10%～80%：

(3) 分段关闭阀额定通径：80、100、125、150、200、250mm。

(4) 调节螺杆整定接力器第二段关闭速度。

(5) 切换延时时间：小于 0.2s。

四、主要器件

滑阀式分段关闭装置推荐器件清单见表 3-10，分段关闭装置推荐器件清单见表 3-11。

表 3-10 滑阀式分段关闭装置推荐器件清单

序号	编号	名称	通径	电压等级	品牌
1	V1	事故电磁阀	NG6/NG10	DC 24V/DC 220V	BOSCH
2	KD01	压力继电器	—	空触点	BOSCH/黎明
3	V2	滑阀本体	FD-25～FD150	—	南瑞
4	V3	单向阀	DVP10/40		华德

表 3-11 分段关闭装置推荐器件清单

序号	编号	名称	通径	电压等级	品牌
1	V1	事故电磁阀	NG6/NG10	DC 24V/DC 220V	BOSCH
2	KD	压力继电器	—	空触点	BOSCH/黎明
3	C5～C6	插装阀	NS16～NS100	—	南瑞

不排除，考虑价格因素，采用其他品牌器件，但器件机能不变。

五、整定方法

分段关闭装置的调整工作可以分解成 3 部分独立的工作开展。第一是调整第一段全行程时间，第二是调整第二段全行程时间，第三是调整拐点。本说明从一个实例进行说明。比如某电站拐点为 350%，第一段时间为 7s，第二段时间为 8s。

首先根据数据，绘制图 3-73，将 $T_1=7s$ 第一段时间，折算出全行程时间 $T_{s1}=10s$。将 $T_2=8s$ 第二段时间，折算出全行程时间 $T_{s2}=26.7s$。

然后调整方法如下：

通过拔插头或继电器等方式，退出分段控制。导叶开启至 100%，然后通过动作主配压阀紧急停机的方式，记录时间，不断调整主配压阀限位螺母，使关闭时间达到 10～10.5s 以内，为满足要求。锁紧螺母，用记号笔做好标识。

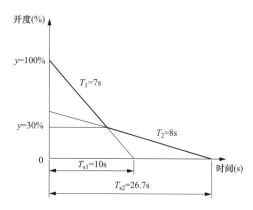

图 3-73 分段关闭时间和拐点

其次，通过程序强制或继电器强制等方式，始终投入分段控制。导叶开启至 100%，然后通过动作主配压阀紧急停机的方式，记录时间，不断调整分段关闭装置限位螺母（外旋变慢，内旋变快），使关闭时间达到 26.7～27.2s 以内，为满足要求。锁紧螺母，用记号笔做好标识。

正常投分段控制功能，导叶开启至 100%，然后分别通过模拟甩负荷和动作主配压阀紧急停机的方式关闭导叶，录制导叶关闭曲线。根据曲线分析，是否满足 30% 的动作要求。如果偏差超过 ±1%，程序设定需要重新修正，再次进行试验，直至满足拐点要求。如果是机械是分段关闭，需要调整楔形板或凸轮的位置。

六、典型装配图

典型装配图如图 3-74、图 3-75 所示。

七、安装调整与维护

（1）滑阀式分段。分段关闭装置串接在主配压阀开机腔与接力器开机腔的管路上，具体位置在事故配压阀与接力器之间。其调节螺杆伸出越长，第二段关机速度越慢，当调节螺杆的螺纹伸出长度达 20mm 时，第二段关机速度接近于零。

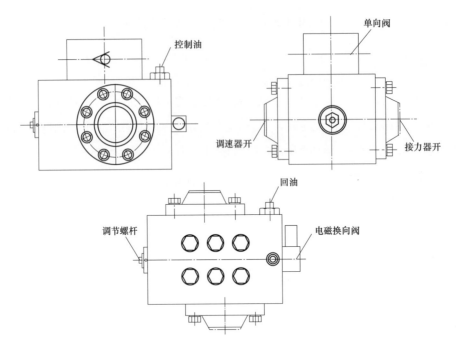

图 3-74　分段关闭装配示意图 1

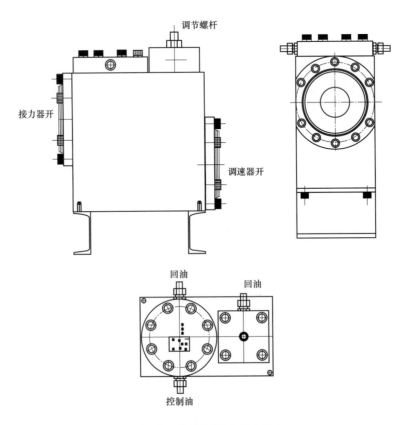

图 3-75　分段关闭装配示意图 2

（2）插装阀式分段。分段关闭装置串接在主配压阀开机腔与接力器开机腔的管路上，具体位置在事故配压阀与接力器之间。其调节螺杆伸出越长，第二段关机速度越慢，当调节螺杆往内旋时，第二段关机时间变长；当调节螺杆往外旋时，第二段关机时间变短。

（3）安装前，充分注意确认分段装置的安装方向和位置，防止出现进出法兰口安装相反的现象。

第七节　液　压　辅　助　系　统

液压辅助系统很宽泛，本节只介绍从事调速器这个专业涉及到的知识点，比如管路、阀门、法兰、滤油器等。管路及附件是调速器液压系统中不可或缺的一部分，看似没有很多科技含量，但要成为专业素养全面的工程师，尤其是行业范围涉及到、职业接触到的知识点，均需要汲取，并在工作中加以运用。

一、金属材料

（一）基本知识

金属材料，是微观世界，涉及化学的原子、分子之类。金属是很多的，散布在宇宙之中。俄罗斯的门捷列夫发现了宇宙物质的基因密码，制作了伟大的元素周期表。身边常见的金属，比如青铜、钢铁、金银之类，生活中是常见的，也是与人类发展和生活密不可分的。调速器主要就是钢铁和铜铝，这也是大部分机电设备的材料。自然馈赠给人类的物质，铜铁是那样普遍存在和易于提炼，而他们无论从硬度、数量还是延展性，都比其他金属更实用，这无不可说是一个巧合。

金属材料通常分为黑色金属、有色金属和特种金属材料。

（1）黑色金属又称钢铁材料，包括含铁 90％ 以上的工业纯铁，含碳 2％～4％ 的铸铁，含碳小于 2％ 的碳钢，以及各种用途的结构钢、不锈钢、耐热钢、高温合金、精密合金等。广义的黑色金属还包括铬、锰及其合金。

从中，可以看出碳元素是相当厉害的，不同的碳含量，石油也分为柴油和汽油，汽油分为 92 号和 95 号等。

（2）有色金属是指除铁、铬、锰以外的所有金属及其合金，通常分为轻金属、重金属、贵金属、半金属、稀有金属和稀土金属等。有色合金的强度和硬度一般比纯金属高，并且电阻大、电阻温度系数小。

（3）特种金属材料包括不同用途的结构金属材料和功能金属材料。其中有通过快速冷凝工艺获得的非晶态金属材料，以及准晶、微晶、纳米晶金属材料等；还有隐身、抗氢、超导、形状记忆、耐磨、减振阻尼等特殊功能合金以及金属基复合材料等。

（二） 材料的基本特点

1. 疲劳

许多机械零件和工程构件，是承受交变载荷工作的。在交变载荷的作用下，虽然应力水平低于材料的屈服极限，但经过长时间的应力反复循环作用（水泵水轮机，正转反转交替，材料不是一般的要求高）以后，也会发生突然脆性断裂，这种金属材料现象叫作金属材料的疲劳。

（1）金属材料疲劳断裂的特点。

1）载荷应力是交变的；

2）载荷的作用时间较长；

3）断裂是瞬时发生的；

4）无论是塑性材料还是脆性材料，在疲劳断裂区都是脆性的。

因此，疲劳断裂是工程上最常见、最危险的断裂形式。国内很多恶劣的工程施工事故，往往都是人们忽视了金属材料的疲劳强度，用尽了它们的潜力，金属就会罢工甚至报复。

（2）金属材料的疲劳现象，按条件不同可分为下列几种。

1）高周疲劳：指在低应力（工作应力低于材料的屈服极限，甚至低于弹性极限）条件下，应力循环周数在 100000 以上的疲劳。它是最常见的一种疲劳破坏。高周疲劳一般简称为疲劳。

2）低周疲劳：指在高应力（工作应力接近材料的屈服极限）或高应变条件下，应力循环周数在 10000～100000 以下的疲劳。由于交变的塑性应变在这种疲劳破坏中起主要作用，因而，也称为塑性疲劳或应变疲劳。

3）热疲劳：指由于温度变化所产生的热应力的反复作用所造成的疲劳破坏。

4）腐蚀疲劳：指机器部件在交变载荷和腐蚀介质（如酸、碱、海水、活性气体等）的共同作用下所产生的疲劳破坏。

5）接触疲劳：这是指机器零件的接触表面，在接触应力的反复作用下，出现麻点剥落或表面压碎剥落，从而造成机件失效破坏。

由此引申，"疲劳"是一个生物机体感受上的概念，科学将这个概念转移到金属材料上，概念移植和仿生是一种科技方法，需我们学习。比如大坝修建完成之后，上游形成一个大水湖，这个人工湖的专业名词有称之"水体"或"人工湖"，水利专家汪胡桢，借用粮库、车库的概念，称为"水库"，非常精准。

2. 塑性

塑性是指金属材料在载荷外力的作用下，产生永久变形（塑性变形）而不被金属材料破坏的能力。金属材料在受到拉伸时，长度和横截面积都要发生变化，因此，金属的塑性可以用长度的伸长（延伸率）和断面的收缩（断面收缩率）两个指标来衡量。

金属材料的延伸率和断面收缩率越大，表示该材料的塑性越好，即材料能承受较大的塑性变形而不被破坏。一般把延伸率大于百分之五的金属材料称为塑性材料（如低碳钢等），而把延伸率小于百分之五的金属材料称为脆性材料（如灰口铸铁等）。塑性好的材料，它能在较大的宏观范围内产生塑性变形，并在塑性变形的同时使金属材料因塑性变形而强化，从而提高材料的强度，保证了零件的安全使用。此外，塑性好的材料可以顺利地进行某些成型工艺加工，如冲压、冷弯、冷拔、校直等。因此，选择金属材料作机械零件时，必须满足一定的塑性指标。

3. 耐久性

建筑金属腐蚀的主要形态有以下几种：

（1）均匀腐蚀。金属表面的腐蚀使断面均匀变薄。因此，常用年平均的厚度减损值作为腐蚀性能的指标（腐蚀率）。钢材在大气中一般呈均匀腐蚀。

（2）孔蚀。金属腐蚀呈点状并形成深坑。孔蚀的产生与金属的本性及其所处介质有关。在含有氯盐的介质中易发生孔蚀。孔蚀常用最大孔深作为评定指标。管道的腐蚀多考虑孔蚀问题。

（3）电偶腐蚀。不同金属的接触处，因所具不同电位而产生的腐蚀。

（4）缝隙腐蚀。金属表面在缝隙或其他隐蔽区域常发生由于不同部位间介质的组分和浓度的差异所引起的局部腐蚀。

（5）应力腐蚀。在腐蚀介质和较高拉应力共同作用下，金属表面产生腐蚀并向内扩展成微裂纹，常导致突然破断。混凝土中的高强度钢筋（钢丝）可能发生这种破坏。

4. 硬度

硬度表示材料抵抗硬物体压入其表面的能力。它是金属材料的重要性能指标之一。一般硬度越高，耐磨性越好。常用的硬度指标有布氏硬度、洛氏硬度和维氏硬度。

（1）布氏硬度（HB）。以一定的载荷（一般3000kg）把一定大小（直径一般为10mm）的淬硬钢球压入材料表面，保持一段时间，去载后，负荷与其压痕面积之比值，即为布氏硬度值（HB），单位为 N/mm^2。

布氏硬度是表示材料硬度的一种标准。由布氏硬度计测定。由瑞典人布纳瑞（J. A. Brinell）首先提出，故称布氏硬度。

（2）洛氏硬度（HR）。当 HB>450 或者试样过小时，不能采用布氏硬度试验而改用洛氏硬度计量。它是用一个顶角120°的金刚石圆锥体或直径为1.59、3.18mm的钢球，在一定载荷下压入被测材料表面，由压痕的深度求出材料的硬度。根据试验材料硬度的不同，可采用不同的压头和总试验压力组成几种不同的洛氏硬度标尺，每一种标尺用一个字母在洛氏硬度符号 HR 后面加以注明。常用的洛氏硬度标尺是 A、B、C 三种（HRA、HRB、HRC）。其中 C 标尺应用最为广泛。

1）HRA：是采用 60kg 载荷钻石锥压入器求得的硬度，用于硬度极高的材料（如硬质合金等）。

2）HRB：是采用 100kg 载荷和直径 1.58mm 淬硬的钢球，求得的硬度，用于硬度较低的材料（如退火钢、铸铁等）。

3）HRC：是采用 150kg 载荷和钻石锥压入器求得的硬度，用于硬度很高的材料（如淬火钢等）。

洛氏硬度是由洛克威尔（S. P. Rockwell）在 1921 年提出来的学术概念，是使用洛氏硬度计所测定的金属材料的硬度值。该值没有单位，只用代号"HR"表示。

（3）维氏硬度（HV）。以 120kg 以内的载荷和顶角为 136°的金刚石方形锥压入器压入材料表面，用材料压痕凹坑的表面积除以载荷值，即为维氏硬度值（HV）。

维氏硬度是英国史密斯（Robert L. Smith）和塞德兰德（George E. Sandland）于 1921 年在维克斯公司（Vickers Ltd）提出的。

硬度试验是机械性能试验中最简单易行的一种试验方法。为了能用硬度试验代替某些机械性能试验，生产上需要一个比较准确的硬度和强度的换算关系。实践证明，金属材料的各种硬度值之间，硬度值与强度值之间具有近似的相应关系。因为硬度值是由起始塑性变形抗力和继续塑性变形抗力决定的，材料的强度越高，塑性变形抗力越高，硬度值也就越高。

（三）不锈钢

通俗而言，不锈钢就是不容易生锈的钢，实际上一部分不锈钢，既有不锈性，又有耐酸性（耐蚀性）。

不锈钢的不锈性和耐蚀性是由于其表面上富铬氧化膜（钝化膜）的形成。这种不锈性和耐蚀性是相对的。试验表明，钢在大气、水等弱介质中和硝酸等氧化性介质中，其耐蚀性随钢中铬含水量的增加而提高，当铬含量达到一定的百分比时，钢的耐蚀性发生突变，即从易生锈到不易生锈，从不耐蚀到耐腐蚀。不锈钢的分类方法很多。按室温下的组织结构分类，有马氏体型、奥氏体型、铁素体和双相不锈钢；按主要化学成分分类，基本上可分为铬不锈钢和铬镍不锈钢两大系统；按用途分则有耐硝酸不锈钢、耐硫酸不锈钢、耐海水不锈钢等，按耐蚀类型分可分为耐点蚀不锈钢、耐应力腐蚀不锈钢、耐晶间腐蚀不锈钢等；按功能特点分类又可分为无磁不锈钢、易切削不锈钢、低温不锈钢、高强度不锈钢等。由于不锈钢材具有优异的耐蚀性、成型性、相容性以及在很宽温度范围内的强韧性等系列特点，所以在重工业、轻工业、生活用品行业以及建筑装饰等行业中取得广泛的应用。

1. 不锈钢牌号分组

200 系列——铬-镍-锰奥氏体不锈钢。

300 系列——铬-镍奥氏体不锈钢。

型号 301——延展性好，用于成型产品。也可通过机械加工使其迅速硬化。焊接性好。抗磨性和疲劳强度优于 304 不锈钢。

型号 302——耐腐蚀性同 304，由于含碳相对要高因而强度更好。

型号 303——通过添加少量的硫、磷使其较 304 更易切削加工。

型号 304——通用型号，即 18/8 不锈钢。国家标准牌号为 0Cr18Ni9。

型号 309——较 304 有更好的耐温性。

型号 316——继 304 之后，第二个得到最广泛应用的钢种，主要用于食品工业和外科手术器材，添加钼元素使其获得一种抗腐蚀的特殊结构。由于较 304 具有更好的抗氯化物腐蚀能力因而也作"船用钢"来使用。SS316 则通常用于核燃料回收装置。18/10 级不锈钢通常也符合这个应用级别。

型号 321——除了因为添加了钛元素降低了材料焊缝锈蚀的风险之外其他性能类似 304。

400 系列——铁素体和马氏体不锈钢。

型号 408——耐热性好，弱抗腐蚀性，11％的 Cr，8％的 Ni。

型号 409——最廉价的型号（英美），通常用作汽车排气管，属铁素体不锈钢（铬钢）。

型号 410——马氏体（高强度铬钢），耐磨性好，抗腐蚀性较差。

型号 416——添加了硫，改善了材料的加工性能。

型号 420——"刀具级"马氏体钢，类似布氏高铬钢这种最早的不锈钢。也用于外科手术刀具，可以做的非常光亮。

型号 430——铁素体不锈钢，装饰用，例如用于汽车饰品。良好的成型性，但耐温性和抗腐蚀性要差。

型号 440——高强度刃具钢，含碳稍高，经过适当的热处理后可以获得较高屈服强度，硬度可以达到 58HRC，属于最硬的不锈钢之列。最常见的应用例子就是"剃须刀片"。常用型号有三种：440A、440B、440C，另外还有 440F（易加工型）。

500 系列——耐热铬合金钢。

600 系列——马氏体沉淀硬化不锈钢。

型号 630——最常用的沉淀硬化不锈钢型号，通常也叫 17—4；17％Cr，4％Ni。

2. 铁素体不锈钢

定义：铬含量一般为 12％～30％，通常不含镍，在使用状态基体组织为铁素体的不锈钢。在使用状态下以铁素体组织为主的不锈钢，含铬量在 11％～30％，具有体心立方晶体结构。这类钢一般不含镍，有时还含有少量的 Mo、Ti、Nb 等元素，这类钢具有导热系数大、膨胀系数小、抗氧化性好、抗应力腐蚀优良等特点，多用于制造耐大气、水蒸气、水及氧化性酸腐蚀的零部件。这类钢存在塑性差、焊后塑性和耐蚀性明显降低等缺点，因而限制了它的应用。

3. 奥氏体不锈钢

定义：在使用状态基体组织为稳定的奥氏体的不锈钢。具有很高的耐蚀性，良好的冷加工性和良好的韧性、塑性、焊接性和无磁性，但一般强度较低。奥氏体不锈钢是指在常温下具有奥氏体组织的不锈钢。钢中含 Cr 约 18%、Ni 8%～10%、C 约 0.1% 时，具有稳定的奥氏体组织。奥氏体铬镍不锈钢包括著名的 18Cr－8Ni 钢和在此基础上增加 Cr、Ni 含量并加入 Mo、Cu、Si、Nb、Ti 等元素发展起来的高 Cr－Ni 系列钢。奥氏体不锈钢无磁性而且具有高韧性和塑性，但强度较低，不可能通过相变使之强化，仅能通过冷加工进行强化，如加入 S、Ca、Se、Te 等元素，则具有良好的易切削性。

此类钢除耐氧化性酸介质腐蚀外，如果含有 Mo、Cu 等元素还能耐硫酸、磷酸以及甲酸、醋酸、尿素等的腐蚀。此类钢中的含碳量若低于 0.03% 或含 Ti、Ni，就可显著提高其耐晶间腐蚀性能。高硅的奥氏体不锈钢浓硝酸具有良好的耐蚀性。由于奥氏体不锈钢具有全面的和良好的综合性能，在各行各业中获得了广泛的应用。

4. 马氏体不锈钢

定义：铬含量不低于 12%（一般在 12%～18%），碳含量较高，使用状态组织为马氏体的不锈钢。

通过热处理可以调整其力学性能的不锈钢，通俗地说，是一类可硬化的不锈钢。典型牌号为 Cr13 型，如 2Cr13、3Cr13、4Cr13 等。淬火后硬度较高，不同回火温度具有不同强韧性组合，主要用于汽轮机叶片、餐具、外科手术器械。根据化学成分的差异，马氏体不锈钢可分为马氏体铬钢和马氏体铬镍钢两类。根据组织和强化机理的不同，还可分为马氏体不锈钢、马氏体和半奥氏体（或半马氏体）沉淀硬化不锈钢以及马氏体时效不锈钢等。

标准的马氏体不锈钢是 403、410、414、416、416（Se）、420、431、440A、440B 等。

二、阀门

阀门是流体管路的控制装置，其基本功能是接通或切断管路介质的流通，改变介质的流通，改变介质的流动方向，调节介质的压力和流量，保护管路的设备的正常运行。工业用的阀门的大量应用是在瓦特发明蒸汽机之后，近二三十年来，由于石油、化工、电站、冶金、船舶、核能、宇航等方面的需要，对阀门提出更高的要求，促使人们研究和生产高参数的阀门，其工作温度从超低温 －269℃ 到高温 1200℃，甚至高达 3430℃，工作压力从超真空

1.33×10⁻⁸MPa（1×10⁻¹mmHg）到超高压 1460MPa，阀门通径从 1mm 到 600mm，甚至达到 9750mm，阀门的材料从铸铁、碳素钢发展到钛及钛合金、高强度耐腐蚀钢等，阀门的驱动方式从手动发展到电动、气动、液动、程控、数控、遥控等。

（一） 阀门的分类

阀门的用途广泛，种类繁多，分类方法也比较多。总的可分两大类：

第一类自动阀门：依靠介质（液体、气体）本身的能力自行动作的阀门。如止回阀、安全阀、调节阀、疏水阀、减压阀等。

第二类驱动阀门：借助手动、电动、液动、气动来操纵动作的阀门。如闸阀、截止阀、节流阀、蝶阀、球阀、旋塞阀等。

此外，阀门的分类还有以下几种方法：

（1）按结构特征。根据关闭件相对于阀座移动的方向可分：

1）截门形：关闭件沿着阀座中心移动。

2）闸门形：关闭件沿着垂直阀座中心移动。

3）旋塞和球形：关闭件是柱塞或球，围绕本身的中心线旋转。

4）旋启形：关闭件围绕阀座外的轴旋转。

5）蝶形：关闭件的圆盘，围绕阀座内的轴旋转。

6）滑阀形：关闭件在垂直于通道的方向滑动。

（2）按用途。根据阀门的不同用途可分：

1）开断用：用来接通或切断管路介质，如截止阀、闸阀、球阀、蝶阀等。

2）止回用：用来防止介质倒流，如止回阀。

3）调节用：用来调节介质的压力和流量，如调节阀、减压阀。

4）分配用：用来改变介质流向、分配介质，如三通旋塞、分配阀、滑阀等。

5）安全阀：在介质压力超过规定值时，用来排放多余的介质，保证管路系统及设备安全，如安全阀、事故阀。

6）其他特殊用途：如疏水阀、放空阀、排污阀等。

（3）按驱动方式。根据不同的驱动方式可分：

1）手动：借助手轮、手柄、杠杆或链轮等，由人力驱动，传动较大力矩时，装有蜗轮、齿轮等减速装置。

2）电动：借助电机或其他电气装置来驱动。

3）液动：借助（水、油）来驱动。

4）气动；借助压缩空气来驱动。

（4）按压力。根据阀门的公称压力可分：

1）真空阀：绝对压力 PN≤0.1MPa 的阀门。

2）低压阀：公称压力 PN≤1.6MPa 的阀门（包括 PN≤1.6MPa 的钢阀）。

3）中压阀：公称压力 PN 为 2.5～6.4MPa 的阀门。

4）高压阀：公称压力 PN 为 10.0～80.0MPa 的阀门。

5）超高压阀：公称压力 PN≥100.0MPa 的阀门。

（5）按介质的温度。根据阀门工作时的介质温度可分：

1）普通阀门：适用于介质温度为 －40～＋425℃ 的阀门。

2）高温阀门：适用于介质温度为 425～600℃ 的阀门。

3）耐热阀门：适用于介质温度在 600℃ 以上的阀门。

4）低温阀门：适用于介质温度为 －150～－40℃ 的阀门。

5）超低温阀门：适用于介质温度在 －150℃ 以下的阀门。

（6）按与管道连接方式，根据阀门与管道连接方式可分：

1）法兰连接阀门：阀体带有法兰，与管道采用法兰连接的阀门。

2）螺纹连接阀门：阀体带有内螺纹或外螺纹，与管道采用螺纹连接的阀门。

3）焊接连接阀门：阀体带有焊口，与管道采用焊接连接的阀门。

4）夹箍连接阀门：阀体上带有夹口，与管道采用夹箍连接的阀门。

5）卡套连接阀门：采用卡套与管道连接的阀门。

（二）阀门的编号

阀门的型号是用来表示阀类、驱动及连接形式、密封圈材料和公称压力等要素的。

由于阀门种类繁杂，为了制造和使用方便，国家对阀门产品型号的编制方法做了统一规定。阀门产品的型号是由七个单元组成，用来表明阀门类别、驱动种类、连接和结构形式、密封面或衬里材料、公称压力及阀体材料。

在阀门的有关标准里，阀门型号的组成由七个单元顺序组成。

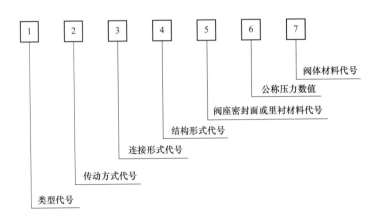

（三） 阀门的类型和用途

阀门类型繁多，本文只介绍调速器常用阀门。

1. 球阀

球阀和旋塞阀是同属一个类型的阀门，只有它的关闭件是个球体，球体绕阀体中心线作旋转来达到开启、关闭的一种阀门。球阀在管路中主要用来做切断、分配和改变介质的流动方向。球阀是近年来被广泛采用的一种新型阀门，它具有以下优点：

（1）流体阻力小，其阻力系数与同长度的管段相等。

（2）结构简单、体积小、质量轻。

（3）紧密可靠，目前球阀的密封面材料广泛使用塑料，密封性好，在真空系统中也已广泛使用。

（4）操作方便，开闭迅速，从全开到全关只要旋转 90°，便于远距离控制。

（5）维修方便，球阀结构简单，密封圈一般都是活动的，拆卸更换都比较方便。

（6）在全开或全闭时，球体和阀座的密封面与介质隔离，介质通过时，不会引起阀门密封面的侵蚀。

（7）适用范围广，通径从小到几毫米，大到几米，从高真空至高压力都可应用。

球阀已广泛应用于石油、化工、发电、造纸、原子能、航空、火箭等各部门，以及人们日常生活中。球阀按结构形式可分：

（1）浮动球球阀。球阀的球体是浮动的，在介质压力作用下，球体能产生一定的位移并紧压在出口端的密封面上，保证出口端密封，如图 3-76 所示。

浮动球球阀的结构简单，密封性好，但球体承受工作介质的载荷全部传给了出口密封圈，因此要考虑密封圈材料能否经受得住球体介质的工作载荷。这种结构，广泛用于中低压球阀。

（2）固定球球阀。球阀的球体是固定的，受压后不产生移动。固定球球阀都带有浮动阀座，受介质压力后，阀座产生移动，使密封圈紧压在球体上，以保证密封。通常在球体的

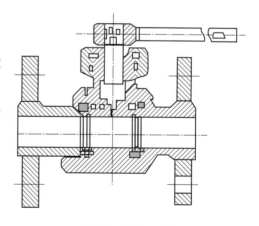

图 3-76　浮动球球阀

上、下轴上装有轴承，操作扭矩小，适用于高压和大口径的阀门如图 3-77 所示。为了减少球阀的操作扭矩和增加密封的可靠程度，近年来又出现了油封球阀，既在密封面间压注特制的润滑油，以形成一层油膜，即增强了密封性，又减少了操作扭矩，更适用高压大口径的球阀。

（3）弹性球球阀。球阀的球体是弹性的。球体和阀座密封圈都采用金属材料制造，密封比压很大，依靠介质本身的压力已达不到密封的要求，必须施加外力。这种阀门适用于高温高压介质，如图 3-78 所示。弹性球体是在球体内壁的下端开一条弹性槽，而获得弹性。当关闭通道时，用阀杆的楔形头使球体张开，与阀座压紧达到密封。在转动球体之前先松开楔形头，球体随之恢复原形，使球体与阀座之间出现很小的间隙，可以减少密封面的摩擦和操作扭矩。球阀按其通道位置可分为直通式、三通式和直角式。后两种球阀用于分配介质与改变介质的流向。

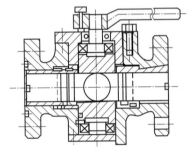

图 3-77　固定球球阀

2. 截止阀

截止阀是关闭件（阀瓣）沿阀座中心线移动的阀门。截止阀在管路中主要作切断用。截止阀有以下优点：

（1）在开闭过程中密封面的摩擦力比闸阀小，耐磨。

（2）开启高度小。

（3）通常只有一个密封面，制造工艺好，便于维修。

截止阀使用较为普遍，但由于开闭力矩较大，结构长度较长，一般公称通径都限制在 DN≤200mm 以下。截止阀的流体阻力损失较大。因而限制了截止阀更广泛的使用。

截止阀的种类很多，根据阀杆上螺纹的位置可分：

（1）上螺纹阀杆截止阀。截止阀阀杆的螺纹在阀体的外面。其优点是阀杆不受介质侵蚀，便于润滑，此种结构采用比较普遍，如图 3-79 所示。

（2）下螺纹阀杆截止阀。截止阀阀杆的螺纹在阀体内。这种结构阀杆螺纹与介质直接接触，易受侵蚀，并无法润滑。此种结构用于小口径和温度不高的地方，如图 3-80 所示。

根据截止阀的通道方向，又可分为直通式

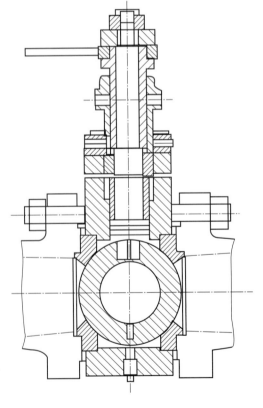

图 3-78　弹性球球阀

截止阀、角式截止阀和三通式截止阀，后两种截止阀通常做改变介质流向和分配介质用。

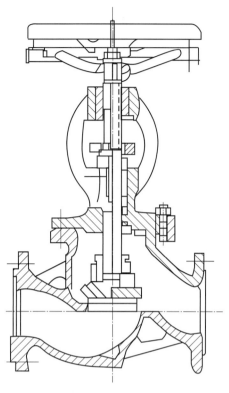

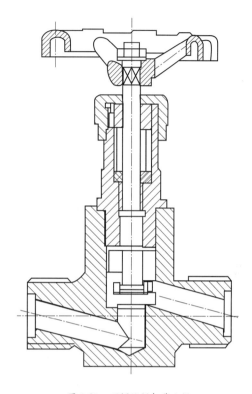

图 3-79　上螺纹阀杆截止阀　　　　　　　　　　图 3-80　下螺纹阀杆截止阀

3. 安全阀

安全阀是防止介质压力超过规定数值起安全作用的阀门。安全阀在管路中，当介质工作压力超过规定数值时，阀门便自动开启，排放出多余介质；而当工作压力恢复到规定值时，又自动关闭。

（1）安全阀常用的术语。

1）开启压力：当介质压力上升到规定压力数值时，阀瓣便自动开启，介质迅速喷出，此时阀门进口处压力称为开启压力。

2）排放压力；阀瓣开启后，如设备管路中的介质压力继续上升，阀瓣应全开，排放额定的介质排量，这时阀门进口处的压力称为排放压力。

3）关闭压力：安全阀开启，排出了部分介质后，设备管路中的压力逐渐降低，当降低到小于工作压力的预定值时，阀瓣关闭，开启高度为零，介质停止流出。这时阀门进口处的压力称为关闭压力，又称回座压力。

4）工作压力；设备正常工作中的介质压力称为工作压力。此时安全阀处于密封状态。

5）排量：在排放介质阀瓣处于全开状态时，从阀门出口处测得的介质在单位时间内的排出量称为阀的排量。

（2）安全阀的种类。

1）根据安全阀的结构可分：

a. 重锤（杠杆）式安全阀：用杠杆和重锤来平衡阀瓣的压力。重锤式安全阀靠移动重锤的位置或改变重锤的质量来调整压力。它的优点在于结构简单；缺点是比较笨重，回座力低。这种结构的安全阀只能用于固定的设备上，如图 3-81 所示。

b. 弹簧式安全阀：利用压缩弹簧的力来平衡阀瓣的压力并使之密封。弹簧式安全阀靠调节弹簧的压缩量来调整压力。它的优点在于比重锤式安全阀体积小、轻便，灵敏度高，安装位置不受严格限制；缺点是作用在阀杆上的力随弹簧变形而发生变化。同时必须注意弹簧的隔热和散热问题。弹簧式安全阀的弹簧作用力一般不要超过 2000kg。因为过大过硬的弹簧不适于精确的工作。弹簧式安全阀如图 3-82 所示。

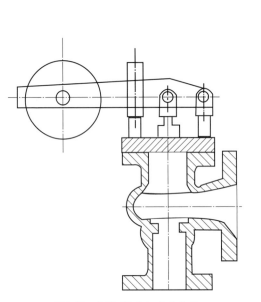

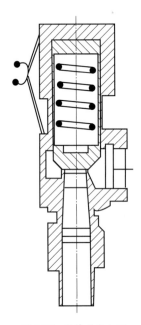

图 3-81　重锤（杠杆）式安全阀　　　　　图 3-82　弹簧式安全阀

c. 脉冲式安全阀：脉冲式安全阀由主阀和辅阀组成。主阀和辅阀连在一起，通过辅阀的脉冲作用带动主阀动作，如图 3-83 所示。

脉冲式安全阀通常用于大口径管路上。因为大口径安全阀如采用重锤或弹簧式时都不适应。脉冲式安全阀由主阀和辅阀两部分组成。当管路中介质超过额定值时，辅阀首先动作带动主阀动作，排放出多余介质。

2）根据安全阀阀瓣最大开启高度与阀座通径之比，又可分为：

a. 微启式：阀瓣的开启高度为阀座通径的 1/20～1/10，如图 3-84 所示。由于开启高度小，对这种阀的结构和几何形状要求不像全启式那样严格，设计、制造、维修和试验都比较方便，但效率较低。

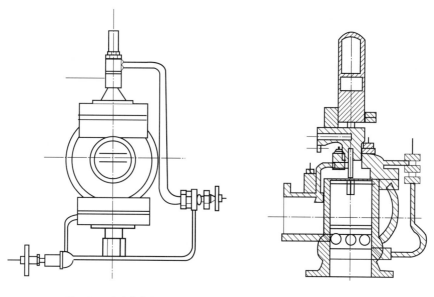

图 3-83 脉冲式安全阀　　　　　　图 3-84 微启式

b. 全启式：阀瓣的开启高度为阀座通径的 $1/4 \sim 1/3$，如图 3-85 所示。

全启式安全阀是借助气体介质的膨胀冲力，使阀瓣达到足够的升高和排量。它利用阀瓣和阀座的上、下两个调节环，使排出的介质在阀瓣和上下两个调节环之间形成一个压力区，使阀瓣上升到要求的开启高度和规定的回座压力。此种结构灵敏度高，使用较多，但上、下调节环的位置难于调整，使用须仔细。

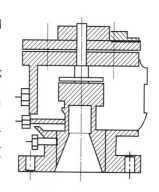

图 3-85 全启式

3）根据安全阀阀体构造又可分：

a. 全封闭式：排放介质时不向外泄漏，而全部通过排泄管放掉。

b. 半封闭式：排放介质时，一部分通过排泄管排放，另一部分从阀盖与阀杆配合处向外泄漏。

c. 敞开式：排放介质时，不引到外面，直接由阀瓣上方排泄。

三、液压辅助元件

液压辅助元件主要包含滤油器、蓄能器、油箱、管件和热交换器等，除油箱通常需要自行设计外，其余皆为标准件。

液压辅助元件和液压元件一样，都是液压系统中不可缺少的组成部分，它们对系统的性能、效率、温升、噪声和寿命的影响不亚于液压元件本身。

辅助装置处理不好，可导致系统工作性能不好，甚至使系统遭到破坏而无法工作。

（一）滤油器滤芯分类

液压系统的故障大多数是由于油液中杂质而造成的，油液中污染的杂质会使液压元件运动副的结合面磨损，堵塞阀口，卡死阀芯，使系统工作可靠性大为降低。在系统中安装滤油器，是保证液压系统正常工作的必要手段。滤油器的核心是滤芯，按滤芯的材料和结构形式，滤油器可分为网式、线隙式、纸质滤芯式、烧结式滤油器及磁性滤油器等。按滤油器安装的位置不同，还可以分为吸滤器、压滤器和回油过滤器。考虑泵的自吸性能，吸油滤油器多为粗滤器。

粗滤芯和细滤芯的表示方法如图 3-86 所示。

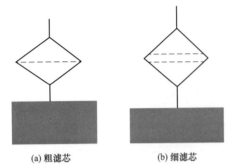

(a) 粗滤芯　　　　(b) 细滤芯

图 3-86　粗滤芯和细滤芯的表示方法

1. 网式滤芯

如图 3-87 所示，网式滤芯是在周围开有很多孔的金属筒形骨架 1 上，包着一层或两层铜丝网 2，过滤精度由网孔大小和层数决定。

网式滤芯结构简单，清洗方便，通油能力大，过滤精度低，常作吸滤器。

2. 线隙式滤芯

线隙式滤油器如图 3-88 所示，用铜线或铝线密绕在筒形骨架的外部来组成滤芯，油液经线间间隙和筒形骨架槽孔流入滤芯内，再从上部孔道流出。这种滤油器结构简单，通油能力大，过滤效果好，多为回油过滤器。

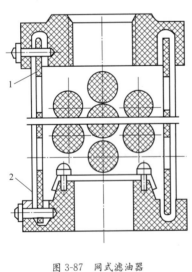

图 3-87　网式滤油器

1—骨架；2—铜丝网

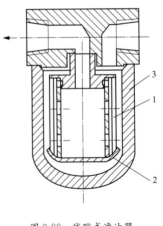

图 3-88　线隙式滤油器

1—滤网；2—骨架；3—外壳

3. 纸制滤芯

纸制滤芯结构类同于线隙式，只是滤芯为纸制，滤芯过滤精度可达 $5\sim30\mu m$，可在

32MPa下工作。其结构紧凑，通油能力大，在配备壳体后用作压力油的过滤。其缺点是无法清洗，需经常更换滤芯。

纸质滤油器如图3-89所示。

为了保证滤油器能正常工作，不致因杂质逐渐聚积在滤芯上引起压差增大而损坏纸芯，滤油器顶部装有堵塞状态发信装置1，当滤芯逐渐堵塞时，压差增大，感应活塞推动电气开关并接通电路，发出堵塞报警信号，提醒操作人员更换滤芯。

4. 烧结式滤芯

烧结式滤油器如图3-90所示，为金属烧结式滤芯。滤芯可按需要制成不同的形状，选择不同粒度的粉末烧结成不同厚度的滤芯，可以获得不同的过滤精度。

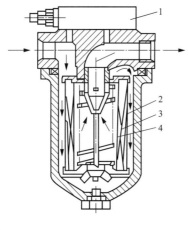
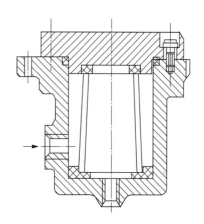

图 3-89　纸质滤油器　　　　　　　　图 3-90　烧结式滤油器

1—压差报警器；2—粗眼钢板网；3—滤纸；4—金属丝网

烧结式滤油器的过滤精度较高，滤芯的强度高，抗冲击性能好，能在较高温度下工作，有良好的抗腐蚀性，且制造简单，它可安装在不同的位置。

（二）滤油器的选用

滤油器按其过滤精度的不同，有粗过滤器、普通过滤器、精密过滤器和特精过滤器四种。

应根据其技术特点、过滤精度、使用压力及通油能力等条件来选择滤油器。在选用时应注意以下几点：

（1）有足够的过滤精度。过滤精度是指通过滤芯的最大尖硬颗粒的大小，以其直径 d 的公称尺寸表示。其颗粒越小，精度越高。不同的液压系统有不同的过滤精度要求。液压系统的滤油精度要求见表3-12。

近年来，有推广使用高精度滤油器的趋势。实践证明，采用高精度滤油器，液压泵、液压马达的寿命可延长4～10倍，可基本消除阀的污染、卡紧和堵塞故障，并可延长液压油和滤油器本身的寿命。

表 3-12 液压系统的过滤精度要求

系统类别	润滑系统	传动系统		伺服系统	
工作压力（MPa）	0～0.25	<14	14～32	>32	≤21
精度 d（μm）	≤100	25～50	≤25	≤10	≤5

（2）有足够的通油能力。通油过滤能力是指在一定压降和过滤精度下允许通过滤油器的最大流量，不同类型的滤油器可通过的流量值有一定的限制，需要时可查阅有关样本和手册。

（3）滤芯便于清洗或更换。

安装滤油器时应注意：

（1）一般滤油器只能单向使用，即进、出口不可互换；

（2）便于拆卸滤芯清洗；

（3）还应考虑滤油器及周围环境的安全。

因此，滤油器不要安装在液流方向可能变换的油路上，必要时可增设流向调整板，以保证双向过滤。作为滤油器的新进展，目前双向滤油器已经问世。

（三）管件

管件包括管道、管接头和法兰等，其作用是保证油路的连通，并便于拆卸、安装；根据工作压力、安装位置确定管件的连接结构；与泵、阀等连接的管件应由其接口尺寸决定管径。管件是液压系统各元件间传递流体动力的纽带，根据输送流体的压力、流量及使用场合选用不同的管件。

钢管价廉、耐油、抗腐、刚性好，但装配时不易弯曲成型，常在拆装方便处用作压力管道，中压以上用无缝钢管，低压时也可采用焊接钢管。

紫铜管价格高，抗震能力差，易使油液氧化，但易弯曲成型，用于仪表和装配不便处。调速器的测压管路、主配压阀先导控制部分明管、压力开关、压力表等均可采用。

（1）钢管承受压力计算公式方法。

1）已知方矩管、螺旋管、无缝管、无缝钢管外径规格壁厚求能承受压力计算方法（钢管不同材质抗拉强度不同）为

$$压力 = (壁厚 \times 2 \ 钢管材质抗拉强度)/(外径 \times 系数)$$

2）已知无缝管、无缝钢管外径和承受压力求壁厚计算方法为

$$壁厚 = (压力 \times 外径 \times 系数)/(2 \times 钢管材质抗拉强度)$$

3）方矩管、螺旋管钢管压力系数表示方法

钢管压力 $p<7$MPa，系数 $S=8$；$7<$钢管压力 $p<17.5$，系数 $S=6$；钢管压力 $p>17.5$MPa，系数 $S=4$。

调速器采用的一般都是无缝不锈钢管，其钢管选项以及厚度计算都有标准公式。钢管的材质、壁厚和直径为常关心的要素，其选型参数，如表 3-13～表 3-15 所示。

表 3-13　　　　　　　　　　　常用公称压力下无缝碳钢管壁厚　　　　　　　　　　　mm

材料	PN (MPa)	DN																			
		10	15	20	25	32	40	50	65	80	100	125	150	200	250	300	350	400	450	500	600
20 12CrMo 15CrMo 12CrlMoV	≤1.6	2.5	3	3	3	3	3.5	3.5	4	4	4	4	4.5	5	6	7	7	8	8	8	9
	2.5	2.5	3	3	3	2	3.5	3.5	4	4	4	4	4.5	5	6	7	7	8		9	10
	4.0	2.5	3	3	3	3	3.5	3.5	4	4	4.5	5	5.5	7	8	9	10	11	12	13	15
	6.4	3	3	3	3.5	3.5	3.5	4	4.5	5	6	7	8	9	11	12	14	16	17	19	22
	10.0	3	3.5	3.5	4	4.5	4.5	5	6	7	8	9	10	13	15	18	20	22			
	16.0	4	4.5	5	5	6	6	7	8	9	11	13	15	19	24	26	30	34			
	20.0	4	4.5	5	6	6	7	8	9	11	13	16	18	22	28	32	36				
	4.0T	3.5	4	4	4.5	5	5	5.5													
10 Cr5Mo	≤1.6	2.5	3	3	3	3	3.5	3.5	4	4.5	4	4	4.5	5.5	7	7	8	8	8	8	9
	2.5	2.5	3	3	3	3	3.5	3.5	4	4.5	4	4	4.5	5.5	7	8	9		10		12
	4.0	2.5	3	3	3	3	3.5	4	4.5	5	5.5	6	7	9	10	11	12	14	15	18
	6.4	3	3	3	3.5	4	4	4.5	5	5.5	7	8	9	11	13	14	16	18	20	22	26
	10.0	3	3.5	4	4	4.5	5	5.5	7	8	9	10	12	15	18	22	24	26			
	16.0	4	4.5	5	5	6	7	8	10	12	15	18	22	28	32	36	40				
	20.0	4	4.5	5	6	7	8	9	11	12	15	18	22	26	34	38					
	4.0T	3.5	4	4	4.5	5	5	5.5													
16Mn 15MnV	≤1.6	2.5	2.5	2.5	3	3	3	3	3.5	3.5	3.5	3.5	4	4.5	5	5.5	6	6	6	6	
	2.5	2.5	2.5	2.5	3	3	3	3	3.5	3.5	3.5	3.5	4	4.5	5	5.5	6	7	8	9	
	4.0	2.5	2.5	2.5	3	3	3	3.5	3.5	4	4.5	5	6	7	8	8	10	11	12		
	6.4	2.5	3	3	3	3.5	3.5	3.5	4	4.5	5	6	7	8	9	11	12	13	14	16	18
	10.0	3	3	3.5	3.5	4	4	4.5	5	6	7	8	9	11	13	15	17	19			
	16.0	3.5	3.5	4	4.5	5	5	6	7	8	9	11	12	15	19	22	25	28			
	20.0	3.5	4	4.5	5	5.5	6	7	8	9	11	13	15	19	24	28	30				

表 3-14　　　　　　　　　　　常用公称压力下无缝不锈钢壁厚　　　　　　　　　　　mm

材料	PN (MPa)	DN																			
		10	15	20	25	32	40	50	65	80	100	125	150	200	250	300	350	400	450	500	600
1Cr18Ni 9Ti 含 Mo 不锈钢	≤1.0	2	2	2	2.5	2.5	2.5	2.5	2.5	2.5	3	3	3.5	3.5	3.5	4	4	4.5			
	1.6	2	2.5	2.5	2.5	2.5	2.5	2.5	3	3	3	3	3.5	3.5	4	4.5	5	5			
	2.5	2	2.5	2.5	2.5	2.5	2.5	3	3	3	3.5	3.5	4	4.5	5	6	7				
	4.0	2	2.5	2.5	2.5	2.5	2.5	3	3	3.5	4	4.5	5	6	7	8	9	10			
	6.4	2.5	2.5	2.5	3	3	3.5	4	4.5	5	6	7	8	10	11	13	14				
	4.0T	3	3.5	3.5	4	4	4.5														

现实应用中，也经常遇到 DN 和 ϕ 此类的关系，在此整理如表 3-16 所示。

（2）管路现场安装需注意以下几点：

1）管道应尽量短，最好横平竖直，拐弯少。为避免管道皱折，减少压力损失，管道装配的弯曲半径要足够大，管道悬伸较长时应适当设置管夹及支架。

表 3-15　　　　　　　　　　　　常用公称压力下焊接钢管壁厚　　　　　　　　　　　mm

材料	PN (MPa)	DN														
		200	250	300	350	400	450	500	600	700	800	900	1000	1100	1200	1400	1600
焊接碳钢管 (Q235A20)	0.25	5	5	5	5	5	5	5	6	6	6	6	6	6	7	7	7
	0.6	5	5	6	6	6	6	6	7	7	7	7	8	8	8	9	10
	1.0	5	5	6	6	6	7	7	8	8	9	9	10	11	11	12	
	1.6	6	6	7	7	8	8	9	10	11	12	13	14	15	16		
	2.5	7	8	9	9	10	11	12	13	15	16						
焊接不锈钢管	0.25	3	3	3	3	3.5	3.5	3.5	4	4	4	4.5	4.5				
	0.6	3	3	3.5	3.5	3.5	4	4	4.5	6	7	7	8				
	1.0	3.5	3.5	4	4.5	4.5	5	5.5	6	7	7	8					
	1.6	4	4.5	5	6	6	7	7	8	9	10						
	2.5	5	6	7	8	9	9	10	12	13	15						

表 3-16　　　　　　　　　　　　压力管道大小径对应关系

大外径系列	小外径系列	大外径系列	小外径系列
DN15-ϕ22mm	DN15-ϕ18mm	DN150-ϕ168mm	DN150-ϕ159mm
DN20-ϕ27mm	DN20-ϕ25mm	DN200-ϕ219mm	DN200-ϕ219mm
DN25-ϕ34mm	DN25-ϕ32mm	DN250-ϕ273mm	DN250-ϕ273mm
DN32-ϕ42mm	DN32-ϕ38mm	DN300-ϕ324mm	DN300-ϕ325mm
DN40-ϕ48mm	DN40-ϕ45mm	DN350-ϕ360mm	DN350-ϕ377mm
DN50-ϕ60mm	DN50-ϕ57mm	DN400-ϕ406mm	DN400-ϕ426mm
DN65-ϕ76（73）mm	DN65-ϕ73mm	DN450-ϕ457mm	DN450-ϕ480mm
DN80-ϕ89mm	DN80-ϕ89mm	DN500-ϕ508mm	DN500-ϕ530mm
DN100-ϕ114mm	DN100-ϕ108mm	DN600-ϕ610mm	DN600-ϕ630mm
DN125-ϕ140mm	DN125-ϕ133mm		

注　压力管道标准 DN-公称直径，规格 ϕ—外径。

2）管道尽量避免交叉，平行管间距要大于 100mm，以防接触振动，并便于安装管接头和管夹。

3）软管直线安装时要有 30％左右的余量，以适应油温变化、受拉和振动的需要。弯曲半径要大于 9 倍软管外径，弯曲处到管接头的距离至少等于 6 倍外径。

四、密封圈

密封圈是调速器液压系统常用的关键设备，在静密封场合，主要是 O 形圈；在动密封场合，各种动密封件名目繁多。动密封件按其功用可分为旋转密封件和往复密封件。特别是往复密封件品种多。

往复密封件按功用可分为防尘圈、轴用密封圈、孔用密封圈。

往复密封件按结构可分为唇形密封件、组合密封件。唇形密封件按结构又可分为蕾形圈、T 形圈、Y 形圈及其派生产品、整体式活塞密封（气动）、自动补偿薄型紧凑密封 PZ（气动）等；组合密封件按结构可分为同轴组合密封件、V 形组合密封件、多功能紧凑型组合密封件。

防尘圈可分为唇形防尘圈、特康组合防尘圈、佐康组合防尘圈，其中唇形防尘圈又可分为有骨架唇形防尘圈、无骨架唇形防尘圈。

1）骨架唇形防尘圈。它是利用骨架与腔体孔的过盈配合来实现防脱，防尘圈唇口与缸头端部齐平，该结构可使唇口免遭外部原因损坏，多用于工程机械、垃圾车等行走机械唇口易被损坏的场合。

2）无骨架唇形防尘圈。它安装在缸头前端的闭式沟槽内，设计时须将唇口稍稍凸出缸头端部，以便易于清除唇口所挡出的污物，该结构安装方便，应用最广，可用于一般工业液压、行走液压与气动。

3）特康组合防尘圈（聚四氟乙烯＋橡胶）。它利用 O 形圈的弹性对已磨损的聚四氟乙烯（PTFE）唇口进行实时磨损补偿，配以不同材质 O 形圈后可用于高速、高温及特殊工作介质的场合。

4）佐康组合防尘圈（聚氨酯＋橡胶）。不常用，结构同特康组合防尘圈，区别在于将聚四氟乙烯（PTFE）部分改成聚氨酯（Pu）。它利用 O 形圈的弹性对已磨损的聚氨酯（Pu）唇口进行实时磨损补偿，其优点是比普通唇形防尘圈寿命更长。防尘圈使用注意事项：所有防尘圈均不能承压，即不具有密封功能，它的作用仅在于防尘，它必须与其他密封件配套使用；设计时应避免防尘圈的唇口与活塞杆孔眼或扳手对边相接触而导致被割破。

第四章 | 水轮机调速器设计

水轮机调速器设计是产品质量和设备能否合格交付的重要一环；调速器针对一个项目具有通用性和专用性，前者满足产品属性规定的一些基本功能，后者包含项目要求的适应性和匹配性，到项目后期，可能还要根据厂房、方式等实际做相应的调整和变更，甚至一些特殊的个性化需求。从大的方面，设计包含硬件选型计算设计和软件控制流程设计。硬件应包含所有的设备的配置、选型、颜色尺寸、流量容量计算，设备的布置走向等。软件或功能设计又有内外之分。所谓内部，比如调速器的控制原理，功能块实现方法、冗余逻辑、故障诊断方法及切换逻辑等，外部主要是调速器送出哪些信号给监控系统，监控据此设计机组的控制流程。

设计总的方法可归纳为：先设计机械液压，再电气控制；先设备的电气、机械接口，后内部的方法、逻辑；先局部后整体，根据整体再调整局部。

第一节　主配压阀、事故配压阀设计计算

主配压阀是调速器关键设备，其设计包含本体的选型计算，和其先导控制液压原理设计。事故配压阀基本为成熟产品，比较标准，控制原理较为简单。

一、主配压阀选型计算

主配压阀阀选型计算主要是通径大小选型，至于是滑阀式，还是插装阀式，一般是明确的，不存在争议、选型问题。

（一）主配压阀通径选择及过流能力计算

主配压阀过流能力 Q 应大于接力器最快关闭时所需最大流量 Q_1，计算方法如下。

1. 计算接力器最快关闭时需要的最大过流量 Q_1

$$Q_1 = \frac{V}{T_{GS}} \qquad (4\text{-}1)$$

式中　V——接力器有效容积，m^3；

　　　T_{GS}——接力器直线关闭时间，s。

2. 计算沿程压力损失 Δp_L

$$\Delta p_L = 10^{-6} \lambda \frac{L}{d} \frac{\rho v^2}{2} \qquad (4\text{-}2)$$

式中　$\lambda = \dfrac{0.3164}{Re^{0.25}}$——沿程阻力系数；

Re——雷诺数；

L——管路长度，m；

ρ——压力油密度，单位是 kg/m^3；取 900；

ν——运动黏度，取 $0.000046m^2/s$；

d——管路直径，m。

3. 计算局部压力损失 Δp_r

$$\Delta p_r = 10^{-6}\xi\frac{\rho v^2}{2} \tag{4-3}$$

式中 ξ——阀门、弯头变径等局部损失，$\xi=20$。

4. 计算主配压阀的过流能力 Q 或主配压阀阀芯直径 D

$$Q = C_d w x_v \sqrt{\frac{2}{\rho}\Delta p} \tag{4-4}$$

$$D = \frac{Q}{0.7C_d\pi x_v \sqrt{\frac{2}{\rho}\Delta p}} \tag{4-5}$$

其中

$$\Delta p = \frac{1}{2}(p_{omin} - p_R - \Delta p_z) \tag{4-6}$$

式中 C_d——主配压阀窗口液流收缩系数或流量系数，一般 $C_d=0.62$；

w——主配压阀窗口面积梯度，一般按主阀芯圆周长度的 70% 计算，即 $w=0.7\pi D$；

x_v——主配压阀活塞整定行程；

ρ——油液密度；

Δp——油液流过主配压阀单个窗口的压力损失；

D——主阀芯直径；

p_{omin}——正常工作油压下限；

p_R——水泵水轮机接力器最低操作压力，根据要求的接力器操作功容量 E_R 和所用的

接力器容积 V_S 求得，$p_R=\dfrac{E_R}{V_S}$；

Δp_z——压力管道的总压力损失，含压力管道中的所有的沿程损失和所有的局部损失。

主配压阀过流量 Q 要求大于 Q_1，并具备一定余量，再对照 JB/T 7072《水轮机调速器及油压装置系列型谱》，选择合适的主配压阀通径。

（二）接力器容积的计算

接力器常见的形式为两个容积完全相同的推拉式，以下小型电站采用传动轴的驱动控制环，就是单接力器，接力器内置在油压装置的回油箱侧面。

因为调速器主配压阀计算需要获知接力器总容积，所以需要计算出两个接力器容积和。计算公式为

$$V_G = \left(N_G \frac{\pi \times D_G^2}{4} - \frac{\pi \times d_G^2}{4} \right) \times L_G$$

式中　V_G——导叶接力器有效总容积；

　　　N_G——导叶接力器个数；

　　　D_G——导叶接力器直径；

　　　d_G——导叶接力器活塞杆直径；

　　　L_G——导叶接力器行程。

此处需注意接力器活塞杆的体积在两个接力器中，等效为一个，所以此处接力器腔总容积减去一个活塞杆的体积。

（三）　主配压阀的先导控制原理设计

主配压阀的控制部分主要根据用户的需求、主配压阀的特点和形式做出最佳选择。这里最大的区别在于手动控制，是开环手动还是闭环手动，电液转换器的选择问题。总的说来，最优设计一定是实现最大功能下的简洁。下面介绍一些常见的液压原理。

作为调速系统的核心控制设备之一，主配压阀（在控制系统中可视为比例环节）配合其先导控制部分需满足导叶接力器的正常开、关调节，及紧急停机功能。

1. 典型设计方案一

水电站电气控制关键设备，常采用冗余配置，和火电有显著不同。主配压阀固然没有（更多限于难实现）冗余，但其控制系统多采用冗余设计。进一步保证调速系统正常调节的稳定性，机械液压操作柜配置了双套独立的比例伺服阀作为主、备用。当主用比例伺服阀发生故障时，调速系统能自动无扰动地切换到备用比例伺服阀运行。为了提升抽水蓄能电站的本质安全，调速系统既有在电源正常情况下"得电关闭"的液压控制回路，又有在冗余电源均消失的情况下"失电关闭"的液压控制回路，实现导叶的"得电关闭"和"失电关闭"双回路冗余控制，以保证安全。

应调速系统的功能要求，如图4-1所示，典型的机械液压操作柜主要包括导叶主配压阀、比例伺服阀1、比例伺服阀2、切换阀和紧急停机阀。可以看出该主配压阀的特点为单端控制，另一端为恒压腔，这是主配压阀的最大特点。各控制功能如下：

（1）正常调节。

1）正常情况下，调速系统通过比例伺服阀1控制主配压阀来调节接力器的开关状态。

2）若比例伺服阀1发生故障，则电气调节控制装置自动控制切换阀动作，使其切换到比例伺服阀2工作，正常调节接力器。

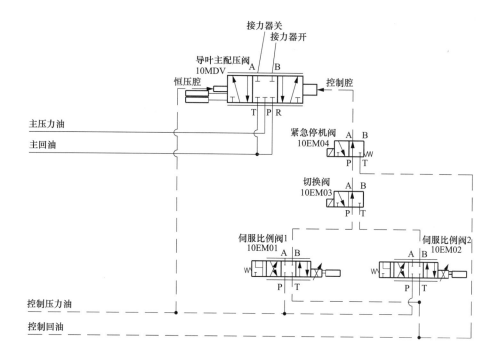

图 4-1　机械液压控制系统原理图 1

调速系统电手动调节功能也可通过两个比例伺服阀进行操作。此时手动为闭环控制，可以通过专门模块实现也可以在控制器以 PI 方式完成闭环控制，此时手动依赖导叶反馈，在此主配压阀特点上很难实现开环手动，除非增加一个主配压阀机械定中装置。因此，先导液压设计要建立在主配压阀的特点上，不然会附加太多配置，降低可靠性。

（2）紧急停机（得电关闭）。调速系统电源正常时，在紧急情况下，控制现地液压操作柜面板上的紧急停机按钮或监控下发紧急停机令，则紧急停机阀得电动作，使主配压阀控制腔直接通回油，因主配压阀的恒压腔一直通压力油，在此压力作用下，主配压阀控制导叶接力器往关方向运动，实现紧急停机功能。

（3）失电保护（失电关闭）。在调速系统冗余电源均消失的情况下，双比例伺服阀均处于失电保护位，使主配压阀控制腔也直接通回油，在主配压阀的恒压腔压力油作用下，主配压阀控制导叶接力器往关方向运动，实现失电关机功能。

2. 典型设计方案二

本液压原理是基于主配压阀具备自复中功能而设计的，主要分为三个并联且独立的回路，自动控制、手动操作和紧急停机。机械液压控制系统原理图如图 4-2 所示。

（1）自动控制。正常情况下，系统处于自动工作状态，电磁阀 V5D 工作于 b 端，V2D 工作于 a 端，微机通过伺服比例阀 V6D 控制主配压阀 V1D，来控制导叶主接力器的开关状态。

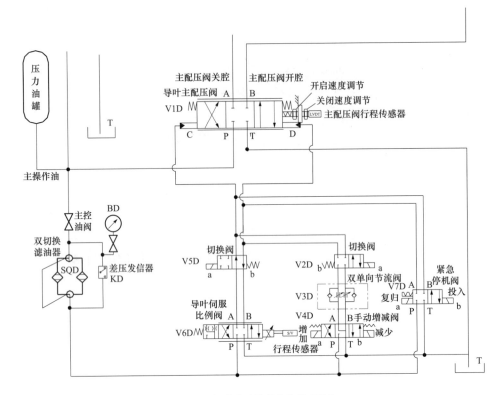

图 4-2　机械液压控制系统原理图 2

当伺服阀 V6D 故障时，系统切换到容错控制方式。微机自动控制电磁阀 V2D 切换到 b 端，V5D 切换到 a 端，比例阀 V4D 工作，系统处于容错控制状态。

（2）手动控制。操作手动控制按钮，微机自动控制电磁阀 V2D 切换到 b 端，V5D 切换到 a 端，微机通过脉冲信号控制比例阀 V4D 工作，实现手动控制功能。单向节流阀 V3D 可以调整手动增减的速度。

（3）紧急停机。系统具有紧急停机阀 V7D，当系统发生故障，紧急停机阀 V7D 切换到 b 端，V5D 切换到 a 端，V2D 切换到 a 端，主配压阀 V1D 控制腔 D 通压力油，控制腔 C 通回油，主配压阀 V1D 工作于右位，压力油通主接力器关腔，实现紧急停机。

（4）掉电保护。在系统掉电的情况下，伺服比例阀 V6D 处于掉电保护位，主配压阀的控制腔 C、D 均通回油，主配压阀在弹簧弹力和定位套的作用下处于中位，因此使接力器保持在掉电前的位置，实现了掉电保护功能。

3. 典型设计方案三

主配压阀的先导控制部分设置了 3 个电磁阀，分别定义为电液转换阀、紧急停机阀和过速控制安全阀，如图 4-3 所示。

电液转换阀常用伺服阀或比例伺服阀，主要用于导叶接力器的正常调节，调节精度较高。紧急停机阀采用单线圈电磁阀，常态运行时为得电状态，当控制系统收到紧急停机令或控制系统失电时，该电磁阀失电关闭导叶。过速控制安全阀为液控阀，它的引入作用是当机组过速触动纯机械过速保护装置时可通过主配压阀事故停机。

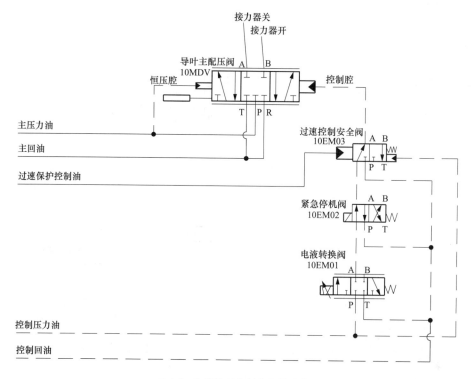

图 4-3　机械液压控制系统原理图 3

该设计的特点是机械过速停机功能做在主配压阀之上，而非独立的事故配压阀之上，较为少见，在国外供应商提供的抽水蓄能调速器有此种设计，理由是建立在主配压阀比事故配压阀可靠观点之上，或现场没有事故配压阀的安装空间等。

二、事故配压阀选型计算

为了保证机组的安全运行，应配置事故配压阀，有的电站没设事故配压阀，理由是设置了筒阀，后来发现筒阀关闭速度过慢，且关闭到 10% 开度以下，机组转速方能下降，根本无法防止事故扩大，后来也增加了事故配压阀。事故配压阀目前常用的有插装阀结构和滑阀结构，推荐采用插装阀结构，标准化程度高，泄漏量小。事故配压阀先导控制部分应同时具备电气控制与纯机械液压控制，可通过机械过速保护装置液压驱动，也可通过监控系统电气信号驱动。

1. 事故配压阀通径选择及过流能力

由于插装阀是标准件，其规格型号从 NS16 到 NS160 不等，均有标准的流量/压降曲线可供查询，所以采用插装阀的事故配压阀，可以根据导叶接力器最快关闭时需要的流量，按照插装阀压降/流量曲线来选择插装阀通径。方法如下：参考图 4-4 插装阀压力流量曲线，选择不带节流活塞结构的插装阀，在压降小于 5bar（1bar＝0.1MPa）的情况下，插装阀的通流量要大于机组接力器最快关闭时的流量 Q，并预留 10％以上余量。

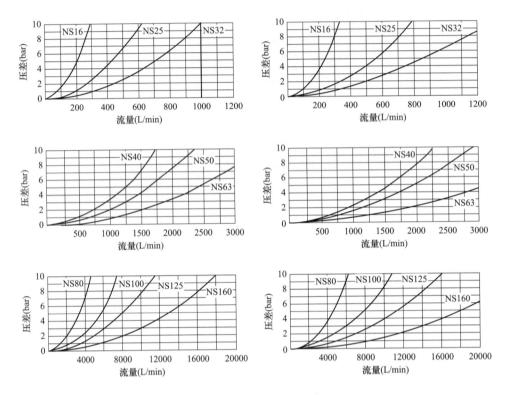

图 4-4　插装阀压力流量曲线

选用滑阀式事故配压阀时，其阀芯通径与调速系统主配压阀通径保持一致即可，其最大过流能力同样应大于机组接力器最快关闭时的流量 Q，并预留一定余量。

2. 事故配压阀原理及应用

插装阀式事故配压阀应用原理如图 4-5 所示。

原理图中插装阀 C1、C2 为一组，C3、C4 为一组，它们的启闭状态由电磁液控阀 V2 控制。正常工作情况下，液控阀 V2 在弹簧力作用下处于右边工作位，C1、C2 控制腔通回油处于开启状态，由主配压阀控制接力器的开关；C3、C4 控制腔通压力油处于关闭状态，切断来自压力罐的操作油。

在事故情况下：

（1）电信号控制：电磁铁 V1 带电，液控阀 V2 在压力油的作用下处于左位工作，此时，C1、C2 控制腔通压力油处于关闭状态，切断来自主配压阀的操作油；C3、C4 控制腔通回油处于开启状态，来自压力罐的操作油能进入接力器的关腔，使接力器关闭。

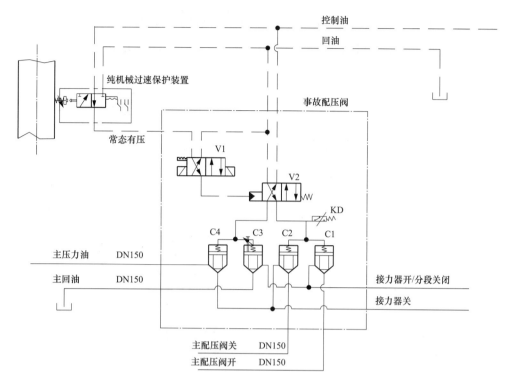

图 4-5　插装阀式事故配压阀应用原理图

（2）过速装置控制：机组过速，机械过速装置油口为压力油，液控阀 V2 在压力油的作用下处于左位工作，此时，C1、C2 控制腔通压力油处于关闭状态，切断来自主配压阀的操作油；C3、C4 控制腔通回油处于开启状态，来自压力罐的操作油能进入接力器的关腔，使接力器关闭。

（3）通过调节插装阀 C3 上的调节螺杆，能够调节事故停机的速度（螺杆往外旋速度变快，反之速度变慢）。

一般而言事故配压阀配有电气过速和纯机械过速动作功能，有的没有机械过速所以没有设计液控阀接口。原则上，两者功能均具备，且互相独立，动作不相互干扰。

滑阀式事故配压阀应用原理如图 4-6 所示。

图 4-6 中，当水轮发电机组正常运行时，事故配压阀左端通恒压力油，右端控制腔通压力油（作用面积稍大），阀芯在压差作用下处于图中位置；此时 D 腔和 C 腔通、B 腔和 A 腔通，调速系统主配压阀的开启和关闭腔分别与接力器的开启腔和关闭腔相通，主配压阀可以正常操作导叶接力器。

当调速系统发生故障或机组其他故障致使机组转速过高超过设定值时，过速飞摆动作，驱动行程换向阀动作，事故配压阀右端控制腔通回油，阀芯在差压作用下向右移动。此时调速系统主配压阀的控制油路被切断，P 腔与 A 腔通，O 腔与 C 腔通，即系统的压力油与接力器的关闭腔接通，接力器的开启腔接回油，水轮机的导水机构在接力器操作下实现关闭。通过调节回油上的节流阀，可调整事故配压阀动作时导叶接力器的关闭时间。

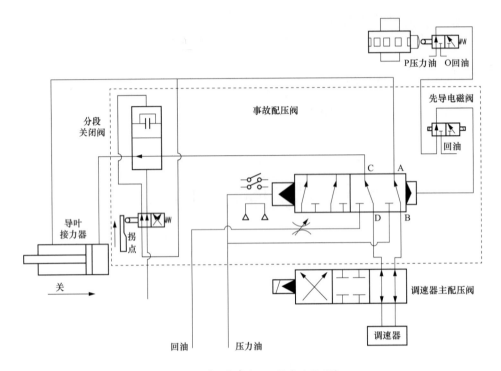

图 4-6　滑阀式事故配压阀应用原理图

3. 事故配压阀的一般性要求

事故配压阀应满足：

（1）自事故配压阀动作起到主接力器开始动作的延时不大于 0.5s。

（2）宜采用电磁阀和行程阀互为备用的先导液压控制方式。

（3）事故配压阀关机时间的整定应不小于调速器紧急停机的最短接力器关闭时间。

（4）事故配压阀过流能力的选择计算原则与主配压阀相同。

（5）应具有反映配压阀动作的反馈信号。

第二节　油压装置及其附件设计计算

油压装置是向调速系统供给压力油的能源装置，是调速系统的重要组成部分，由压力罐、回油箱、电动机、油泵、组合阀以及自动化元件组成。由于水轮机体积庞大，作用在导叶上面的水力矩和摩擦力矩很大，各接力器的容量也很大，另外，紧急停机和负荷急剧变化时，用油量较大。因此，要求油压装置必须在一定的时间内连续地释放出足够的能量。油箱必须完全封闭，元件/组件须经严格清洗后总装，系统须循环清洗后投入使用，滤油器应定期或根据状态清洗或更换，新油须经精密过滤后补入系统；油温应控制在 10～50℃，油的品质满足国家标准要求。

一、油过滤系统

油泵吸油口、出油口、调速系统主配压阀先导控制阀（电液转换器、电磁阀）前要设置过滤器，净油区与污油区之间要设置滤网，过滤效率不小于 98％。

（1）可采用网式、纸质或化纤式、不锈钢纤维式滤芯。

（2）油泵吸油口、过滤网通油能力应大于实际通过流量的 2 倍以上，其他过滤器的通油能力大于实际过流量的 1.3 倍以上。

（3）油泵出口、先导控制阀前应采用双切换带差压发信器的滤油器，且运行过程中切换压力下降不超过 0.35MPa，并设置旁通保护阀。

（4）过滤精度：一般的油泵吸油过滤器为 60～200μm，油泵出油口为 20～30μm，主配压阀先导控制阀前为 10～20μm。

二、压力油罐

抽水蓄能机组在电力系统中承担着调峰填谷、调频调相和事故备用的任务，特别是在电网事故情况下还承担着黑启动的重要任务，该情况下电厂厂用电消失，需要依靠电站自身的储能装置将导叶开启，启动机组，带动厂用电，启动控制设备，恢复电网供电，因此需要的蓄能器容量比常规机组要更大一些。按照常规设计，GB/T 9652.1—2019《水轮机调速系统技术条件》及 IEC 61362《水轮机控制系统技术规范导则》推荐：在正常工作油压下限和油泵不打油时，压力罐的容积至少应能在压力降不超过正常工作油压下限和最低操作油压之差的条件下提供规定的各接力器行程数，一般按照 3 个导叶接力器行程，这里推荐，蓄能机组应该按照 4 个导叶接力器行程放大考虑。

1. 压力油罐的一般规定

（1）压力油罐的设计、制造、焊接和检查，应符合 TRG-R0004《压力容器安全监察规程》和 GB/T 150《压力容器》（所有部分）等有关规定。

（2）应设置检修孔，检修孔盖应设置铰链。

（3）压力油罐应设置排油阀。

（4）内外部的涂层设计满足防腐、防锈的要求，无起泡和脱落。

2. 压力油罐各压力定义

参见图 4-7，压力罐各压力定义如下：

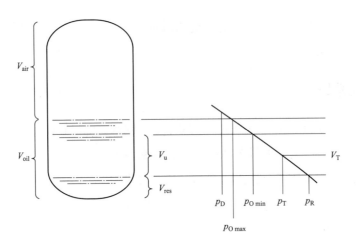

图 4-7　压力罐压力定义图

p_D——压力罐设计压力。

$p_{o\,max}$——压力罐最大正常工作压力，该值为设计压力的 $0.85\sim1.0$。

$p_{o\,min}$——压力罐最小正常工作压力，该值为设计压力的 $0.8\sim0.9$。

p_R——压力罐最低操作油压，该值为设计压力的 $0.58\sim0.75$。

3. 容积的计算

设计计算依据：

（1）按波义耳定律，则

$$pV^n = 常数$$

（2）额定工作压力下的油气比为 $1:2$，则

$$p_1 V_1^n = p_2(V-V_0)_2^n = p_3\left(\frac{2V}{3}\right)^n \tag{4-7}$$

式中　p_1——最小正常工作油压，MPa；

　　　p_2——最低油压，MPa；

　　　p_3——最大正常工作油压，MPa；

　　　V_1——最小正常操作油压下的空气容积，$V_1=V-V_0-4V_G$，m^3；

　　　V——压力罐容积，m^3；

　　　V_0——压力罐封头容积，m^3；

　　　V_G——导叶接力器总容积，m^3；

　　　n——绝热系数，其取值范围为 $1.0\sim1.4$ 之间，1.0 为等温过程（压力变化非常慢），1.4 为绝热过程（压力变化非常快），蓄能机组启动调节频繁，该绝热系数一般选择不小于 1.3。

如果抽水蓄能电站机组或要承担黑启动、孤网、二次调频等任务，从工作油压下限到最

低操作油压的用油体积应满足导叶接力器的两个操作全行程可采用 4 个导叶接力器容量，如图 4-8 所示。

三、油泵

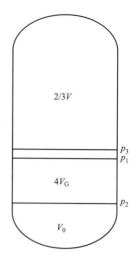

油泵的作用是进行能量转换，输送液体。每台油压装置上一般配有 2～3 台油泵，其中一台作为工作泵，一台备用。如配置 3 台油泵，其中一台采用连续工作，此油泵容量按稍大于调速系统的漏油量来选择。大型油压装置的油泵一般采用三螺杆泵，抽水蓄能电站由于空间紧凑，油泵一般采用立式布置形式。

1. 三螺杆泵主要特点

（1）工作时，主、从螺杆之间不需要传递力矩，彼此之间的接触应力和摩擦力甚小，故其工作寿命较长。

图 4-8 压力罐容积结构图

（2）输油过程是连续的，因此螺杆运行平稳而无脉动，噪声小。

（3）精度高，制造工艺要求较严，成本较高。

2. 油泵流量计算

油压装置设置 2 台套相同容量的主油泵和 1 台套辅助油泵。油泵运转应平稳，每台油泵容量应满足从正常工作油压下限启动开始至油压恢复到正常工作油压上限的停泵油压为止所经历的时间不大于 60s。辅助油泵每分钟输油量应不小于调速系统工作漏油量的 2 倍，且一般不小于 75L/min。

其中正常工作油压的下限到正常工作油压的上限容积变化的计算的方法参照压力罐容积计算方法。

$$p_1 V_1^{1.3} = p_3 \left(\frac{2V}{3}\right)^{1.3} \tag{4-8}$$

容积的变化为

$$\Delta V = \frac{2}{3}V - V_1 \tag{4-9}$$

四、电动机

电动机宜选用三相鼠笼式感应电动机，绝缘等级应不低于 B 级，防护等级不低于 IP54；30kW 及以上的电动机应采用软启动方式，30kW 以下电动机可采用交流接触器直接全电压启动；在额定电压下应有正常的启动转矩和不超过 6 倍额定电流的启动电流，能在 80％～115％额定电压下正常运行，在额定电压下应能在 95％～105％额定频率范围内正常运行。

电动机容量计算如下：

泵的输出功率 P_u（kW）和效率 η 为

$$P_u = p_i Q_{in}/3.6 \qquad (4\text{-}10)$$

$$\eta = \frac{P_u}{P_{in}} \times 100\% \qquad (4\text{-}11)$$

式中　p_i——油泵出口压力，MPa；

　　　Q_{in}——油泵的流量，m^3/h；

　　　η——泵效率，0.9。

五、回油箱

回油箱应能容纳所有来自于系统的油液，容积应不少于机组调速系统全部油量的总和的 1.1 倍；回油箱中的油位应足以维持调速系统油泵所需的适当的工作高度。在最高液面以上应留出一定的空气容量。

（一）回油箱设计满足的条件

（1）油箱应利用隔板或其他手段，将回流油液与泵吸入口分隔开。

（2）油箱顶上安装液压泵组时，顶板厚度满足强度要求，以免产生振动。

（3）进入回油箱的回油管位置宜在最低工作液位以下。

（4）宜采用"盲孔"（不通的孔）紧固方法，把油箱顶以及检修孔盖和任何商定的元件固定在箱体上。

（5）应设置检修孔，检修孔四周要高出顶部平面，同时要加密封条。

（6）油箱应设置允许放油阀。

（7）油箱的形状宜能使油液完全排空，底面可设置一定的斜坡，在坡的最低端设排油阀。

（8）油箱内应设置净、脏油区，两区之间有两层精密的网状过滤器隔开，过滤精度不低于 $80\mu m$。

（9）内外部的涂层设计应满足防腐、防锈的要求，无起泡和脱落。

（10）组合阀排油管应远离吸油管，并保持在液面以下，油管端部应剖斜口，以降低排油速度。

（11）设置滤油机的系统，其吸油口和注油口内部管路可分别布置在污油区和净油区，管口距离应能满足油的全部过滤。

（二）回油箱温升计算

1. 回油箱技术参数

环境温度：T_0，单位为 K。

最高允许温度：T，单位为 K。

油箱传热系数：$k=15$（通风良好）。

油箱容积：V，单位为 m^3。

2. 发热功率计算

（1）液压泵功率损失。系统中液压泵均为定量泵，发热功率可按驱动功率的 10% 计算（油泵的容积效率），油泵采用 2 大泵 1 小泵的配置方案，大油泵功率为 P_B，小油泵的功率为 P_S，正常发电状态下大油泵采用轮换工作制，且油泵间歇运行，因此，大油泵估算为每 1h 运行 5min，小油泵每 1h 运行 20min，即

$$P_1 = (P_B/12 + P_S/3) \times 10\% \tag{4-12}$$

（2）液压管路功率损失。考虑管路自身散热良好，故在计算中液压管路功率损失发热量忽略。

（3）流量的功率损失。系统中所有液压阀的压降可按照 15% 额定压力考虑，系统在发电态正常调节时（估算为 1s 调节 0.25% 导叶开度）的流量为 q（L/min）。

$$P_2 = 6.3 \times 15\% \times q/60 \tag{4-13}$$

（4）系统泄漏量功率损失。设系统的泄漏量为 q_1，则系统泄漏量的发热功率为

$$P_3 = 6.3 \times q/60 \tag{4-14}$$

（5）系统总的功率损失为

$$P_0 = P_1 + P_2 + P_3 \tag{4-15}$$

3. 散热功率计算

油箱散热面积估算公式为

$$A = 6.66 \times \left(\frac{V}{1000}\right)^{\frac{2}{3}} \tag{4-16}$$

油箱散热功率为

$$P = A \times k \times \frac{T - T_0}{1000} \tag{4-17}$$

根据计算结果，如果发热功率 P_0 小于系统的散热功率 P，则满足系统运行要求，不需要设置冷却器；反之，则需要配置冷却器。

（三）油泵组合阀设计

组合阀是由不同作用的先导控制阀和主阀构成，具有单向阀（止回阀）、减载阀、安全阀及卸荷阀（旁通阀）的功能，是大中型油压装置保护油泵及压力油罐的重要组成部分，一般要满足以下要求：

（1）组合阀块上应配有压力表及开关，以便指示油泵出口的实时压力。

（2）宜优先采用电气加载，以利于启动加载时间的灵活设置与调整。

（3）油泵经组合阀向压力油罐输油时，油泵出口至压力油罐的压降，不得大于0.2MPa。

（4）当油压高于工作油压上限2%以上时，组合阀应开始排油；当油压高于工作油压上限的10%以前，组合阀应全部开启，并使压力油罐中油压不再升高。

（5）组合阀的泄漏量应不大于油泵输油量的1%。

六、油压装置附件

油压装置附件主要有压力表、压力变送器、压力开关、液位计、液位变送器、液位开关、测压接头、自动补气装置、空气安全阀、油温变送器、油混水信号器、空气滤清器、主供油阀（隔离阀）等。压力元件的尺寸、测量范围、防爆等级应满足实际油压系统的要求，布置合理、美观，便于检修和巡检。

七、漏油箱

在正常工作或维修条件下，应能容纳所有来自系统的漏油并留有10%以上的余量；原则上应配备两台套油泵，互为主备用，泵出油口应配置止回阀；应配备指示油位的液位计，还应配置油位开关、油混水信号器、顶置呼吸器、排油接口及阀门。

漏油箱配置的必要性需根据机组油系统实际漏油量和电厂检修要求而定。有的两台机组设置一台，有的全站设置一台，有的电站无漏油箱。收集的漏油一般不直接打回原油系统，需经过过滤，处理合格后再由中间油箱或高位油箱注入油系统中去。

漏油箱的控制部分宜独立设置，且其动力电源和控制电源在机组检修期间，由于安全措施要求，人工会切断其电源，所以应考虑其电源冗余性。

第三节　调速器电气原理设计

调速器电气原理包括软件策略和器件搭建的电气控制两大部分，核心是控制器。微机调节器以高可靠性的微机控制器为核心，采集机组频率、功率、水头、接力器位移等信号和电站计算机监控系统的控制信号，用计算机程序实现复杂的运算以实现调节和控制功能，并以一定方式输出信号，控制电液转换器及机械液压系统，并向电站计算机监控系统输出微机调速器的工作状态信号。微机调节器具有高可靠性、外围电路少、编程方便、功能扩展性好等特点。

一、调速系统的结构

1. 系统结构框图

微机调节器驱动电液随动系统的典型硬件结构宜采用如图 4-9 框图所示。根据设计及使用需要，也可把位移反馈比较放在微机调节器内，以方便故障容错及保护功能的实现。

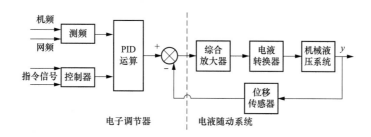

图 4-9　微机调节器驱动电液随动系统的结构框图

2. PID 调节框图

电子调节器加电液随动系统（或装置）的调速器（简称电子调节器式系统结构）调节原理推荐框图如图 4-10 所示。

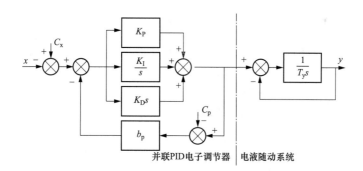

图 4-10　加电液随动系统的调速器调节原理推荐框图

x—被控变量（转速/频率）；C_x—给定转速/频率；C_p—给定功率/开度；y—导叶行程；

b_p—永态转差系数；K_P—比例系数；K_I—积分系数；K_D—微分系数；

T_y—导叶接力器反应时间常数

3. 系统调节原理框图

机组控制结构基本框图主要包括调速系统各环节模型和传递函数框图。其中水轮机调速系统调节器模型 1 如图 4-11 所示。

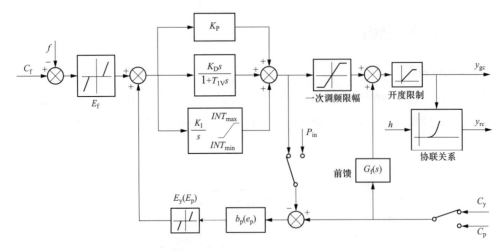

图 4-11　水轮机调速系统调节器模型 1

f—频率反馈；C_f—给定转速/频率；C_y—给定开度；C_P—给定功率；h—水头；

b_p—永态转差系数；y_{gc}—导叶开度；y_{rc}—桨叶开度；K_P—比例系数；K_I—积分系数；

K_D—微分系数；P_{in}—功率反馈；E_f—频率死区；T_{1V}—微分时间常数

水轮机调速系统调节器模型 2 如图 4-12 所示。

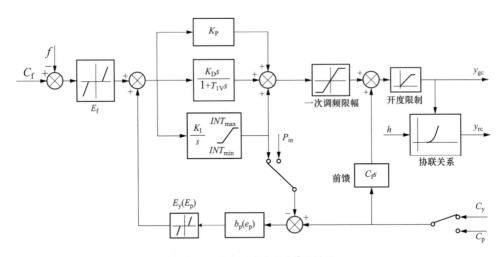

图 4-12　水轮机调速系统调节器模型 2

调速系统执行机构模型如图 4-13 所示。

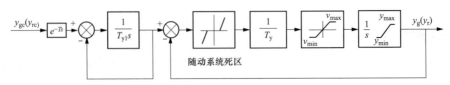

图 4-13　调速系统执行机构模型

调速系统整体传递函数图如图 4-14 所示。

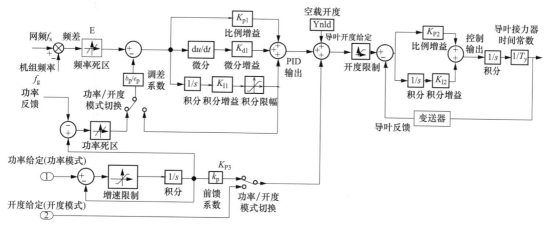

图 4-14 调速系统整体传递函数图

二、系统功能、性能、参数整定

1. 调速系统的功能

（1）应具备自动识别机组工况、自动改变工作模式、调整相应参数的功能。

（2）应能接收监控系统的脉冲控制指令、模拟量控制指令和通信控制指令。

（3）空载运行时，应按照机组频率自动跟踪电网频率或频率给定值调节，可实现机组快速并网。

（4）应具备一次调频功能，其响应行为应满足 DL/T 1245—2013《水轮机调节系统并网运行技术导则》要求。

（5）机组在水轮机工况运行时，宜能根据采集的水头信号自动修正启动开度、限制开度和最大功率限制开度。水泵工况运行时，应能根据扬程-开度协调控制，自动调整开度。

（6）可实现自动方式和手动方式的相互切换无扰动。

（7）机组发生电气或机械事故需要停机时，能接受外部指令，实现事故停机。

（8）电气装置工作电源和备用电源相互切换时，水泵水轮机主接力器的开度变化不得超过其全行程的±1%。

（9）当电源完全消失时，调节装置应采用关机保护的原则，当电源恢复时，调节装置应保证导叶维持在关闭位置。

（10）应具有下述在线故障诊断和处理功能：

1）机组频率信号和电网频率信号的在线监测、诊断和处理；

2）导叶行程位置反馈信号的在线监测诊断和处理；

3）水头、有功信号的监测、诊断和处理；

4）电液转换组件故障监测、诊断和处理；

5）主配压阀故障监测、诊断和处理；

6）微机主要模块故障检测和处理；

7）系统内部及外部通信故障检测和处理；

8）系统内部电源或外部供电消失时的处理；

9）液压随动系统故障时的处理；

10）参数异常或丢失监测及保护处理。

（11）具备下述冗余控制功能：

1）具有双电液转换部件冗余；

2）宜具有双电液转换部件冗余；

3）双导叶位移变送器冗余；

4）TV 残压测频和齿盘测频冗余。

（12）应具有下述调试和维护功能：

1）离线诊断和维护功能；

2）调试和试验功能；

3）状态量监视及记录功能，调节器开入指令、状态开出、频率/转速、机组有功、接力器位移等数据自动记录功能；

4）历史信息记录功能。

2. 调速系统的性能

（1）调速系统静态特性应符合下列规定：

1）静态特性曲线线性度误差 ε 不超过 5%；

2）在永态转差系数为 4%时，测至主接力器的转速死区 ix 不超过 0.02%；

3）自动情况下，在机组静止及输入转速信号恒定的条件下接力器摆动值不超过 0.2%；

4）对每个导叶单独控制的水泵水轮机，任何两个导叶接力器的位置偏差不大于 1%；每个导叶接力器位置对所有导叶接力器位置平均值的偏差不大于 0.5%；

5）导叶位置给定值与实际反馈值的偏差不超过 0.4%，冗余导叶位移传感器之间的反馈偏差值不超过 0.4%。

（2）水轮机调速系统动态特性应符合下列规定：

1）在空载工况自动运行时，频率给定为额定时，待稳定后记录转速摆动相对值应不超过 ±0.2%。如果机组手动空载转速摆动相对值大于规定值，其自动空载转速摆动相对值不得大于相应手动空载时转速摆动相对值；

2）从机组启动开始至机组空载转速偏差小于同期带 99.5%～101%（额定转速）的时间不得大于从机组启动开始至机组转速达到 80%额定转速的时间的 5 倍；

3）甩 100%额定负荷后，在转速变化过程中，超过稳态转速 3%额定转速值以上的波峰不超过两次；

4）从机组甩负荷时起，到机组转速相对偏差小于±1％为止的调节时间与从甩负荷开始至转速升至最高转速所经历的时间的比值，应不大于 15；

5）转速或指令信号按规定形式变化，接力器不动时间：不大于 0.2s；

6）装置应具有对时功能及相应接口，对时精度不大于 1s。

3. 调速系统的参数整定

（1）控制器设计参数。PID 调节参数一般可在如下范围内整定：

1）比例增益：0.5～20；

2）积分增益：0.05～10 1/s；

3）微分增益：0～10s；

4）暂态差值系数：0.05～0.8；

5）缓冲时间常数：1.0～20.0s；

6）加速时间常数：0.00～2.0s；

7）人工频率死区：0～0.5Hz；

8）永态转差系数：0～10％；

9）人工功率死区：0～2％额定功率。

（2）时间参数。时间参数一般可在如下范围内整定：

1）频率整定全部范围（0～100％）时间：20～100s；

2）功率（开度）整定全部范围（0～100％）时间：10～80s；

3）导叶开度限制整定全部范围时间（0～100％）：10～80s；

4）导叶最快关闭/开启时间及规律应满足机组调节保证计算要求。

三、调节器硬件及配置要求

1. 微机控制系统平台

（1）应由微型计算机（或微处理器）系统、外围接口电路、信号调理与预处理电路、系统软件与应用软件组成。其硬件可划分为主机系统、模拟量输入通道与接口、模拟量输出通道与接口、开关量输入及接口、开关量输出及接口、频率信号测量回路、人机接口、通信接口与供电电源模块等几部分组成。

（2）微控制器本体应优先采用批量生产且具有高可靠性的标准产品，应采用不低于 32 位的工业单片机（MCU）、工业控制计算机（IPC）、可编程序控制器（PLC）、可编程计算机（PCC）、可编程自动化控制器（PAC）等构成的专用控制器。

（3）微机调节器的硬件结构，可采用单微机系统，也可采用双微机系统或三微机冗余结构。

2. 频率测量环节

（1）频率测量要求：

1）分辨率应小于 0.002Hz，测频范围满足 1.0～120.0Hz；

2）应具有良好的适应性能，满足电压互感器（TV）信号或齿盘探头信号等不同信号源的输入要求；

3）在 TV 信号电压有效值为 0.5～150V 时均能稳定可靠工作，且可承受 200V 交流电压 1min；

4）抗干扰能力强，测频单元应能滤除测频信号源中的谐波分量和电气设备投切引入的瞬间干扰信号，在各种强干扰情况下均能准确、可靠工作。

（2）硬件上应采用直接数字测频的方法，软件上应采用测周期法或计时计数法。

（3）应采用 TV 测频和齿盘测频互为冗余的测频方式，在机组低转速、电制动和 SFC（静止变频器）拖动过程中可以维持调速器正常工作。

3. 信号处理、采集与输出环节

（1）模拟量输入通道。模拟量输入通道要求如下：

1）每套应预留不少于 2 路备用通道；

2）导叶开度采样延时应不超过 50ms，功率、水头采样延时应不超过 200ms；

3）A/D 转换器位数应不低于 12 位，分辨率应大于 0.1%；

4）宜具有和外部信号的电气隔离电路，隔离耐压强度应大于 100V；

5）电压输入：直流，0～10V 或 −10～10V；

6）电流输入：直流，4～20mA 或 0～20mA。

（2）模拟量输出通道。模拟量输出通道要求如下：

1）每套应预留不少于 2 路备用通道。

2）导叶控制信号输出延时应不超过 50ms，其他应不超过 100ms；

3）D/A 转换器位数应不低于 10 位，分辨率应大于 0.5%；

4）宜具有和外部信号的电气隔离电路，隔离耐压强度应大于 100V；

5）输出形式与范围：

电压输出：直流，−10～10V 或 1～5V；电流输出：直流，4～20mA 或 0～20mA；

6）应具有足够的负载能力，电压通道负载能力不小于 10kΩ，电流通道负载能力小于或等于 500Ω。

（3）开关量输入通道。开关量输入通道要求如下：

1）每套输入路数至少预留 4 路备用；

2）输入信号应采用单向或双向光电隔离器进行耦合和内部隔离，隔离耐压强度应大于

100V，应设置输入滤波抗干扰电路；

3）应有明显的开入指示信号；

4）输入的电源由调速器提供，所有开关量触点应是无源触点；

5）输入反应时间：不超过 10ms。

（4）开关量输出通道要求如下：

1）每套输出路数至少 4 路备用；

2）输出类型应采用无源空触点型，负载能力（电压、电流）应满足现场控制设备要求，采用继电器开出时线圈应配置续流二极管电路；

3）输出回路应具有通、断状态指示，输出模块宜带有过载保护和内部保护电路。

（5）人机接口界面。

1）应采用触摸屏或液晶屏设计人机接口界面，接口界面应包含但不限于如下信息：

a. 机组及调节器运行状态监视信息：如机组空载、发电、抽水、调相等不同运行工况，调速器频率、开度、功率控制模式；

b. 运行参数显示信息；

c. 控制参数设置信息；

d. 给定量调整；

e. 故障显示信息；

f. 模拟量输入及输出、开关量开入及输出、转速/频率测量信息显示。

2）应具备下述信息的查询和调整：

a. 不同运行工况、不同控制模式下所使用的 PID 调节参数，人工死区、永态转差系数；

b. 导叶随动系统调节参数；

c. 调速器手动投入、退出；

d. 调速器一次调频功能投入、退出；

e. 频率跟踪投入、退出；

f. 人工水头投入、退出。

3）人机界面可配置适当的录波与监测软件。宜包括如下基本功能：

a. 实时数据采集与显示；

b. 故障及状态指示；

c. 历时事件查询；

d. 调速器静特性测试；

e. 动态过程曲线录波。

（6）通信接口与协议要求如下：

1）通信接口的数量应满足监视、控制、调试、与外部通信以及调节器内部信息交换的需要；

2）采用串行通信的，宜优先选择 RS-485 方式，通信距离不超过 800m，通信介质可选用四芯屏蔽双绞线。通信参数宜为：数据位 8 位，停止位 1 位，偶校验或无校验，波特率宜选用 9600bit/s 及以上。

3）采用以太网通信的，通信介质可选用光纤或超五类及以上屏蔽双绞线。宜采用 MODBUS TCP/IP 标准规约，或符合 DL/T 860.7410《电力自动化通信网络和系统　第 7-410 部分：基本通信结构　水力发电厂监视与控制用通信》规约。

4）通信协议包括但不限于以下内容：通信接口规范、设备通信地址、通信方式（主站、从站）、波特率、数据帧的完整说明。

（7）放大驱动环节要求如下：

1）宜优先采用液压件厂商随液压阀一起供应的专用放大器。放大器设计成断电或断线时使阀芯处于安全保障位置，以保证系统安全；

2）放大器与阀可以集成在一起，也可以分置。若放大器与阀是分置的，则放大器与阀之间的电缆长度应不大于 60m。

（8）电源要求如下：

1）调速器对外（分段关闭装置电磁阀、锁锭电磁阀等）供电电源应与系统自身模块输出的电源不得有电气上的直接联系；

2）电源在空载及额定负载状态下，电压波动应符合 DL/T 563—2016《水轮机电液调节系统及装置技术规程》中的规定。

（9）变送器。

1）导叶位移变送器要求如下：

a. 导叶位移变送器：应采用高可靠性、无接触式位移变送器；

b. 量程应满足现场导叶接力器全行程测量要求，两端留有一定余量；

c. 应能适应宽电压，工作电压范围满足：直流，额定电压的 ±20%；

d. 输出信号形式与范围：直流，4~20mA，非线性度小于 0.1%，测量精度不小于 0.2 级。

2）功率变送器要求如下：

a. 应满足机组水泵和水轮机两种运行工况下的功率测量；

b. 应能适应宽电压，工作电压范围满足：额定电压的 ±20%；

c. 输出信号形式与范围：直流，4~12~20mA，测量精度不小于 0.2 级。

四、调节器软件

1. 软件结构

（1）工况管理软件模块。

1）应用软件宜采用模块化结构，可采用符合 IEC 标准的图形语言或结构化高级语言编程，每个模块应具备独立的功能和相应的输入、输出参数。

2）根据外部命令、内部状态量，设备工况可分为静止、发电、抽水调相、发电调相、抽水等稳态工况，以及开机过程、空载、停机过程、背靠背拖动机启动、背靠背被拖动机启动、SFC 启动、水泵停机等过渡工况。在每个工况下，设备只响应特定的命令，工况转换应动作明确，防止误动作。

（2）输入处理模块。实现对外部各种开关量输入信号（开机、停机、手动、远方增加、远方减少、断路器、抽水、调相、一次调频、主备切换等）的采集和处理，并配合工况管理软件模块判定机组和调节器工况。

（3）输出处理模块。实现对各种开关量输出信号（一般故障、较重故障、严重故障、一次调频动作、主备切换动作、事故停机动作、切手动动作等）的控制和处理。

（4）测量及滤波模块。实现频率及机组各种模拟量信号的测量，宜包括机端频率、系统频率、大轴齿盘转速、导叶接力器行程、机组有功功率、上位机给定功率、水头信号、水泵扬程等。并进行滤波处理，可采用一阶惯性滤波、中值滤波、平均值滤波等方法。

（5）PID 调节模块。应根据控制原理图，采用优化的实时算法及符合 IEC 标准的图形语言或结构化高级语言进行编程，所使用的控制参数如 PID 调节参数、死区、调差率等应能方便修改并设置密码。

（6）故障诊断和处理模块。应对一般的模拟量如机频、水头、功率、开度等信号进行信号级故障判断，还应能诊断电液转换阀件动作规律的异常，并发出报警信号，输出故障处理措施，如切换到冗余通道、切换到开度模式、切换到手动、停机等。

（7）随动系统控制模块。应对导叶接力器的位置进行闭环控制。整个随动控制是一个串级结构的多级电液随动系统，由主配压阀行程局部反馈和接力器行程反馈构成。

（8）人机交互功能模块。主要完成采集信号、操作信息、报警信息、事件记录的显示，状态的切换，参数的设置与修改等。

（9）控制权的决策模块。实时获取两套控制器的状态和故障信息，进行控制权竞争机制之间的仲裁，实现两套控制器主备关系的转换，并将主从状态上送监控系统。

（10）通信管理模块。主要包括双机之间的通信、与监控系统的通信、与人机界面的通信、与调试计算机之间的通信处理，同时通信应互不影响。

2. 控制功能/逻辑

控制功能/逻辑主要包括但不限于：转速调节、开度调节、功率调节、开机控制、停机控制、抽水调相及发电调相控制、机组工况判别及调节方式转换、给定值调整与跟踪、背靠背启动控制、抽水控制、甩负荷及水泵断电保护控制、一次调频、孤网控制和线路充电控制。

第四节　电气控制外部接口设计

调速器作为机组控制功能和设备的一部分非独立存在，同样在调速器设计时，应考虑调速器与主机、监控系统、过速装置等设备的外在联系，和其他设备形成机组控制有机整体。

还有就是今后的技术方向应该相信和依靠成熟的通信技术，尽量减少硬接线和继电器回路，从某种意义上此种方式更可靠。保留必要的控制和保护回路硬接线，采用稳定、可靠的通信技术，这一点在国内 TE 电厂已经采用，值得借鉴和学习。

一、电气控制部分接口

将调速器作为一个完整设备，其与外部的接线主要为监控系统。上报给监控的故障和状态、监控下发给调速器的指令和信号，均应进行梳理、设计，防止遗漏。

1. 调速器电气控制控制系统与外部 I/O 列表

（1）去往监控系统的信号见表 4-1。

表 4-1　　　　　　　　　　去往监控系统的信号

序号	信号名称	有效值	序号	信号名称	有效值
1	直流 220V 电源	1	22	A 停机报警	1
2	交流 220V 电源	1	23	A 液压故障	1
3	1 号直流 24V 电源	1	24	A 机 PCC 正常	1
4	2 号直流 24V 电源	1	25	A 机主用	1
5	一次调频功能投入	1	26	B 机频故障	1
6	一次调频动作	1	27	B 开机失败	1
7	自动方式	1	28	A 停机报警	1
8	手动方式	1	29	B 液压故障	1
9	功率模式	1	30	B 机 PCC 正常	1
10	开度模式	1	31	B 机主用	1
11	功率模式模拟量	1	32	综合故障	1
12	功率模式开关量	1	33	远方控制	1
13	大网模式	1	34	开机态	1
14	孤网模式	1	35	停机态	1
15	功率信号故障	1	36	伺服切换阀位置 a	1
16	功率给定故障	1	37	伺服切换阀位置 b	1
17	水头故障	1	38	机手动	1
18	直流孤岛	1	39	导叶开度	4~20mA 对应 0~100%
19	直流停运	1	40	导叶开限	4~20mA 对应 0~100%
20	A 机频故障	1	41	机组频率	4~20mA 对应 0~100%
21	A 开机失败	1	42	功率给定	4~20mA 对应 0~120%

（2）来自监控系统的信号见表 4-2。

表 4-2　　　　　　　　　　　　　来自监控系统的信号

序号	信号名称	有效值	序号	信号名称	有效值
1	开机令	1	14	紧急停机令	1
2	停机令	1	15	一次调频投入	1
3	开度/功率增加令	1	16	一次调频退出	1
4	开度/功率减少令	1	17	大网投入	1
5	开限增加令	1	18	小网投入	1
6	开限减小令	1	19	孤网投入	1
7	人工死区投入	1	20	联网运行模式	1
8	人工死区切除	1	21	孤岛运行模式	1
9	开度模式令	1	22	孤岛直流停运	1
10	功率模式令	1	23	机端出口断路器	
11	功率模式脉冲方式	1	24	功率给定	4～20mA 对应 0～120%
12	功率模式模拟方式	1	25	功率反馈 1	4～20mA 对应 0～100%
13	功率闭环执行令	1	26	功率反馈 2	4～20mA 对应 0～100%

GCB 断路器信号有的来自断路器控制柜，即便来自监控也可能是转接或扩展。

（3）去往 PMU 系统的信号见表 4-3。

表 4-3　　　　　　　　　　　　　去往 PMU 系统的信号

序号	信号名称	有效值	序号	信号名称	有效值
1	导叶开度/接力器行程	4～20mA 对应 0～100%	4	监控输出给定	4～20mA 对应 0～100%
2	主环 PID 输出	4～20mA 对应 0～100%	5	一次调频投入	1
3	导叶给定	4～20mA 对应 0～100%	6	一次调频动作	1

PMU 具体上送哪些信号，按照电网的要求执行，上表只是可能上送的一些常见信号。需要说明的是 PMU 会要求接入导叶开度和接力器行程，两者不是一个概念，有一定的数据偏差，一般用接力器行程百分比代替导叶开度接入即可。

监控下发的调速器给定（监控系统到调速器的输出指令），如果是开度模式，即是指监控脉冲在调速器的开度累积量；如果是功率模式，则为功率给定值。

调速器的功率信号和频率信号，也属于外部接线，来自电压互感器和电流互感器的二次侧。由于设计很少单独给出两路 TV 给调速器，往往 TV 测频与功率变送器并入。

实施上，很多信号比如频率信号、功率信号等可以集中单独处理，然后以模拟量形式分发给所需设备。

2. 调速器机柜与外部 I/O 列表

调速器机柜与外部 I/O 列表见表 4-4。

表 4-4 调速器机柜与外部 I/O 列表

序号	信号名称	功能	有效值	信号源	备注
1	直流 220V 电源	直流 220V 电源有效	1	去监控系统	转换触点
2	交流 220V 电源	交流 220V 电源有效	1	去监控系统	转换触点
3	1 号直流 24V 电源	1 号直流 24V 电源有效	1	去监控系统	转换触点
4	2 号直流 24V 电源	2 号直流 24V 电源有效	1	去监控系统	转换触点
5	主配压阀滤油器堵塞	滤油器状态	1	去监控系统	动合触点
6	比例阀 A 投入	比例阀 A 投入	1	去监控系统	动合触点
7	比例阀 B 投入	比例阀 B 投入	1	去监控系统	动合触点
8	开停机阀开机位置信号	调速器开机状态	1	去监控系统	动合触点
9	开停机阀停机位置信号	调速器停机状态	1	去监控系统	动合触点
10	调速器机械手动	调速器机械手动状态	1	去监控系统	动合触点
11	调速器自动	调速器在自动状态	1	去监控系统	动合触点
12	导叶自动锁定切除	导叶锁定位置信号	1	去监控系统	转换触点
13	导叶自动锁定投入	导叶锁定位置信号	1	去监控系统	转换触点
14	紧急停机	紧急停机动作返回	1	去监控系统	转换触点
15	紧急停机按钮	紧急停机按钮	1	去监控系统	转换触点

来自监控信号见表 4-5。

表 4-5 来 自 监 控 信 号

序号	信号名称	功能	有效值	信号源	备注
1	紧急停机阀	紧急停机驱动	1	来自监控系统	转换触点
2	紧急停机	紧急停机复归	1	来自监控系统	转换触点

3. 液压系统控制系统与外部 I/O 列表

油压装置用 4 台油泵控制，信号最大化上送监控，信号梳理如下。

（1）去往监控系统的信号见表 4-6。

表 4-6 去往监控系统的信号

序号	信号名称	功能	有效值	信号源	备注
1	直流 220V 电源	直流 220V 电源有效	1	去监控系统	转换触点
2	交流 220V 电源	交流 220V 电源有效	1	去监控系统	转换触点
3	1 号直流 24V 电源	1 号直流 24V 电源有效	1	去监控系统	转换触点
4	2 号直流 24V 电源	2 号直流 24V 电源有效	1	去监控系统	转换触点
5	1 号油温	油温监测	4～20mA	去监控系统	0～100℃
6	2 号油温	油温监测	4～20mA	去监控系统	0～100℃
7	1 号系统油压	系统油压监控	4～20mA	去监控系统	0～100bar
8	2 号系统油压	系统油压监控	4～20mA	去监控系统	0～100bar
9	压力罐压力	压力罐压力监控	4～20mA	去监控系统	0～100bar

序号	信号名称	功能	有效值	信号源	备注
10	压力罐液位	压力罐液位监控	4~20mA	去监控系统	0~3000mm
11	导叶空载位置信号	导叶位置监控	2	去监控系统	转换触点
12	导叶全关位置信号	导叶位置监控	1	去监控系统	转换触点
13	导叶全开位置信号	导叶位置监控	1	去监控系统	转换触点
14	PLC 主要故障	PLC 监控	1	去监控系统	转换触点
15	PLC 小故障	PLC 监控	1	去监控系统	转换触点
16	液压系统大故障	机械系统监控	1	去监控系统	转换触点
17	机械小故障	机械系统监控	1	去监控系统	转换触点
18	液压系统运行	液压系统监控	1	去监控系统	转换触点
19	压力报警信号	压力监控	1	去监控系统	转换触点
20	紧急停机	停机信号	1	去监控系统	
21	柜内温度太高	柜内温度监控	1	去监控系统	转换触点
22	液压现地控制	液压控制方式监控	1	去监控系统	转换触点
23	液压系统启动信号	液压系统状态	1	去监控系统	转换触点
24	回油箱液位高	回油箱液位状态	1	去监控系统	转换触点
25	回油箱液位低	回油箱液位状态	1	去监控系统	转换触点
26	回油箱液位过低	回油箱液位状态	1	去监控系统	转换触点（停液压系统）
27	压力油罐液位低	压力油罐液位状态	1	去监控系统	转换触点
28	压力油罐液位过低	压力油罐液位状态	1	去监控系统	转换触点（停机）
29	压力罐隔离阀开启	压力罐隔离阀状态	1	去监控系统	转换触点
30	压力罐隔离阀关闭	压力罐隔离阀状态	1	去监控系统	转换触点
31	比例阀滤油器堵塞	滤油器状态	1	去监控系统	常开触点
32	回油箱油混水报警	油混水报警	1	去监控系统	常开触点
33	循环过滤器堵塞	滤油器状态	1	去监控系统	常开触点
34	1 号泵卸载阀	1 号泵卸载阀加载	1	去监控系统	转换触点
35	2 号泵卸载阀	2 号泵卸载阀加载	1	去监控系统	转换触点
36	3 号泵卸载阀	3 号泵卸载阀加载	1	去监控系统	转换触点
37	4 号泵卸载阀	4 号泵卸载阀加载	1	去监控系统	转换触点
38	1 号泵故障	1 号泵状态	1	去监控系统	转换触点
39	2 号泵故障	2 号泵状态	1	去监控系统	转换触点
40	3 号泵故障	3 号泵状态	1	去监控系统	转换触点
41	4 号泵故障	4 号泵状态	1	去监控系统	转换触点
42	1 号泵启动	1 号泵运行状态	1	去监控系统	转换触点
43	2 号泵启动	2 号泵运行状态	1	去监控系统	转换触点
44	3 号泵启动	3 号泵运行状态	1	去监控系统	转换触点
45	4 号泵启动	4 号泵运行状态	1	去监控系统	转换触点
46	1 号泵自动	1 号泵状态	1	去监控系统	常开触点
47	2 号泵自动	2 号泵状态	1	去监控系统	常开触点
48	3 号泵自动	3 号泵状态	1	去监控系统	常开触点
49	4 号泵自动	4 号泵状态	1	去监控系统	常开触点
50	1 号泵滤油器堵塞	滤油器状态	1	去监控系统	常开触点

序号	信号名称	功能	有效值	信号源	备注
51	2号泵滤油器堵塞	滤油器状态	1	去监控系统	常开触点
52	3号泵滤油器堵塞	滤油器状态	1	去监控系统	常开触点
53	4号泵滤油器堵塞	滤油器状态	1	去监控系统	常开触点
54	补气阀开启	补气阀位置信号	1	去监控系统	转换触点
55	补气阀关闭	补气阀位置信号	1	去监控系统	转换触点

注　1bar＝0.1MPa。

（2）来自监控系统的信号见表4-7。

表 4-7　　　　　　　　　　　来自监控系统的信号

序号	信号名称	功能	有效值	信号源	备注
1	隔离阀关闭命令	隔离阀控制	1	来自监控系统	闭合有效
2	隔离阀启动命令	隔离阀控制	1	来自监控系统	闭合有效
3	补气投入	补气控制	1	来自监控系统	闭合有效
4	补气切除	补气控制	1	来自监控系统	闭合有效
5	1号油泵启动命令	油泵控制	1	来自监控系统	闭合有效
6	1号油泵停止命令	油泵控制	1	来自监控系统	闭合有效
7	2号油泵启动命令	油泵控制	1	来自监控系统	闭合有效
8	2号油泵停止命令	油泵控制	1	来自监控系统	闭合有效
9	3号油泵启动命令	油泵控制	1	来自监控系统	闭合有效
10	3号油泵停止命令	油泵控制	1	来自监控系统	闭合有效
11	4号油泵启动命令	油泵控制	1	来自监控系统	闭合有效
12	4号油泵停止命令	油泵控制	1	来自监控系统	闭合有效
13	加载命令	卸载阀控制	1	来自监控系统	闭合有效
14	液压系统启动	液压系统控制	1	来自监控系统	闭合有效
15	液压系统停机	液压系统控制	1	来自监控系统	闭合有效
16	自动导叶锁定拔除	导叶锁定控制	1	来自监控系统	闭合有效
17	自动导叶锁定投入	导叶锁定控制	1	来自监控系统	闭合有效
18	有功功率	机组有功功率	4～20mA	来自监控系统	

（3）回油箱端子箱至监控系统的报警信号I/O列表见表4-8。

表 4-8　　　　　　　回油箱端子箱至监控系统的报警信号 I/O 列表

序号	信号名称	功能	整定值	信号源	备注
1	供油球阀位置	关位置		去监控系统	转换触点
2	主阀拒动开关	主阀拒动报警		去监控系统	转换触点
3	主供油管路压力开关			去监控系统	
4	事故停机电磁阀			来自控系统	
5	事故培压阀动作开关	事故培压阀状态		去监控系统	动合触点

（4）从压油罐至监控系统报警I/O列表见表4-9。

表 4-9 从压油罐至监控系统报警 I/O 列表

序号	信号名称	功能	整定值	信号源	备注
1	压力罐压力开关	事故低油压停机	5.0MPa	去监控系统	主 PLC
2	压力罐压力开关	事故低油压停机	5.0MPa	去监控系统	后备 PLC

二、机械液压设备的外部接口

调速器机械设备和油口存在与外围设备的连接，比如锁锭、机械过速保护装置、接力器等。此处主要在于配管、布置，不能出现错误；借助三维制图，可以有效避免配管错误。

1. 事故配压阀

事故配压阀主要是和机械过速保护装置（也称为机械飞摆）相连接，首先要明确机械飞摆的油口定义。图 4-15 所示为图拉博过速飞摆的换向机构，在设计事故配压阀与飞摆连接的原理图，如图 4-16 所示，符号表示和实物要匹配，而不是仅仅是原理上正确就可以。比如飞摆设计为失压动作，有 P、A、R（T）三个油口，正常情况下 A 与 P 通，处于交叉机能，但动作后处于平行机能下 A 与 R（T）通。

图 4-15 图拉博过速飞摆的换向机构

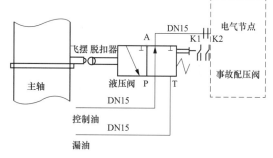

图 4-16 机械过速油路原理图

需要强调的是事故配压阀和机械飞摆的恒压油一定要独立地取自压力罐，禁止在接力器或开关腔管路上取。如果配置了事故油罐和压力油罐，比如大轴流式机组，这时事故配压阀的压力油应该通过油压选择机构，取其中压力最高者。

事故配压阀动作有信号上报监控，可以设置两个独立的信号（不同的公共端）给监控系统，用作其开停机流程控制；其实现可以是压力继电器，也有采用伸出的明杆，通过碰撞，使机械开关换向上报，后者更为直观，但较复杂也增加漏油的风险。同时，监控系统有两个信号到驱动事故配压阀，用作事故配压阀的投入和复归。监控开入和返回见表 4-10。

事故配压阀配置的电磁阀线圈电压应该与设计电压完全匹配，比如 DC 220V 不应该选择 DC 205V 的线圈，否则容易烧坏。

表 4-10		监 控 开 入 和 返 回		
监控开入		返回监控		
事故配压阀投入	DV 24V 或 DC 220V	动作信号 1	无源，公共端独立
事故配压阀复归	DV 24V 或 DC 220V	动作信号 2	无源，公共端独立

2. 分段关闭装置

分段关闭是非必需出现的一个功能和装置，当调保计算无法兼顾水压和转速上升率时，才需要此装置。如果引水管道材料的强度足够耐压，分段也可以完全取消。

分段关闭首先串联布置在接力器的开腔而非关腔，其次装置本身具备方向，不能出现进油口和出油口相反。大部分电站的分段为电气控制，也有要求纯机械式分段或两者均有。电气控制更精准，机械控制更可靠，如果两者兼顾现场安装、调试又复杂，所以确定一个方案，要综合考虑。

分段控制电磁阀一般采用单线圈阀，动作为 1，复归为 0，通过弹簧复位自动复归。此电气设计简洁、可靠，比双线圈控制更优。监控开入或调速器开入及返回见表 4-11。

表 4-11		监 控 开 入 或 调 速 器 开 入 及 返 回	
监控开入或调速器开入		返回监控	
分段投入	DV 24V 或 DC 220V	动作信号	无源
分段复归	DV 24V 或 DC 220V		

图 4-17 所示为滑阀式分段电磁阀的原理图，值得注意的是分段无论动作还是复归，都不应影响开方向的速度调节，因此一般要求其配置一个单向阀。图 4-18 所示为插装阀分段关闭液压原理图。

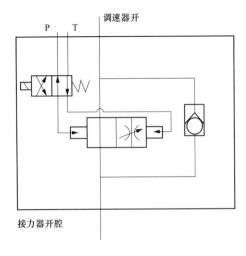

图 4-17　滑阀式分段电磁阀的原理图

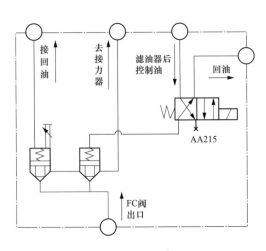

图 4-18　插装阀分段关闭液压原理图

事故配压阀和分段的安装高程一般较低，机组运行时，先导部分平时很少动作，电磁阀尤其是事故配压阀的液控阀，焊接的小管路局促、弯曲，透平油一旦混水，水分很容易在此积存，由此经常发生阀芯锈蚀、卡阻，这一点要尤其注意。

事故配压阀和分段均能通过滑阀和插装阀实现，采用滑阀结构的事故配压阀，尤其要注意的是背压现象，滑阀的 T 油口不能存在背压，否则无法正常动作。何时存在背压呢？比如滑阀动作迟滞（控制压力失稳等因素导致），接力器管路的油压不能及时回流，在水推力的作用下产生高压，将阀芯憋死。

在实际应用中，也有将分段和事故配压阀集成在一起设计，但应该是物理位置集成，而不应将功能和阀件混用。集成式一旦出现问题，比如振动，极其难于定位问题所在，备件更换代价也较大，多不推荐。

也有将主配压阀和事故配压阀集成设计的，但仍然是物理集成，在原理、油路仍然要确保独立性，不能降低和违背事故配压阀独立功能的安全保护的初衷。

第五章 | 水轮机调速器调试和试验

水轮机调速器是一个含有机电液为一体的整体控制系统，也称之为产品的整套解决方案，各个设备根据需求、设计进行了生产和装配，但其不具备系统的整体功能和满足标准要求的性能。单个设备仅仅具备了形态，需要进行出厂前的单体测试和整个系统的联合调试，以及在现场和其他专业设备、主机完成最终的投产调试。

就调速器而言，大的方面可分为厂内调试和现场投运（现场试验）。厂内试验一般在设备供应商的试验厂房完成设备单体功能测试和联合调试，但不包括型式试验或一些单一产品的质量检测，往往是尽可能全面和真实地将系统包含的项目所有设备，通过电气和液压连接起来，搭建一套项目现场环境较为匹配的试验环境，而后进行联调。设备完成出厂调试，发至现场，仍然要和现场主机、计算机监控系统等组成一个真正的完整系统，再次进行静态和动态测试，直至满足设备的终极功能。

第一节　调速器厂内检验和调试

调速器厂内调试是必要的，行业标准里也有明确的试验项目要求。由于调速器和励磁、监控系统有着明显的专业、产品差异和现场应用特点，每套调速器因项目而异，且差别较大，这就更加要求设备发货前，完成厂内的测试，以免将问题带到现场。

检验更多的是针对专业化、成熟产品进行资料、外观等检验，有的产品本身也不需要调试；调试更多的是设备本身具备可调性以及组成一个系统具备可调性。在此说明一下两个概念。

厂内调试和现场调试，在试验项目和方法上有一部分是相同的，也有一部分由于环境的差异而不同。相同的地方，重点在第二节阐述。下面根据调速器目前实际的、可操作的厂内调试情况，进行介绍。

一、调试准备

调速器电气控制柜、机柜和主配压阀等产品，进入调试厂房前，应该以完整产品的形式完成装配。电气部分的器件、端子等完成了装配和配线，无缺损件，设备之间的接线与设计图纸完成校核，且相符。主配压阀、事故配压阀等液压元件完成了外部试验法兰和电磁阀的安装。调速器各个零散的设备先进入调试厂内，应进行如下的检查。

（1）设备的完整性。完整性有两层意思，一是项目的设备完整性，不能缺失大的设备，如果缺少，应查明原因并审核是否影响系统调试，以及在不影响整体进度的原则下需求出后续补救办法。二是单个产品是否有缺损件，应及时补齐。这是齐套和外观检查。

（2）试验平台和工具。试验平台是否满足项目要求，比如油口的个数、压力等级、压力软管粗细、试验接力器的容积、专用工具和试验仪器等，是否与项目要求相匹配，此需提前准备完毕，试验仪器均应由独立的质量管理部门计量校验合格。

（3）电气控制柜和机械操作柜。原则上在上电前，应根据原理图和配线表完成设备内每个器件间的连线校核，即对线，确保工厂配线与设计配线一致；并检测是否存在短路、接地等现象。尤其是非标准的设备，这一步不建议省略，因为一旦调试发现问题，尤其是设计问题，对线工作可以有助于快速依据设计图排查问题，而无需再根据实际配线，一根根摸排。

调试准备还有一个重要的工作是安排调试人员，项目负责人应该根据项目的难度、交货缓急和重要程度，安排能力与此匹配的人去调试，这是项目做好的关键一点。

二、调试项目及方法

厂内调试在实际操作中有些试验项目是穿插进行的，本文仅是把项目抽离出来，便于描述，尽量按照一个事件的顺序去介绍，但这不代表实际一定按照此顺序去开展。比如漏油检查，甚至称不上一个独立的调试项目，因为整个联调过程中，就可以检查、验证了设备是否漏油。

（一）电气控制柜调试

1. 耐压试验

（1）电源耐压试验。短接交流 220V 电源输入端，进行 AC 1500V 5mA 漏电流耐压测试，时间为 1min。耐压仪的正端接到测试端，负端接铜排，铜排接地。

直流 220V 电源耐压测试，方法同上。

（2）TV 回路耐压试验。

分别短接机频、网频 TV 输入端，进行 1000V 2mA 耐压测试，耐压仪的正端接到测试端（频率输入端子），负端接铜排，铜排接地，通电时间为 1min。

2. 电源测量及检查

将所有的电源开关和分段熔断器断开，检查空气开关后负载电阻（AC 220V、DC 220V、开关电源 24V、变压器原副边电阻、±12V 电阻），在电源端子排上接入 AC 220V 电源和 DC 220V 电源。

先合上 AC 220V 相应的电源开关和分段熔断器，用万用表测量各电源模件（包括开关、变压器、MB908、开关电源、信号转换模块）的输出/输入电压是否正确，特别是开关电源是否正常输出 DC 24V，并做好记录。

再断开 AC 220V，合上 DC 220V，检测方法如上。检测正常，两路电源全部合上。

合上 DC 24V 电源开关和分段熔断器，观察各元器件的运行状态是否正常，用万用表检查其 DC 24V 的电源输入，检查电源端子排上的所有端子的电压状态，填写调试记录。

3. 程序下载

（1）控制器程序下载（以当前调速器控制器使用最多的贝加莱 PCCX20 为例）。用网线连接计算机和 PCC 主机，传程序控制器程序时，需要将调试计算机设置成为与设备不同，两套 PCC 分别为 192.168.0.2、192.168.0.3，主机自动变为 192.168.0.100，触摸屏为 192.168.0.4，NTP 对时口 192.168.0.153。一般可以将调试计算机设置成为 192.168.0.50，子网掩码 255.255.255.0。传程序时最好只上一套控制器的电，尽量避免传程序过程中间某套重启，主机切换 IP 改变造成程序传乱。传 A 套时，需要将 Configuration 窗 Active 选择为 Master1，待 Master1 变粗体后将 Oline 中 Setting 打开，点击 Refresh，选择 3586 中 Nod 号为 1 的那只控制器，点右键选择 Connect，在 Project 菜单中选择 Transfer To Target 传输程序。传 B 套时，需要将 Configuration 窗 Active 选择为 Master2，待 Master2 变粗体后将 Oline 中 Setting 打开，点击 Refresh，选择 3586 中 Nod 号为 2 的那只控制器，点右键选择 Connect，在 Project 菜单中选择 Transfer To Target 传输程序。更新完程序后最好掉电重启一次。

（2）触摸屏程序下载（以组态最方便的 MCGS 为例）。传触摸屏程序时，触摸屏 IP 为 192.168.0.4。一般可以将调试计算机设置成为 192.168.0.50，子网掩码 255.255.255.0。将 Oline 中 Setting 打开，点击 Refresh，选择 Nod 号为 4 的触摸屏，点右键选择 Connect，在 Project 菜单中选择 Transfer To Target 传输程序。更新完程序后最好掉电重启一次。

4. 系统无水试验

（1）开关量检查。人机界面，点击主界面（如图 5-1 所示）上的"设置窗"按钮转到用户登录界面（如图 5-2 所示），输入密码，确定，进入设置窗界面（如图 5-3 所示），在运行状态栏下将 A、B 套至少选择一套在调试状态。若只有一套处于调试状态，则只能进行无水试验中的参数输入试验，不能进行扰动试验；只有两套都处于调试状态时，才能进行扰动试验。返回主界面（如图 5-1 所示），点击"系统无水试验"按钮进入调速器无水试验界面（如图 5-4 所示），点击"开关量检查试验"按钮进入开关量检查窗口（如图 5-5 所示）。

图 5-1 主界面

图 5-2　用户登录界面

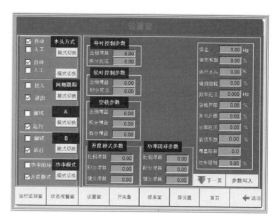

图 5-3　设置窗界面

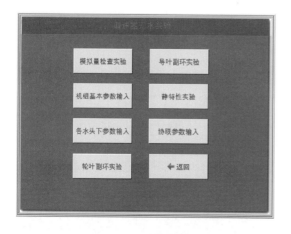

图 5-4　无水试验界面

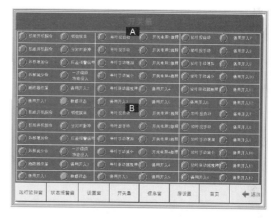

图 5-5　开关检查窗口

开关量检查试验用来检查外部输入开关量及装置输出开关量的接线是否正常。在端子排上短接开关量输入对应的通道，检查 PCC 数字量输入模块的 LED 灯显示是否正确，人机界面"开关量检查试验"中相应的开关量输入通道显示是否正确。

一般输入的开关量信号有开机令、停机令、断路器、增加令、减少令、调相令、导叶手动、桨叶手动、伺服故障、大网/小网、主从方式、现地/远方、一次调频投退、功率闭环投退等。

模拟各开关量输出条件，确认各继电器动作是否正确。

一般输出的开关量信号有调速器一般故障、调速器严重故障、调试/运行、一次调频动作、导叶切手动、桨叶切手动、分段关闭等。

（2）定位试验。在端子排的导叶、桨叶和水头模拟量信号输入通道上接入模拟量信号，一般为 4～20mA 电流，由模拟量信号发信器或行程传感器产生。

点击调速器无水试验界面（如图 5-4 所示）中的"定位试验"按钮，进入定位试验界面（如图 5-6 所示）。该试验主要用来对行程采样通道、模拟量输入通道的实测采样范围进行定位。以导叶行程传感器为例：手动调节使传感器行程最短，待导叶采样值稳定记录此时导叶最小采样值；手动调节使传感器行程最长，待导叶采样值稳定记录此时导叶最大采样值，将记录的最小值和最大值分别写入导叶定位的最小定位框和最大定位框，点击"参数写入"按钮，记录下导叶行程的定位值。用同样的方法定位桨叶行程和水头。注意水头定位时，最小水头和最大水头为电站运行过程中的最小和最大水头，最小采样和最大采样为最小水头和最大水头相对应的采样值。当采用人工水头时不需要进行此定位。

在功率定位试验窗，最小值设置为 0，最大值设置为额定功率，最小采样设置为 6553，最大值设置为 32700。用导叶传感器模拟功率变送器 4～20mA 输入，在运行界面观察输入量和功率显示是否成正比对应关系。

（3）有功变送器校验。从电柜大电流端子接入继电保护仪器，给有功变送器输入端输入三相线电压 100V，两相电流，测量输入为 1A、2A、3A、4A、5A（型号为 5A 输入，输入为 1A 的，类似 5 等分）时的输出电压（电流），应呈线性上升。

（4）模拟量检查。点击调速器无水试验界面（如图 5-4 所示）中的"模拟量检查试验"按钮，进入模拟量检查界面（如图 5-7 所示）。调整模拟量输入传感器，观察"模拟量检查试验"中"导叶""桨叶""水头"和"功率"的采样数字显示是否变化，变化方向是否符合要求。采样值的变化趋势应是线性的。同时也注意观察系统运行监控窗中导叶、桨叶、水头、功率的显示是否正确。

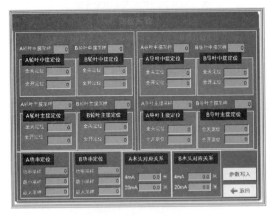

图 5-6　定位试验界面

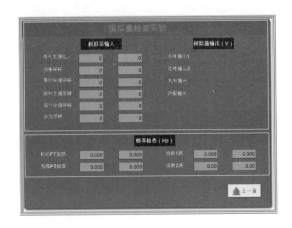

图 5-7　模拟量检查界面

在模拟量检查试验界面（见图 5-7）中，在相应的模拟量输出检查框中输入数值，−10～+10V 之间，用万用表测量相对应的模拟量信号输出端子的电压，所测电压应和输入数值相近。

（5）频率采样通道检查。

1）频率通道检查：将频率信号发生器的输出信号接至机频、网频测量端子（可并联），调整信号源的频率（40Hz、50Hz、60Hz），观察模拟量检查试验窗（如图 5-6 所示）中机组频率、系统频率两路应有显示，且 50Hz 时应显示值为 50Hz±0.02Hz，40～60Hz 采样值呈线性上升。

2）齿盘通道测试校验：频率发生器的输出信号接至齿盘信号输入端，将信号发生器输出信号接至 12 地，观察齿盘显示是否正确。若现场齿盘齿数等于极对数，输入 50Hz，显示应为 50Hz。若齿盘齿数是极对数的 2 倍，显示应为 25Hz；若齿盘齿数是极对数的 0.5 倍，显示应为 100Hz。

（6）机组参数输入设置。在调速器无水试验界面上选择机组基本参数输入界面（如图 5-8 所示），该界面主要用来设置系统参数。可供设置的参数包括：

1）机组惯性时间常数 T_a，单位为 s，如输入 5，则表示为 5s。

2）水流惯性时间常数 T_w，单位为 s，如输入 5，则表示为 5s。

3）导叶接力器最快关闭时间 T_{yc}，单位为 s，如输入 10，则表示为 10s。

4）桨叶接力器最快关闭时间 T_{rc}，单位为 s，如输入 10，则表示为 10s。

5）开度给定调整时间 T_{rp}，单位为 s，如输入 30，则表示功率从 0～100% 需要 30s（范围为 20～50s）。

图 5-8　机组基本参数写入界面

6）频率给定调整时间 T_{rf}，单位为 s，如输入 30，则表示频率从 45～55Hz 需要 30s。（范围为 20～50s）。

7）开机限时，单位为 s，如输入 20，则表示若开机 20s 后，频率还没有达到 45Hz，则这时机组进入空载调节。（范围为 20～30s）。

8）滑差，单位为 Hz，为频率跟踪之差，在空载且频率跟踪投入时，机组的频率给定为系统频率和滑差的和。（范围为 0.05～0.1Hz）。

9）频率死区，单位为 Hz，为发电调节时的频率调节死区。（范围为 0～0.5Hz）。

10）调差系数，为调速器进行有差调节时的系数。（范围 0～6%）。

11）桨叶启动开度 A_{ngle}，单位为%，如输入 50，则表示为 50% 开度。

12）分段拐点，单位为%，如输入 40，则导叶开度关闭到 40% 及以下时分段关闭装置投入。

当设置完参数后，点击"参数写入"按钮，将出现"参数正在写入"的提示，当参数写入完后，将弹出"成功"字样，点击确定按钮，提示消失。

（7）各水头下参数输入试验。在调速器无水试验界面上选择各水头下参数输入界面（如图 5-9 所示）。该装置设立 7 个水头分界点，作为经济协联关系、启动开度、空载开度、带负荷时的最大允许开度、最小允许开度等的计算基点。运行中，决策系统根据实际水头对上述的数据进行插值计算，构成当前水头下的有关数据。

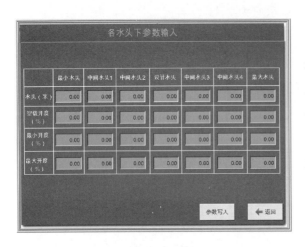

图 5-9　各水头下参数输入界面

空载开度按水头改变是为了获得良好的启动过程和保证机组在空载工况下稳定运行，最大允许开度和最小允许开度是防止水轮机带负荷时工作在过负荷、振荡、低效率和严重汽蚀、逆功率的工况。

该装置设计时，考察了各种机型的协联关系的变化规律。结果表明采用 7 条曲线能比较好地反映协联关系的变化规律，又不至于造成用户对协联关系预处理的工作量过大。若原始资料不足 7 条曲线，则可以根据实际情况人工插入一条曲线再进行换算。参数设置完毕后，检查空载开度应随水头增大而递减，中间没有突变。

试验中可设置以下参数（均为 10 进制数）：

1）7 个运行水头分界点。单位为米，由左向右，一号～七号分别代表水头从低到高，一号是指最低水头，四号是指设计水头，七号是指最高水头，其他为所取的中间水头。

2）相应水头下的空载开度。单位为％，为标幺值。一般在手动开机时，记下这时的导叶开度值即为空载开度。空载开度在不同水头下的取值主要靠经验积累。对于新机组无运行经验，可将各水头下的空载开度输入成不变的，待运行一段时间后再修改。

3）相应水头下的最小允许开度。单位为％，为标幺值（一般在 0～5％之间），是指在带负荷的情况下，允许导叶开启的最小开度，一般低于空载开度。当无法从水轮机运行曲线上查出最小开限时可取 0，待运行一段时间后再修改。

4）相应水头下的最大允许开度。单位为％，为标幺值（一般在 80％～100％之间），是指在带负荷的情况下，允许导叶开启的最大开度。当无法从水轮机运行曲线上查出最大开限时可取 100％，待运行一段时间后再修改。

（8）协联参数输入试验。在调速器无水试验界面上选择协联参数输入界面（如图 5-10 所示）。该界面主要用来输入导叶、桨叶的协联曲线，协联曲线可从模型曲线上计算出来，或由主机厂提供的协联曲线中换算得到。

协联参数输入界面表示发电工况下，在相对应的 7 个水头下不同桨叶开度所对应的导叶开度表，在协联关系曲线上桨叶从 0～100%，每隔 5% 取一个点，逐点输入与桨叶行程相对应的导叶行程。单调机组不需要输入协联参数。参数设置完毕后，应横纵向检查，在某固定水头下，随着桨叶开度递增导叶开度呈递增关系；在某固定桨叶开度下，随着水头递增导叶开度呈递减关系。

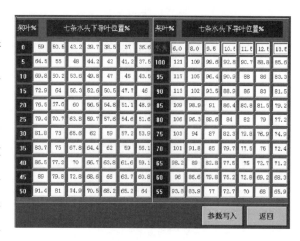

图 5-10 协联参数输入界面

（9）导叶/桨叶副环试验。在调速器无水试验界面上选择导叶副环试验界面（如图 5-11 所示），此试验是用来选择最佳的导叶副环参数。从上到下参数依次为比例增益、积分死区、稳零输出，可灵活设定相应的调节参数，点击"参数写入"按钮，即可将设定的调节参数下发至下位机。

当参数下发完后，改变导叶的给定值，下位机即进行扰动试验。这时界面上自动弹出一个提示小窗口"下位机正在录波……"，自动录取事先定好的点数。当观察导叶反馈值稳定在导叶给定值附近不想继续录波时，点击"停止录波"键，这时下位机停止录波，这样可以灵活地选取录波的点数。

下位机录波完成，将弹出"录波完成"字样和"绘制曲线"键，点击"绘制曲线"键，则出现如图 5-12 所示画面，扰动的曲线将呈现在画面上，同时有一个小方框（如图 5-13 所示），可以修改曲线存储的路径以及名字，然后点击"保存曲线"即将曲线保存到所定义的文件中，可以将曲线存储在触摸屏电子盘上（Harddisk 路径）。在保存的文件中，既记录了曲线的点，也保存了当时扰动时调节参数的值，这为后续的分析提供了方便。

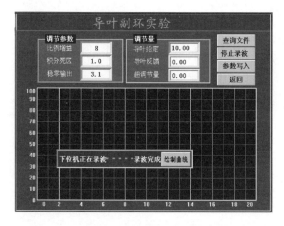

图 5-11 导叶副环试验界面

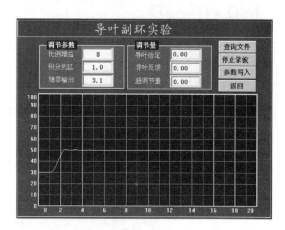

图 5-12 导叶副环扰动试验界面录波

当想查看以前的扰动曲线时，进入画面后，点击"查询文件"，则出现如图 5-14 所示画面。在下拉框中选择要查看的曲线，然后点击"读取文件"键，则以前扰动的曲线，以及当时的调节参数，超调量等都将显示到界面上。这为离线分析曲线提供了很大的方便。

图 5-13　保持曲线

图 5-14　读取曲线

观察每次扰动时调节曲线的各项性能指标，在导叶副环参数栏中修改调节参数，重复试验，使调节品质达到最优，大小扰动均能准确到位，无超调或超调很小，这时的参数即为最佳的调节参数。扰动量为百分值，单位为%，比例增益范围为 0～20，积分死区范围为 0～7.5%，稳零输出范围为 −5%～5%。

桨叶副环试验方法与导叶副环试验相同。

(10) 静特性试验。在调速器无水试验界面上选择静特性试验（如图 5-4 所示），该试验主要为功能测试，对于有液压装置的系统，还要进行详细机电联调测试。静特性试验前需确认各水头下参数输入试验（如图 5-15 所示）中已写入相关参数。

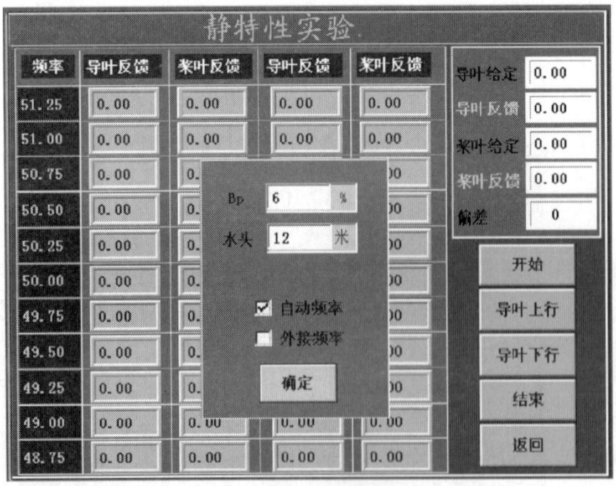

进入静特性试验窗口输入试验时的调差系数 b_p 和当前的水头值。采用自动频率方式或外接频率方式。当采用自动频率方式时，无需外接仪器，由该装置自动地产生等间隔的设定频率进行测试。当采用外接频率方式时，则必须外接频率信号发生器，产生各个试验点的设定频率用于测试。

1) 自动发频率。点击"开始"按钮，试验开始，频率初始给定为 51.25Hz。点击"导叶上行"，设定频率将由高至低，而各点的行程将由小到大逐渐开启，观察行程反馈值的变化，等待系统调节稳定后，再次点击"导叶上行"，开始下一个点的试验。当上行做完时，点击"导叶下行"，设定频率将由低至高，而各点的行程将由大到小逐渐关闭。当下行做完时，点击"结束"键，将完成静特性试验。

图 5-15　静特性试验界面

注意在静特性试验过程中，不允许与其他的试验窗口任意来回切换。如果确实需要中途放弃试验，可点击"结束"键，丢弃已有的试验数据。

2）外接频率。进入图 5-15，选择外接频率，点击"确定"。由调速器测试仪给调速器提供额定的机频输入信号，将导叶开度给定调整到 50％。然后，将调速器处于自动运行方式，升高或降低频率使接力器全关或全开，单方向调整频率信号值（单个 0.25Hz），在导叶接力器每次变化稳定后，记录信号频率值及相应的接力器行程，分别绘制频率升高和降低过程的静态特性曲线。每条曲线在接力器行程 10％～90％ 的范围内，测点不少于 8 点。分别设定 6％进行检测。

试验结束后，记录界面显示的频率和导叶、桨叶反馈值，对数据进行整理，并绘制导叶开方向曲线与导叶关方向曲线，注意这两条曲线都近似为直线，且两曲线不相交，导叶关方向曲线略高于开方向曲线。

通过计算可校验 b_p 值，可算出相应"转速死区"和"非线性度"。下面是一种简单的计算方法：

b_p 值：在静特性曲线上，取某一点，过该点作一切线，其切线斜率的负数即为该点的永态差值系数。

转速死区＝$\Delta Y \times b_p$，ΔY 为两条曲线上同一频率导叶反馈相差最大的差值。

5. 系统有水试验模拟

由于在厂内很难给出机组转速和功率信号，有水试验很难完全开展，只能进行模拟。系统有水试验包括空载扰动试验、一次调频试验、功率扰动试验、动态试验（开停机试验、并网试验、甩负荷试验），参数辨识试验与不动时间试验，在做有水试验之前应保证所有无水试验均已完成。功率扰动试验和不动时间试验为选做试验。

点击主界面"系统有水试验"后，进入系统有水试验操作界面，如图 5-16 所示。

（1）空载扰动试验。空载扰动试验主要用来选取较好的空载工况下主环调节参数，试验方法和导叶扰动试验相似。厂内调试因条件限制只能做模拟试验。

在设置窗设定运行水头，将频率信号发生器的输出信号接至机频输入端子，给定50Hz，在端子排上点击开机令，模拟频率上升，导叶接力器将自动开到空载开度。

在调速器有水试验界面上点击"空载扰动试验"，若出现如图 5-17 所示提示框，则

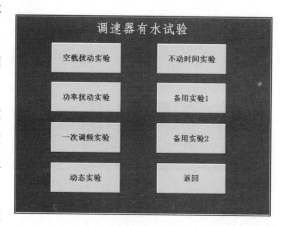

图 5-16 有水试验界面

表明当前状态不是空载状态，不能做空载扰动试验。

在系统运行监视窗查看系统进入空载态时，点击空载扰动试验后界面如图 5-18 所示。

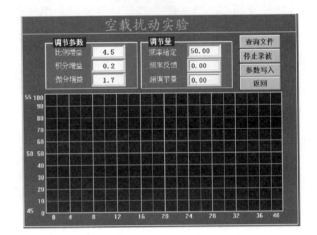

图 5-17　空扰确认

图 5-18　空载扰动试验界面

在给定设置区内实时显示了当前频率反馈值，修改频率给定进行试验。

（2）一次调频试验。一次调频试验是用来选取并网后当进行频率调节时的参数。厂内调试因条件限制只能做模拟试验。

在端子排上短接断路器，使处于空载态的系统进入发电态。

在调速器有水试验界面上点击"一次调频试验"，若出现如图 5-19 所示提示框，则表明当前状态不是发电状态，不能做一次调频试验。

在系统运行监视窗查看系统进入发电态时，点击一次调频试验后界面如图 5-20 所示。

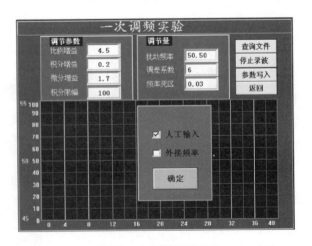

图 5-19　发电态确认

图 5-20　一次调频试验界面

试验时频率方式可以选择"人工输入"或"外接频率"，当选择"人工输入"时，可在扰动频率输入框中输入频率，当采用"外接频率"方式时，则必须外接频率信号发生器。设定好调差系数和频率死区后,给定一扰动频率进行试验。例如:机频频率外接信号发生器,设定频率死区为0.05Hz,信号发生器给定频率50.1Hz,则一次调频继电器动作,导叶接力器往关方向运动,逐渐调节信号发生器,当给定频率小于50.05Hz时,一次调频继电器退出,导叶接力器停止动作,当给定频率小于49.95Hz时,一次调频继电器动作,导叶接力器往开方向运动。

一次调频试验除了可以用来选取调速器带负荷运行时合适的主环参数外,还可以用来检查调速器运行过程中的动态调节品质。

(3)动态试验。动态试验窗口如图5-21所示。动态试验中包含"开停机试验""并网试验""甩负荷试验"。进行开停机试验时,点击"开停机试验",当调速器接收到开机令或停机令就开始自动录波;进行并网试验时,点击"并网试验",当调速器接收到断路器合上的命令后,开始自动录波,这时可以通过"增负荷""减负荷"来增减负荷;进行"甩负荷试验"时,点击"甩负荷试验",当调速器接收到断路器断开的命令后,开始自动录波。

注意:在进入甩负荷试验和不动时间试验之前,必须保证断路器信号合上,机组处于带负荷工况。

6. 运行状态监控

(1)系统运行监控。在主界面上点击"系统运行监控"进入调速器运行过程中的实时监控窗口,如图5-22所示。从调速器运行监控画面上可以清楚地看到当前主机,机组当前所处的运行状态,调速器是否正常运行,当前机组的频率、导叶开度、桨叶开度、运行水头、功率和平衡表等。

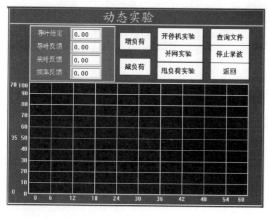

图5-21 动态试验窗口

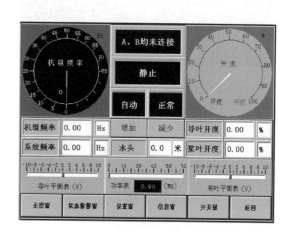

图5-22 主运行界面

同时还有"增加""减少"键,在机组处于空载工况下,当频率跟踪没有投入的情况下,可以通过"增加""减少"键来调节机组的频率给定;在机组处于发电工况下,可以通过"增加""减少"键来调节机组的功率给定。

当机组主从状态显示框内显示"A、B均未连接",表明通信有故障,检查通信设置或通信线路;当A、B两套都有严重故障时,调速器状态显示栏显示"故障",检查故障的原因。

(2)状态报警窗。在主界面上点击"状态报警窗"进入调速器状态报警界面,如图5-23所示,状态报警界面用来显示当前调速器的一些状态和故障信息,左边为状态信息,右边为故障信息。

一般故障包括电网频率测量故障、机组频率测量故障、导叶液压故障、桨叶液压故障。

严重故障包括导叶反馈故障、桨叶反馈故障。

故障一旦被检测到,即使立刻消失,在窗口显示中仍将一直保持报警,直到点击窗口下方的"故障复归"按键后,故障显示才被清除。这样,即可实现对偶发故障的记录。

(3)信息窗。在主界面上点击"信息窗"进入调速器状态信息界面,如图5-24所示:信息窗用来显示系统的主要控制量及内部参数的当前值。窗口分别显示A、B两套系统较为详细的状态信息。

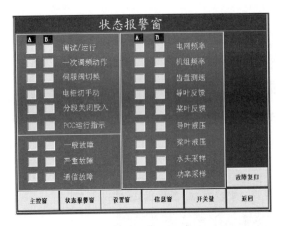

图5-23 状态报警界面

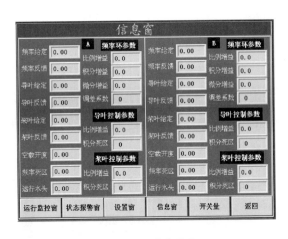

图5-24 信息窗界面

(4)设置窗和模式切换。设置窗和模式切换的界面如图5-3、图5-25所示,进入窗口需要密码。在设置窗和模式切换窗中除了前面所述的可以选择A、B两套的运行状态外,还可以设置水头方式、网频跟踪方式、一次调频投退;此外在设置窗中还可以修改调速器的运行参数,参数设置如图5-26所示。

一般而言参数设置包括:

1)频率死区,单位为Hz,为发电调节时的频率调节死区,范围为0~0.5。调差系数为调速器进行有差调节时的系数,范围为0~6%。

2)滑差,单位为Hz,为频率跟踪之差,在空载且频率跟踪投入时,机组的频率给定为系统频率和滑差的和,范围为0~0.1。

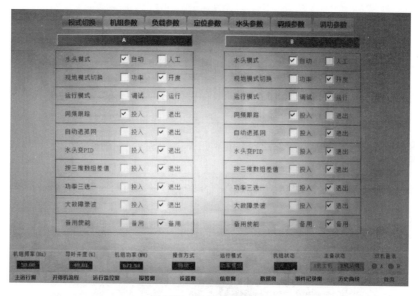

图 5-25 模式切换窗界面

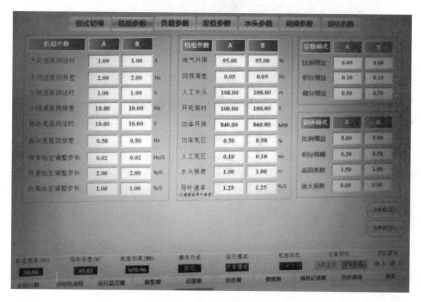

图 5-26 参数设置窗界面

3) 开机限时，单位为 s，如输入 20，则表示若开机 20s 后，频率还没有达到 45Hz，则这时机组进入空载调节。范围为 20～30。

4) 人工运行水头，单位为 m，设置为当前的水头。

5) 输出限幅，单位为 V，范围为 0.6～1。

6) 电气开限，最大开度限制，范围为 80%～100%。

7) 导叶稳零，调节动态平衡的稳零电压，范围为 -5%～5%。

8) 桨叶稳零，调节动态平衡的稳零电压，范围为 -5%～5%。

各模式的 PID 参数，空载模式参数为调速器处于空载态对应的 PID 参数，负载参数为调速器处于发电下的 PID 参数（具体有包含大网开度模式参数、大网功率模式参数，小网参数、孤网参数、直流孤岛参数）。

频率跟踪检查：该项目用来检查频率跟踪功能。设定的跟踪时间常数为跟踪频差，设定好以后，机组频率将以给定的跟踪频差自动跟踪电网频率。

（5）开关量窗。开关量窗界面如图 5-27 所示。该界面主要用来显示调速器开关量输入的信息。其检查方式与开关量输入检查试验（如图 5-5 所示）相同。

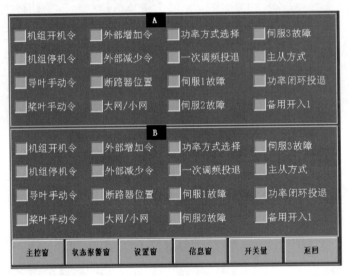

图 5-27　开关量窗界面

7. 模拟装置投入正常运行

做完试验后，让装置进入运行状态，检查人机界面运行窗口显示是否正常（运行监控窗口、状态报警窗、设置窗、信息窗、开关量窗），并在参数设置窗口中修改几个定值（开限、水头、跟踪等），检查接收是否正确。

8. 故障模拟

参考状态报警窗口中的状态信息和故障显示，模拟调速器故障，检查故障报警、故障自动切换情况及手动切换情况。

9. 通信接口检查

上位机通信：用一台计算机模拟上位机，应和下位机正确通信，采用 MODBUS 模拟软件包测试。方法如下：

PCC 与监控通信，软件采用 MODBUS 协议，RS-485 接口。硬件采用通信转换模块，与 PC 机连接：DATA＋，DATA－。通过发送和接收来检查通信情况。

10. 安全事项

装置上电前检查：测量 AC 220V、DC 220V 输出负载电阻及 DC 24V、DC 12V 等弱电信号的输出负载电阻，不应有短路现象，电阻应在合理范围内。

整个调试过程的数据和曲线应及时记录，完成调试的记录报告整理。

(二) 主配压阀调试

主配压阀的原理和形式不完全一样，前面已做介绍。下面选择若干主流的主配压阀，从调试方面进行介绍。

1. 进货检验

（1）对照设计图纸，检查主配压阀主体的外观，是否存在缺损件，记录法兰接口型号、主配压阀型号，主配压阀底板平整性。

（2）对照液压集成块的生产图纸仔细检查，确认每一个平面、油孔符合图纸要求，确认无缺件。确认液压集成块表面无破损，表面镀层均匀。

上述检验结果应记录在对应的记录表中。

2. 调试准备

资料方面：主配压阀液压原理图、装配图。

工具、材料：煤油、白布、力矩扳手、内六角扳手（公制、英制）、千分尺、活动扳手（各种）、压力软管、循环油泵。

用煤油清洗液压集成块，洗后用压缩空气吹干，把液压集成块放在试验台上，安装上所有堵头和各种阀件。确保充油后，所有堵头、阀件、法兰、接头处无泄漏。

主配压阀调试，电磁阀配线完毕，主配压阀和液压操作控制柜完成电气接线，液压设备和试验油压装置完成管路连接，系统具备联动条件。

3. GE 公司主配压阀调试方法

（1）吊装和安装。吊起主配压阀阀体，在底部安装 5 只 O 形密封（美国原装密封），按照装配图纸中不同型号的、不同位置的力矩要求，紧固主配压阀和底板之间的螺栓和端盖连接螺栓。各部位螺栓力矩数据见表 5-1。

表 5-1 　　　　　　　　　　　各部位螺栓力矩数据　　　　　　　　　　N·m

主配压阀型号	端盖径向	端盖轴向	阀体径向
FC5000	271	40.7	542
FC20000	224	40.7	529

主配压阀传感器一般是随设备安装完毕，不需要再安装。

（2）外部管路连接。采用常规的液压管路连接方法，连接主配压阀对外管路主进油（P）、开腔（B）、关腔（A）、回油（T1）和（T2），实际操作中，为了防止回油背压，回油管路可不接软管，直接排油到回油桶，应做好循环油泵的启停的控制要求。

控制压力油连接完毕，回油软管回到底部回油桶。

（3）充油建压，漏点测试。机柜掉电，依次将小控制和大操作油阀门打开，一边打开，一边观察管路连接部位的漏油情况，发现任何漏油和喷油，立即关闭阀门。

阀门全开后，观察1min，检查所有连接部分是否渗油，若存在立即处理。

（4）主配压阀零点调整。主配压阀具备机械复中功能：

若项目的主配压阀具备掉电自复中的设计功能，首先在关机测一端，见图5-28，松开最外面2个螺母（向外侧旋）和图中第1个螺母（向内侧旋）。

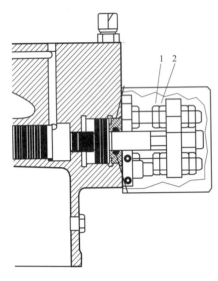

图5-28 关机侧时间调节螺母

1—放松螺母；2—关机时间限位螺母

然后观察接力器位置，一般是关闭的，逐渐用活动扳手向外侧旋转图中标示的第2个螺母，使接力器缓慢打开。如果是全开的，反向旋转2螺母。

待接力器开到位置的50%左右时，再缓慢向内旋第2个螺母，同时观察接力器移动情况，保持不开也不关闭（用千分表测量），为机械零点调整到位。

保持2螺母不动，紧固螺栓1，使螺母2和螺母1彼此紧固；拔掉伺服比例阀插头，设备上电，测量主配压阀传感器反馈电压并调整，使该数值为0V，既为电气零点调整完毕。

若主配压阀不具备机械复中功能：零点调整，需要将主配压阀和伺服闭环系统配合，在伺服随动系统的作用下，主配压阀阀芯会根据主配压阀位移传感器位置而随动，这时缓慢调整主配压阀位移传感器，让接力器保持在某一开度不变，这时的主配压阀阀芯即在中位，此时传感器采样即主配压阀的电气零点。最后紧固传感器。

（5）开关机时间功能可调测试。导叶开至100%，旋转最外侧（关机端盖侧）两个螺母，按紧急停机或者副环扰动，记录关闭时间T_1。急停复归，导叶开至100%，再次向内旋转最外侧两个螺母，按紧急停机或者副环扰动，记录关闭时间T_2。结果应是$T_2<T_1$。

导叶关闭至0，旋转最外侧（开机端盖侧）内六角螺柱，副环扰动0~100%，记录关闭时间T_3。导叶开至0，再次向内旋转六角螺柱，副环扰动，记录关闭时间T_4。结果应是$T_4<T_3$。

1）功能性测试。主配压阀和机柜、电柜连接，进行手动增减、自动、伺服切换、紧急停机、掉电自关闭功能/掉电自关闭试验，检验集成块设计是否满足要求。

2）泄漏测试。测量主配压阀3个位置的内泄量，即偏关、中位和篇开位置。首先，紧急停机后，记录在3min之内，流进标准容器的油的体积；其次，手动将导叶开至50%，保持不动，记录在3min之内，流进标准容器的油的体积；最后，在电气控制柜定位试验窗口，点击全开，使得主配压阀处于全开位置，记录在 3min 之内，流进标准容器的油的体积。然后计算 1min 内泄漏的透平油的体积，应满足标准要求。

（6）卡阻冲击测试。为了检验主配压阀阀芯和阀体间隙配合的高可靠性，在电气控制柜"定位试验窗"，多次连续点击"全开"和"全关"，观察主配压阀是否灵活动作。

4. ALSTOM 主配压阀调试方法

（1）吊装和安装。ALSTOM 主配压阀支撑需要专用工装作为承重和固定，主配压阀上有专门的吊环，起吊时必须所有螺钉同时起吊。先导控制用集成块和阀件，内部清洗完毕，按照工程设计图纸将正确的液压阀、辅件安装于集成块对应的位置上。主配压阀吊装如图 5-29 所示。

（2）外部管路连接 主配压阀就位后，通过专用的试验法兰，用高压软管将主配压阀的压力油、回油、开关腔分别对应连接完毕，同时控制压力油和回油也相应连接完毕，如图 5-30、图 5-31 所示。

（3）充油建压，漏点测试。机柜掉电，依次将小控制和大操作油阀门打开，一边打开，一边观察管路连接部位的漏油情况，发现任何漏油和喷油，立即关闭阀门。

图 5-29　主配压阀吊装

阀门全开后，观察 1min，检查所有连接部分是否渗油，若存在立即处理。

图 5-30　主配压阀液压测试 1

图 5-31　主配压阀液压测试 2

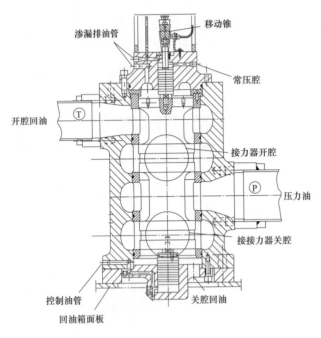

图 5-32　主配压阀结构图

（4）主配压阀零点调整。主配压阀活塞顶部安装了一个移动锥（如图 5-32 所示），移动锥与活塞采用螺纹连接，在主配压阀缸体上安装了 2 个互为冗余的位移传感器。传感器采用 SCHNEIDER ELECTRIC 公司生产的感应式接近传感器。其工作原理是一个阻尼振荡器，阻尼的强度取决于传感器感应面与被测物体之间的距离。传感器将判断该距离，并立即产生与该距离成比例的输出电流。在位移测量过程中传感器与被测物体之间无接触、无磨损，测量范围广，安装调整方便。主阀传感器在控制回路中用于实现闭环反馈。

机柜上电，将手自动切换电磁阀置于手动位置，通过操作手动操作阀（主配压阀传感器初步调整一个大概的位置），将接力器全关和全开，分别校核其定值。在操作接力器过程中，观察并调整主配压阀位移传感器，使其在主阀活塞位于平衡位置时，传感器感应头正对着移动锥的中心位置偏下，此时传感器的输出信号应为 4～20mA 的中间值（12mA）。操作紧急停机电磁阀使主配压阀活塞在关闭的极端位置时，观察主阀传感器探头应整体位于移动锥的范围内，并有一定的余量，以保证传感器可靠工作。

（5）功能性测试。

1）开关机时间功能可调测试。该类型主配压阀开关机时间的调节可以通过改变活塞窗口和管路过流直径的大小来调节。调整节流板本身也比较困难且厂内调整后的开口大小由于厂内试验条件和现场条件不完全一致，未必满足现场需要，该试验只能在现场进行时间整定。调试方法如下：

a. 全关时间调整：主配压阀开腔回油管安装在主配压阀管路之间安装节流板，调节步骤为：

a）准备不同过流直径的节流板或者一个节流板每次由小到大进行"一次扩充"。

b）手动操作主配压阀，使接力器处于全开状态。

c）通过动作紧急停机电磁阀来快速关闭导叶；用秒表记录每次接力器在 25%～75% 之间经历的时间，该时间的 2 倍为导叶全关的时间，判断时间是否满足设计要求。

d）根据时间判断更换节流板直径的大小，时间长了更换直径大的节流板，时间短了更换直径小的节流板，直至时间满足设计要求。或者开孔由小到大渐渐逐次扩充逐次测试，直至满足设计要求。

b．全开时间调整：因主配压阀关腔回油管设计在主配压阀本体的下部，不便于对管路进行节流。因此采用控制活塞窗口大小的方法来调节。

调节步骤为：

a）按照主配压阀活塞挡块（如图 5-33 所示）尺寸加工尺寸相同的调试挡块，不同的是厚度为 d 的部分采用 0.5mm 厚的钢板叠加而成，然后通过螺钉扣压在一起。

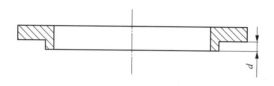

图 5-33　主配压阀活塞挡块

b）手动操作主配压阀，使接力器全关。

c）切自动，副环扰动的方式，用秒表记录每次接力器在 25%～75% 之间经历的时间，该时间的 2 倍为导叶全开的时间，判断时间是否满足设计要求。

d）根据时间判断活塞挡块的厚度，时间长了减少活塞挡块的厚度，时间短了增大活塞挡块的厚度，直至时间满足设计要求。

e）根据调试活塞挡块的厚度加工原活塞挡块，清扫干净后进行回装。

2）功能性测试。主配压阀和机柜、电柜连接，进行手动增减、自动、伺服切换、紧急停机、掉电自关闭功能/掉电自关闭试验，检验集成块设计是否满足要求。

该类型主配压阀一般泄漏量极小，且也不容易发生卡阻，此两项试验可以不做。

调试完毕后，检查主配压阀拒动触点和支架是否安装合适；之后，用布擦拭干净阀体上的油痕迹，待 10min 检查是否存在滴油、漏油情况（不含正常回油和泄漏）。

5. MDV 主配压阀调试方法

（1）吊装和安装。

1）起吊 MDV 主配压阀在上部四周有吊环螺钉，起吊时必须所有螺钉同时起吊。

2）阀件安装，清洗集成块，确保集成块内部清洁。按照工程设计图纸将正确的液压阀、辅件安装于集成块正确的位置上。

3）主配压阀位移传感器和主配压阀拒动安装采用常规的机械安装方法，将主配压阀位移传感器和主配压阀拒动安装于 MDV 主配压阀上，并按照工程设计图纸连接对外接线。

4）外部管路连接采用常规的液压管路连接方法，连接 MDV 主配压阀对外管路主进油

（P）、开腔（B）、关腔（A）、回油（T1）和（T2）、复中油口、恒压油口、控制油口。

（2）系统调试。

1）机械零点调整。机械零点调整仅针对掉电复中调节型 MDV 主配压阀。调整方法如下：

确认比例伺服阀断电，确认复中电磁阀断电。微调"自复中微调螺母"，至接力器首次稳定在非全开、全关位置，标记此位置。继续顺时针或逆时针微调"自复中微调螺母"，至接力器再次稳定于非全开全关临界点，标记此位置。继续微调"自复中微调螺母"，至自复中撞块稳定于此前两标记位置中间位置。调整时注意两"自复中微调螺母"受力应均等。

阜新主配压阀位移传感器安装与调整示意如图 5-34 所示。

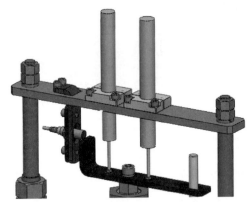

图 5-34　阜新主配压阀位移传感器安装与调整示意图

2）电气零点调整（阜新主配压阀传感器调整）。电气零点调整对于调速器的自动运行非常重要，对于掉电复中与掉电关机机组，调整方法相同。与机械零点的调整无先后关系。具体方法如下：

a. 确认传感器下端螺纹连接处螺母已并紧；复中电磁阀上电；比例伺服阀上电。

b. 缓慢松开传感器动支撑侧面两个螺钉直至传感器外壳可以手动上升及下降；将主配压阀位移传感器向上微调，接力器应向开启方向运动；将主配压阀位移传感器向下微调，接力器应向关闭方向运动；如运动方向与理论方向相反，则应对调主配压阀位移传感器信号线。

c. 微调主配压阀位移传感器至接力器稳定在非全开、全关位置。

对于具备掉电复中功能的主配压阀，可在主配压阀掉电复中时调整主配压阀位移传感器至反馈电压在 $\pm 5\text{mV}$ 内。

3）电气零点调整。施耐德主配压阀位移传感器安装与调整示意如图 5-35 所示。

零点调节方法：

a. 调整关机时间调节螺母至阀芯最大行程位置。将急停投入，调节探头传感器至尽可能近的位置并锁紧，然后退出急停。

b. 固定传感器位置后可通过电气零点修正系数纠偏，使零点更加准确。顺时针调电位器，电压增大，导叶开启。

图 5-35　施耐德主配压阀位移传感器安装与调整示意图

c. 通过调节电气零点修正系数将主配压阀开启，微调主配压阀位移传感器至接力器稳定在非全开、全关位置，标记此位置。继续调整电气零点修正系数，至接力器再次处于不稳定状态，标记此位置。回调电气零点修正系数至两次标记位置的中间位置，此位置即主配压阀电气零点。

4）开关机时间调整。前提条件为，机械零点调整完成；综合模块中对应定位参数已设定好，主配压阀可稳定于中位。

开关机时间整定可以通过调整开侧调节螺母和关侧调节螺母来实现，当关侧调节螺母靠近调节支架时，关闭时间变长；反之，则时间变短。同理，若整定开启时间，当开侧调节螺母靠近调节支架时，开启时间变长；反之，则时间变短。开关机时间整定可以通过手动来操作，利用秒表来计时。整定好后需将开关机时间调节螺母侧螺钉锁紧。

5）主配压阀拒动调整。一般主配压阀拒动传感器在拆卸、更换以及在机械零点调整时需要重新调整，该调整对于调速器的拒动信号非常重要，如图 5-36 所示，主配压阀阀芯下移为关闭，具体如下：

a. 比例伺服阀上电，主配压阀能稳定在中位附件。

b. 松开主配压阀拒动传感器上并紧螺母。

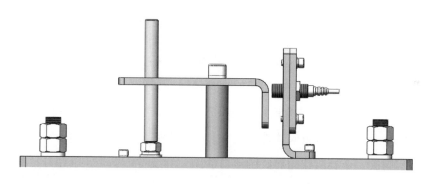

图 5-36　欧姆龙主配压阀拒动安装与调整示意图

c. 松开主配压阀拒动固定板上下两处螺钉。

d. 调整其上下位置及轴向位置，确保其与主配压阀拒动感应块间的轴向距离为 3mm 附近；垂直方向调拒动传感器，使端部处地 L 形钢板的折弯处，并确认此时上报为闭合信号。

e. 恢复主配压阀拒动传感器上螺母及主配压阀拒动固定板上螺钉。

（3）动作试验。

1）紧急停机。按下紧急停机按钮或捅紧急停机阀，主配压阀阀芯应向下动作，接力器应迅速关闭。

2）中位泄漏。主配压阀保持在中位，运用流量计测试经过主配压阀进油口的流量，待流量计读数稳定后读取流量数值；或分别测量回油口 T1 和 T2 流量，两者之和即为中位泄漏量。

3）漏油检查。调试完毕后，用布擦拭干净阀体上的油迹，待 10min 检查是否存在漏油情况（不含泄漏油口）。

（三） 事故配压阀和分段关闭装置检验和调试

事故配压阀和分段关闭装置作为一个独立的产品比较成熟，功能也比较单一，此设备可以单独测试，也可以和主配压阀、电气部分连接为整个系统一起调试。如果是台数比较多，此设备推荐采用批量的单独调试，效率高且和联调并无本质差别。

1. 事故配压阀

（1）外观检查（进货前检验）。首先检查装置的外观，表面应平整，无明显缺陷，表面油漆颜色一致。

（2）耐压检查。上试验台后，将管路按原理图接好后，加油压到额定工作压力，检查各连接面应无渗油现象。

（3）功能试验。投入事故配压先导阀后主接力器被事故配压阀快速关闭，同时调速器主配压阀应被切除，这时手动或自动开调速器均应无法将主接力器打开。

调节其上的调节螺杆后再重新重复以上试验步骤，主接力器的关闭速度应能有所变化。将螺杆向里旋入，主接的关闭速度应变慢；反之，应变快。

2. 分段关闭阀

（1）外观检查（进货前检验）。首先检查装置的外观，表面应平整、无明显缺陷，表面发黑或磷化颜色一致，无明显色差；然后检查其他附件如先导阀、安装板是否齐全。

（2）安装尺寸检查（进货前检验）。根据相关图纸，检查分段关闭阀安装基板的尺寸、安装固定孔位置是否正确，检查阀体外形尺寸、接口管路尺寸及位置是否符合图纸要求；对于先导阀是行程阀的，还要检查先导阀的接口管路尺寸及位置是否符合图纸要求。

（3）通油加压试验（实验室调试检查）。

1）渗油检查：装置上试验台后，将操作油管及先导阀按原理图接好，加油压到额定工作压力，检查各连接面应无渗油。

2）功能投入检查：手动操作急停阀，使主接力器快速关闭，在主接力器快速关闭的过程中将分段关闭先导阀投入后，主接力器的关闭速度应明显变慢，调节分段关闭装置上的调节螺杆，其第二段关闭速度应能有所变化。关闭速度和分段情况可以通过微机电调录波来观察。

3）功能闭锁检查：手动快速打开主接力器，在主接力器打开过程中，投入分段关闭先导阀，主接力器的开启速度不应有变慢的现象发生。

（四） 油压装置及其控制系统的检验和调试

一般而言，油压装置属于特种设备，是整个工业链中的一个环节，调速器设备供应商也多外协。由于其独立性，加之经济性和效率方面的综合考量，所以其调试和验收可以在原生产厂开展，可以不和调速器进行联调。如可以做出专业性解释，一些调试可以分步开展，通过等效替代，提高工作效率。调速器的调试油源可以来自试验室的油压装置，效果是一样的。

油压装置及其控制系统的厂内调试，一般分为两个部分，一是液压系统，二是电气控制部分。尤其是液压系统，首台套的检验和调试是非常必要的。

1. 油压装置

（1）检验前准备。仔细阅读调速器油压装置的项目要求和设计资料，清楚油压装置的基本参数和整个系统的配置清单，熟悉相应行业标准的规定。

（2）压力罐检验。检测相关压力油罐的检验报告、合格证及加工厂家的检验证书。检查油罐的技术参数与设计是否相符。

1）外观。油罐外表面应进行除锈处理，且表面平整，油漆均匀，外表面涂底漆后，应喷涂与用户提供的色卡及材质一致的油漆，要求油漆色差小，喷涂均匀一致，无明暗色差斑块，罐外焊缝应平整，无明显缺陷。

2）内部。打开油罐人孔，油罐内壁应表面平整，无水迹及表面浮锈存在，表面应进行防锈防腐处理（如除锈、喷砂、涂耐油漆等处理）；罐内焊缝应平整，无明显缺陷；油罐底部的焊渣、杂物等应清除干净。

3）内外管件。检查内外管件布置位置及尺寸与设计是否相符。

（3）回油箱检查。

1）外观。回油箱外表面应进行除锈处理，且表面平整，油漆均匀，外表面涂底漆后，应喷涂与用户提供的色卡及材质一致的油漆，要求油漆色差小，喷涂均匀一致，无明暗色差斑块；回油箱外表面焊缝应平整，无明显缺陷。

2）外形尺寸。检查回油箱外形尺寸，其长、宽、高符合技术协议和设计要求。

3）回油箱内部。回油箱内表面应进行除锈处理，表面应平整；内表面应漆耐油油漆或镀锌，油漆或镀锌应喷涂均匀一致，无明暗色差斑块；回油箱里面焊缝，应平整，无明显缺陷，底部焊渣、杂物等应清除干净。

4）内外管路。检查回油箱内外管件布置位置及尺寸；输入、输出管路接口的尺寸方向应符合设计图纸要求。

（4）自动化元件。

1）型号及数量。首先根据项目要求所列的元件清单检查元件的型号及数量是否满足订货要求，其次检查自动化元件的布置方位（自动补气装置、磁翻柱液位计）与设计是否相符。

2）性能指标。检查各种自动化元件的实际性能指标是否满足其出厂检验证书和说明书的要求；主要检查其测量范围（压力、液位、流量等）、电源电压、输出信号、生产厂家等参数。其性能指标可和自动模拟运行试验一道进行测试。

3）使用说明书及检验合格证书。检查各种自动化元件的使用说明书及检验合格证书是否齐全，验收结束时要带回一份完整说明书及合格证的复印件存档。

4）油压装置整体性能检查。试验前准备工作如下：

a. 按液压行业标准操作规程将回油箱内清洁干净。

b. 检查各泵吸入口高度在规定高程并取消各泵口的防尘盖。

c. 检查吸入口及净脏油区的滤网。

d. 检查各法兰口的密封。

e. 将规定型号的透平油通过过滤机后加入油箱。

f. 检查各电机与各泵之间的连接是否完好。

g. 检查各电机的电源线是否接好，线径是否满足要求。

h. 点动各电机看旋向是否与各泵规定的旋向一致，如不一致要改变相应电机相线的接法。

i. 打开各泵的泄荷电磁阀。

j. 分别空载启动各泵约 5min，如无不良噪声停泵准备做泵运行、耐压、密封、阀组（安全阀、泄荷阀）试验。打开其中一台泵的泄荷电磁阀，先使其空载运行，再将该泵的安全阀调到最小压力，断开泄荷电磁阀，缓慢旋动安全阀，使泵出口压力不断上升，在缓慢上升压力过程中如无不良噪声产生，有关联结件无渗漏，一直缓慢将压力升到额定工作压力，运行 5min 左右如无不良情况发生，将压力调高约为额定工作压力的 5%，再运行约 5min，如无不良情况发生，再将压力下调到额定压力，运行 5min 后停泵。泵出口压力值由各泵出口处的压力表指示（若泵出口无压力表，则看油罐上的压力表），泵出口安全阀的调定动作值也由该压力表显示，泵在有载时的噪声会略大于空载时，这是正常的情况，其他各泵及安全阀也按照以上步骤进行检验。

（5）耐压试验。验收人员应要求供方出具相关的压力油罐的检测报告和合格证书，并在验收结束后将原件带回。

（6）油压装置密封性试验及总漏油量测定。按标准中对应项目（油压装置密封性试验及总漏油量测定，压力罐的油压和油位均保持在正常工作范围内，关闭所有对外连通阀门，升压后开始记录 8h 内的油压变化、油位下降值及 8h 前后的室温）进行试验。

（7）油泵试运行与输出油量试验。根据行业或国家响应标准，进行试验。

1）油泵运转试验。启运前向泵内注入油，打开出口压力阀门，阀组均应处于关闭状态。空载运行 1h，分别在 25%、50%、75%额定油压下各运行 10min。

2）输出油量测定试验。在额定油压及室温下，启动油泵向定量容器中送油，记下实测

压力点实测输出油量 Q_i 或计算容积 V_i 及计量时间 t_i，则

$$Q_i = 3.6 \frac{V_i}{t_i}$$

式中　Q_i——压力点实测输出油量 m^3/h；

　　　V_i——压力点实测计算容积，m^3；

　　　t_i——压力点实测计量时间，s。

测定 3 次，取平均值。

若厂方已经事先做过试验，要求厂方提供相应的试验记录。此试验可与自动模拟运行试验一道进行。

（8）阀组试验。按标准中应用的条款的方法进行试验。

1）安全阀调整试验。启动油泵向压力罐中送油，调整安全阀能调整泵的出口压力。

2）卸载阀试验。先导泄荷阀投入时，泵空载启动且不能往压力罐中打油。若厂方已经事先做过试验，要求厂方提供相应的试验记录。此试验可与自动模拟运行试验一道进行。

（9）油压装置各油压、油位信号整定值校验。按标准中应用的条款（油压装置各油压、油位信号整定值校验，人为控制油泵启动或压力罐排油排气，改变油及油压，记录压力信号器和油位信号器动作值，其动作值与整定值的偏差不得大于规定值）所规定的试验方法进行。若厂方已经做过试验，要求厂方提供相应的试验记录。此试验可与自动模拟运行试验一道进行。

（10）油压装置自动运行模拟试验。按标准中应用的条款（油压装置自动运行模拟试验，模拟自动运行，用人为排油排气方式控制油压及油位变化，使压力信号器和油位器动作，以控制油泵按各方式运转并进行自动补气。通过模拟试验，检查油压装置电气控制回路及油压、油位信号器动作的正确性。不允许采用人为拨动信号器触点的方式进行模拟试验。）所规定的试验方法进行。若厂方已经事先做过试验，要求厂方提供相应的试验记录。

2. 油源控制系统

（1）外观及配线检查。对装置的外观进行仔细检查，主要检查是否存在变形、缺门、颜色或尺寸错误等缺陷，并依次检查柜体上的指示灯、把手及仪表。检查完毕需填写调试记录。

根据装置所对应的配线表对装置的配线进行检查，特别需对电源部分（220V 交直流，24V 直流和 PLC 公共端）的配线进行仔细检查，确认无短路现象。并对错线进行记录和改正。

（2）元器件检查。

1）指示灯检查。每个项目和产品，不可能完全一样，本文仅举一个典型的两台泵的控制柜进行说明。指示灯一般最大化设计，根据短接和程序真实启动的方式，下列每个指示灯均应该正常点亮：回油箱油位异常、事故低油压、油混水信号、PLC 运行、操作电源、自

动退出、补气投入、模拟量故障、一号泵动力电源、一号泵主泵运行、一号泵运行投入、一号泵加载投入、一号泵退出、二号泵动力电源、二号泵主泵运行、二号泵运行投入、二号泵加载投入、二号泵退出。

2）把手检查。把手检查可以穿插在整个控制系统的调试进行检查，不必单独为了把手功能而进行开展，但此功能需要逐一记录，防止遗漏，见表5-2。

表5-2　　　　　　　　　　　　　　把　手　检　查

一号泵切换把手			一号泵手动启动		一号泵加卸载	
自动	切除	手动	退出	启动	加载	卸载
二号泵切换把手			二号泵手动启动		二号泵加卸载	
自动	切除	手动	退出	启动	加载	卸载

3）仪表检查。

a. 油压指示：观察人机界面显示油压模拟对象动作前后油压显示的变化；

b. 油位指示：观察人机界面显示油位模拟对象动作前后油位显示的变化；

（3）电源测量及检查。接入 AC 220V 电源，合上相应的电源开关，结合《配线表》检查 AC 220V、DC 24V 接线端子，用万用表测量其负载电阻和绝缘电阻。

（4）测量信号的检查。接入柜体 AC 220V、DC 220V 电源，模拟量输入测试用可调电位器，并检查接线是否正确。

1）开关量输入、输出检查。

a. 开关量输入：接入 AC 220V、DC 220V 电源，检查电源模块的 DC 24V 输出。操作柜面的把手，设定各种动作状态，检查 PLC 数字量各指示灯是否正确显示。典型产品的常见开入量设计见表5-3。

表5-3　　　　　　　　　　　　典型产品的常见开入量设计

1号PLC自动	1号手动方式	1号空气开关合	1号软启动	2号PLC自动	2号手动方式	2号空气开关合	2号软起启动
X0	X1	X2	X3	X4	X5	X6	X7
油混水	高油压	额定油压	主泵启动油压	备泵启动油压	低油压	事故低油压	压力罐过高油位
X0	X1	X2	X3	X4	X5	X6	X7
压力罐高油位	压力罐低油位	压力罐过低油位	回油箱过高油位	回油箱高油位	回油箱低油位	回油箱过低油位	1号泵电源
X0	X1	X2	X3	X4	X5	X6	X7
1号泵电源	压力罐补气油位	压力罐停止补气油位	补气位置全开	补气位置全关	备用	备用	备用
X0	X1	X2	X3	X4	X5	X6	X7

注　软起动器简称软起。

b. 开关量输出。操作柜面的把手，设定各种动作状态，检查 PLC 开关量输出是否正确动作。

开关量输出大部分是驱动继电器，由继电器完成报警、驱动回路或备用等，每个 PLC 的开出均应能测试完备。同时有些报警或开关量，并没有经过 PLC，是控制回路上或设备自身的开出，也应测试到，不能遗漏。

具体的开出量，每个项目差别较大，在此不再逐一举例。

2）模拟量输入、输出检查。

a. 模拟量输入检查。油控柜模拟量输入信号一般是 4～20mA 信号，主要是压力罐油压、油位，回油箱油位、油温，设计全面的也有电机的电流信号。

在模拟量输入端子模拟 4～20mA 信号，在人机界面上设置测量量程（油压量程默认为 10MPa，油位量程默认为 100cm）。调整输入模拟量观察"人机界面"中油压、油位是否变化，变化值是否正确并记录。（测量误差一般不大于 0.2MPa）

b. 模拟量输出检查。油控柜的模拟量输出一般不作为控制，更多的是驱动一些模拟表计作为显示，或上报监控系统，信号多为 4～20mA 信号。当然，这些信号也可以通过模拟量输入的信号分配一分为二，完成显示或上报，也是完全可行的，也更真实可靠。

（5）功能性试验。

1）一号泵主泵启动试验

a. 接入动力电源，闭合空气开关；

b. 将一号、二号软起分别设为小电机测试方式；

c. 将把手 CB1 打到"PLC"方式、将把手 CB3 打到"备用"方式；

d. 将把手 CB2、CB4 打到"自动"方式；

e. 模拟主泵启动油压；

f. 一号油泵电机将会运行，延时 7s 后加载阀自动投入；

g. 模拟备泵启动油压；

h. 二号油泵电机将会运行，延时 7s 后加载阀自动投入；

i. 模拟额定油压；

j. 双泵电机停止。

2）二号泵主泵启动试验。

a. 接入动力电源，闭合空气开关；

b. 将一号、二号软起分别设为小电机测试方式；

c. 将把手 CB3 打到"PLC"方式、将把手 CB1 打到"备用"方式；

d. 将把手 CB2、CB4 打到"自动"方式；

e. 模拟主泵启动油压；

f. 二号油泵电机将会运行，延时 7s 后加载阀自动投入；

g. 模拟备泵启动油压；

h. 一号油泵电机将会运行，延时 7s 后加载阀自动投入；

i. 模拟额定油压；

j. 双泵电机停止。

3）双泵轮换方式试验。

a. 接入动力电源，闭合空气开关；

b. 将一号、二号软起分别设为小电机测试方式；

c. 将把手 CB1、CB3 打到"PLC"方式；

d. 模拟主泵启动油压；

e. 一号油泵电机将会运行，延时 7s 后加载阀自动投入；

f. 模拟额定油压；

g. 一号泵停止；

h. 重复 d～g 操作；

i. 一号泵启动十次后二号泵变为主泵运行（次数可预先设定）；

j. 模拟主泵启动油压；

k. 二号油泵电机将会运行，延时 7s 后加载阀自动投入；

l. 模拟额定油压；

m. 二号泵停止；

n. 重复 j～m 操作；

o. 二号泵启动十次后一号泵变为主泵运行（次数可预先设定）；

4）自动补气试验。

a. 将把手 530 打到"自动"方式；

b. 模拟压力罐补气信号同时油压未到额定油压；

c. 补气投入；

d. 模拟额定油压；

e. 补气停止；

f. 重复 b～c；

g. 模拟停补气油位信号；

h. 补气停止；

（6）安全注意事项。

1）控制柜在上电前，检查电源三相电压是否缺相，是否平衡。

2）检查电机内部接线是否短路，是否和外壳短接。

3）调试期间，柜体张贴警示牌"内有强电，请勿靠近"，并注明调试人；设备在调试完毕后，设备电源插头拔掉。

第二节　调速器现场投运

从调速器的产品和项目的技术角度去看，调速器可定为三大重要部分：设计、厂内调试和现场投运。调速器现场投运是一项重要工作，尤其现场投运是调速器最后一关，前面两个阶段的一些可能隐藏漏洞和附加需求，必须在这个阶段完全处理完毕。本文结合近十年的现场投运经验和案例，进行一定的总结。为了便于说明，根据设备将试验项目进行单独的阐述，并不一定仅仅讲解试验本身的，还会根据现场试验过程中遇到的大量的问题，进行一定的发散介绍，让读者尽量多地了解到该试验在方法、安全、细节上要注意什么，有哪些风险。

事实上，在调速器具备调试条件之间，还存在大量的装配、设备齐套和质量、配线对线等工作。在实际现场调试时，一些试验是穿插或合并在一起做的，不一定完全按照这些试验分项按部就班地开展。

一、调试依据

（1）DL/T 2194—2020《水力发电机组一次调频技术要求及试验导则》。

（2）GB/T 9652.1—2019《水轮机调速系统技术条件》。

（3）GB/T 9652.2—2019《水轮机调速系统试验》。

（4）DL/T 563—2016《水轮机电液调节系统及装置技术规程》。

（5）DL/T 496—2016《水轮机电液调节系统及装置调整试验导则》。

二、投运前准备工作

（1）工程出厂图集及出厂最终程序、发货清单，试验大纲。

（2）调试计算机、万用表、一字起、编程电缆、组合内六角扳手、密封圈等。

（3）双调机组，从主机厂索要协联曲线图，并将其转化成可输入界面的三维数组。

（4）熟悉工程项目的技术协议及合同，了解电站的一些基本形式和参数。

三、方法步骤

（一）油压装置及控制柜调试

（1）根据发货清单和合同要求，摸排设备是否完整。机械液压设备具体到每个弯头、三通、螺栓、密封等。还有就是油压装置的自动化元件量程、接口、压力等级等是否匹配，确定是设计问题，还是供货问题，及时补救。

（2）及时联系现场配管人员，共同确定管路布置和走向，明确各个油口的位置和定义。安装人员配管时，就焊接、防护、吹扫、酸洗、探伤等规范，应在现场进行技术指导、监督和协调。发现配管或方法错误，及时纠正，并提前了解现场所需。

（3）回油箱内部所有固定件，在现场充油前必须重新紧固检查，以防松脱，重点紧固油泵吸油口处滤油器和油泵出口到组合阀衔接处。回油箱充油前，绝对确保内部干净，不能存在可能的油漆脱落、异物和杂质。

（4）自动化元件配线过程中，必须在现场进行接线指导，明确各个自动化元件的位置，指出自动化元件各个端子或出线的含义。发现有和外接线不符的自动化元件，及时更改配线。配线前调整好磁翻板液位开关的位置，并明确高油压、额定油压、启主泵油压、启备泵油压、低油压、事故低油压压力定值。

（5）配线完成后进行外接线校核。校核时安装公司参考设计院图纸，服务人员参考设备出厂图纸。油源控制柜和设备上电前，检查各电源系统绝缘：推上所有空气开关，测量直流正负间阻值及正负和大地间阻值；交流 L、N 间阻值，L、N 和大地间阻值；三相动力 A、B、C 间阻值及对大地阻值；24V 电源系统正负间阻值（一般 250Ω 左右）及正负对大地阻值（负对大地一般是 2Ω 左右）；24V 电源系统正和 DC 220V 正、负间阻值；24V 电源系统负和 DC 220V 正、负间阻值。

（6）测量 PLC 上每个接线端子和强电及大地，是否有通零现象。

（7）设备上电前，回油箱充足量油，检查是否存在漏油点。拨动电机叶片，检查是否卡涩。如是立式安装的油泵，首次启泵前须保证盘泵 2min 以上。油泵至压力罐的液压回路上的阀门打开，组合阀的机械安全阀旋至全开位置。

（8）设备上电前，甩开 PLC 和触摸屏电源，逐次推上空气开关，并认真观察设备有无异常。空气开关全合后，测量 PLC、触摸屏电源。测量三相电压是否平衡，测量 DC 220V 是否平衡，交流对大地电压是否正确。

（9）上电后，观察触摸屏信息，模拟量诸如油压、油位、油温和各种开关量状态是否正确。

（10）打开组合阀出口和压力罐进油口阀门，关闭所有压力罐出油管路上的阀门。手动点动电机，观察方向是否正确，若反（正确方向为俯视电机，顺时针方向），则调换控制柜最终输出到电机的三根线的任意两相。

（11）设置软起或热继电器参数具体可参考相应产品手册。手动打油，渐渐旋转机械安全阀，使得油泵打油，各打 30min，注意观察打油过程中是否有异响。并观察触摸屏上压力、油位等信号变化是否正常。

（12）油罐油位到 1/3 左右，停止打油。开始向压力罐进行手动补气，观察手动补气是否正常。补到额定压力的一半时，停止。然后分别手动启 1、2 号泵，边打油，边泄油（通过压力罐的排油阀），对泵进行磨合。

（13）油泵无异常，再进行补气，调整油位在 1/3 左右时，补到额定油压。然后进行调试，首先调整组合阀安全阀定值。临时解除高油压停泵的功能（接线、拔继电器、改定值等方法），手动打油前，完全松开安全阀，然后边打油边调整安全阀，使之在整定值时压力全泄，即为调整完毕，紧固安全阀备紧螺帽。

如果调整的为大泵，建议油泵和压力罐连通进行调整，否则，一旦机械安全阀旋转不当或设备本身故障，会导致没有气体的液压系统压力瞬间升高，将油泵损坏或将管路阀门炸开。

（14）组合阀安全阀定值说明。该整定值若按照国标没用具体要求，但应大于高油压，但此时如果发现打油过慢可适当提高该定值，使油泵打油时间在 50s 之内。经验：如果额定油压为 6.3MPa，全排压力宜在 6.45～6.8MPa 之间；4.0MPa 和 2.5MPa 的额定压力，定值如表 5-4 所示。

表 5-4 安全阀、压力信号整定值 MPa

项目	安全阀			工作油泵		备用油泵	
额定油压	额定值						
	开始排油压力	全部开放压力不大于	全部关闭压力不低于	启动压力	复归压力	启动压力	复归压力
2.50	＋0.05～＋0.10	＋0.40	－0.25	－0.20～－0.30	额定值	－0.35～－0.45	额定值
4.00	＋0.08～＋0.16	＋0.60	－0.40	－0.30～－0.45	额定值	－0.50～－0.70	额定值

注 表中正值为高于额定压力的值；负值为低于额定压力的值。

组合阀虽说原理大同小异，但设备性能千差万别，机械安全阀和全排压力，有的就比较顺滑，容易调整。有的就很不稳定，全排时甚至伴随着巨大的声响，组合阀上限很难调，甚至调整不出。这一点尤其需引起重视。

（15）模拟量控制状态下，油泵自动和轮换。

1）1 号泵自动，2 号泵退出，打开排油阀，油压降至起主泵、备泵油压，观察油泵启停情况，若不能正常停泵及时退出。

2）使 2 号泵自动，1 号泵退出，同理试验。

3）2 台泵皆为自动，观察主泵、备泵启泵情况，并测试轮换功能。

随着电站装机规模越来越大，油压装置配置的油泵也越来越多，有 2 大 1 小、3 大 1 小、3 台大泵、4 台大泵等。油泵启停、加卸载、轮换逻辑，也各有不同。这些不同，要结合设备的实际情况合理选择。比如，调速油系统内泄较大、压力罐较小或常态处于调频模式时，导致油泵启停间隔小于10min，可以采用油泵连续运行，间隔加卸载的方式。如果油压衰减较慢，可以采用小泵优先启停（启动定值设高）或小泵连续运行，间隔加卸载的方式；但调速器出现大波动调节时，大泵参与启停打油。

（16）开关量控制状态，重复（15）试验。最后校正事故低油压压力触点是否正常动作，记录上述各点实际动作值。

（17）手动打油到高油压，观察模拟量和开关量是否正常报警、保护、动作。

（18）测试自动补气功能，打开自动补气管路上所有阀门，自动补气功能投入，结合程序（或规范流程图），模拟各种自动补气动作，观察自动补气电动阀或电磁阀是否动作、是否补气；模拟自动补气停止的各种复归情况，观察是否补气停止。注意补气、停补气条件，除常规条件，宜补充设置停补气压力和补气压力参数，避免出现频繁补气导致出现油少气多。

需说明的是，根据经验，最好在界面和程序内，单独开辟一个补气和停补气的条件（压力罐油压、油位、补气时间等），不要和压力、油位报警条件混在一起。

（19）有自动添油阀的，结合程序，模拟添油阀打开和关闭功能，观察实际添油情况。注意检测自动添油阀的流量是否满足需求。

（20）配有油加热器或冷却器的，也要根据设定的温度条件，进行测试。同样，这里的条件也不要和油温报警条件混在一起。

（21）据外接线图纸，强制每种上报监控信号，看监控简报是否有信号开入。

（22）测试和监控通信，是否连接上，信号动作是否对应，油压、油位等模拟量信号是否显示准确、一致。（参考PCC或台达通信规约测试方法）

（23）压力罐保压试验，做之前，用肥皂水喷洒自动补气装置所有阀门连接处和空气安全阀法兰连接处，观察有无漏气现象。关掉所有出口油阀，记录当前油罐油位、油压、油温和当前时间。额定油压下，油泵退出自动，先观察1h，油压若有明显变化，则停止试验，找出漏气漏油点并进行处理。若无明显变化，8h后，再记录油压、油位数据，然后对比变化。

（二） 机柜和主配压阀调试

（1）现场指导安装传感器，结合接力器布置方式和长度，具体指出安装位置、方向、要求（预留量、平行度等），尤其是传感器滑块连接处，建议采用万向接头或鱼眼接头（在移动方向不能有死区，在拉动的过程中，防止卡阻接头不能旋转）。如图5-37、图5-38所示，为湖北SX电厂的传感器安装照片。结合传感器型号，认真检查传感器插头（有插头的）内部配线是否正确，明确传感器线头的各个含义和相对应的机柜端子。

图 5-37　三支磁致伸缩式传感器安装图

图 5-38　连接处鱼眼接头

（2）校对主配压阀和机柜连接电缆，注意可插拔端子和机柜端子顺序方向是否相反。

（3）校对机柜外部接线，是否存在短路现象。推上所有空气开关，测量 AC 220V、DC 220V 电源系统是否短路，和大地间阻值；24V 正负间阻值，和大地间阻值。220V 和 24V 系统间是否短路。对重点部位，比如导叶传感器、齿盘探头、锁锭电磁阀及位置触点的接线需反复确认、校对。

（4）机柜上电前，关掉所有压力罐出口油阀、拔出功放板和可插拔端子，甩掉传感器外接线，依次推上空气开关，并观察设备得电情况。完全上电后，测量 DC 220V 正负对大地电压是否平衡，DC 24V 对大地电压是否平衡（正负都应为 0V，为悬浮虚电压）。测量主配压阀传感器、伺服阀传感器、导叶传感器、功放电源电压是否正确。无异常，设备掉电。

（5）插上功放和可插拔端子，恢复传感器接线，再上电，立即测量传感器模入是否正确，若无，迅速掉电，重新检查传感器接线。若无异常，上电后 1min 内密切关注（看、嗅、听、摸）设备情况。

（6）检查机柜面板上各个把手、按钮、指示灯，关系是否对应、正常。

（7）机柜一切正常，切手动（若有机手动或开环手动，第一次切至该方式的手动）。降低压力罐油压至额定油压的½，打开主供油阀门、主配压阀、锁锭控制油阀门（阀门打开前，确保水车室和蜗壳内无人），检查锁锭是否拔出。和现场安装人员配合，进行接力器的操作。

（8）管路中存在气体，手动动作时，慢速动作多个来回，聆听主配压阀过油声音，直至"喳喳"的节流声音消失，说明管路中的气体已经排出。操作的过程中注意油罐油位不要过低，造成事故。操作接力器的过程中一定有安装人员配合，无人配合，不准动接力器。

（9）启泵打油，至压力罐额定油压，油源控制柜切自动。在机柜采用机手动全开全关，有的手动闭环在机柜上的，需设置机柜控制单元的定位参数，甚至 PID 控制参数。此时如果电柜已上电，也可同时完成电柜的导叶定位。

（10）主配压阀零点调试，机手动（或开环）把导叶开启一个开度，开度稳定后，调整主配压阀传感器，使之反馈是 0V（±0.05V 以内）。电柜掉电的情况下，机柜切自动（机柜切自动，为伺服阀和主配压阀之间的平衡在机柜实现的；如果在电柜的控制器实现的，在接力器不动的前提下，只需直接抓取当前主配压阀反馈采样值并将此设定为零点即可），观察导叶开度是否飘移，测量主配压阀反馈（一般变化不大，不必再调整；电柜做副环扰动时，如果扰动效果好，稳住导叶开度，再测量零点和控制输出，一般在 0V 左右；若过超过 0.1V，需要修正）。

（11）接力器全开全关时间调整。接力器（导叶）开关机时间是现场必须严格测试的一个重点试验项目，其目的是根据设计提供的调保计算书，调整主配压阀阀芯移动范围（也有的是在主配压阀流量合理和固定的情况下，调整开关腔管路的节流孔的大小），使得接力器开关机时间、事故配压阀关机时间、关闭规律达到设计要求。

接力器关机时间主要为主配压阀紧急停机阀全关时间、比例伺服阀（或其他电液转换器）全关时间、事故配压阀全关时间。

如果存在分段，可以单独投入分段，以主配压阀急停方式完成测试。

接力器全开时间是通过比例伺服阀进行阶跃测试的，桨叶主配压阀一般不会配置紧急停机阀回路，全开和全关也只需通过比例伺服阀进行阶跃测试。

1）接力器全关时间整定（紧急停机阀控制）。完成调速器试验仪器的接线和导叶开度的标定；或如果电柜自带的试验录波系统精度足够高，也可以作为试验录波分析用。

方法如下：手动开接力器到全开，解除分段关闭功能，驱动主配压阀紧急停机阀前准备计时和录波，接力器全关后，根据录波曲线，计算 75%～25%时间，乘以 2 即为接力器第一段折算到全行程的关闭时间。与调保计算书里要求一段关闭时间对比（主要是斜率要一致，计算书如果给出分段点和一段时间，可事先推导出按照一段关闭速率接力器全程关闭的时间，这样好做比较），若有偏差，调整关机时间螺帽（ZFL 主配压阀，在上侧，下旋时间变长，反之变短；美国 GE 公司主配压阀，分段缸侧，里旋时间变长，反之变短），目的是调整主配压阀阀芯关方向移动的位移，反复测试，最终使之相符。调整完毕后，锁紧关机时间螺母，并做好划线标识。

2）接力器全关时间（自动控制）整定。接力器（导叶）全关时间有一类是通过自动回路的比例伺服阀（或其他电液转换器）控制主配压阀实现的。主要是通过调速器的自动回路，以电气控制上可能输出的最大强度驱动比例伺服阀，带动主配压阀和接力器，完成全关时间要求。

方法如下：接力器（导叶）全开，解除分段关闭功能，在调速器电柜的调试态下，进入导叶副环扰动验窗，预设一个导叶控制经验参数，进行 2%～98%的扰动，根据录波曲线计算关闭时间，该时间理应和上述紧急停机阀关闭时间相当或偏长在 1s 以内，如果过慢，调整主配压阀反馈增益使之时间相符。（注意，主配压阀反馈增益大小或旋转方向，与主配压阀灵敏度的关系需明确，不要调整反向。调整主配压阀反馈增益过程中，不能使主配压阀阀芯抽动）。一般这个时间和紧急停机阀关闭的时间相差不大，因为大扰动过程中，比例伺服阀阀芯也几乎完全偏置。

此过程，禁止调整主配压阀的关机时间限位螺母。如果自动回路还有备用通道，备用全关时间也需进行校核。

举例，比例伺服阀 1 全关扰动，接力器全关录波，如图 5-39 所示。

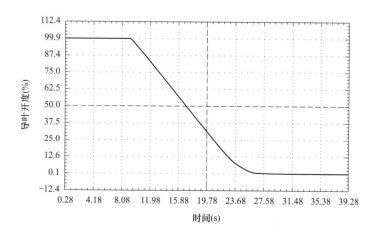

图 5-39　无水 A 套伺服阀 1 正常关机时间

3）事故配压阀停机时间整定。事故配压阀动作接力器的关闭斜率一般要求与接力器最快斜率保持一致，时间也按照最快斜率折算到全行程的时间去调整。业内也有部分专家提出事故配压阀的关机可以稍慢一些的意见，但未见理论根据。

方法如下：开环手动操作主配压阀导叶全开，解除分段关闭功能，强制动作事故停机阀，根据录波曲线计算关闭时间，若不相符，调整事故配压阀螺柱，反复调整，直至时间满足调保要求。如果调保计算书未给出事故停机时间，可跟业主或设计院协商，调整成导叶一段关闭时间（斜率一致）。调整完毕后，锁紧事故配压阀螺柱背紧螺帽，并做好标记。

事故配压阀有压力继电器的，事故配压阀动作后，压力继电器应动作；压力继电器一般有动合和动断两对触点，一般选动合，动作闭合报监控。若不动作，应在事故低油压的条件下，调整压力继电器的内部螺栓，平衡弹簧力和油压的关系。

这里需要注意的是，调整事故配压阀关机时间螺栓之前，应复归事故配压阀，以便于轻松调整。这时复归事故配压阀，可能会由于动作前导叶全开是自动或闭环手动开启的，由于电气给定值还在，导叶可能会开启，致使发生安全事故。所以，事故配压阀调整关机时间时，尽量采用开环手动开启或复归前，进行一次手动自动切换，将内部给定赋值为 0%。当然，只有单步调整事故配压阀才需如此注意，正常运行，事故配压阀动作，调速器电气会收到停机令，电气给定自然会清零。

4）分段关闭时间调整。如果调速器要求具备分段关闭功能，需要对分段的二段斜率进行调整，第一段斜率已在上述调整中完成。

方法如下：导叶开到分段拐点，强制投入分段关闭（手动或使得驱动继电器始终得电），驱动主配压阀紧急停机阀，根据录波曲线计算关闭时间，使之满足二段关闭时间要求。若分段拐点在 10% 以下，例如为 8%，建议导叶开至 80%，强制投入分段，然后驱动主配压阀紧急停机阀，调整时间使之满足为二段关闭时间的 10 倍即可，这样调整可以减小计时误差。另外，接力器有缓冲的，且缓冲点较高，建议采取这种方法。

当然也可以、更推荐按照第二段的斜率折算出全行程时间，在导叶全开时，进行调整。调整时间，实质是调整斜率。

分段时间调整完毕后，恢复分段关闭装置的自动控制功能，设置或调整好分段拐点，然后全行程导叶关闭，核对拐点是否与预设值相符合。如不符合，找出偏差原因，根据问题的轻重，进行整改或修正补救。

5）接力器全开和桨叶全开、全关时间调整（自动控制回路）。接力器（导叶）全开时间主要是通过调速器的自动回路，以电气控制上可能输出的最大强度驱动比例伺服阀，带动主配压阀和接力器，完成全开时间要求的主配压阀限位调整。

方法如下：接力器（导叶）全关，在调速器电柜的调试态下，进入导叶副环扰动试验窗，进行 2%～98% 的扰动，通过录波曲线计算 25%～75% 之间的开启时间，若不满足开机时间，则调整主配压阀开机时间限位螺母，最终使之满足调保要求，并紧固开机限位螺母。一般开机时间没有绝对要求，若计算书未提供该时间，且无从得知明确的开机时间，可根据经验调整为 15～25s 之间，或是关机时间的 1.5～2 倍之间。

接力器开启录波如图 5-40 所示。

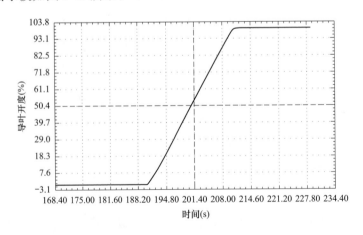

图 5-40　接力器开启录波

因为桨叶主配压阀一般不配置紧急停机阀，所以其全开、全关时间调整，只需通过桨叶大偏差阶跃的方式进行试验即可。

导叶和桨叶的主配压阀，自动回路如果设有备用通道，备用全开、全关时间也需进行校核。

（12）接力器手动全开、全关时间调整。该时间一般和调保要求的开关机时间没有直接关系，按照经验，因为手动多为点动操作，所以通常可结合紧停时间和用户的可接受的速率，调整一个适合的点动速率。建议每秒 $0.5\%\sim1\%$ 开度为宜，或点动一下 1% 开度左右，减少速度可稍快一些，这样利于空载时手动的频率调节。调整手动增加速度时，应调整手动脉冲阀，减少端电磁铁下面的节流阀，外旋变快，内旋变慢。调整手动减少速度时，应调整手动脉冲阀增加端电磁铁下面的节流阀，外旋变快，内旋变慢。调整合适后，背紧节流阀螺母。注意不要调整开关机时间螺母。

也有部分电站要求调整手动速度的方式，实现手动一直驱动关闭和一直驱动开启，达到一个恒定的斜率，这一点如果不是手动闭环控制，开坏其实很难实现。因为决定接力器速度的是主配压阀阀芯位移限制（实质是流量），但开关机调整螺母已经在前面做了紧固，手动驱动的是主配压阀阀芯，无论手动节流阀多小，手动脉冲阀均能很快将主配压阀阀芯驱动到极限位置。

如果是手动闭环控制类型的主配压阀，手动增减速度先不调节，等做完自动的全开全关时间调整，主配压阀反馈增益系数也已确定，手动增加速度此时基本满足了要求。若相差太大，可修改参数，改变手动增加减少率，以作修正。

（13）双调机组，桨叶开关机调整方法同理，只是没有分段部分。

举例，上述试验的时间记录，可用表5-5所示。如果时间充裕，在静水下也可进行一系列测试，数据和无水有少许差别，且在真正的动态下，数据又不完全一样。在甩负荷时只要转速上升率和水压上升率满足调保计算要求，也不会再调整开关机时间。

表 5-5 开关机时间整定记录表 s

设备组合	A套伺服阀1开机时间	A套伺服阀1关机时间	B套伺服阀2开机时间	B套伺服阀2关机时间	事故配压阀动作关机时间	紧停阀动作关机时间
无水	19.570	15.121	19.386	15.106	14.939	14.990
静水	19.630	15.257	19.408	15.642	15.167	15.341

（14）接力器综合偏移试验。该试验的目的是测试调速器主配压阀中位的油封性能。试验条件为将伺服比例阀、切换阀、手动增加阀、紧急停机阀装在集成块上，接力器、主配压阀、控制柜构成一个系统。

试验方法：主配压阀机械零点位置调整完毕，将接力器开至 50% 开度附近，主配压阀投入自复中状态，测量接力器的位移量。接力器漂移数据记录如表5-6所示。

表5-6　　　　　　　　　　　　　　接力器漂移数据记录表

内容	起始位置	最终位置	试验时长	漂移速度
设定值	50.00%	50.00%	30min	10min内位移漂移量≤1% （按现场接力器容积进行换算）
实测值	50.05%	50.02%	30min	0.01%

至于漂移大小和方向，有的电厂要求漂移量越小越好，有的要求漂移缓慢偏关，且明确偏关速度不大于某值。对于前者取决于主配压阀的加工和装配，后者要看主配压阀的机械中位是否具备可调性。

（三）电柜调试

（1）校对外部接线，有无短路、错线现象。尤其注意测速探头，若线没有接好，上电前甩掉该外部接线。调整探头离齿盘距离为2mm左右。

（2）电柜上电前，检查各电源系统。甩掉PCC和触摸屏电源。检查PCC每个通道和大地、220V无短路现象。需要增加电阻的，准备增加。

（3）逐次推上空气开关，密切关注各设备情况，有异常，迅速拉下开关；无异常，测试PCC和触摸屏电源是否正常。测量电源系统和大地间电压是否平衡、无异常。

（4）电柜上电，观察各信息和状态是否正确。控制把手、开入、模入等关系是否正确。如果时间充裕，可通过试验室人员配合，测试一下频率通道，校验功率变送器。

（5）进行参数输入。如图5-41所示，根据电厂或设计院提供的机组参数、协联关系（双调），在参数设置窗口、机组参数输入窗口、水头参数输入窗口输入有关参数，完成电厂参数设置，对于空载开度，可在手动开机后根据实际情况再进行修改。

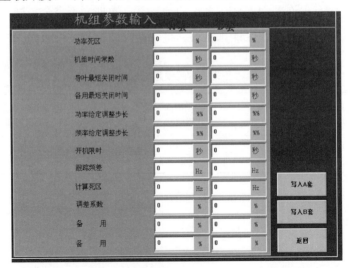

图5-41　设置窗

（6）定位试验。进入定位试验窗口，如图 5-42 所示，手动操作接力器全关，并按紧急停机，保持一段时间，待导叶传感器采样不变时，记录该值。导叶手动全开，记录导叶采样值。把这两个数值分别写入定位窗的最小、最大的数据框，参数下发，提示写入成功，点击确定即可。桨叶同理，桨叶无紧急停机。

如果电柜引入主配压阀反馈控制的，需要对主配压阀进行定位。如图 5-43 所示，以 A 套主配压阀定位为例，通过监视控制器程序在副环阶跃过程中主配压阀反馈的采样，记录全开过程的主配压阀最大采样、主配压阀全关过程中的最小采样以及主配压阀稳定在中位时的采样，将上述采样写入 A 套的全关定位、零点定位和全开定位。

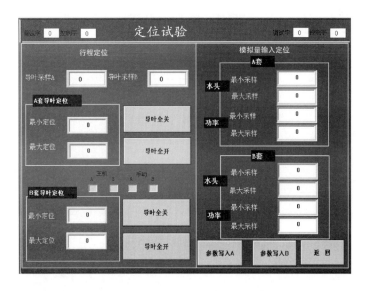

图 5-42　定位窗

图 5-43　主配压阀定位窗

事实上最大采样和最小采样是在主配压阀开关机时间调整完毕之后，即可穿插记录定位。

（7）副环扰动试验。在无水试验中进入导叶扰动试验，导叶切手动，根据经验预设 PI 参数，然后设置导叶给定，观察导叶动作情况，若不动作或反向动作，在电柜端子调整控制输出正负（控制输出正负是否正确，可以在定位试验窗强制全开全关，观察接力器方向是否相同，若相反，调换正负即可）。导叶扰动，根据录波观察导叶动作是否平滑、是否到位。根据经验，比例不要超过 8，积分根据实际选择。如果给定和反馈始终有偏差，可修正一下主配压阀零点，微调一下主配压阀反馈增益，使之反馈变小，灵敏。扰动结束后，自动维持一个开度，要触摸主配压阀阀芯是否有抽动，副环扰动给定和反馈偏差相差 0.5% 以内后，主配压阀阀芯抽动应降到最小。副环扰动的时候，注意电柜、机柜间导叶开度显示的差异不要太大。

如图 5-44、图 5-45 所示，为导叶扰动试验。

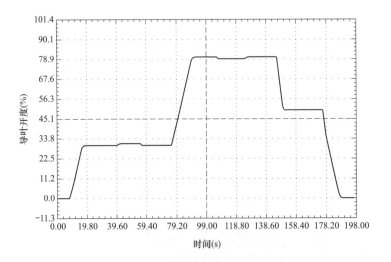

图 5-44　A 套伺服 1 导叶副环扰动曲线

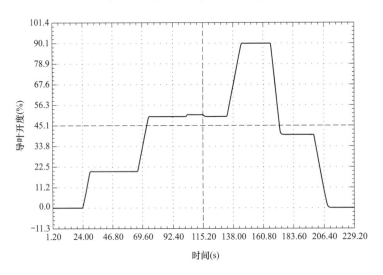

图 5-45　B 套伺服 2 导叶副环扰动曲线

　　导叶副环扰动试验是调速器的最基本的试验，本质上决定着调速器所有试验项目、运行的性能指标。因此，需要强调以下几点。

　　1）副环扰动，要大小扰动均需要进行。大扰动超过 5% 以上的偏差，小扰动为 0.2%～1% 之间的偏差。

　　2）副环扰动，主备比例伺服阀回路均需试验，非对称冗余的主配压阀更要全面试验。

　　3）扰动效果，根据经验总结，在此一定要追求三个指标："快、准、稳"。

　　a. 快，是指在大幅度扰动时，其斜率要和调保时间对应的最快斜率相一致。同时，在小偏差扰动和扰动的收敛末端，要快。比如 10% 的扰动时间为 1s，1% 的扰动是否达到 0.1s。如果 0.1s 达不到（因稳定性的限制），最快是多少。这些都是尤其需要注意的，这一点，仅从调速器这个角度去看，是本质上决定着调速器的空载以及一次调频性能。其次就是末端的收敛是否快，如果过慢，意味着积分输出限幅偏小，如果积分改大又引起大扰动超调或稳定性差，这时要考虑主配压阀反馈增益系数的配合，或适当。

b. 准，顾名思义，就是导叶给定值和反馈值在调节稳定后要一致，偏差为 0 为佳。在导叶环节增加一个非线性的积分处理，可以实现 0 偏差。一般而言静特性死区要求为小于 0.02%，如果 $b_\mathrm{p}=4\%$，偏差只需小于 0.5% 即可，由于不灵敏度为其一半，所以做副环试验，两者偏差要确保在 0.25% 以内，静特性试验方能通过。一般而言，导叶的控制精度至少在 0.2% 以内（稳态）。鉴于此，前面要求必须做 0.2% 偏差的小扰动（暂态），且调速器必须响应，方能将调速系统调整到最优。

c. 稳，就是稳定性要好，这里有两层含义，一个是导叶接力器要稳定，二是主配压阀阀芯要稳定。调速器在运行时，导叶环节一般不人工设定死区，导叶为实时控制，在稳态下，在导叶给定和反馈完全一致下，导叶和主配压阀不可能是完全静止不动的。反映在导叶反馈采样上，就是不能有波动或周期跳变。经验值，不大于 0.5% 跳变，甚至不大于 0.2% 的波动，为合格。如果发现在自动下大于该值，需要择机排查处理。这时可以切机手动，排除是否电磁干扰或传感器本身问题。主配压阀阀芯的稳定，这个几乎就完全靠工程师经验来判断了。很难量化一个定值去判定阀芯是否抖动或抽动。如果较之接力器容积，主配压阀选型过小和选型过大，同样的阀芯抖动量（绝对位移），影响强度是不同的。在主配压阀选型适中的前提下，发电态无负荷调整下或副环稳态下，判断阀芯抖动，一般靠手去触摸阀芯，上下移动范围在 1mm 以内，用肉眼看微微抖动，没有明显的剧烈抽动，不能听到过油声，即可判断主配压阀阀芯是稳定的。在空载态阀芯抖动要大一些，是正常调节现象，但尽量不要出现明显的过油声，否则也可认为阀芯不稳定。

副环扰动，主要任务是选择合适的导叶 PI 参数（积分参数，有的厂家实质为积分输出限幅大小；有的厂家不存在积分环节）、合适的主配压阀反馈增益系数。依据"快、准、稳"原则，在"主配压阀零点""主配压阀反馈增益系数"和"导叶控制参数"三者选择上，达到一个最佳的控制平衡。

就参数选取方面，调节过渡过程和参数大小之间的关系，经验一般如下：

1）如果大扰动快且超调，比例和积分偏大。

2）如果大扰动速度慢，且超调，积分偏大。

3）如果不超调但末端收敛较慢，或开关方向存在反馈始终滞后给定一定值（同向调节不到位，上扰反馈小于给定，小扰反馈大于给定），积分偏小。

4）如果稳态下导叶波动，积分或比例偏大，或主配压阀反馈增益过于灵敏。

5）如果上扰导叶反馈大于给定，下扰反馈大于给定，即反馈始终大于给定，反馈在给定之上，说明主配压阀零点偏开。

6) 如果上扰导叶反馈小于给定，下扰反馈小于给定，即反馈始终小于给定，反馈在给定之下，说明主配压阀零点偏关。

（8）桨叶副环扰动试验（单调机组不做）。桨叶副环扰动试验方法和导叶一样。但由于受油器多窜油超标，调速器会出现打油频繁现象，所以桨叶控制一般以稳定性为主，这样可以牺牲一定的精度来实现，桨叶调节速度本来要求也不快。也可以在桨叶环节增加一定的人工死区，或调整主配压阀反馈增益系数，来降低桨叶调节的灵敏性。

（9）分段关闭自动投退试验，首先把导叶开到分段拐点以上，如果分段点在空载开度以下，使机组在空载态，突然给停机令，观察继电器和装置动作情况，根据录波可以看出。如果分段点在空载开度以上，模拟发电态，把开度开大，然后按紧急停机，观察继电器是否正常动作，装置是否投入。投入之后，再观察继电器复归情况。

分段关闭功能由监控系统实现，这需要两个专业人员配合共同完成。

（10）静特性试验。该试验的目的是测量调速器的静态特性关系曲线，根据测量出的机械死区，再通过调差公式折算出转速上的一个死区，并校验调差率。方法：进入静特性试验窗，如图 5-46 所示，选择自动产生频率，设定水头和调差率，使频率逐渐由大到小，接力器每次变化稳定后，记录该次相应接力器行程，通过作图法求出死区

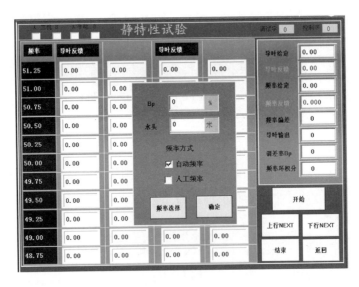

图 5-46 静特性试验

另外，若有中试所配合，可根据要求，首先把死区设置为 0，调差设置成中试所要求的数值，比如，$K_P=10$（中间值），$K_I=10$（最大值），$K_D=0$，b_p（调差系数）$=4\%$，F_g（频给）$=50.00\text{Hz}$，L（开限）$=100\%$，E_f（死区）$=0$。然后手动把导叶维持 50% 开度，短接断路器信号，使调速器处于发电态。此时接线方法如下：中试所试验需要接两组线，一组导叶开度，一组发频。导叶开度可来自信号分配模块的第二路模拟量上，发频接到调速器

测频（机频）端子上，外部 TV 线甩掉，包好。

静特性数据及曲线如表 5-7、图 5-47、图 5-48 所示。

表 5-7　　　　　　　　　　　　静 特 性 数 据

频率（Hz）	$b_p = 4\%$，水头：242m	
	开方向（%）	关方向（%）
50.90	5.025	5.025
50.80	9.985	10.06
50.70	15.08	15.015
50.60	19.975	20.04
50.50	25.13	25.065
50.40	29.96	30.025
50.30	35.05	35.05
50.20	40.01	40.075
50.10	45.035	45.035
50.00	50.07	49.995
49.90	55.003	55.095
49.80	60.12	60.12
49.70	65.015	64.95
49.60	70.04	69.975
49.50	75.000	75.065
49.40	80.025	80.09
49.30	85.045	85.045
49.20	90.005	90.005
49.10	95.04	95.04

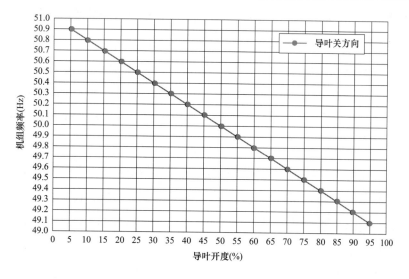

图 5-47　静特性曲线 1

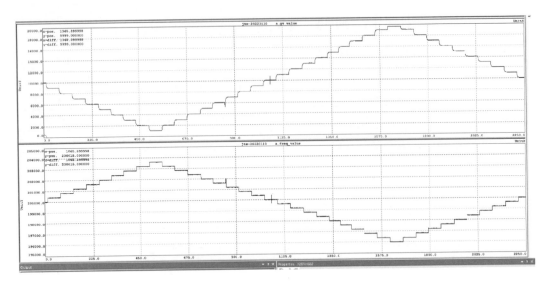

图 5-48 静特性曲线 2

根据上述测试，可得结果，转速死区为 0.003%，符合相关标准中对静特性转速死区的要求。

（11）调速器故障模拟及故障、状态切换。此项试验是调速器静态试验中在最后一个较为重要的试验项目，如果厂内测试不全或是一个新系统、新程序，这将给现场带来很大的测试压力。因为这些故障极为重要、细碎，且故障机理和切换逻辑多为程序处理，厂内和现场没有环境差异带来的区别，所以这部分工作完全可以在厂内完成测试，该项试验理应是出厂试验的重要一环。从试验本身而言，该项试验的入手全面地可以归纳如下。

1）理清所有的故障个数、故障分类以及每个故障的判断机理。比如分类，大的可分为一般故障、严重故障和停机故障。也可分为电气故障、机械液压故障、系统故障。

2）理清故障之间的关系是什么，比如液压故障包含（细分）了哪些具体环节的故障。

3）故障之间的切换逻辑是什么，比如三支导叶传感器，故障彼此是怎样切换的。

4）理清两套出现的各种故障，与 AB 主从机切换的关系，与自动手动的切换关系。

5）明确什么样的故障及其组合上送监控，是作为报警，还是作为停机。停机要不要增加一定的延时判断等。

理清这些关系之后，比较细的测试一般是，首先模拟故障本身是否正确，其次模拟故障之间的切换，之后就是故障发生后的故障保护行为：是 AB 切换，还是自动降级到手动，还是上送监控停机。这些在不同的工况下，比如开机过程、空载和发电，同样报全频故障，处理的方法不尽相同。

总之这是一个工作量大，且容易实现程序规范的工作，本项试验宜出厂前完成充分测试，这样在现场择其重点和结合实际需求变动，去针对性地抽样测试。

故障及故障切换测试完，一般在空载态和发电态，将手自动切换、AB套切换、开度功率模式切换、现地远方切换，这四类排列组合进行穷尽切换，切换过程中确保导叶开度扰动量满足规程要求。

（四）设备联调及动态试验

设备联调前提是调速器单体已经调整完毕，与其他设备具备了对线、走流程的条件，可以开展与其他专业之间的工作。工作完成后，就具备了机组开机的条件。开机是一个关键节点，在此之前需完成一定试验数据总结和审核。

（1）和监控进行对点。所谓对点就是调速器给监控的信号，首先通过强制开出，观察监控是否收到，定义是否正确。然后是监控开入，观察调速器收到的令是否正确、对应。此时一定要根据电柜、机柜外接线图，逐项一一校对。尤其是关键的事故配压阀、分段关闭装置、主配压阀紧急停机阀、锁锭等设备的关键控制和位置反馈信号。调速和监控的通信要调试，通信协议里的各个信息可通过模拟或者强制的方法逐一给出到监控，看是否正确对应。开入开出信息窗如图5-49所示。

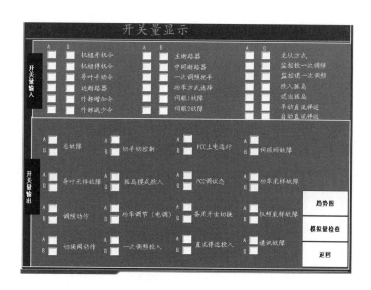

图 5-49 开入开出信息窗

（2）配合监控走流程。也有的电厂称之为联动，试验期间主要是将调速器置身于整个机组的控制流程之中，借助试验仪器，尽可能真实地模拟机组的开停机、并网、调负荷、甩负荷、事故停机、紧急停机等功能任务，调速器与其他设备之间的控制信号以及反馈信号，均能正确响应和反馈。期间，配合监控要尽量多地模拟一些故障。联调过程中，需注意观察分段关闭自动控制、模式投退、水头等是否正常。如果自动水头监控提供，让监控强制一个水头，根据电流和水头的关系进行定位，看界面显示是否和监控一致。

（3）机组首次启动。机组第一次开机为手动，推荐在机柜开机，这样便于专业人员观察主配压阀动作、油泵启停、油压、油位等状态，以确保安全。开机前调速器需做好充分准备，齿盘探头间隙调整好，信号正确（测试方法，调整前把探头拆下，对着齿盘进行晃动，同时观察齿盘测频信号是否有数值变化）。机组第一次开机，转子没有剩磁或很微弱，机柜的频率计无法测量到 TV 频率，建议试验室从 TV 的一次侧引出信号至机柜，用万用表或其他设备测量机频。这样做的目的是确保频率绝对可测量和正确，否则绝对不能开机。经验丰富的调试工程师，会注意这一点，提前根据齿盘齿数和极对数关系，确保了算法正确，且借助发频设备进行了静态测试。因为第一次开机，由于没有 TV 测频，调速器、监控、状态监测等设备的齿盘测频很可能由于调试不充分、频率显示不一致，机组旋转后，无法确定哪个设备是正确的。为了确保 TV 可测量，也可以在励磁柜内，采用直流事先充磁。

手动开机，一般是一人操作，一人监护，听从指挥，初始是开启一定开度，让机组滑行，布置在水车室和风洞的技术人员密切关注设备状态，有异常随时关闭，甚至按紧急停机（不联动落门）。设备启动无异常，缓慢开启导叶，转速逐步升至额定。

开机前，最好能获知当前水头和该水头下的空载开度，这样操作导叶有个大致的目标，不至于机组过速。

（4）机组动平衡、瓦温考验试验。此试验主要是配合，调速器处于手动，机组运转期间，注意记录、观察油泵启停时间，手动下导叶开度是否漂移，齿盘转速是否正确、有无大的跳动，测量残压幅值，导叶开度不变的情况下机组转速摆动，当下净水头，实际的空载开度。

（5）机组过速试验。此试验调速器主要给予为配合、监护，过速前可再测试一下紧急停机动作是否可靠，测速准确，齿盘探头间隙调整合适，油泵是否自动控制位置。做过速的时候，注意记录导叶最大开度和最高转速。此试验之前，"115％＋主配压阀拒动"过速、电气过速和机械过速，应该在静态下完成模拟测试，确保信号传递、设备执行和反馈均正确，且动作顺序、设备响应的先后关系应符合设计逻辑。

过速试验为破坏性试验，其主要目的为对机组材料质量、机构设计和安装质量进行一个整体检测。一般只对机械过速定值和液压回路进行校验，前面两个电气过速解除出口动作，不执行停机，升速的过程中检测信号是否开出即可。机械过速保护动作转速整定值误差不宜大于±2％。

需要强调的是，针对双调机组，如果大型轴流转桨，机组惯性大，这时如果做过速试验，尤其注意桨叶的配合。根据经验，首先根据当前的水头和机械过速的转速点，计算或预估一个导叶开度和与此匹配的桨叶开度。操作的方法为机组在空载态，导叶和桨叶均切至手动，然后开启桨叶到预定的开度，保持不动。这时转速可能会降低，导叶可开启一定开度调整到额定。然后就根据统一协调，开启导叶，直至机组过速，停机。

还有一种降低的方法，就是调速器模拟到发电态，桨叶首先切自动，然后直接手动开启导叶，但导叶开度大于当前水头下的协联开度后，桨叶自动跟随导叶协联开启，也能实现过速。

如果大型轴流机组，桨叶不打开（空载态，桨叶关闭），仅仅开启导叶，大概率很难使机组转速到达需要的过速定值。且这个过程伴随着较大的振动，重则损伤机组。如果贯流机，桨叶不开启，只开启导叶，可以实现过速，但仍然振动较大。

试验中，无论电气还是机械，如果发现不准确，需要调整的，也无需真机过速去校核。因为通过频率信号发生器或机械飞摆试验台完全可以模拟、替代真机完成校核的目的，没有本质区别。

机组过速试验数据记录如表 5-8 所示。

表 5-8　　　　　　　　　　　　　　　机组过速试验数据记录

过速前频率（Hz）	动作频率（Hz）	过速最高频率（Hz）	动作开度（%）	最高转速上升率（%）
50.17	77.65	79.47	70.45	158.9

机组机械过速曲线如图 5-50 所示。

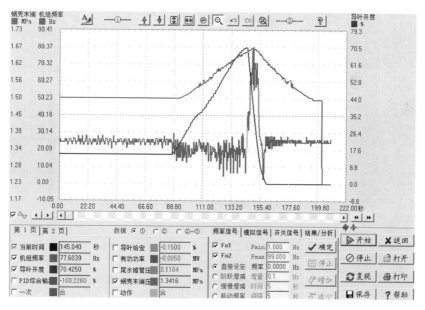

图 5-50　机组机械过速曲线

（6）升流升压试验：此试验调速器主要给予配合、监护。升流试验，TV 是不存在的，调速器注意是在手动状态。手动如果是开环的，注意导叶开度不要漂移太快（有水和无水还是有区别）。升流过程中，磁阻力会变大，机频会稍有降低，属于正常现象，不必频繁手动调节。

（7）手动切换和空载扰动试验。机组做完升流、升压后，根据试验要求，首先要做手自动切换，在切换前注意测量测频 TV 幅值，以及功率变送器三相电压是否平衡，检查经验（参考同类型的机组调速器空载参数）空载参数是否预设。满足要求，即可切到自动状态。

切自动后，观察空载频率特性，能否稳定控制。

然后准备做空载扰动。试验目的是观察机组空载时调速器的稳定性与各项调节指标。选择较好的调节参数（K_P、K_I、K_D），使调节器品质达到最佳。

方法如下：导叶切手动，A 主机，进入有水试验的空载扰动窗口，如图 5-51 所示，首先观察空载参数是否显示出，若没，再预设参数，点击下发，然后把频率给定设为 50Hz，这时切自动，观察开度和频率变化，若有异常立即切手动维持空载状态，若无异常，可改变频率给定 49Hz，进行扰动。若能正常调节，即可根据要求进行空载扰动。一般是 50Hz-49Hz-50Hz-51Hz-50Hz-48Hz-50Hz-52Hz-50Hz-48Hz-52Hz-48Hz-50Hz 这个顺序，期间可以不断优化参数，超调尽量小，速度也不能过慢，导叶往返次数不能太多。A 套做完之后，扰回 50Hz，切手动，然后切换到 B 套，同理重复上述方法。空载完成后，触摸主配压阀阀芯是否抽动严重。

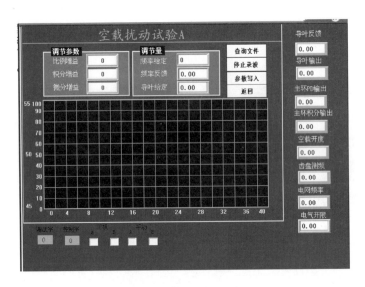

图 5-51　空载扰动试验窗

最后，将最佳参数分别写入 A、B 两套微机。比如常见的空载参数为 $K_P = 4$，$K_I = 0.10$，$K_D = 1$，空载扰动试验曲线录波如图 5-52 所示，动态稳定性优于国标要求和有关规定。

由于机组类型、工况、水头等不同，机组自身的频率特性不太一样，比如可逆式水泵水轮机，频率稳定性较差。还有就是，空载扰动频率超调是必然的，不能追求导叶扰动那种效果，允许超调，只要不超标，收敛快，精准和稳定性好，也是可以的。不可牺牲调节速度来追求小超调量。

根据现场试验的经验，大型混流式机组，空载扰动很难过关的一个指标是调节时间。DL/T 563—2016《水轮机电液调节系统及装置技术规程》规定调节时间 T_p 不超过 25s，且在此时间内的频差超过 ±0.3Hz 的波动次数不超过 3 次。尤其是水头变幅比较大的大型电

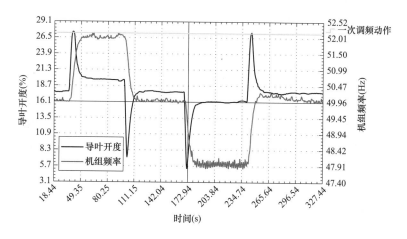

图 5-52　空载扰动试验曲线录波

站，空载参数业内大多采用一组 PID 参数，这样这组参数就不能适应全范围水头内的机组频率特性，调节效果会比当时试验时的调节效果要差，就会存在不合格现象。

针对于此，有的电站试图根据水头的不同去设置和自动调取不同的最优空载参数去克服，但实施起来周期较长。比如根据水头的在高中低，定三组参数，这要求一台机在等待实际水头符合要求时做 3 次试验，如果电站是 6 台机，要做 18 次试验。试验本身工作量大，水头变化的等待中也较为耗时。

（8）空载摆动试验。空载摆动是考验空载扰动性能的一个重要测试。首先是考查调速器在手动时，由于水力振荡而引起的机组转速波动的情况，然后再考查调速器在自动时的机组稳定性情况，比较两者的转速波动大小，判断是否符合相关标准中有关条件的要求。

试验方法：

1）自动启动机组到额定转速，将频率给定保持在 50Hz，稳定 5min 后进入试验，考查 3min 机组频率波动的峰谷值，并记录频率和导叶的调节过程。

2）A、B 机相互切换，稳定 3min 后进入试验，考查 3min 机组频率波动的峰谷值，并记录频率和导叶的变化过程。

试验参数和试验结果记录如表 5-9 所示。

表 5-9　　　　　　　　　　　　机组空载摆动试验数据记录

试验空载参数：$K_P=2.0$；$K_I=0.12$；$K_D=2.5$			
序号	频率给定值（Hz）	实测频率波动（Hz）	转速摆动相对值（%）
第一次		49.950～50.041	−0.1＋0.08
第二次	50	49.953～50.061	−0.1＋0.12
第三次		49.942～50.062	−0.12＋0.12
3 次测得的转速摆动相对值取平均值 （相关标准要求不超过±0.15%）			−0.11＋0.11

试验曲线如图 5-53～图 5-55 所示。

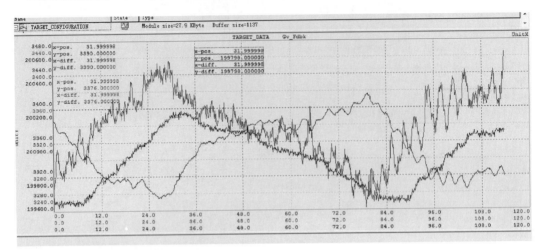

图 5-53　A 套伺服阀 1 空载摆动

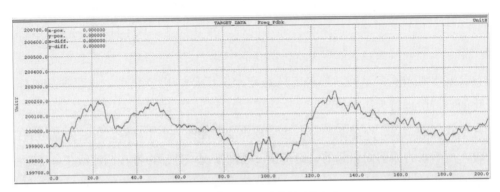

图 5-54　B 套伺服阀 2 空载摆动第 1 次

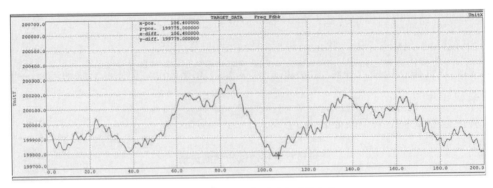

图 5-55　B 套伺服阀 2 空载摆动第 2 次

　　如果测试下来，空载摆动超标，这时就需要测一下手动下保持开度不变下的转速和水压变化，是否很大。影响频率波动因素很多，比如频率干扰、水压波动、水头过低，有的电站为新建，大坝泄水引起尾水波动等。这些均需要综合分析，不能指标一不合格在未查清原因时就完全否定调速器。

当然也可能是调速器问题，在确保频率反馈采样正常的前提下，这时就需要细分频率反馈、导叶给定和导叶反馈，3 个重要数据的关系，一般而言导叶给定和频率反馈呈现镜像关系，或前者因为微分的作用稍微超前，这时重点看导叶反馈是否严格地紧密跟随导叶给定，如果滞后过大，导叶反馈就和频率反馈的镜像错相。错得越大，频率的摆动就会越差，甚至发散。控制系统的反馈环节的响应滞后，是引起控制振荡和发散的重要原因。这些细节尤其要注意分析。

（9）自动开机试验。空载扰动结束后，机组即可自动开机。此时要注意修正各个水头下的空载开度，使之与实际相符。这样开机控制效果较好。开停机注意要录波，分析开机曲线，开机频率调整时间不能太长。

机组开机过程，观察和记录导叶的调节及转速上升情况。

在该试验中，调速器一旦接到开机命令，即执行开机操作。如图 5-56 所示，为某电站自动开机曲线，开机动作迅速，超调量为 0.55Hz，无波动，开机时间为 97s。

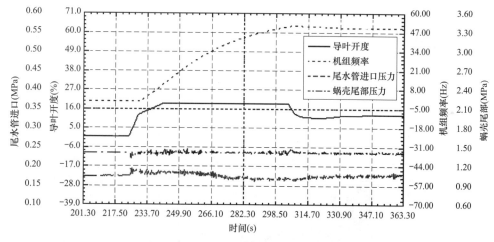

图 5-56 自动开机试验录波图

这里需要说明的是，调速器的开机规律一般电站如果没有特殊要求，基本是以调速器厂家的经验进行设置。根据统计，主要有两种类型的开机规律，一是缓慢开机，也称为柔性开机，在开机过程中，对导叶控制依据一定的斜率（比如 0.25%/s）缓慢爬升，直到机组转速达到 95%（或 90%）以上，进入空载。这样对减少转轮叶片应力大有裨益，大型混流机组，推荐采用这种开机方式。二是分段开机，第一段导叶开启至第一开度，第二段开启至第二开度，第一开度往往大于空载开度，目的是机组快速启动起来，第二段要小一些，这样可以防止机组开机转速过调。但对开机速度如果没有特殊需求的，可以尽量地确保转轮寿命，尤其是国内部分电站，接力器全开时间整定为 15s，如果空载开度是 15%，速度没有限制，第一开度用时为 1s，强大的水力会对转轮产生较大的动应力，久而久之会产生裂纹。XW电站采用原开机规律及动应力测试曲线如图 5-57 所示，XW 电站采用柔性开机规律及动应力测试曲线如图 5-58 所示。

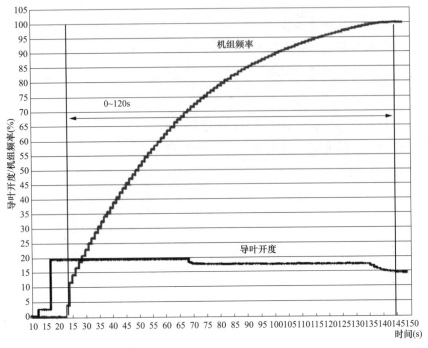

(a) 原开机规律

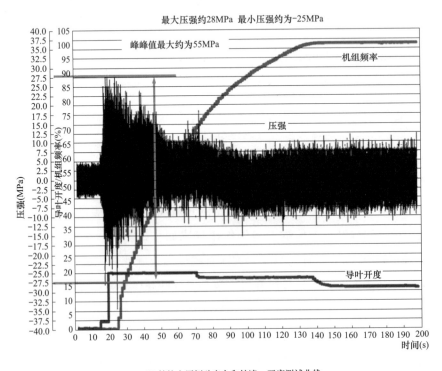

(b) 转轮上冠侧动应力和转速、开度测试曲线

图 5-57　XW 电站采用原开机规律下的动应力测试曲线（一）

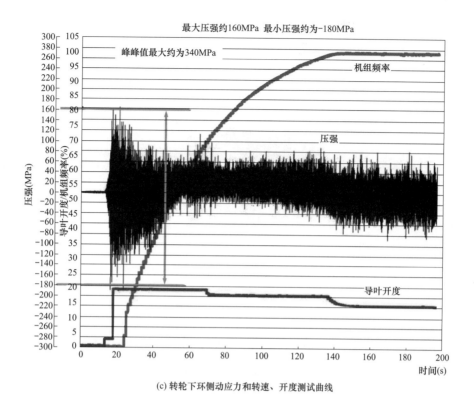

(c) 转轮下环侧动应力和转速、开度测试曲线

图 5-57 XW 电站采用原开机规律下的动应力测试曲线（二）

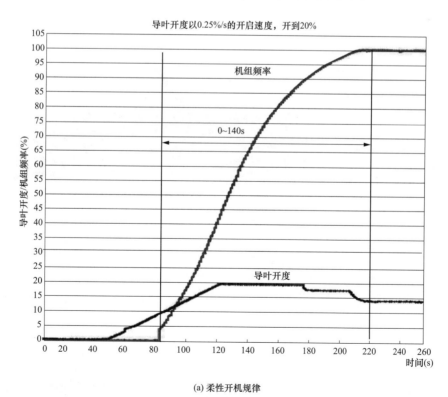

(a) 柔性开机规律

图 5-58 XW 电站采用柔性开机规律及动应力测试曲线（一）

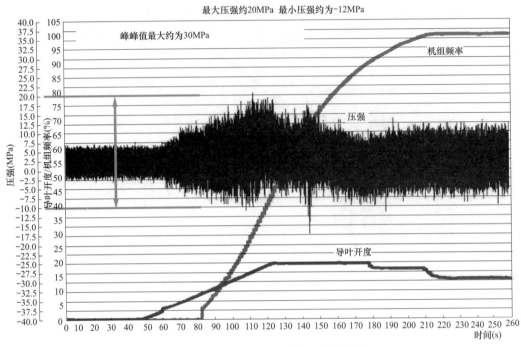

(b) 转轮上冠侧动应力和转速、开度测试曲线

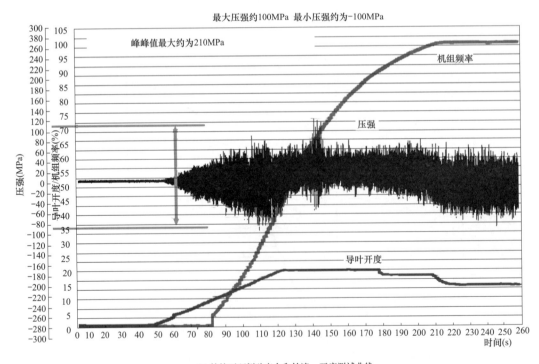

(c) 转轮下环侧动应力和转速、开度测试曲线

图 5-58　XW 电站采用柔性启动开机规律下的动应力测试曲线（二）

　　当然也有采用三段开机的，如图 5-59 所示，为青海 BD 电站最终优化的导叶开机规律，开机超调为 0.3Hz。或者第一开度小于第二开度，还有就是双调机组，开机前桨叶处于启动

角开度，在开机过程中，导叶开启，桨叶关闭，可以迅速拉起机组转速，一把桨叶不建议完全关闭，可以保持在1%左右的开度，这样可以增强桨叶开启的速动性。总之开机规律要和机组类型和实际情况相匹配，达到开机速度、超调量和转轮寿命一个较好的平衡。

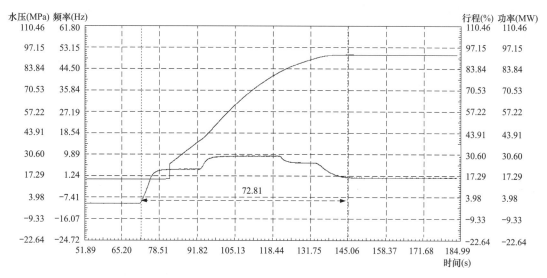

图 5-59　青海 BD 电站采用三段开机录波图

（10）自动停机试验。记录停机过程，观察导叶的调节及转速下降情况。图 5-60 所示为某电站自动停机试验录波图，记录当前水头为 149m，空载开度为 12%，该试验中，调速器一旦接到停机命令，即执行停机操作。导叶接力器 2s 内达到全关。

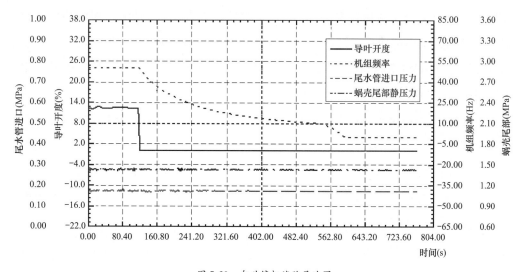

图 5-60　自动停机试验录波图

同样，仅仅录个停机曲线，现实意义不大。但，凡是数据，加以科学分析，都有一定的价值，比如可以建立停机过程中的转速衰减曲线方程，在一个误差范围内，从导叶关闭开始计时，计算出达到投入制动（风闸）的转速点的时间，此可以作为投制动的条件之一，即便投制动的转速信号误开出，但由于时间未满足，可以避免"高速加闸"现象。

（11）空载下的励磁试验、机组带 GIS 升流、主变压器冲击、真假同期试验。上述试验，调速主要配合为主，现场有充足的时间，机组在转动状态，注意多巡检调速器设备是否运行正常，比如机械液压部分有无跑、冒、滴、漏，打油有无异常、各种采样是否跳变、导叶传感器有无松动等。

（12）调速器带负荷试验。如果是采用开度模式发电运行，该试验为和监控配合的一个试验，监控脉冲调功时，如果调功过慢，可在机组参数设置窗口里加大功率调整步长（缩小调整时间），但不能过大，否则监控调功会有明显超调；反之，同理。

如果调速器自身功率闭环，机组开启前，检查功率 PID 参数是否写进去；开启后，投入功率闭环信号，让监控发出功率给定，也可以在调速器进行改变功率给定，通过滤波观察和分析功率调整情况，与导叶扰动类似。最终选择比较合适一组或数组 PID 参数。其中要注意的是导叶开度变化不要太快，开度不要变动到空载开度以下；功率闭环试验中，尤其防止对讲机的干扰，一旦干扰使之给定变成 0，后果严重。

这里需要注意的是，无论开度模式还是功率模式，一定要注意调速器调节的导叶边界。最好在静态下完成导叶最大和最小边界的验证。

在开度模式下，比如开限设置为 98%，模拟监控不断地增加脉冲，观察导叶给定和反馈是否止于 98%，且不会发生导叶翻转现象；同样，模拟监控不断地减小脉冲，观察导叶给定和反馈最小是多少，是否符合程序设计，最小开度限制是否有效，不存在导叶突然开启现象。

在功率模式下，比如开限设置为 100%，模拟监控下发 100% 功率，观察功率是否调整到 100%，这时人工模拟功率反馈不足，将导叶开度开至 100%，继续模拟功率不足，观察导叶是否翻转。功率给定如果给出 110%，功率反馈也应相应调整到 110%，而不能将功率反馈限制在 100% 以内，不然会出现开环，导叶会一直失控开启。

当然，这些理不应是现场试验的一部分，而是产品质量的范畴，应在厂家内完成充分测试，形成成熟的、标准化的程序。这里是结合实际发生过类似问题，在此做了一定的介绍。

（13）甩负荷试验。该试验主要是以油开关断开为标志，机组负荷突然失去，考验调速器控制的导叶是否按照一定的速度关闭，把转速上升率控制在要求范围内；也是对前面调速的各种试验做最终的考验。该试验，要做的就是录波和记录。记录最大开度、负荷，最高、最低转速。如果甩负荷过速或转速下拉过低，或蜗壳水压过高，观察导叶关闭时间是否按照规律关闭。如果导叶关闭遵循了调保规律，这说明调保计算有误；如果导叶关闭未遵循理论要求，说明调速器在设计、选型或前面试验方法上存在问题。

机组甩负荷，调速器由发电态转入空载态，机组转速的抑制以及后期的转速调节，主要靠状态转换后的导叶给定清除和空载 PID 调节来共同作用。若调速器允许，一般做 4 次甩负荷，即 25%、50%、75% 和 100%。如果水头不足以机组满发，可以甩当前最大负荷。

云南 WDD 水电站甩负荷试验数据如表 5-10 所示，甩负荷曲线如图 5-61～图 5-65 所示。根据曲线要分析重要的三个指标，一是接力器不动时间，二是关闭斜率，三是导叶第一段关闭曲线是否弯曲过甚。

表 5-10 　　　　　　　　　　　　　　甩 负 荷 试 验 数 据

方案	有功功率 （MW）	甩前机组频率 （Hz）	甩后最高频率 （Hz）	频率上升率 （%）	调节时间 （s）	备注
A 套 25%	214.16	50.047	52.45	104.8	—	不动时间 0.285s
B 套 25%	211.14	50.042	52.406	104.723	—	不动时间 0.290s
50%	422.00	50.051	56.846	113.575	—	—
75%	641.30	50.057	62.406	124.669	—	—
100%	846.82	50.047	71.040	141.946	13.225	当前水头最大负荷

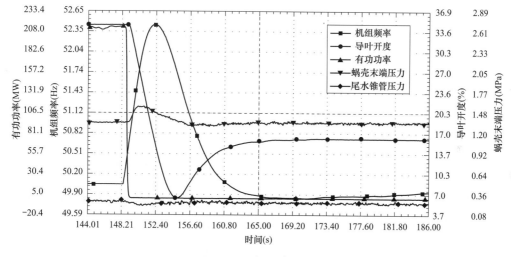

图 5-61　A 套 25% 甩负荷

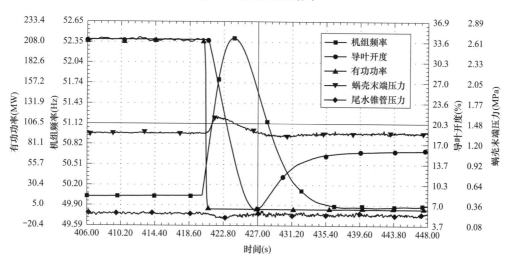

图 5-62　B 套 25% 甩负荷

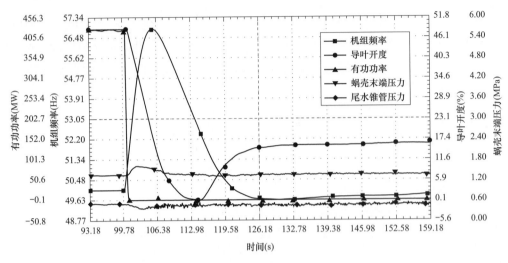

图 5-63　50％甩负荷

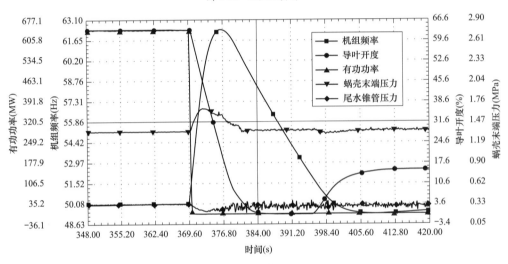

图 5-64　75％甩负荷

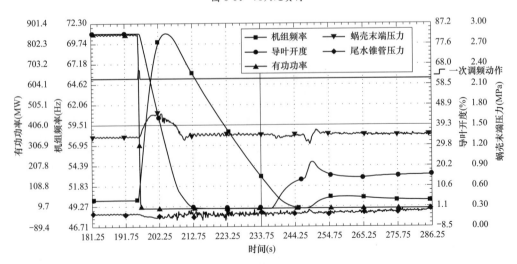

图 5-65　100％甩负荷

（14）事故低油压试验。此试验比较简单，在机组带最大负荷情况下，油泵自动退出，然后通过排油或排气的方式，把压力降低到事故低油压，压力开关动作，机组事故停机。该试验考验的是机组在有水状态和调速器事故低油压情况下，接力器操作功和压力罐余下的油液是否还允许推动导叶迅速关闭，该试验禁止空载模拟，以防止油压过低，无法推动接力器操作，一旦机组转速过高将难于控制。该试验要记录实际的事故低油压动作值。

该试验本质不是校验事故低油压压力开关定值和事故低油压停机流程是否正确，因为这些完全可以静态模拟替代。动态下，导水机构在快速关闭时调速器开关腔压力和静态下是完全不同的，这一点尤其要引起设计者和调试人员重视。

（15）其他试验。部分电厂，调速需要做参数辨识和一次调频试验，励磁做参数辨识和PSS 试验。调速系统一般要给出以下几个量：导叶开度、导叶给定、主环 PID 输出、副环输出、功率输出、一次调频动作信号（或频差信号）、主配压阀阀芯位移信号（反馈电压和位移的关系要提供）、频率的测频和发频。接线完毕后，主要是通过不同大小的频率阶跃，在不同的参数下，校验死区、调差率和导叶响应特性。

通常也要测接力器反应时间常数 T_y，其含义是，速度接力器速度 $\mathrm{d}y/\mathrm{d}t$ 与主配压阀相对行程关系曲线斜率的倒数，此项试验，可以在模拟量窗直接输出控制电压来进行配合。

（16）72h 试运行试验。该项试验是考验机组是否满足商业运行的条件，作为调速技术人员在这 3 天内应巡视和记录该项试验的重要的运行数据。进入 72h 试运行前，还有个消缺的机会，在此过程中，要将投运过程中所有的遗留问题处理完毕，否则机组交付后再处理非常麻烦。一是没有时间和停机机会，二是工作配合上手续繁琐，效率低下。有些看似小问题，类如主配压阀、事故配压阀、分段、组合阀等发生漏油现象也要彻底处理。

（五）资料归档

做项目无论研发、设计还是调试，过程资料一定注意随时收集和整理，这样一是可以保持最原始、最真实的数据资料，二是方便后面的文档整理，提高效率。一般而言，机组进入72h 试运行第一天开始，应完成投运报告、技术报告的编制。整个现场投运期间，调速系统程序、图纸（原理图、装配图）、配线表肯定多多少少地发生了一些变化，都要及时完成电子更改。现场中的会议纪要、验货单、签收单、来往函件、质量说明书、合格证等，作为项目经理，均应试运行 3 天内完成整理和归档。

第三节 涉 网 试 验

随着工业生产和人民生活对电力日益提出的高品质要求，对新投入的电站机组或改型换代的机组，从电网角度提出对并入电网的机组控制的高要求。就调速器而言，在机组完成厂内常规试验之外，还需完成涉网试验，早期也称为调速器的特殊试验。其主要包含，一次调频试验和调速器建模试验。这些试验实质上一旦确定去做，本身也是贯穿于调速器的整个静态和动态试验之中，在实际操作中，和常规试验有机穿插进行，在时序上相辅相成，不能说调速器本体试验未完成，即开展涉网试验，有一定的先决条件。

一、一次调频试验

一次调频的目的，主要是确保发电机组，通过原动机的出力调节，来为电网频率调节做出应有的贡献。一次调频试验的目的，就是根据发电机组与电网的依存关系，以及大电网的运行特点，需要充分发挥发电机组的一次调频功能，使发电机组随时响应电网功率以及频率的变化，提高整个发供电系统的频率控制水平以及电能质量，保证整个发供电系统运行的安全性和稳定性。机组进行一次调频试验核心内容就是在一种成熟的调速器调节模型下，确定相对最优的 PID 调节参数，满足 DL/T 245—2013《水轮机调节系统并网运行技术导则》中对一次调频试验的技术要求，宗旨让调速器调节更好地满足电网频率调节需要。

1. 试验条件的准备

一次调频试验开展需要具备三个前提，一是试验人员对行业标准、入网的电网企业对该试验的技术要求的充分理解和把握，以及对试验方法的掌握，理解试验目的。这要求调试人员在自身专业能力和对现实需求的理解，做好充分准备。二是试验设备的准备，做一次调频需要特定的试验设备，设备功能和性能是否满足要求，需提前做好检查和校准，技术人员对设备操作应极其熟练，不发生误操作。三是机组、电网条件，机组是否允许或满足开展一次调频试验，这需要试验人员在先期进行试验方案的准备和申请，以及在试验开展前的综合协调，只有满足机组和安全防护条件下，方能开展，不能擅自独自开展。

此外，还需注意的两个关键点是，现场试验人员应对当前的调速器电气和液压伺服系统有一定的了解，有厂家配合和技术解释，比如控制器是否为主备两套，液压伺服阀是否为两套，两者关系是交叉还是平行控制，带负荷是常态、是开度模式还是功率模式等。这样在试验期间，可以选出一些组合，做到在测试充分的前提下又可提高工作效率。

其次是在导叶给定和导叶反馈环节，即导叶副环调节，一定在精度、速动性和稳定性上绝对确保。因为无论一次调频还是建模试验，大量的试验是对频差输入和导叶给出的输出关系的校验，默认导叶反馈在导叶给定渐变的过程中，跟随性很好，除非大的导叶给定阶跃，其余可视为两者几乎为重合。否则，整个试验毫无实质意义。

2. 调速器机频测频回路校准

首先开展的是对调速器测频环节的精度校验，当然这也有个基本的前提就是试验仪器的发频精准要确保合格。这一点需要技术更为先进的第三方和其他设备互相佐证来进行确定。

调速器的核心技术就是对测频的处理，其精度是极其精密的，甚至高于一般的试验仪器发频的分辨率，这一点有时需要注意。

还需注意的是，就是试验仪器的电源接地和设备接地要确保良好接地，防止发频的不稳定和对调速器的干扰。

通常的试验方法为机组处于停机，关闭进水阀门，确保导叶动作机组不旋转，拔出接力器锁锭（防止试验中误动导叶引起损坏锁锭），调速器处于静止态且切至手动（若有机手动或开环手动则切至该模式下）。拆除调速器机频的 TV 信号线，接入频率发生器的输出线。在 A 套作为主用模式下，调整频率发生器的输出值为 50.000Hz，并向调速器机频测频回路发出 50.000Hz 的标准频率信号，检查试验接线及调速器测频回路正常。之后，以 0.050Hz 为步差，分别向调速器机频测频回路发出 49.500、49.550、…、50.000、…、50.450、50.500Hz 的频率信号，等待调速器频率测量值稳定后，分别记录频率测量值。

A 套测试完毕后，将调速器切为"B 主用"，试验方法同理。

随后对分析测试结果，原则上机频测量值与频率输入值的差值均不超过 ± 0.003Hz，满足一次调频测频精度的要求。

由于软件编程原因，可能调速器的界面显示不足三位或四舍五入，导致精度损失，采用直接读取控制器内部频率原始测量码值也是可以的。

此项试验的目的是校核调速器的测频环节的综合精度，这其中包含了频率的前置处理模块，PCC 或 PLC 的数字模块采样以及 CPU 内部高频处理单元精度、内部程序测量算法计算的精度。

一般而言，无论 TV 还是齿盘测频，调速器处理方法是一样的，择其 TV 回路测量即可。事实上，TV 和齿盘的测频精度准确性不在于调速器本身，而在于信号源。

3. 调速系统永态转差率测试

调速器永态转差系数 b_p 是其关键的一次调频参数，其设置的正确性对电网及机组的建模和技术管理，是至关重要的。该校验其实是建模试验中静特试验的一部分，如果无建模试验，推荐静特性试验一定要开展。

确认进水口阀门处于全关位置，机组处于静止态，确保导叶开启，机组不旋转，解除监控系统流程对机组的控制，拔出接力器锁锭，调速器手动和自动正常。模拟调速器处于发电态。

将调速器切为 A 套主用工作模式。调速器调节参数设置：电气开限设为 100%，频率死区设置为 0，$b_p=4.0\%$，$K_P=10.0$，$K_I=10.01/s$，$K_D=0.0s$。将主接力器开至 50% 开度，并将调速器切为"自动"运行方式，投入一次调频功能。依据要求设置 15 个测点，并设置相应的频差与测试时间，由测试仪自动发出频率信号，沿连续上升和连续下降的顺序进行测试。

依据试验数据，分析和计算系统永态转差率的实测值和非线性度是否符合相关规程的要求。

调速器 B 套试验方法同理。如时间富裕，可以将 $b_p=6.0\%$，再测试一下。此项试验是静特性试验的一部分，可列为静特性试验之中。

4. 调速系统固有频率死区测试

此项试验本质是静特性试验的一部分，试验方法与上述试验完全类似，事实是一个试验，试验数据同样可以得出调速器固有频率死区，也称为调速器转速死区。该值一般不大于 0.02%。

由于静特性试验过程较慢，核心内容是校核导叶给定以下的控制环节，所以在导叶给定前的 PID 计算环节，输出没有必要过于缓慢，一般会将 PID 参数设置得很大，目的是加快计算时间，减少不必要的等待。

需要进一步说明的是，此处的调速器转速死区，实质是测量调速器不灵敏区间并找出最大的差值。原则上，从分析一个机械设备的执行过程，通过单方向的发频，接力器与此对应地进行开全程和关全程的调节，在同样的频率点下，接力器行程在想象中应该是存在偏差的，尤其是机械式调速器，是一个回差带。所以只要找出这个最大的回差，然后根据调差公式反算，去折算出频差，这个频率就视为由于调速器机械机构的偏差导致的理论频率死区。

5. 调速系统一次调频死区测试

调速器正常运行时，需设置一定的人工失灵区，也称为一次频率死区，该死区可以防止调速器调节过于频繁，在系统频率波动的一定范围内调速器和机组保持当期状态，在死区内人工降低反应的敏感性以起到保护设备的作用。

该实验的目的是校验一次调频死区的有效性。

机组和调速器的前提如上述条件，模拟调速器处于发电态，投入一次调频功能。调速器设置"一次调频死区"并将调速器切至"A 套"，一次调频死区△设置为 0.050Hz。因其他参数不是该项试验测试的内容，可暂将调速器调节参数保持上述不变。

调速器切至手动，先将主接力器开至某一中间，如果有分段关闭装置，开度应尽量在分段关闭的第一段范围。比如手动调整开度为 70%，切自动。然后在 50Hz 基础上分别向调速器测频回路发 $\pm0.01\text{Hz}$、$\pm0.03\text{Hz}$、$\pm0.049\text{Hz}$、$\pm0.05\text{Hz}$、$\pm0.051\text{Hz}$ 等不同的频率阶跃信号，测试主接力器的响应和一次调频动作信号情况。试验过程如图 5-66 所示。

试验的最终结果应该是导叶接力器在频率死区内不动，在死区外动作；校验一次动作和复归的正确性。

这里需要说明的是，通常调速器在一次调频动作的条件里增加一定的延时（频差超过死区＋延时 0.15s），防止频率干扰或频率在频率死区上下穿越时，引起频繁动作。一次调频动作后，方开始频率的 PID 计算和导叶动作（动作程序和 PID 计算可能写在不同的时序里，存在一定的时间差），这里有两处细微的时间延时。其必要性以及对系统调频的实质影响，需深入研究。

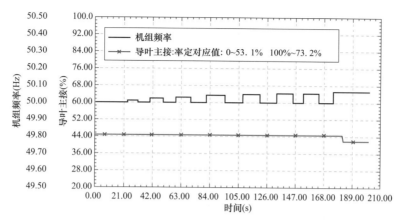

图 5-66 一次调频频率死区有效性校验

另外，一次调频复归，往往会增加一个回差，比如频差大于 $\pm 0.05\text{Hz}$ 动作、小于 $\pm 0.04\text{Hz}$ 复归，旨在防范一次调频在死区附近频繁动作。同样地，其必要性以及对系统调频的实质影响，仍需深入研究。

此处对一次调频的死区处理，每个调速器设备厂家处理方法可能不完全相同，通常做法是频差超过死区后，输入到 PID 的频差在原频差基础上减去了频率死区，有的是不减或减一部分，前者可称之为普通型，后者可称为增强型。后者最早出现在云南 XW 电厂，以提供机组的调频能力，后由于电网结构的变化恢复到了普通型。由于在标准上没有具体明确此处的策略，存在不同的方法，至于孰优孰劣，需根据电网实际情况进行综合计算和考虑。

B 套试验方法同理。

6. 一次调频负荷调节参数选择

该试验是一次调频试验的重点，其目的主要有两个，一是校验输入频率和输出开度的关系是否符合调差公式；其次是通过不断的频差阶跃，不断地修改 PID 参数，通过数据录波与标准要求的指标对比分析，让过渡曲线满足指标要求，以确定最终的 PID 参数。

由于本试验需对频差、导叶开度和机组有功三者的数据进行录波、存储，如果现场条件具备，也建议接入水压信号，所以试验的前提应在机组并网前提下。

机组开机并网带负荷，将调速器切为 A 套主用工作模式，并切为自动运行方式。根据当时水头下的带负荷情况，假设将主接力器调到 70% 开度（应避开机组振动区）。投入一次调频功能，并设置 $b_p = 4.0\%$，频率死区为 0.050Hz。以现场贵州 TY 电厂试验数据，调速器在开度模式下，举例说明之。

根据机组带负荷的实际情况，依据经验选择 5 组一次调频调节参数。

第 1 组：$K_P = 10.0$，$K_I = 10.01/\text{s}$，$K_D = 0.0\text{s}$；

第 2 组：$K_P = 7.0$， $K_I = 10.01/\text{s}$，$K_D = 0.0\text{s}$；

第 3 组：$K_P = 7.0$， $K_I = 6.01/\text{s}$， $K_D = 0.0\text{s}$；

第 4 组：$K_P=12.0$，$K_I=10.01/s$，$K_D=0.0s$；

第 5 组：$K_P=10.0$，$K_I=10.01/s$，$K_D=2.0s$。

先在调速器上设置第 1 组调节参数，检查确认后，向调速器测频回路发出 50.10Hz 的频率信号，录取主接力器及有功负荷随频率的变化曲线，计算机组有功的响应时间和稳定时间，观察机组有功调节的稳定性、超调量及冲击情况。之后，再在调速器上分别设置第 2～5 组调节参数，进行同样的操作和测试。测试结果详见表 5-11 及图 5-67。

表 5-11 一次调频负荷调节参数测试数据表（A 套）

调节参数	响应时间	稳定时间	调节稳定性	有功冲击	超调量
第 1 组	适中	适中	波动较小	冲击小	无超调
第 2 组	偏大	偏大	波动较小	冲击较小	无超调
第 3 组	偏大	偏大	波动较小	冲击小	无超调
第 4 组	适中	偏大	波动较小	冲击较小	无超调
第 5 组	适中	偏大	波动较小	冲击小	无超调

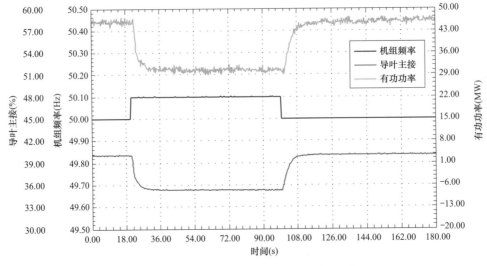

图 5-67 一次调频负荷调节参数测试数据表（A 套）

根据测试结果，在满足一次调频响应时间和稳定时间的前提下，选择调节稳定性好、冲击小、无超调的调节参数，即第 1 组参数：$K_P=10.0$，$K_I=10.01/s$，$K_D=0.0s$，作为调速器的一次调频运行参数。

B 套的试验方法和 A 套类似，其实如果经过测试两套程序是一致的（静态下的建模试验，可以检测出程序的一致性），一般而言，程序导致的差异性是很小的，差异性较大的反而是液压伺服系统，所以此处推荐切换至备用的电液转换器，采用上述方法做一次试验。

7. 一次调频负荷调节时间测试

该测试其实和上述 6 是一起进行的，只是便于清晰概念，分开描述。下面以贵州 TY 电厂实际的试验数据和方法为例，简述之。

机组并网带负荷，将调速器切为 A 套主用工作模式，并将调速器切为"自动"运行方式。投入一次调频功能，将调速器调节参数设置为限幅 100%，$b_\mathrm{p}=4.0\%$，$K_\mathrm{P}=10.0$，$K_\mathrm{I}=10.01/\mathrm{s}$，$K_\mathrm{D}=0.0\mathrm{s}$，频率死区为 $0.050\mathrm{Hz}$。

操作调速器，将主接力器开至 40% 开度。待机组运行稳定后，分别向调速器测频回路发出 $49.900\mathrm{Hz}$、$49.850\mathrm{Hz}$、$50.100\mathrm{Hz}$、$50.150\mathrm{Hz}$ 的频率信号，分别录取机组主接力器及有功负荷的变化曲线，测试机组主接力器及有功负荷的响应情况以及稳定情况。同理，调速器调节参数不变，将主接力器开至 70% 开度，分别向调速器测频回路发出 $49.900\mathrm{Hz}$、$49.850\mathrm{Hz}$、$50.100\mathrm{Hz}$、$50.150\mathrm{Hz}$ 频率信号，分别录取机组主接力器及有功负荷的变化曲线，测试机组主接力器及有功负荷的响应情况以及稳定情况。测试结果详见表 5-12 及图 5-68、图 5-69。

表 5-12 　　　　　　　　　　　　一次调频负荷调节时间测试数据表（A 套）

接力器开度	发频值（Hz）	响应时间（s）	稳定时间（s）	备注
40%开度	49.900	2.10	42.54	满足要求
	49.850	2.40	47.87	满足要求
	50.100	2.01	34.76	满足要求
	50.150	2.40	36.65	满足要求
70%开度	49.900	3.92	41.67	超出要求
	49.850	3.65	48.76	超出要求
	50.100	2.87	37.49	满足要求
	50.150	2.75	47.40	满足要求
平均值	—	2.76	42.14	满足要求

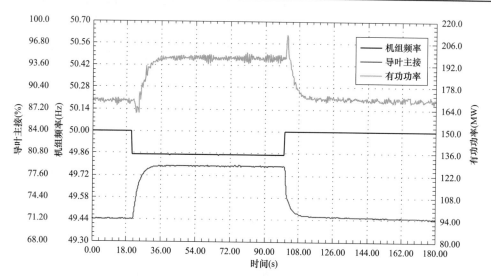

图 5-68 　+0.15Hz 下一次调频频差阶跃（A 套）

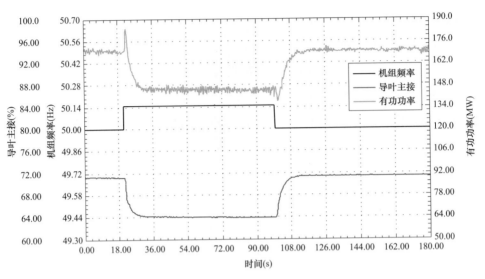

图 5-69　−0.15Hz 下一次调频频差阶跃（A 套）

调速器 A 套，负荷响应滞后时间有时大于 3.0s，但其平均值为 2.76s，不大于 3.0s；负荷调节稳定时间平均值为 42.14s。

在 6、7 试验项目中，需要注意的是，调速器在不同的模式下，参数选取是不同的。尤其是功率模式下，由于其发电负荷调节参数为一组，所以要综合考虑两者的关系。一般而言，如果两组参数无法分离，一般是由一次调频试验来确定 PID 参数，功率调节在不改参数的基础上，在其他控制要素上，比如给定的斜率、功率的偏差限制，前馈系数几个方面入手，进行修改以兼顾满足功率调节指标要求。

8. 一次调频负荷限制幅度测试

调频限幅是调速器的功能之一，但在实际运行中，有的进行了限幅设置，有的放开至 100%，因电站而异。但该功能有效性需要是要进行校核的。

同样在试验之前，试验人员需弄清调速器的控制原理，明白限幅的限制方法和所处环节，有的是限制总的 PID 输出，如图 5-70 所示，有的是限制积分输出，如图 5-71 所示，有的是在输入的环节对频差进行限制，如图 5-72 所示。

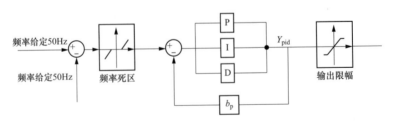

图 5-70　总 PID 输出的限幅

这三者虽然都能实现对频差对应输出的总量限制，但还是有一些差别。在前段对频差限制，首先其频率幅度大小设定是根据输出 $Y_{pid} \times b_p$ 进行折算的频率大小，且输出的为完整的

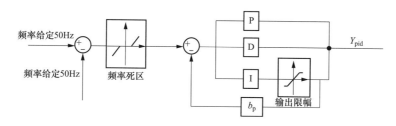

图 5-71　积分输出环节的限幅

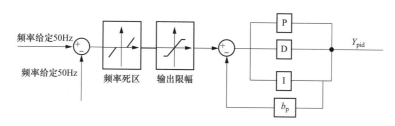

图 5-72　在频差输入环节的限幅

PID 调节波形，总的输出量不超过限幅设定值。前两个是在输出环节设置限制，输出的波形是不完整的 PID 曲线，但总的变幅是卡在限幅范围的。

当然，在开度模式下要求限制开度，功率模式下要求限制功率。尤其是功率的限制，在调速器的控制内部要相对难于实现一些。

此相项试验和上述方法基本类似，在设定好要校验的限幅（幅值要根据所要发的频差，计算确定）后，分别向调速器测频回路发出 49.700Hz、49.650Hz、50.300Hz、50.350Hz 的频率信号，分别录取机组主接力器及有功负荷的变化曲线，测试机组主接力器及有功负荷的变化幅度以及稳定情况。测试结果如图 5-73、图 5-74 所示。

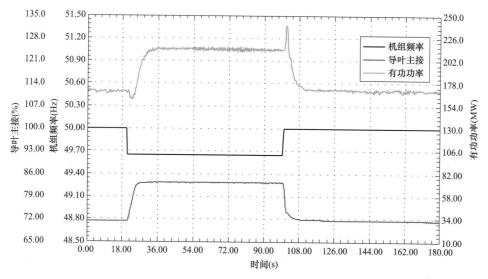

图 5-73　+0.35Hz 阶跃下调频限幅测试

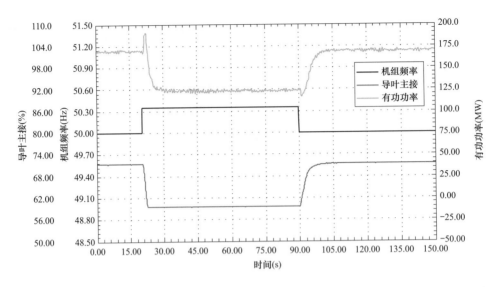

图 5-74　−0.35Hz 阶跃下调频限幅测试

9. 一次调频跟踪电网响应测试

由于前面各项试验均是大频差阶跃进行，事实上机组并入电网运行，系统频率变化的特征不可能是大频差波动，即便是线路故障突发大的功率缺口，也仍然不会是方波，实际是缓慢变化的小频率范围的波动。因此，调速器在两者不同特征频率下的响应输出特点是不同的。

因此非常有必要全面开展调速器在实际电网频率扰动下的一次调频试验，主要是两个方法：

（1）通过试验仪再现（模拟）实际电网频率信号的形式，在自动方式下，投入一次调频功能，频率死区设置为 0.05Hz 或其他值，机组带 60％～90％ 额定负荷运行。通过试验用频率信号源，向调速器施加一段与实际电网频率扰动过程相似的频率信号，有效频率偏差绝对值不小于 0.1Hz，记录信号源频率、接力器行程、水压、机组有功功率等信号的变化过程曲线。

（2）直接采用当前实际电网频率信号，作为调速器跟踪对象，根据频率波动大小的情况，适当将调频死区设小或设为 0Hz，记录信息如上，记录时间不小于 10min。

上述方法是告诉了试验方法，并没有告诉数据分析方法。且 DL/T 1245—2013《水轮机调节系统并网运行技术导则》中未明确录波时间，实际试验与国外电站同类要求的时间相比，是偏短的，比如土耳其的一次调频试验该环节称之为一次调频拷机试验或 24h 验证试验。死区设置为 0，然后连续录波 24h，之后在电网公司技术人员的监督下当场分析，看是否合格，不合格当即再重新优选参数，直至合格。

大概的试验方法为在一次调频 24h 验证试验中，至少 90％ 的机组输出功率记录值（每秒 10 个数据）在最大负荷调整预量范围内。如果 P_{set} 为一次调频动作时的功率设定值，ΔP 为一次调频负荷调整预量，Δf 为频率偏差（反馈－给定），频率偏差为负数时，机组预期的

输出功率为 $P_{set}+\Delta P$；频率偏差为正数时，机组预期的输出功率为 $P_{set}-\Delta P$，在 $P-f$ 坐标系中，可绘制出一条预期输出功率的直线，考虑技术要求中对机组实际出力与机组响应目标偏差的允许值为 $\pm10\%\Delta P$，可绘制出机组输出功率的合格数值范围带，如图 5-75 所示。

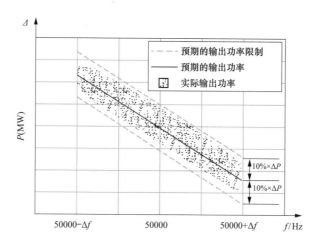

图 5-75 机组输出功率合格范围及 24h 验证试验统计

10. 一次调频与监控系统协调性的测试与优化

试验的前提条件为一次调频测试已完成，调节性能达到要求。由于南网和国网甚至地方电力，对一次调频和监控调功之间的配合要求，不完全相同，所以需要具体了解后，方能开展此项试验。

一般而言，无论调速器处于什么模式下，两者的配合关系应遵守以下两个原则。

（1）在监控系统无功率调节任务时，调速器一次调频动作产生的功率变化量，不应该由监控系统的功率调节拉回，产生与消失，应用调速器的动作与复归完成。

（2）无论调速器一次调频是否动作，在监控如有新的负荷调节任务时，调速器均应响应监控的功率调节，而不应该闭锁监控的功率调节。

用一句话归纳，在监控功率调节的稳态下，一次调频优先；在监控功率调节的动态下，二次调频优先。

第 2 种情况时，一次调频动作的量被监控调功淹没，很难单独计算出，且其动作的量为监控调功可能做了贡献，也可能起了副作用，监控系统并不得知功率反馈变化中哪些是一次调频调节的贡献量，最终目标只是确保功率反馈与功率给定无偏差而已。

当然实际应用中有一次调频始终优先的，也有同向叠加，反向闭锁的。

通常的试验方法如下：

试验机组在 AGC 闭环控制方式下运行，一次调频功能投入，施加偏差绝对值不小于 0.1Hz 频率阶跃扰动信号，记录接力器行程、机组功率、增减负荷脉冲等信号，重复上述试验过程，在一次调频过程中通过 AGC 增减负荷。保证两者功能互相不发生冲突或屏蔽，确保两者功能的正常投入。

一次调频试验完毕，调速器切手动；试验期间，调速器设备旁应有技术人员监视，以便异常工况以及接力器行程超过 10％以下或 90％以上调速器切手动。

二、建模试验

建模试验的主要目的可归纳为以下三点：

（1）按照国家和行业标准完成调速器各项常规试验，对调速器性能进行验收，确保调速器各项性能指标满足要求。此条本质是对调速器本体试验的一个复核。

（2）通过现场试验测试机组一次调频性能，并针对性能较差的进行调节参数的优化调整，使机组一次调频性能满足要求。一次调频试验包含于建模试验之中。

（3）根据调速系统以及原动机具体结构型式建立相应数学模型和数据库；完成调速系统及原动机模型参数的实测，确认该厂水轮机调节系统在并网状态下的时域和频域响应特性，并通过仿真计算完成模型参数的进一步辨识和验证，为接入的电网仿真研究提供与实际系统状况相吻合的水轮机调节系统模型，满足电力系统稳定计算的要求。

（一）调速器模型

不同的调速器厂家，调速器控制原理有一定的差异，主流的控制模型，基本在国内进行了规范和模型入库，经过几十年的现场应用考验已非常成熟，也进行了充分测试。

作为现场试验人员，在开展建模试验之前首先要理解即将开展的调速器控制原理，尤其是一些细微差别，这一点务必寻求设备厂商的技术支持。当然常规的经典模型，具有普遍意义。常见水轮机调节系统数学模型，归纳起来，主要为以下几种。

（1）混流式、定桨式、冲击式水轮机及压力引水系统模型，如图 5-76～图 5-79 所示。

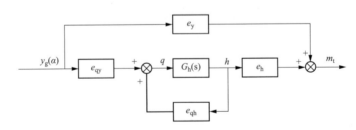

图 5-76　混流式、定桨式、冲击式水轮机模型 1

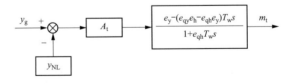

图 5-77　混流式、定桨式、冲击式水轮机模型 2

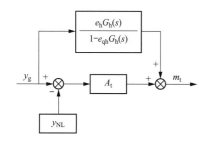

图 5-78 混流式、定桨式、冲击式水轮机模型 3

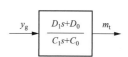

图 5-79 混流式、定桨式、冲击式水轮机模型 4

其中：C_0、C_1、D_0、D_1——水轮机及引水系统传递函数的系数。

（2）转桨式水轮机及压力引水系统模型如图 5-80～图 5-83 所示。

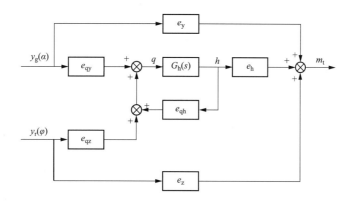

图 5-80 转桨式水轮机及压力引水系统模型 1

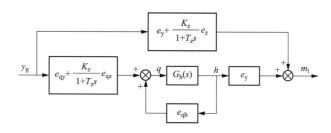

图 5-81 转桨式水轮机及压力引水系统模型 2

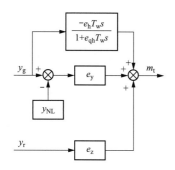

图 5-82 转桨式水轮机及压力引水系统模型 3

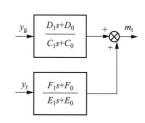

图 5-83 转桨式水轮机及压力引水系统模型 4

其中：

K_z——导叶接力器行程到轮叶接力器行程的放大系数；

T_z——轮叶随动系统的接力器响应时间常数，s；

y_r——轮叶接力器行程，标幺值；

C_0、C_1、D_0、D_1、E_0、E_1、F_0、F_1——水轮机及引水系统传递函数的系数。

（3）水轮机调节（控制）系统的调节器与电液随动系统模型。

1）调节器常用模型，如图 5-84～图 5-88 所示。

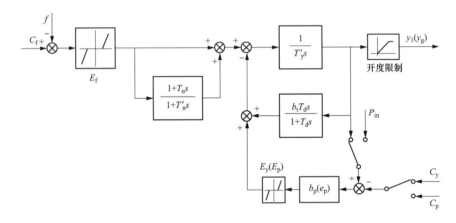

图 5-84　调节器模型 1

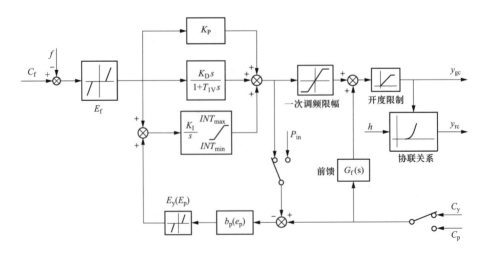

图 5-85　调节器模型 2

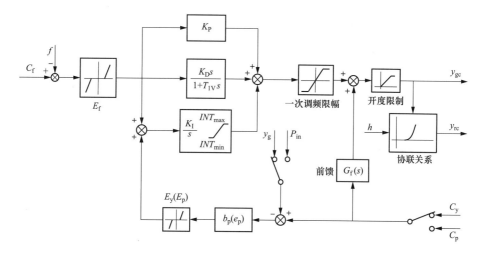

图 5-86　调节器模型 3

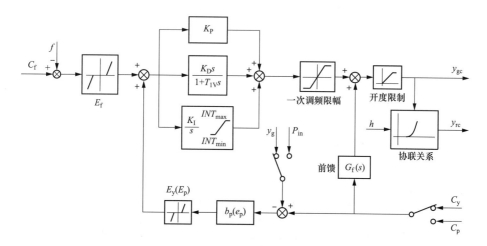

图 5-87　调节器模型 4

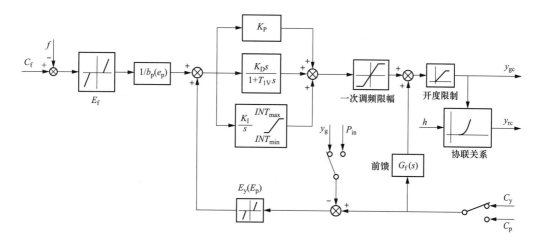

图 5-88　调节器模型 5

其中：C_f——频率给定，标幺值；

$\quad\quad C_y$——开度给定，标幺值；

$\quad\quad y_{gc}$——调节器输出，标幺值；

$\quad\quad f$——机组频率，标幺值；

$\quad\quad E_f$——人工频率/转速死区，标幺值；

$\quad\quad T_n$——加速时间常数，s；

$\quad\quad T_n'$——测量环节时间常数，s；

$\quad\quad T_y'$——中间接力器响应时间常数，s；

$\quad\quad b_t$——暂态转差系数；

$\quad\quad T_d$——缓冲时间常数，s；

$\quad\quad K_P$——比例增益；

$\quad\quad K_I$——积分增益，1/s；

$\quad\quad K_D$——微分增益，s；

$\quad\quad T_{1V}$——微分环节时间常数，s；

$\quad\quad b_p$——永态转差系数；

$\quad\quad INT_{max}$——积分输出上限；

$\quad\quad INT_{min}$——积分输出下限。

2）电液随动系统模型如图 5-89～图 5-93 所示。

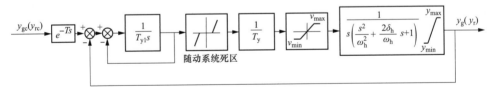

图 5-89　电液随动系统模型 1

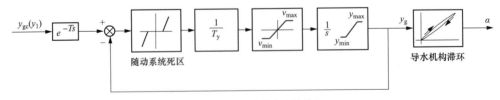

图 5-90　电液随动系统模型 2

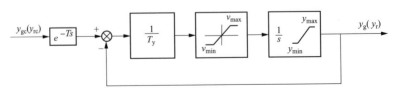

图 5-91　电液随动系统模型 3

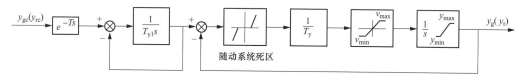

图 5-92 电液随动系统模型 4

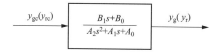

图 5-93 电液随动系统模型 5

其中：

T_{yl}——电液转换环节时间常数，s；

T_y——接力器时间常数，s；

v_{max}——接力器最快开启速度，1/s；

v_{min}——接力器最快关闭速度，1/s；

y_{max}——接力器位移上限，即全开位置，其值为 1；

y_{min}——接力器位移下限，即全关位置，其值为 0；

A_0、A_1、A_2、B_0、B_1——电液随动系统传递函数的系数。

（二）试验准备

建模试验一般由专业试验机构，比如电科院负责，设备厂家配合展开，试验前应做好装备，比如在试验方案上、试验仪器及接线、人员组织安排、主机的基本情况（参数、形式）和调速器状态（硬件配置、通道是否满足接口、针对建模进行的程序编程是否准备、自身的基本试验是否完成），几个大的方面去考虑。

就试验方案，需要强调的是，建模试验方案首先要和整个机组的调试方案相结合，不能孤立存在，需要提前协调，尤其试验涉及负荷调节，需要电厂和调度机构进行沟通。根据经验，建模试验应基于试验项目的客观实际，留足一定的时间，不能操之过急。

（三）现场试验项目

现以一个典型的双调节调速器现场建模试验为例，择其重点试验项目，进行说明。建模试验总的来分可分为静态试验和动态试验，静态试验项目应尽量全面，不能遗漏，否则机组开机后，很难后期弥补。动态试验尤其注意机组安全，做好防护措施和容错预想，防止因设备故障或人为误操作，导致事故发生或事故扩大。

建模静态项目见表 5-13。

表 5-13 建 模 试 验 项 目

序号	项目	序号	项目
静态试验			
1	测频单元的校验	7	一次调频静态测试
2	接力器最快开关时间的测定	8	PID调节参数的校验
3	静特性试验及 b_p 值测定	9	导叶与轮叶协联关系的测试
4	频率死区 E 检查校验	10	主接力器反应时间的测定
5	接力器不动时间的测定	11	故障模拟和控制模式切换试验
6	电液随动装置动态特性试验		
动态试验			
1	机组开机试验	5	水轮机出力对导叶接力器的传递函数测试
2	甩负荷试验	6	水轮机出力对轮叶接力器的传递函数测试
3	空载扰动及空载摆动试验	7	一次调频响应测试
4	增减负荷试验	8	一次调频与监控系统协调性的测试与优化

（四） 试验测点布置

试验仪器要采集调速器和机组的一些必要数据，这些信号一般是通过硬接线将传感器输出或调速器内部量的模出进入仿真仪，然后根据已知的信号数值与工程量的关系，进行通道标定。

（1）测点布置见表 5-14。

表 5-14 测 点 布 置

项目	名称	信号数值	物理含义	备注
模拟量	PID输出	$0 \sim \pm 10V$	$0 \sim \pm 100\%$	调速器引出
	蜗壳压力	$4 \sim 20mA$	$0 \sim 10MPa$	安装压力变送器
	尾水压力	$4 \sim 20mA$	$0 \sim 10MPa$	安装压力变送器
	机组功率	$4 \sim 20mA$	$0 \sim 100\%$	调速器引出
	导叶开度	$5 \sim 18mA$	$0 \sim 100\%$	安装拉线位移传感器
	轮叶开度	$0 \sim 10V$	$0 \sim 100\%$	调速器引出
	主配压阀行程	$0 \sim \pm 2.5V$	$0 \sim \pm 25mm$	安装电涡流传感器
频率量	发频	发频2		
	测机频	测频1		
	测网频	测频2		
开关量	减负荷	DI0	无源	监控系统引出
	增负荷	DI1	无源	监控系统引出
	一次调频投入	DI4	无源	监控系统引出
	一次调频越界	DI7	无源	监控系统引出

上述数据可以是电压信号，也可以是电流信号，且数据关系仅为举例，具体数值关系需要根据实际配置和仪器的通道类型进行确定。

导叶、桨叶开度信号尽量直接取自调速器的传感器（采用信号分配器）或单独安装的传感器，定制需要根据实际位置标定，不建议采用调速器控制器模出的方式。

（2）需现场配合事项。

1）残压测频引出。

2）测试仪频率信号引入调速器机频测量端（如图 5-94 所示）。

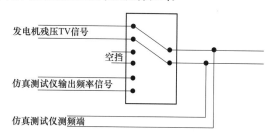

3）动态试验引出机组功率、导叶开度信号（4～20mA 或 0～10V）。

图 5-94　测频/发频接线示意图

4）蜗壳压力传感器的安装工作。

5）安装主接力器位移传感器。

6）主配压阀处安装非接触式电蜗流传感器。

7）调速器电柜、机柜操作人员的配合；油压装置自动切防止油温过高。

8）现场试验台和 AC 220V 交流电源。

9）调速器动态试验需要与调度联系。

试验安全措施方面，试验过程中机组频率是由外部信号进行控制，必须由运行派专人负责监视机组，试验中如出现机组负荷大幅度波动或调速器发生抽动，运行人员应迅速将调速器切至现地手动模式，待原因查清和排除并确认无误后方可重新进行试验。

一次调频试验基准负荷及其在此基础上的变动范围，尽量避开振动区。

试验过程中严格按照试验方案程序进行，若机组异常时应立即停止试验，待原因查清和排除并确认无误后方可重新进行试验。

试验过程中运行操作、参数调整等工作应服从指挥，密切配合，确保试验顺利进行。

试验时随时与电网调度保持联系，听从调度命令。起落门、安装和拆除传感器应按要求办理工作票。

（五） 试验方法

建模试验中的有些试验项目，包含了前文介绍的调速器部分试验和一次调频试验，且建模试验本身在行业规程上，也都有了很详尽的介绍，因此，选择部分试验项目，对现场实际操作的方法，突出关键要素，进行重点介绍。

1. 静态试验

（1）接力器最快开关时间的测定。因为调速器开关机时间对系统调节性能和机组安全极为重要，也反映出调速器速动性最大调节潜力，所以需要进行复核。

试验方法：

1）手动操作导叶开至 90% 以上，操作紧急停机电磁阀。

2）调速器调节参数设为 $K_P=10$、$K_I=0.5$、$K_D=0$、$b_p=0$、$E_f=0Hz$；手动操作导叶

开至 10%，调速器置频率模式，限幅放开，调速器切自动运行。

3）施加＋15Hz 的频率阶跃扰动，测试导叶和轮叶接力器最快关闭时间。

4）手动操作导叶开至 90%，调速器切自动运行。

5）施加－15Hz 的频率阶跃扰动，测试导叶和轮叶接力器最快开启时间。

根据录波曲线，计算直线部分的斜率，与调节保证计算书要求的时间对比，看是否满足最大速度要求。如果有分段关闭，也需计算两段直线的斜率。

此试验校准了在急停阀（急停回路）和比例伺服阀（自动回路）两个环节下，主配压阀的开关机时间（斜率）是否满足要求。

如果电厂配置了事故配压阀或泄压阀组，也需校核该设备的关机时间。

（2）接力器不动时间的测定。接力器不动时间安装规范是在机组甩负荷时进行测试，但如果条件具备，也应在静态下预测一下。机组一旦并网且再发现不动时间不合格，由于导叶不能随意动作，所以会导致那时极其难于排查和处理。如果能够提前测试，发现问题，就能及时解决。

试验方法：

1）调速器调节参数保持上述不变，限幅放开，调速器切自动频率模式运行。

2）改变频率信号发生器频率值，发出±0.04Hz 的频率，记录接力器位移和输入频率信号。

3）在 50Hz 的基础上，输出斜率为－1Hz/s 变化的频率信号，记录接力器位移和输入频率信号。

4）将输入的频率信号调整到 50Hz。

（3）电液随动装置动态特性试验。此试验是校核调速器导叶给定以下环节的速动性、精准性、稳定性，该功能是调速器调节的基础。电科院通过频率阶跃是一个测试方法，也可以在调速器试验窗口上进行导叶给定（导叶给定需接入仿真仪）阶跃来完成。

试验方法：

1）调速器调节参数设为 $K_P=10$、$K_I=0$、$K_D=0$、$b_p=0$、$E_f=0$Hz；限幅放开。

2）调速器切自动。

3）分别施加±1Hz、±0.5Hz、±0.25Hz（相当于接力器行程 20%、10%、5%的扰动量）的频率扰动信号，或通过改变开度给定施加扰动，记录调速器动作过程。

4）调速器切手动运行。

5）将输入的频率信号调整到 50Hz。

（4）PID 调节参数的校验。调速器参数辨识是建模的重要部分，一般而言对一个成熟的调速器，调节原理模型已确定了的，无论厂内厂外，都可以进行该校验，与项目并无关联。

事实上，从纯技术层面去看，此部分工作完全可以在厂内测试完成，如果是成熟模型，甚至只需厂家出具相应报告即可。

试验基本方法是借助仿真仪的发频和录波，对输入和输出进行数据分析，来校核调速器主环的 PID 调节模块单个和综合环节，是否满足物理意义上的计算关系。

1）比例增益 K_P 的校验。

a. 试验条件。b_p、K_D（或 T_n）置于零，K_I 置于零（或 T_d 置最大值），人工频率/转速死区 E_f 置于零，将 K_P（或 b_t）置于待校验值。

b. 试验方法。对数字调节器施加相当于一定相对转速的频率阶跃扰动信号 Δx，用自动记录仪记录调节器输出的过渡过程曲线，见图 5-95。

c. 试验结果处理。图 5-95 中 OBC 是通过模拟量接口实测的过渡过程曲线，OAC 为调节器内部计算的控制输出。将直线段 BC 反向延长，与 y_u 轴交于 A 点，则 $OA = K_P\Delta x$，即

$$K_P = \frac{OA}{\Delta x}$$

$$b_t = \frac{\Delta x}{OA}$$

2）积分增益 K_I 的校验。

a. 试验条件。b_p、K_D（或 T_n）置于零，人工频率/转速死区 E_f 置于零，K_P（或 b_t）置于已校验值，将 K_I（或 T_d）置于待校验值。

b. 试验方法。对数字调节器施加相当于一定相对转速的频率阶跃扰动信号 Δx，用自动记录仪记录调节器输出的过渡过程曲线，见图 5-96。

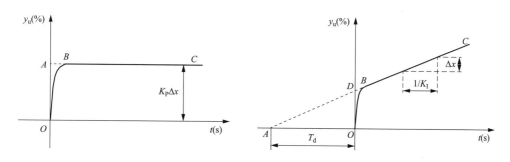

图 5-95　调节器输出的过渡过程曲线 1　　　　图 5-96　调节器输出的过渡过程曲线 2

c. 试验结果处理。图 5-96 中 OBC 是通过模拟量接口实测的过渡过程曲线，ODC 为调节器内部计算的控制输出。将直线段 BC 反向延长，与 t 轴（时间轴）交于 A 点，与 y_u 轴交于 D 点，则调节参数的实测值可按下列各式求出，即

$$K_I = \frac{OB}{OA \cdot \Delta x}$$

$$T_d = OA$$

3）用频率阶跃法校验 K_D。

a. 试验条件。K_P（或 b_t）置于已校验值，b_p、K_I 置于零（或 T_d 置最大值），人工频率/转速死区 E_f 置于零，K_D（或 T_n）置于待校验值。其中，自动记录仪的测量时间常数应小于 20ms。

注：用该方法试验时，记录仪测量环节的时间常数对 K_D、T_{1V} 的校验结果有影响。

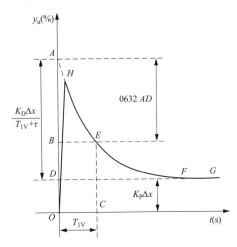

图 5-97　调节器输出的过渡过程曲线 3

b. 试验方法。对数字调节器施加相当于一定相对转速的频率阶跃扰动信号 Δx，记录调节器输出的过渡过程曲线，见图 5-97。

c. 试验结果处理。图 5-97 中 $OHEFG$ 是通过模拟量接口记录的过渡过程曲线，$OAEFG$ 为调节器内部计算的控制输出。

曲线后部 FG 接近于水平线，延长 GF 与 y_u 轴相交于 D，依据 $AB = 0.632AD$ 求出 B 点，过 B 点作水平线与曲线交于 E 点，再过 E 点作垂线与 t 轴交于 C 点，则 OC 可近似视为微分衰减时间常数 T_{1V} 值。

记 PID 数字调节器的采样周期为 τ，则

$$AD = \frac{K_D \Delta x}{T_{1V} + \tau}$$

或

$$AD = \frac{K_D \Delta x}{T_{1V}} \quad （忽略 \tau 值）$$

K_D、T_n 的近似值可按下式求出，即

$$K_D = \frac{AD \cdot (T_{1V} + \tau)}{\Delta x}$$

或

$$K_D = \frac{AD \cdot T_{1V}}{\Delta x} \quad （忽略 \tau 值）$$

$$T_n = \frac{K_D}{K_P}$$

4）用斜坡规律的频率信号校验 K_D。

a. 试验条件。将 K_P、K_I、b_p 置于零，人工频率/转速死区 E_f 置于零，K_D 置于待校验值。其中，自动记录仪的测量时间常数应小于 20ms。

注：用该方法试验时，记录仪测量环节的时间常数不影响 K_D 校验值，但对 T_{1V} 的校验结果有影响。

b. 试验方法。对数字调节器施加相当于一定相对转速的频率斜坡扰动信号 Δx，则

$$\Delta x = \frac{50 - f(t)}{50} = \frac{50 - (50 \pm k \cdot t)}{50} = \pm \frac{k \cdot t}{50}$$

式中 k——频率变化斜率；一般取 0.1Hz/s 或 0.2Hz/s;

t——时间，s。

记录调节器输出的过渡过程曲线，见图 5-98。

c. 试验曲线处理。根据图 5-98 可得

$$K_D = \frac{AB}{k}$$

从频率变化开始时刻起，至 y_u 响应值为目标值的 0.632 为止的历时，即为微分衰减时间常数 T_{1V}。

（5）导叶与轮叶协联关系的测试。对双调机组而言，存在导叶和轮叶（桨叶）的协联关系，当代调速器是通过数组编程实现，一般是轮叶开度跟随导叶开度。此处有的调速器厂家在桨叶环节增加了一个人工死区，需注意临时将该死区去掉。

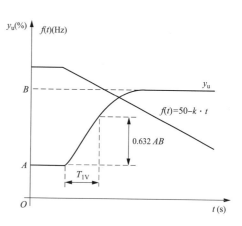

图 5-98 频率斜坡信号和调节器输出的
过渡过程曲线 4

试验方法：

1）将水头设置为当前水头值，引入断路器合闸短接信号，机频测量端输入 50Hz 稳定信号，接力器稳定在 5% 附近。

2）以步长 0.1Hz 降低输入的频率信号，记录导叶主接力器和轮叶的调节过程，当调节稳定后再做下一个点。

3）当导叶接力器行程超过 90% 时，以相同的步长增加频率信号，当导叶接力器行程低于 10% 时，调速器切手动，将输入的频率信号调整到 50Hz。

4）将水头设定为设计水头，重复以上 1）～3），至少完成额定水头、最大水头、最小水头下的测试。

（6）主接力器反应时间 T_y 的含义和测定。接力器反应时间 T_y，每个电厂均不相同，是调速器建模试验的最重要的测试项目，这也是决定调速器差异性最关键的一个参数。为此，本文不限于试验的角度，而是对该参数进行全面阐述。

1）T_y 的认知和可修改性。导叶接力器是控制水轮机出力的重要液压执行机构，接力器反应时间常数 T_y 是表征接力器速度特性的重要参数。接力器的速度特性是在调速器中，一般将主配压阀和导叶接力器组合在一起的特性，一旦主配压阀和接力器研制、安装完毕，这

一特性已经固定。现场对调速器建模的工作即是实测接力器反应时间常数 T_y，而无法调整 T_y。但理论计算和实际测值，存在偏差；即便主配压阀和接力器在选型设计计算中的偏差很小，即匹配性理论上很好，但在实际测试和应用中，未必能够达到最优。为此，需要设计一种新的可调装置和提出一种调整方法，来达到现场可调 T_y 的目的，从而使接力器的速度特性和电气控制系统，形成最优的设计，从而更加有利于水轮机出力的控制稳定性。

因此，在主配压阀和导叶接力器之间的液压管路之间，设计一套可调的单向节流装置。调整该装置的可调螺栓，再通过固定电压阶跃的方法，驱动主配压阀得出试验测试数据，通过多次调整和数据分析，最终确定最优的 T_y。

2）测试 T_y 的通常做法。

在现场采用的测试手段（非调整手段）主要有两种。

第一种方法，在频率 PID 环节（$b_p=0\%$）进行逐级频率阶跃；第二种方法是在导叶 PI 环节进行逐级导叶阶跃。实践证明，这两种方法都很难满足主配压阀阀芯在短时间内保持不变的要求，效果均不太理想。

3）对 T_y 的深入研究及分析。

a. 接力器反应时间常数 T_y 的基本概念。

T_y 的物理意义，当导叶接力器带规定负荷时，其速度与主配压阀阀芯相对行程 y_1 的关系曲线斜率的倒数，表达公式为

$$T_y = \frac{\mathrm{d}y_1}{\mathrm{d}\left(\frac{\mathrm{d}y}{\mathrm{d}t}\right)}, \qquad \frac{1}{T_y} = \frac{\mathrm{d}\left(\frac{\mathrm{d}y}{\mathrm{d}t}\right)}{\mathrm{d}y_1}$$

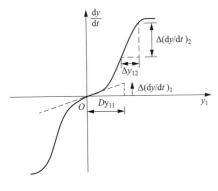

图 5-99 接力器的速度特性

见图 5-99，横坐标是主配压阀阀芯的位移（相对值），纵坐标是接力器的移动速度。因此，只要记录出不同的阀芯位置对应的接力器速度，即可得出该曲线。曲线的斜率为 $1/T_y$，斜率的倒数为 T_y。

b. 接力器的传递函数。接力器是一个积分器，主配压阀和主接力器构成的积分环节的传递函数可表达为

$$G(s) = \frac{Y(s)}{S(s)} = \frac{1}{T_y s}$$

式中　S——主配压阀阀芯位移；

　　　　Y——主接力器位移。

图 5-100 所示为调速器常见执行机构模型，输入到液压伺服控制系统的控制电压可用 u 表示。

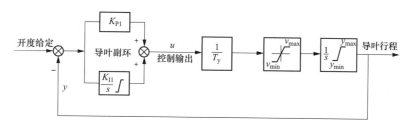

图 5-100 调速器常见执行机构模型

图 5-100 中，开度给定为调速器根据控制要求自动计算出的导叶开度给定数值，Y 为导叶行程（导叶开度、导叶接力器开度）反馈；K_{P1} 为导叶副环的比例增益系数，K_{I1} 为导叶副环的积分增益系数，$\dfrac{K_{I1}}{s}$ 后的符号为积分输出的限制；代表接力器的速度限制，代表接力器的最大最小位置限制。

根据传递函数，拉普拉斯算子微分积分变换为

$$y = \frac{1}{T_y} \times \frac{1}{s} \times u = \frac{1}{T_y} \int_0^t u \mathrm{d}t$$

由此可见，接力器实则是一个对控制电压的积分器，$1/T_y$ 是其积分增益系数。既然称为积分增益系数，就应该具有适应性和可调整性。在液压伺服系统和机械液压系统中，T_y 对其静态和动态特性都有显著影响，T_y 太小，则液压伺服系统不准确度可能小，动态响应速度高。T_y 太小，容易使系统出现自激震荡。定性分析，如果主配压阀选型偏大，意味着接力器时间常数 T_y 较小，这样 $1/T_y$ 较大，此会导致接力器调节过于灵敏，稳定性差。若 T_y 过大则 $1/T_y$ 较小，此会引起调速器调节迟滞，易引起频率失稳。

IEC 61362《水轮机控制系统技术规范导则》推荐导叶接力器 $T_y = 0.1 \sim 0.25s$；桨叶接力器 $T_y = 0.2 \sim 0.8s$；冲击式折向器 $T_y = 0.1 \sim 0.15s$。在我国一般推荐导叶接力器 T_y 为 $0.1 \sim 0.2s$；桨叶接力器 T_y 取为导叶接力器 T_y 的 2～3 倍。

此处的问题在于，一旦主配压阀和接力器制造、安装完成，若不采用特殊方法，一般 T_y 是无法改变的。$1/T_y$ 是积分增益系数，既然是增益系数，就应该可以改变，就存在最优匹配性问题，基于这个思想，本文提出了一种专门可以调整 T_y 的设备和调整方法，用来解决目前 T_y 无法改变的问题。

4）T_y 的调整和测试方法。

a. 针对一台机组，首先研制 2 个具有节流和单向功能的"节流调节装置"。该装置具备节流孔大小可调整功能，同时具备单向导通功能。该装置安装在主配压阀和接力器的开关腔总管路上，安装有方向的要求。节流调节装置原理见图 5-101，当液压油从 A 流

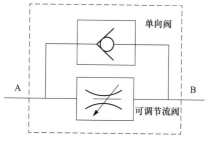

图 5-101 节流调节装置原理图

向 B 时，由于单向阀的单向导通（A 向 B 流通正常，B 向 A 流通截止），油流同时经过单向阀和节流阀，形不成节流效果；当液压油从 B 流向 A 时，油流仅经过节流阀，节流阀符号上的箭头表示其节流孔可调整，这样就可形成节流效果，从而改变油路的阻力。节流调节装置外形图见图 5-102，该装置由单向阀和节流阀标准件集成，两端有焊接法兰，与串联的管路焊接。

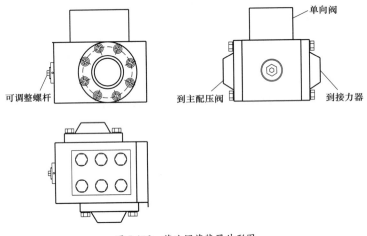

图 5-102　节流调节装置外形图

b. 现场安装。液压系统由主配压阀、节流装置、接力器组成，见图 5-103 在管路的开腔和关腔分别安装两个节流调节装置。

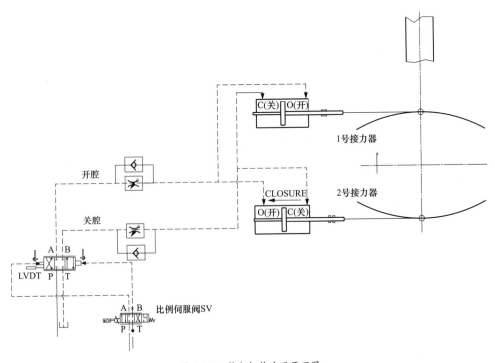

图 5-103　执行机构液压原理图

a）描述接力器开启和关闭的原理，对图 5-103 中 2 号接力器进行分析，所谓开腔（开启腔）指的是该腔通上压力油，可以使得接力器开启（前提是关腔要通回油）；所谓关腔（关闭腔）指的是该腔通上压力油，可以使得接力器关闭（前提是开腔要通回油）；开启和关闭，需要换向配合，这由主配压阀来完成；两腔同时通压力油或回油，接力器保持不动。

b）关于节流的效果。一般节流装置是用来改变整个油压系统阻力，在回油上节流比在压力油上节流效果要好。因此，接力器开启时，这时关腔是通回油的，此时应该充分保障开腔的压力油通顺，同时要节流关腔的回油，这样才能有效改变开方向的速度特性。关方向同理。

当接力器关闭的时候，关腔是通压力油的，开腔是通回油的。从图 5-103 中可知，关腔油流从左向右流动，关腔上的节流装置的单向阀此时起不到截止作用，可见关腔压力油是畅通的；此时开腔通回油，油流从右向左流动，这时开腔串联在开腔上的节流装置的单向阀起到截止作用，油流只能流经节流阀，从而起到节流作用。同理，当接力器开启的时候，开腔通压力油，关腔通回油；关腔上串联在开腔上的节流装置起到节流作用，开腔通压力油，开腔上的节流装置不起节流作用。

c．电气试验接线部分。如图 5-104 所示，电压发生器和试验仿真仪（起录波存储数据功能）为调速器外的独立试验设备。电压发生器主要用来发出脉冲方波电压信号给液压伺服系统的功放，功放收到该信号再输出控制比例伺服阀，比例伺服阀驱动主配压阀，主配压阀驱动接力器。试验仿真仪接受主配压阀阀芯位移信号（±25mm 对应 ±2.5V；）和接力器位移信号（0～100% 对应 4～20mA），作为试验采集曲线的基础数据。

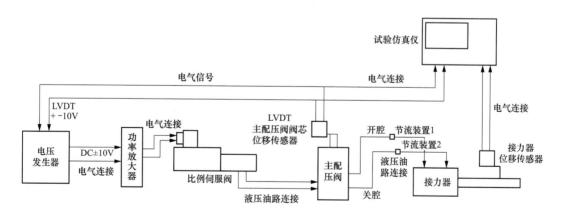

图 5-104 电压驱动伺服系统原理及试验接线示意图

d．系统完成安装。试验接线完成，且油压装置建压完成后，现场接力器若具备动作的条件，即可开展 T_y 的测试和调整试验。测试的基本方法：见图 5-106，暂时甩开导叶副环的输出控制信号，在其后通过电压发生器施加一电压阶跃量，逐次改变电压给定值；由于外部施加的电压在导叶闭环副环之后，此时接力器的位移闭环控制遂变为开环，闭环切除。在一定大小的、正负阶跃电压的作用下，主配压阀阀芯将向开启或关闭的方向开至一定的位置，主接力器以相对应的速度匀速开启或关闭。通过施加不同开启和关闭方向上的阶跃量可以得到不同的接力器速度 dy/dt，分别采集主配压阀位移和导叶接力器动作位移，通过主配压阀位移与导叶接力器速度（dy/dt）关系即可求得 T_y。

调整试验开始前，需将两个节流装置的节流孔调整到同样中间节流位置。后续测试方法根据顺序可归纳为以下几点。首先是测试 T_y，方法如下：

a）手动开启导叶接力器，导叶开度开至 5% 时，切至自动。开始测试开方向的数据。

b）通过电压发生器，发出 0.1V 电压（正电压为导叶开方向电压），维持 2s，之后迅速回到 0V。

c）通过电压发生器，发出 0.2V 电压，维持 2s，之后迅速回到 0V。如此方法，每次递增 0.1V，直至仿真试验仪中检测到接力器产生位移，记录该电压大小。

d）之后，电压发生器以 0.5V 为梯度，逐次按照 0.5V-0V-1V-0V-1.5V-0V-2V-0V-2.5V-0V-3V-0V-3.5V-0V-4V-0V-4.5V-0V-5V-0V-5.5V-0V-6V-0V-6.5V-0V-7V-0V-7.5V-0V-8V-0V-8.5V-0V-9V-0V-9.5V-0V-10V-0V 的规律下发电压，电压的等待时间为 2s。试验仪记录主配压阀位移信号和接力器位移信号。

e）若检测到接力器速度或主配压阀阀芯位置已达到饱和时，该电压之后的电压可以不做。

f）导叶开度开至 95%，测试关方向的数据；将电压改为负电压（负电压为导叶关方向电压），大小不变，重复 a）～d）的步骤中的方法，在第 c）步骤中注意记录接力器产生位移时的电压大小。

电压、主配压阀阀芯位移和接力器位移（导叶开度）开方向的部分试验数据录波如图 5-105 所示。

电压、主配压阀阀芯位移和接力器位移（导叶开度）关方向的部分试验数据录波如图 5-106 所示。

如图 5-107 所示，即为 XLD 电站做的测试曲线，方法为在主配压阀前加一强置信号，在一定的阶跃量的作用下，主配压阀将向开启或关闭的方向开至一定的位置，主接力器以相对应的速度匀速开启或关闭。通过施加不同开启和关闭方向上的阶跃量可以得到不同的接力器速度 dy/dt，分别采集主配压阀位移和导叶接力器动作位移，通过主配压阀位移（标幺量）与导叶接力器速度（dy/dt）关系即可求得 T_y，检测得 $T_y = 0.214s$。

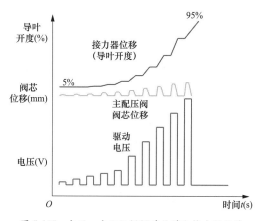

图 5-105 电压、主配压阀阀芯位移和接力器位移
（导叶开度）开方向的部分试验数据录波图

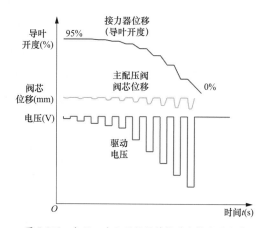

图 5-106 电压、主配压阀阀芯位移和接力器位移
（导叶开度）关方向的部分试验数据录波图

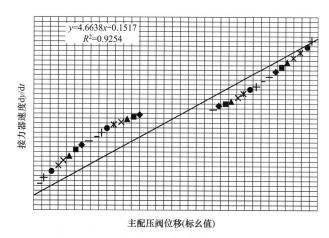

图 5-107 主配压阀阀芯位移与接力器速度关系波形图

T_y 测试完成后，计算其数值，T_y 数值应该在规定范围内。若发现该 T_y 数值偏小，意味着 $1/T_y$ 偏大，偏大就说明接力器的速度性太大，容易引起导叶调节过于灵敏，需要将 T_y 调整变大。一般情况下，开关两个方向的数值基本相等，如果不相等，可以分两个方向单独调整。

假设开方向需要将 $1/T_y$ 调小，即需将 T_y 调整变大，其方法就是，调整关腔（接力器开启，是开启腔通压力油，关闭腔通回油；只有回油油路上，增加节流，方能有效起到阻尼作用）上的节流装置的调节螺杆，逆时针外旋，缩小节流孔，形成增加管路阻力的效果。然后重复上述方法，进行测试，直至满足时间要求。节流装置调整方法可见表 5-15。

表 5-15   节 流 装 置 调 节 方 法

方向	数据	导致的故障	目标	调节方法	装置
开放向	$1/T_y$ 偏大	导叶调节灵敏	需将 T_y 调大	逆时针旋转螺杆	调整关腔上节流装置
	$1/T_y$ 偏小	导叶调节迟滞	需将 T_y 调小	顺时针旋转螺杆	调整关腔上节流装置
关方向	$1/T_y$ 偏大	导叶调节灵敏	需将 T_y 调大	逆时针旋转螺杆	调整开腔上节流装置
	$1/T_y$ 偏小	导叶调节迟滞	需将 T_y 调小	顺时针旋转螺杆	调整开腔上节流装置

5) T_y 可改变的效果及优点。在此提出了调整 T_y 设想，并给出了简便可行的实现方法。本文从 $1/T_y$ 是接力器积分环节的积分增益系数这个角度受到启发，通过在调速器的开关腔上串联两个可调节的节流装置和提出标准的测试方法，来完成对 $1/T_y$ 的变动，从而在调速器液压环节使系统具备更好的匹配性，为后续电气调节提供最佳的基本保障。

本文中的节流装置为标准成品件的集成，结构简单，易加工，螺栓可调，现场调试方便。此提出的 T_y 测试方法，是以常见的电压发生器（或其他替代品）为电压输出设备，与仿真仪配合即可完成测试，接线少，电压阶跃法简单，无需试验人员对调速器电气控制原理有较多了解，对主配压阀和伺服系统以外的其他设备也没有任何要求，即能完成测试。

6) T_y 可改变的关键点。

a. 具有单向节流功能的调节装置，不是重新开发，而是将现有元件进行集成。节流阀主要是实现管路节流独立可调，单向阀功能是保证彼此不存在互相影响。

b. 可调装置的安装有方向要求，开关两个方向需要调整与之对应的调节装置。

c. 在 T_y 的测试中，应开方向测试做完后再做关方向测试，或关方向测试做完后再做开方向测试；不可开关两个方向交叉、混合测试。

d. 在主配压阀和接力器已经研制、安装完成的约束前提下，依然可以在现场来改变接力器反应时间常数的实现方法。该试验可以称为 T_y 的调整试验。

e. T_y 的调整试验应该在接力器开关调整试验之前开展，开关机调整试验不会变动 T_y（开关机时间调整是调整的主配压阀阀芯最大位置和接力器开关全行程时间的关系，是一个数据；T_y 是主配压阀阀芯位移和接力器速度的关系，是一组数据）。其若在开关机调整试验之后，该试验将会改变接力器的全开、全关时间。

f. T_y 的调整试验的效果得益科学标准的测试方法，在测试准确的前提下，进行 T_y 调整才有意义。

2. 动态试验

(1) 水轮机出力对导叶接力器的传递函数测试。机组带负荷稳定运行下，使机组在选定的水轮机工作点稳定运行，在调速器上以等步长、阶跃的方式，改变调速器开度/功率给定的方法，进行负荷阶跃扰动，记录开度/负荷改变前后接力器行程、蜗壳进口（导叶前）水压脉动和机组有功功率等信号的变化过程。试验一般在机组 $60\%\sim90\%$ 额定负荷下进行，负荷变化一般控制在机组 $5\%\sim10\%$ 额定负荷。

试验方法：

1) 将调速器切手动运行，退出协联关系，保持轮叶主接力器行程不变，以一定步长逐步增加导叶开度（可在调速器的试验窗口进行数值设定，下同），待机组稳定后，记录调整前后导叶开度、轮叶角度、机组功率等信号。

2）调整机组负荷到另一稳定工况运行，以一定步长逐步减少导叶开度，待机组稳定后，记录调整前后导叶开度、轮叶角度、机组功率等信号。

（2）水轮机出力对轮叶接力器的传递函数测试。轮叶和导叶试验条件和方法类似，如下：

1）将调速器切手动运行，退出协联关系，保持导叶主接力器行程不变，以一定步长逐步增加轮叶开度，待机组稳定后，记录调整前后导叶开度、轮叶角度、机组功率等信号。

2）调整机组负荷到另一稳定工况运行，以一定步长逐步减少轮叶开度，待机组稳定后，记录调整前后导叶开度、轮叶角度、机组功率等信号。

此试验协联是破坏的，试验过程中机组振动会比较大，不宜过大的轮叶阶跃量，也不宜在偏离协联关系下，机组持续过长时间。

（3）机组惯性时间常数 T_a 测试。机组惯性应包括发电机、水轮机以及流道水体惯性，通过甩 50％以上额定负荷测试机组惯性时间常数，规程中均有阐述。

根据图 5-108，求出甩负荷起始时刻转速变化曲

线的斜率 $\dfrac{\mathrm{d}\left(\dfrac{\Delta n}{n_{\mathrm{r}}}\right)}{\mathrm{d}t}$，即可按下式得出

$$T_{\mathrm{a}} = \frac{P_0/P_{\mathrm{r}}}{\mathrm{d}(\Delta n/n_{\mathrm{r}})_0/\mathrm{d}t}$$

式中　P_0——机组甩负荷幅度，kW；

　　　P_{r}——机组额定功率，kW；

　　　Δn——机组转速变化，r/min；

　　　n_{r}——机组额定转速，r/min。

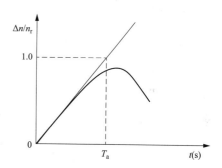

图 5-108　甩负荷时机组加速过程曲线

第四节　调速器质量与安全

产品质量和安全生产是一个企业的生命线，现场调试更是调速器产品整个实施过程中风险最大的环节，比如电厂环境复杂，进入厂区应严格遵守安全规定，及时熟悉环境，听从指挥，防止触电、跌落、碰撞等事故发生。

一、设备质量风险

（1）油压装置的法兰、管路、螺栓、阀门等必须采用与此对应压力等级，如果压力等级低于额定压力，杜绝使用。具体体现在，法兰的材质、管路的厚度、螺栓的级别和阀门的设计压力上。可以通过厂家提供的材质报告、试验报告、合格证、出厂验收等手段约束。

（2）液压部分的"跑、冒、滴、漏"，压力管路上的所有漏油，必须及时处理。防止事故扩大，尤其是 16MPa 高油压调速器，很容易出现漏油。此时的关键点在于，设计的合理性、密封面的粗糙度、密封圈质量和匹配性、螺栓长度和螺栓孔深度关系，螺栓的紧固力矩。

（3）压力阀门关闭不严，为经常发生的重大问题，主要表现为关闭不严、壳体间漏油、内部填充密封损坏、球芯与操作杆脱落。

（4）主配压阀压力表喷油。主配压阀压力表长期处于压力波动态，质量不稳定发生压力表顶部喷油，引起失压，主配压阀失控。

（5）导叶关闭超过要求的最快关闭时间或动态下有过快关闭的可能风险，比如主配压阀和事故配压阀一起动作，压力叠加，导致导叶关闭斜率瞬间加大。

（6）设备选型、选配与机组实际不匹配或很难配合最佳。比如桨叶传感器选用磁致伸缩传感器，双调机组的桨叶选用 FC 主配压阀和伺服阀等。

二、操作风险

（1）压力或回油管路阀门没隔离，就开始拆解事故配压阀、分段关闭装置、电磁阀等，出现喷油，或阀芯喷射出，打伤人或击碎设备。

（2）带压紧固螺栓或其他旋紧设备，引起设备损坏、喷油。

（3）自动补气装置的手动排气，若消声器没有护套，一定要旋掉，防止喷出，有护套要检查是否上紧，防止其喷出打伤人或击碎设备。

（4）机组在空载或发电时，私自动作调速器软硬件的任何状态：包括各种阀门、电磁阀的位置、界面参数和方式、面板把手、控制参数、传感器等。由此引起转速或负荷波动，甚至失控。

（5）动作导叶，未确认水车室或蜗壳是否有人交叉工作，引起导叶或导水机构夹人。未确认导叶和锁锭位置状态，去开油、关油、动作主配压阀。导致锁锭把接力器拉伤，或接力器把锁锭别死，或造成人身伤害。

（6）机组处于自动态、旋转状态上传程序。

（7）调速器手自动切换、模式切换、工况切换前，不检查调速器所处状态，任意乱切。

（8）机组在运行，关闭事故配压阀、压力切换装置、泄压阀控制油；或者开油顺序错误，先开大油，后开小油，导致压力罐油压倒灌。

（9）低压充油，接力器全开，事故配压阀误动。

（10）对于贯流式水轮机，带有重锤的，在第一次充油动导叶时，一定确保重锤附近和控制环附近无人。若有人在施工，不得打开主供阀门，不得进行任何主配压阀操作。

三、程序控制风险

（1）调速器某一个信号误动就上报监控停机，尽量避免单点停机（或甩负荷）。在设计和程序逻辑上，增加可靠性。

（2）程序与机组类型、液压设计、传感器设置不匹配，出现某种控制功能缺失和不合理。

（3）未了解机组的特殊性，程序的通用性未包含特殊性需求。比如，电制动停机、机组振动区宽泛、空载水头过低等。

（4）协联参数折算或输入错误，引起机组振动停机或无法满负荷发电。

（5）调速器的输出信号与监控不匹配，未沟通之间的逻辑，导致机组流程控制不合理，引起非必要的停机、功率波动和报警。比如，开机报机频故障、主配压阀拒动频繁动作、一次调频和 AGC 关系、孤网信号之于监控系统如何利用。

（6）测速装置程序缺陷或设备死区，在机组高速旋转下，开出投入风闸信号。

（7）在机组交付后，未经讨论和批准私自修改程序并考虑不周，出现大的缺陷，引起机组运行失常。

第六章 | 水轮机调速器常见故障及维护

水轮机调速器是水电厂机组控制的核心，是全厂设备中重要的一个环节，其安全稳定运行很大程度上决定了机组安全稳定运行的水平。因此，调速器历来为电厂运维人员所重视，在日常的运维和机组的检修期间，调速器的维护和检修，以及故障处理，是电厂检修工作的重要组成部分。

原则上，油压装置部分不属于调速器，但为了专业和产品的统一性，在此也一并归纳在调速器范畴内进行论述。

第一节 电气常见故障及处理

调速器涉及机械、液压、电气和水系统等专业，故障点分布在各个子系统，且彼此关联和影响，正在排查问题和解决问题时，实难分开去考量。但为了便于总结，本节就总体偏向电气因素的常见的故障进行梳理和介绍。

一、调速器反馈环节

调速器作为典型的闭环控制系统，反馈环节是重要的一环。调速器的反馈主要包含四个部分，接力器位移反馈、主配压阀阀芯位移反馈、机组的转速（频率）反馈和机组有功功率反馈。调速器的很多故障是发生在反馈环节。

（一）接力器位移传感器

调速器的直接控制对象其实是接力器，即导叶开度。由于目前的传感器和信号传输技术限制，还不能直接测量、传输导叶开度，所以通常用接力器行程的百分比在使用上和称呼上代替导叶开度，接力器位移传感器也可称为导叶传感器。这种替代，在控制上没有任何问题。当然也有小部分电厂，在机组静态试验时，通过人工测量的方法找出了两者关系，然后通过插值计算或方程拟合的方法，在调速器程序内部用接力器百分比反算出导叶开度，这也是可行的；尤其对参考水轮机运转特性曲线等手段，需完成功率或频率的精益调节时，也是有益的。

接力器位移传感器的电气故障，主要发生在电磁干扰方面。电磁干扰无形存在于机组控制系统、动力系统的各个环节，很难捕捉和确定。一般最能反映其存在和影响的就是参控的传感器。参控的传感器受到干扰，就会产生控制上的变化，引起大小不等的明显故障，由此而被发现。

接力器传感器受到干扰往往反映为采样跳变，尤其是一些老旧电厂，新旧电缆混杂，动力电缆和信号电缆混杂，就会发生导叶采样跳变问题，比如某电厂，机组在空转时，导叶反馈正常，一旦机组启励，导叶反馈就产生明显的毛刺，由此发生导叶控制抖动和频率摆动过大，无法并网。后经过逐一排查发现是接力器传感器的外部接线从水车室至机坑外部的一段电缆受到强烈的电磁干扰。处理的方法为两种，第一种为将该段电缆外部增加一层"铠甲"以屏蔽电磁干扰，干扰现象不再出现；第二种更换一种高质量的传感器，故障消除。这两种处理方法都可消除故障，但处理的方法有本质区别。在新疆 BBN 电站，也发生因调速器导叶传感器外部接线电缆和锁锭控制电缆为同一根，由于后者为 DC 220V 电源，引起传感器采样跳变。

针对双调机组桨叶（轮叶）传感器受到干扰的主要原因是轴电流的影响。一般轴流机组或贯流机组的桨叶传感器安装在机组轴系的端部，机组在运行过程中，轴端会强弱不等地产生轴电流和椭圆形轨迹的转动。由于传感器的拉绳一般与顶端的一个金属移动杆连接，这样外部干扰信号就会直接影响到传感器的采样。外在表现为桨叶采样跳变、桨叶主配压阀阀芯抖动、桨叶开关腔不规律地异响。此种故障现象，一般处理方法为，一是将传感器的安装位置躲避轴系的中间位置；二是传感器的固定衔接、螺栓和拉绳挂钩连接处，进行采样绝缘处理，避免传感器直接与机组桨叶轴部的金属碰触。

针对拉绳式传感器，由于出线孔不可能完全封闭，其对安装环境的干燥程度有着一定的要求。如果所处的环境相对湿度较大，传感器采样就容易跳变。对导叶传感器或者灯泡贯流式的桨叶传感器，由于顶盖漏水或灯泡头的封闭空间，环境非常潮湿，就容易引起采样跳变。此类处理方法，一般为，导叶传感器更换为封闭性较好的磁致伸缩式传感器，针对桨叶传感器，由于安装要求的限制，一般只能选择拉绳式，这样可以在灯泡头处增设除湿机或加热器等干燥手段。

云南和西藏某电站在机组开机、停机或其他工况变化时，就发生过导叶传感器采样跳变，后经过排查，传感器的电源系统受到了电磁污染。调速器或者机组控制系统，在开停机时，存在大量的继电器和电磁阀、气动阀操作，这些电感线圈在励磁变化时会产生反向电动势，通过电缆传导，污染了调速器的电源系统，从而引起传感器采样异常。此类一般的处理方法：一是将传感器的电源系统独立且冗余设计，将其与电磁阀系统的电源分离开；二是在电磁阀线圈（直流线圈）的插头内增加续流二极管，通过反向续流，将产生的能量在线圈内部损耗掉，用来减弱其对电源系统的冲击。

就设备的电源系统或大面积的传感器选用，通用的做法还有，在设备选型阶段，比如电磁阀尽量采用直流线圈，一些用电模块或传感器，比如瓦温测温模块、麦克压力变送器等，供电类型采用直流 24V。尽量避免采用 AC 220 交流供电的原因，根据实际遇到的情况，主要如下：

（1）如果交流电电压或频率波动较大（厂用电在机组大波动调节时）时容易损坏设备。

（2）交流电会对质量不佳模块输出的模拟量产生微弱干扰，幅值大概在 0.1V 左右，如果模块较多，交流分量的电压积累可以达到 5V 以上。5V 的电压施加到直流系统（模拟量负端往往与 24V GND 短接），会产生致命影响，电源地与大地超过 5V 以上的电压差，实践证明，会导致调速器控制异常。

（3）在模拟量通道的回路上增加信号隔离模块，这样可以有效避免信号干扰，但信号隔离模块要根据不同的模拟量作用合理选配。比如，对于不参控的模拟量，作为表计显示的压力信号、转速信号，可以选用滤波系数大、响应时间长的模块；对于不参控的模拟量，比如对于参控的导叶开度反馈和功率反馈，可以选用滤波系数小、响应时间短的模块。

（二）主配压阀阀芯位移

主配压阀阀芯位移是调速器参与闭环控制的重要信号，通常作为整个调速器控制的内环，对增强主配压阀暂态和稳态调节的稳定性极其重要。

主配压阀阀芯移动的量一般很小，通常在 20mm 以内范围内往复运行，所以在传感器选型环节就非常重要。在量程和输出信号的范围选择上，要与此匹配。这是关键的一步，选择合适的量程，本质上是选择了合适的主配压阀反馈环节的系数，当然该系数可以通过机械机构或电气手段的中间环节来实现，但在硬件选型设计这一阶段，应优化完成。

针对大中型水电机组，主配压阀阀芯位移传感器一般设置两个，一主一备进行冗余。该传感器的电气故障一般较机械故障（漂移、松动等）要少得多，主要原因是该信号仅用作调速器内部闭环控制，信号传输距离短，功能单一，信号输出范围较小，且在零点上下输出，不像接力器位移传感器是全量程地变动。

主配压阀位移传感器电气故障主要表现为传感器直接损坏，比如供电电源接错、内部电路板由于紧固不当夹坏；电磁干扰一般较少，主要来自主配压阀传感器的接线电缆和主配压阀电磁阀组的配线电缆，如果捆绑在一起不加以分离和屏蔽，会产生主配压阀位移信号的干扰现象。

（三）机组频率反馈

机组频率反馈主要来源是机组低压侧的 TV 的副边，还有就是齿盘测速。作为调速器核心的反馈，其可靠性和精度是十分重要的。

就 TV 测频，其故障多为电气故障，常见的为信号在微弱的幅值时，调速器很难测到或准确测量频率。比如，机组大修后，第一次开机，转子绕组没有剩磁，这时开机，机组在低转速甚至额定，TV 测频的幅值（称为残压测频）几乎很难测量。在机组开机过程中，调速器收到开机令，导叶开启，此时调速器由静止转至开机状态，但实际仅仅是导叶开启，由于不同电站的水头、空载开度、开机规律、机组转动惯量的不同，机组开机过程的初始阶段，转速实际会很低，这样电磁感应的 TV 幅值很低，低于调速器的频率测量门槛，此时也不能准确测量机组转速。

针对第一种情况，一般采用两者方法，第一是通过直流电对转子绕组人工充磁，常用的是采用直流焊机的直流电，在励磁柜内的转子绕组入口加磁。第二种处理方法是在 TV 的原边，采集频率信号，将信号引至调速器机盘旁边，便于技术人员手动操作导叶时同时观察机组频率。针对第二种，开机过程报机频故障，采用的方法往往是延时闭锁，也就是在开机阶段的初始阶段（具体延时根据实际而定）闭锁 TV 故障输出，但机组旋转到一定转速和开机时大于设定阈值时，再根据 TV 实际情况进行故障判断。

现场还发生过由于 TV 柜内部相间接线绝缘不足、短路、接地绝缘不足等导致的 TV 测频稳定性不足问题。此种情况，很难在调速器的运维、试验操作层面被发现，因为测频是准确，但测频一般伴随的现象为机组摆动过大，空载扰动不合格。如果发现异常，测量频率幅值、大小的同时，还要测量 ABC 三相的对称性，相间或相对地。如果发现缺相或不对称，尽管目视调速器测频正常，但用专业试验设备检测是不合格的。此种尤其注意，调速器的 TV 外围环节一定要确保可靠。现场发生过，TV 柜的空气开关漏合，TV 线虚接、短路或接地烧坏现象，以致导致调速器在空载时，主配压阀剧烈抽动，引起机组转速控制异常甚至过速。在设计阶段，送入调速器的 TV 尽量采用线电压而不采用相电压，这样可以有效降低因中性点异常产生的危害概率。

当然也发生过调速器的测频模块质量问题，尤其在机组空转工况，TV 幅值很低，这时，如果测频模块绝缘不足或设计缺陷，就会发生 TV 受到齿盘测频的干扰问题。但机组启励或并网后，故障现象消除。

齿盘测速故障类型多为机械故障，电气故障主要为齿盘探头之间如果安装距离过于接近，小于探头安装要求的距离时，就会彼此产生干扰。其次为，探头的安装位置，有的安装在水车室机组大轴上，有的在滑环室，有的在机组轴端的顶部。尤其是后者，探头以及外部电缆就会穿过发电机以及发电机机墩，如果采用的电缆没有专门的屏蔽层，就会受到干扰，导致齿盘测速不稳定。

针对齿盘测速，由于各种难于克服因素（机械方面）往往没有机组 TV 稳定，一般作为备用，且调速器程序内部会根据机组特征做一定的滤波处理。比如针对大惯量机组，单机在 600MW 以上的混流和轴流机组，惯性大，处于空载时，机组在额定转速附近的转速变化率不会很大，这样对齿盘一定的滤波产生的响应滞后不会对控制有本质影响，同时增强了参控的齿盘频率的稳定性。但对于贯流机或机组在开机阶段，齿盘的大滤波会导致齿盘测速滞后于机组实际转速。这时可以适当地根据不同的工况阶段，自动选择不同的滤波系数。

这里需要指出的是，常用的齿盘滤波技术多为测周法，这时尤其要避免采用半周法，半周法齿盘测频会放大由于齿盘加工导致的误差。采用全周法或 1/4 周法，可以避免齿盘加工的不均等导致的测量偏差。

（四） 有功功率反馈

调速器有功功率一般来自自身配置的有功变送器，也有部分电厂鉴于功率测量一致性问题，调速器有功来自监控系统的有功变送器的模拟量。

如果调速器采用开度模式，功率对于调速器一般只限于显示，也可以作为局部控制，作为某些逻辑的前提条件，比如调速器防止超发、闭锁一次调频等作用。

如果调速器采用功率模式，功率之余调速器就尤其重要，尤其是精度、准确度和响应时间，对有功调节和一次调频作用和影响是根本的。

有功反馈故障多为电气故障，尤其是外围接线松动、缺相、短路或开路导致，也有功率变送器本身质量故障，但较为少见。缺相比较容易发现，功率一般缺少一定的倍数。有功功率反馈环节最容易故障或表现为异常，多为以下几个方面。

一是机组在并网瞬间，产生功率报警。一般而言，调速器对功率的采集是基于变送器模拟量的输出，比如对 $4\sim20mA$ 进行线性标定，0 功率对应的是 $4mA$。如果采样小于 $3.5mA$，经一定的延时，即认为功率故障。但机组在并网瞬间，通过监视，可以发现此时在一次侧有较大的电气冲击，功率变送器会瞬间产生小于 $4mA$ 尖峰数值，变现为逆功率，该值如果满足报价阈值，即可报警。如果是调速器功率闭环，就很容易因此退出功率模式或导致并网失败。根据经验和观测，这种逆功率是多种因素导致，对机组控制并无实质危害和影响，因此没有必要参与控制甚至故障报警。导致并网瞬间的逆功率除却上述的并网冲击外，还有就是水轮机在空载开度额定转速并网，本身就会稍微吸收一定的有功，类似水泵水轮机的水泵特性。其次就是，为了克服此时的逆功率，监控系统一般会自动设置一个基荷，迅速将功率拉起，但适得其反，如果机组反调特性较大，反而会产生拟功率。再次就是，并网瞬间机组频率一般较高（高于网频一个滑差数值），满足一次调频调节，导叶下关，引起逆功率。为此，一般在并网瞬间避免控制意义上的故障误报，多采用延时，一般延时 $1\sim2s$ 可以躲过，且不会有任何控制影响。也可采用开度协助判断，比如在空载开度以上 5% 后，再检测报警。当然也存在电制动停机引起功率报警的问题，下面以实际遇到的案例进行说明。

比如云南 NZD 电厂调速器原来采用的功率变速器为 $2\sim10V$ 的信号输出形式，后来更换新的功率变送器后，新的输出信号为 $0\sim10V$。在机组转入空载后，机组有功为 0，这时功率变送器的信号输出也基本为 0V，抗干扰能力较弱。机组解列后，机组残压已经很低。且机组在停机时，频率小于 60%，会投入电制动，这时强烈的电磁干扰会影响功率信号的输出，产生信号跳变。一旦信号跳变使得信号小于 0V，即满足调速器对功率故障的判断条件，产生停机期间的短暂报警。

功率变速器本身选项不合适，以及特殊的停机方式，需要调速器在功率故障判断进行优化以适应。事实上，机组在停机过程中，功率不做控制，报警条件可以进行适当放宽。

对功率报警进行了优化，方法为在机组调速器的"停机态"（停机过程）的 120s 内，闭锁功率故障；其余功率故障判断条件不变。

二是功率采样不精准。功率显示不准有两个原因，一是功率变送器的精度不高，其实功率变送器的精度有 0.2 级和 0.5 级之分，一般选择 0.2 级精度，功率变送器的精度其实不是主要导致功率不精准的主要因素，因为有的机组功率自身波动都超过 0.2%，再精密的功率变送器实质已没意义。导致现场功率不准的因素主要在标定。一般以监控系统的功率显示为参考标定，此问题解决后，下面就是调速器功率变送器参考监控系统的显示进行标定。现场简单的标定是采集两点，一般是 0 负荷对应的采样值和满负荷下对应的采样值，以此作为率定。标定完成后，往往没有两者校验和在不同负荷段下校验。

三是功率采样受到干扰。功率采样被干扰很少见，但确实发生过。举例，在广东某抽水蓄能 YJ 电站，1 号机开机过程中，由于施工单位未遵循运行规范，在开机的同时于 1 号机调速器电气控制柜后打开柜门拉线并使用对讲机，造成功率跳变故障导致调速器功率模式不可用。开机后，由于监控开机流程逻辑判断未进入功率模式，开机流程无法进入发电稳态，引发流程超时，开机失败。此时，监控已通过开度模式调节有功至 200MW。

问题分析：按照运行规范，机组运行过程中，在盘柜处违规操作打开柜门使用对讲机。监控流程判断发电稳态条件不合适。后续测试故障过程中，关闭柜门在调速器电气控制柜 2m 外使用对讲机，无干扰影响。在后柜门通风窗处使用对讲机，会造成干扰，引发功率跳变故障。

处理措施：可将下部通风窗内使用金属板封上，顶部通风口距离功率变送器较远不需要封堵。规范运行，禁止在盘柜处使用对讲机，禁止打开柜门使用对讲机。在盘柜处使用不仅会对传感器造成影响，也有造成触摸屏损坏的严重后果。监控开机流程可修改为通过有功增加到设定值判定发电稳态。

四是功率采样滞后。功率采样滞后较为少见，往往是中间的转换设备原因，比如功率交采表采样的，有的系统不能直接输送给 PLC，中间有个转换环节，转换过程在引起；或有功信号模拟量经过一个信号响应时间较大的分配模块，导致输入到控制器的采样滞后。功率采样滞后，对功率闭环模式的调速器，如果时间大于 2～3s，在功率调节上就能明显产生功率调节振荡，俗称为"稳不住"。如果延时在 0.5～1s，再进行频差阶跃的一次调频试验，可以发现功率的收敛特性很差，呈现周期性的宽周期的振荡。反馈滞后对闭环控制是致命的，在任何环节都竭力避免人为因素（选型不当、滤波系数不当等）导致的反馈滞后的产生。当然，滞后时间的人为产生，可能会考虑其他因素，会综合评估，总之不应引起主控制环节的不稳定和不精准。

下面以云南 JH 电站 5 号机并网后功率波动排查及处理为实例，将此案例进行详细介绍。

（1）故障发生前的机组运行方式。机组和全厂控制权在"集控"侧，5 号机并网运行，3 号机停机备用；全厂 AGC、AVC 投入集控闭环控制；全厂总负荷为 1170MW。

（2）故障事件过程描述。某日 00：20，集控远方开启 5 号机，并于 00：20：54 经 051 断路器同期并网，上位机进行有功功率设定值调整，见表 6-1，5 号机组有功功率出现规律性波动；07：16，5 号机退出 AGC 控制；07：17 电网频率出现波动，1、2、4、5 号并网机组一次调频动作频繁，有功功率出现波动。07：52—07：54，监控系统先后退出 1、2、4、5 号机组调速器一次调频功能，1、2、4 号机组有功功率波动消失，5 号机组有功功率则继续波动。07：46，投入 5 号机组 AGC；07：49，退出 5 号机组 AGC。08：01，5 号机组有功功率设定值为 300MW；此间 5 号机组有功功率继续波动。08：26，接集控远方发令 5 号机组停机，有功功率波动过程中，各发电机组有功功率设定值与有功功率实际值趋势如图 6-1 所示。

表 6-1 有功功率设定值调整表

时间	有功功率设定值（MW）
00：21：21.876	30
00：21：45.874	60
00：22：21.924	90
00：23：15.919	120
00：23：34.013	150
00：23：51.918	180
00：24：07.918	210
08：01：49.965	300

（3）事件分析。5 号机并网后，有功功率实际值在不同负荷阶段均出现规律性波动，退出 5 号机一次调频功能后，有功功率波动未消失。调速系统作为机组有功功率控制的调节执行机构，有功功率的波动可以定义为调速系统导叶开度的波动，调取监控系统有功功率波动过程中导叶开度与有功功率实际值趋势曲线，如图 6-2 所示，有功功率实际值与导叶开度呈现高度吻合，其中导叶开度波动幅值约为 10%导叶开度（波峰-波谷），波峰与波峰间隔约 40s（波动周期为 40s），5 号机组频率稳定，无跳变波动现象，故可以认定，调速系统导叶开度的变化直接引起有功功率实际值的波动。

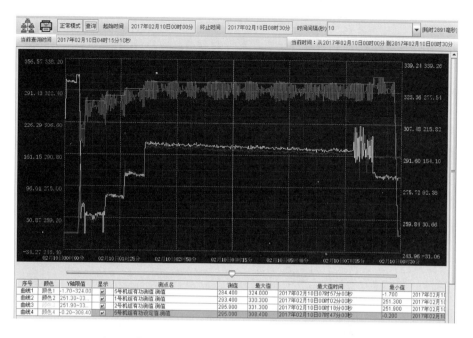

图 6-1 各发电机组有功功率设定值与有功功率实际值趋势图

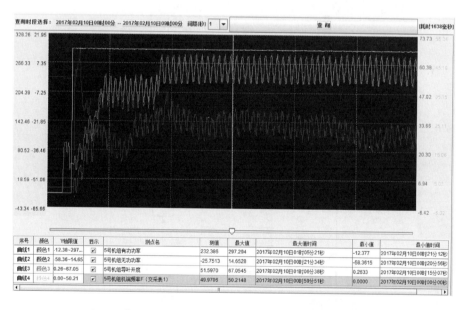

图 6-2 有功功率波动过程中导叶开度与有功功率实际值趋势曲线

调速系统是水电系统中最重要的结构之一。调速系统根据电网负荷变化调节输出功率，保证电频稳定。调速系统涉及引水系统、水轮发电机组、机组有功功率的联动，受电网负荷及频率波动影响，是一个结构复杂、非线性、参数时变的动态系统，其质量与性能直接影响电能品质和电站安全可靠运行，图 6-3 为所示为 JH 调速系统逻辑框图。

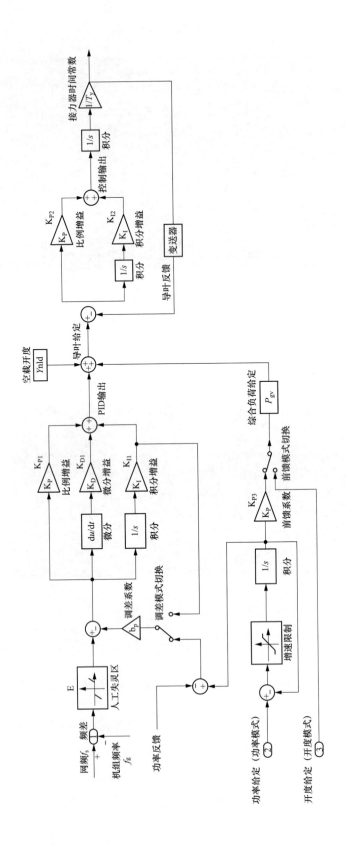

图 6-3 JH 调速系统逻辑框图

由图 6-3 可知，在机组发电过程中，引起调速系统导叶开度变化的因素，主要是以下两个：①调速系统自身对导叶控制引起的调节，比如，一次调频动作（频率主环），调速导叶控制环节（导叶副环）出现问题，引起导叶开度波动；②监控系统有功功率闭环调节，下发相应脉冲对调速系统导叶开度的调节控制。

1）调速系统自身导叶开度调节排查。在机组发电运行过程中，调速系统有两个控制闭环：以机组频率为调整目标的 PID 环节，称为"频率主环"；以导叶给定为调整目标的 PI 环节，称为"导叶副环"。

a. 导叶副环环节。副环为导叶开度的闭环，影响导叶开度变化的原因主要有：①导叶位移传感器松动，引起导叶反馈采样跳变；②主配压阀位移传感器松动、脱落；③副环 PI 控制参数过大，引起导叶开度给定变化幅度增大，造成导叶反馈波动。

排查过程如下：

a）检查调速器电气柜 PCC 控制参数，导叶副环相应设置值均未丢失，且与整定值一致。

b）检查导叶位移传感器，传感器位置牢靠，传感器电气接头紧固，未出现松动，不同开度下测量导叶位移传感器反馈电压稳定，无跳变。

c）检查主配压阀位移传感器，传感器安装牢靠，电气接头紧固，未出现松动，不同开度下测量主配压阀位移传感器反馈电压稳定，无跳变。

d）调速器在静止态下，进行导叶副环试验，导叶反馈与导叶给定跟随性良好，无超调、波动现象，见图 6-4。

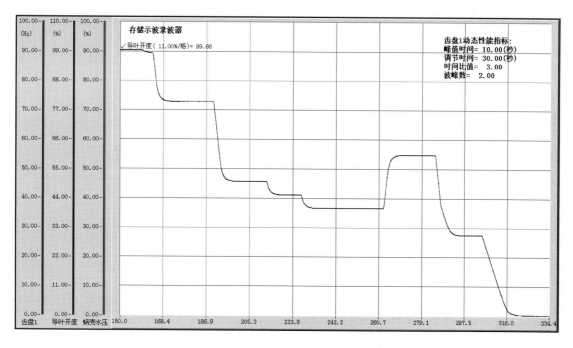

图 6-4　调速系统导叶副环试验导叶开度变化图

e）机组在无水工况下，模拟调速系统开机、空载、并网过程。开机、空载过程中，导叶开度稳定，未出现导叶开度波动，并网过程中，模拟监控增减负荷，调速系统导叶开度动作正常，无波动现象，见图6-5、图6-6。

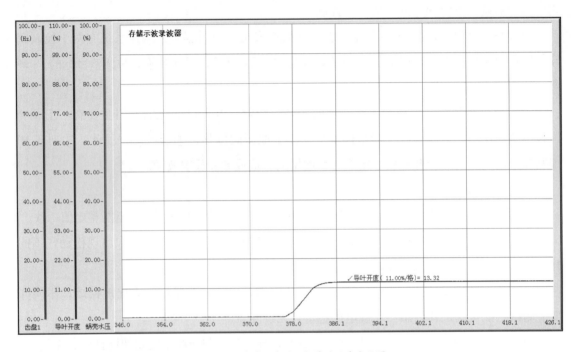

图 6-5　调速系统自动开机导叶开度变化图

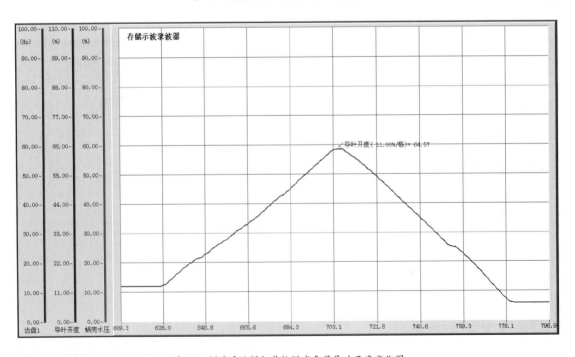

图 6-6　调速系统模拟监控增减负荷导叶开度变化图

b. 频率主环环节。在机组发电过程中，一次调频功能投入后，频率主环即一次调频的动作闭环。在频率主环中，影响导叶开度变化的主要原因：一是机组 TV 采样跳变失真；二是频率环控制参数（PID 参数、调频死区 0.05Hz、转差系数 $b_p = 4\%$ 等）丢失或设置错误。

经检查，各项参数均设置正常，无丢失。在有功功率波动过程期间，调取一次调频动作事件记录以及各对应时间的机组频率（调速器的自身频率）进行核对，发现调速系统一次调频动作响应均为正常响应动作，且一次调频理论动作幅度在 0.5% 开度左右，远低于 10% 开度，排除一次调频动作导致有功功率波动的可能性。

2）监控系统有功功率闭环调节排查。监控系统有功功率闭环调节主要针对各机组而言，保证各机组的有功、无功功率实际值保持在设定范围内，以确保电站发出的总有功、无功功率始终在设定值或负荷曲线的允许范围内。监控系统有功功率闭环调节功能应具备：一是调节功能，监控系统现地控制单元采集功率实发值，并通过 PLC 计算出调节输出相应脉宽及脉冲数；二是监视功能，在机组运行过程中实时监视机组有功功率是否在设定范围之内，超出范围，则需对机组有功功率进行相应调节；三是调节保护，若机组在有功功率调节过程中出现异常，闭环调节应退出或输出闭锁并做相应的报警。

调取 PMU 装置中有功功率波动过程中导叶开度波动曲线，如图 6-7 所示。由图 6-7 可知，导叶开度波动周期约 40s 且波动呈阶梯台阶状。调速系统自身导叶波动或抽动周期远小于该波动周期，且导叶开度增减脉冲幅度与调速器脉冲增减步长基本对应，说明调速系统收到监控系统有功调节增减脉冲信号，引起导叶开度的波动。

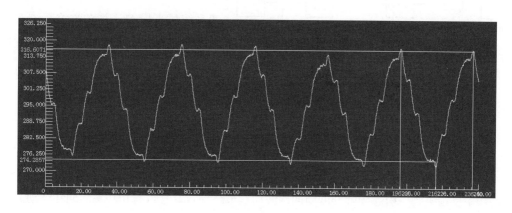

图 6-7　PMU 有功功率波动过程导叶开度趋势图

监控系统有功功率闭环调节中，有功功率测量环节逻辑为①功率变送器与交采表互为主备，功率变送器为主，交采表为备；②若监控系统监测功率变送器功率采样失真或丢失，切换至交采表为主，功率变送器为备；③功率变送器功率采样恢复正常且当前有功功率变化范围在设定范围内保持 60s，监控系统切换功率变送器为主，交采表为备。

5 号机开机并网后至停机过程中，机组监控系统有功功率调节测量环节为交采表为主，功率变送器为备。分析有功率变送器与交采表有功功率采样数据曲线,见图6-8。

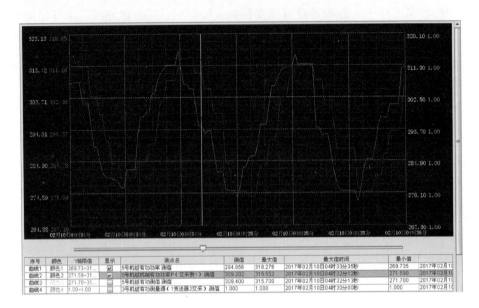

图 6-8　功率变送器与交采表有功功率采样趋势图

由图 6-8 可知,交采表有功功率采样曲线滞后功率变送器功率采样曲线约 4s。在反馈采样相位滞后的前提下,监控系统功率闭环控制环节没有特定滞后补偿模型,仍然采用常规 PID 控制,在反馈已经失真的情况下,自然会引起控制不稳,出现周期性波动现象。

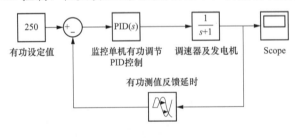

图 6-9　调速系统仿真模型

利用 MATLAB 仿真软件,建立调速系统仿真模型,并在监控系统有功调节功率反馈中加入滞后环节并仿真计算结果,如图 6-9、图 6-10 所示。仿真结果显示,有功功率负反馈延迟时间越长,有功功率振荡越明显。

3)事故复现试验。通过上文的分析,可以基本判定 5 号机并网过程中,监控系统有功功率闭环调节采用交采表作为有功功率实际值测量源,导致有功功率实际值与测量值延迟 4s,造成有功功率反馈失真,引起导叶开度周期性波动,最终导致 5 号机有功功率周期性波动。

2017 年 2 月 17 日,集控远程开启 5 号,经 051 断路器合闸并网,此时监控系统有功功率闭环调节采用功率变送器为有功功率测量源,监控系统调整负荷至 280MW,调节稳定后,进行±30MW 负荷调整变化,观察导叶开度及有功功率,由图 6-11 可知,监控系统有功功率闭环调节及调速系统导叶开度闭环均动作正常,有功功率实际值在设定值范围内,机组稳定运行。

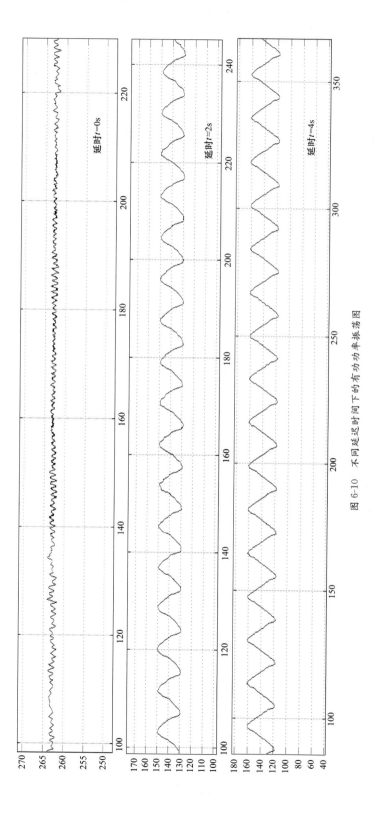

图 6-10　不同延迟时间下的有功功率振荡图

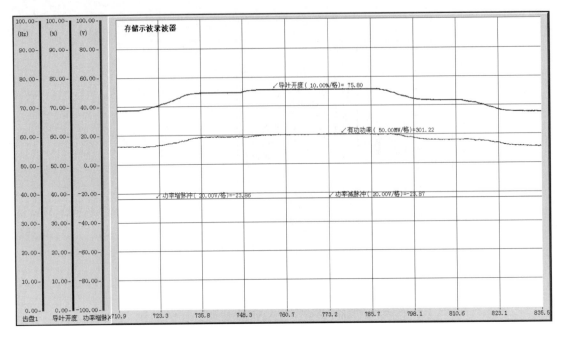

图 6-11　功率变送器下±30MW 负荷调整曲线图

随后运行人员手动切除功率变送器测量源，监控系统切换交采表为主测量源，功率变送器为备，有功功率实际值仍稳定，无波动现象，此时监控系统进行±30MW 及±50MW 功率调整，观察导叶开度及有功功率变化，由图 6-12、图 6-13 可知，采用交采表作为监控系统有功功率闭环调节测量源下，在有功功率设定值发生变化下，有功功率实际值发生周期性

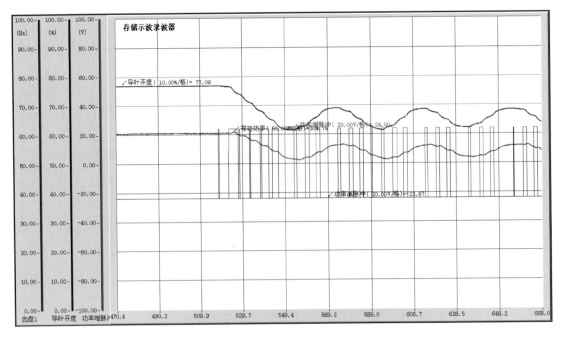

图 6-12　交采表下±30MW 负荷调整曲线图

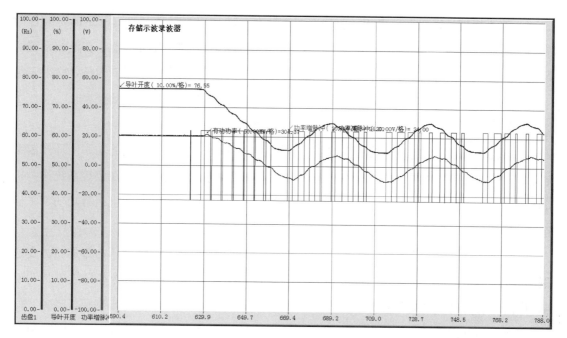

图 6-13　交采表下±50MW 负荷调整曲线图

波动，且有功功率调整值越大，波动越明显，事故现象得以复现，同时也验证了交采表作为有功功率闭环调节下的测量源，会导致有功功率出现周期性波动的结论。

事故现象复现后，运行人员手动退出监控系统有功功率闭环调节控制，调速系统导叶开度、有功功率实际值波动现象消失，机组恢复稳定运行状态，见图 6-14。

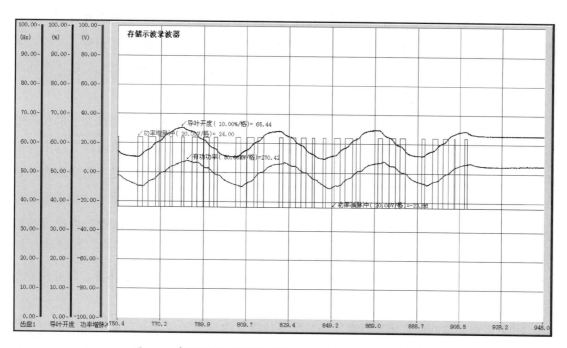

图 6-14　有功功率闭环调节控制退出后导叶开度、有功功率曲线图

4）改进措施。针对交采表相对于功率变送器在有功功率测量环节具有一定的延时性的特点，监控系统有功功率闭环调节系统有以下改进措施：①增加功率变送器，在监控系统切换有功功率采样逻辑上选用三选二逻辑，功率变送器一为主，功率变送器二为备，交采表为末；②监控系统在判断有功功率采样逻辑上可以添加延迟判断，减少误判断概率；③监控系统优化交采表计算有功功率时间，缩短有功功率采样周期。

（4）最终结论。水电站有功功率控制由监控系统、调速器和机组构成的功率闭环控制系统完成。对电站 5 号并网运行过程中，有功功率波动现象进行分析得出：在监控系统作为机组有功功率闭环调节控制的控制单元、调速系统仅作为执行机构单元时，机组有功功率采样测量的逻辑判断尤为重要，并提供相应改进措施，保证机组稳定正常运行。

就调速器及油压系统而言，还有一个重要的参与控制的传感器，就是压力罐的压力变送器。该变送器是保持油压稳定、油泵启停控制的重要反馈单元。该变送器本身故障是明确的，但由于油泵启动加载等大功率的冲击，油压系统的一些变送器很容易出现死机现象。面对这些严重的电磁干扰，一般在变送器信号输出和控制器之间，设置一套信号分配隔离模块，由于此类控制对响应速度要求不那么高，增加的隔离模块也很少产生副作用。

二、调速器控制环节

1. 参数选取不当

不同的调速器厂家，其控制原理略有不同，但总体任务和控制目标是一致的，完成专业产品的功能实现已经是用户的一些特殊需求。谈控制结构，就离不开参数选取和设置。参数的选取原则主要依据是国家标准和行业标准，里面有较为充分和明确的技术指标。

调速器的参数主要分为导叶（接力器）的控制参数、空载频率控制参数和发电下的功率闭环调节参数，以及一次调频调节参数。

导叶控制参数主要是根据导叶扰动试验，通过检测导叶给定和导叶反馈的暂态和稳态的调节曲线，对比技术要求以及规范要求，优选出比例和积分参数。导叶控制环节，由控制器、电液转换器、主配压阀、管路和接力器组成。接力器带动导水机构。这种设备组合一旦在现场完成装配，其特征相对稳定，不会随着无水、有水、机组所处工况和水力因素而发生变化。因此，该参数在静态下即可完成优选，且通用性很强。该环节的试验条件很容易满足，一般会通过大量的阶跃，完成充分的优选。

导叶控制参数的有效性，可用"快、准、稳"三个字进行概况。与之违背，即可视为不合格。

"快"意味着导叶调节速度要满足调节保证计算书中要求的导叶开启和关闭的斜率。控制输出的强度决定了导叶动作速率，但其大小和偏差大小有关，也和参数大小有关，所以在控制上不但要求大阶跃（30%的扰动量）满足速率要求，而且也要求小阶跃（2%～5%）满足速率要求。快，就是控制曲线的末端收敛要快，不能有太明显的迟滞。

"准"，顾名思义就是反馈值与目标值要一致，即导叶给定和反馈在稳态时的偏差确保在±0.2%以内，否则静特性、有功调节精度等都会受到影响。

"稳"，就是控制达到稳态时，在录波曲线上导叶反馈不能出现明显的波动，同时也要感知（专家经验或千分表）接力器的抖动量。接力器如果是稳定的，还要重点观察主配压阀阀芯的稳定性，是否存在抽动、抖动之类。如果主配压阀阀芯抽动，在空载和发电态，抽动只能会更大，这样会引起油压波动较大，油泵启停频繁等。

在导叶控制环节，还有一个重要的参数就是主配压阀反馈增益系数。该值可能是以模拟电路的阻值，也可能是以数值参数的形式存在，该值大小决定了主配压阀控制的灵敏度；需在灵敏性和稳定性之间综合确定。

导叶控制环节的前提是零点不漂移，本书将此归为机械故障。但其引起的故障，又不能脱离电气控制而独立解释。

2. 结构不匹配和不合理

国内主流的调速器设备供应商，在产品开发阶段，已经参考了行业标准和经典教材，其控制原理一般都比较成熟，也经历了大量的工程验证，控制结构不合理或与实际工况不匹配，一般很少、很难出现。根据经验，通常会出现两种情况：一是，在设备运行中，调速器遇到极端罕见的工况，其结构和参数无法与之良好匹配；二是，专业的测试机构，对调速器进行大量的测试，将各种工况、故障等进行叠加模拟，测试出其结构不合理。

举例说明，如图 6-15、图 6-16 所示，对一个实现频差和开度之间调差关系的控制要求，数值关系为 $\Delta y = \Delta x / b_p$。图 6-15、图 6-16 控制结构，稳态下均能实现控制目的。但从 b_p 在控制环节的物理位置，以及电力系统赋予 b_p 的控制含义，显然图 6-16 是不符合要求的。

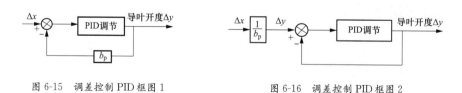

图 6-15 调差控制 PID 框图 1　　　　　图 6-16 调差控制 PID 框图 2

且在同样的频差和 PID 参数控制下，传递函数和过渡过程曲线也是完全不一样的。在结构设计和程序编程上，应注意避免此类"为达目的不择手段"的现象出现。

早期调速器控制结构的变化性很小，随着电力建设的发展，各种复杂的工况和需求与日俱增，固定的控制结构有时不能满足复杂工况下的需求。比如，西藏某大型水电站，当机组外部线路出现故障跳闸时，调速器如果仅靠断路器判断大网，无法及时切换至对应的小网或孤网，依然采用大网结构和参数去调节，或依然采用大网下功率或开度模式去调节，会加剧故障导致的不良后果，最终导致机组控制和电力系统失稳的电力事故。

随着出现的故障案例的增多和电力建设的实际需要，调速器控制结构也越来越合理，变结构、变参数等功能，均能实现。

3. 功能缺失

调速器为水电站专业设备，其功能缺失，较为少见。从大中型水电站角度去看，一些小水电站要求不高的调速器，功能可能是不完善的；但对小水电站，又是完全满足运行要求的，此也不能称之为功能缺失，是一个相对概念。

产生功能缺失的主要因素可归纳为以下几点：

（1）成本和利润因素，一些不良厂商"偷工减料"。偷工减料不仅体现在硬件配置上，还体现在一些功能的取舍上。因为增加一些功能，就需要投入硬件成本，降低了利润。比如，一些无关核心控制的 GPS 对时功能、高级通信功能、大容量高精度录波功能等。

（2）项目招标技术文件的条款没有具体、明确的技规范，由此导致的理解偏差和误解。比如，技术文件要求，调速器应具备自动、手动控制功能。自动控制很容易理解，手动控制就分为手动闭环控制、手动开环操作和纯机械手动操作。且手动是在控制器内实现，还是独立实现，均未指明。这样，其中的理解空间很大，就导致实际和需求不一致，也最容易产生分歧。

（3）未曾料及的新需求。由于电站的建设周期和电力新技术的发展，前期的设备和程序设计，在机组投运调试以及后期维护期间，可能会出现新的需求。比如要求具备直流孤岛功能、IEC 61850 通信功能、B 码对时功能、调速器智能诊断功能、柔性开机功能等。

除却上述控制环节核心的缺陷或故障，就控制环节还有一些比如故障保护策略、冗余切换逻辑等故障，调速器油源控制系统，也有一些典型的控制故障。

三、调速器执行环节

调速器的执行环节主要由机械液压设备组成，比如电液转换器（各类伺服阀、比例阀、伺服电动机、步进电动机等）、主配压阀、接力器。这些执行环节的设备本身就是机械液压设备，故障自然多是机械故障，电气故障很少。

涉及电气的主要是电液转换器，该元件是调速器整个控制系统的纽带，承上启下，将微弱的电气控制指令信号，通过电气和液压放大，转换为机械液压信号。

电液转换器常用的为伺服阀或比例伺服阀，该阀的故障率极低，一般有与此配套的功率放大器，功率放大器的概率也极低。电液转换器故障仍然多为机械液压卡阻故障，电气遇到的故障主要外在表现为控制线圈阻抗下降，线圈异常导致阀芯哒哒哒振动，运行时长期得电，发热严重且温度很高，外购其他品牌功率放大器与伺服阀配合性差。

四川某大型轴流机组电站，发生过主配压阀阀芯抽动现象，经过各方面排查，最后发现抽动是由比例伺服阀的反馈信号的电缆没有采用屏蔽电缆，受到干扰导致。该电站采用的功率放大器和伺服阀是分离式，功率放大器安装在电气柜内，伺服阀安装在液压设备上，两者间距有 30m，在功率放大器和伺服阀之间，依赖伺服阀的反馈，存在一个小闭环平衡。稳态下，外部输入 0V，伺服阀阀芯位置为中位；当外部输入 5V 时阀芯位于 5V 对应的位置，当外部输入 -5V 时阀芯位于 -5V 对应的位置，伺服阀阀芯位移控制同方向、等比例线性响应外部给定信号。为了降低比例伺服阀的故障率，产生了功放和阀一体的比例伺服阀，在阀件厂家即完全装配好，形成一个产品。这样可以大大降低干扰，以及人为接线差错导致的故障。

还有一种电液转换器是伺服电动机或步进电动机，此类装置和驱动器一起，完成将控制电信号转换为角度和位移信号，并通过机械、液压放大，最终实现导水机构的大能量操作。此类故障多发生在电机和驱动器的质量损坏、发热导致温度过高损坏、电机正反抖动频繁、死区过大等问题。

主配压阀和接力器的唯一的电气部分就是主配压阀阀芯位移传感器和接力器传感器。

四、其他电气故障

调速器如果将油压装置的自动化元件部分包含在内，各类单一的电气类故障是比较多的。电气故障的表现形式以及对故障的定义，也有很多种，下面择其重点逐一介绍。

1. 水头信号故障

水头是调速器关键的参数之一，尤其是对双调机组而言，水头信号是应该直接参与协联和空载开度寻优控制，对可逆式机组而言，参与水泵方向的最优抽水开度大小和开启规律的控制。但在电站实际应用中，往往又存在自动水头和人工水头两者说法。后者的产生是因为前者故障或可靠性、准确度无法满足控制要求，衍生出的一个概念。

自动水头在相当多的电站中没有投入使用的原因是其不可靠或者不准确，由于国内大部分电站属于混流机组，混流机组的开机、空载和发电三大工况对水头的依赖性不是很大，尤其是水头变幅不大的电站，在机组开机工况，匹配好开机规律，在空载工况，对空载开度设置一定的余量，也可以克服不投自动水头产生的一些弊端。但对于双调机组，如果采用人工且不随实际水头变动，将会产生机组振动大、效率低等一系列问题。

自动水头异常的主要原因：一是压力传感器一般安装在水压管路的支管上，由于支管较细长和弯曲，加上水压脉动，产生未可知的沿程损失，测量的出的水压（水头）往往偏差很大。二是压力引出口的位置即便在同一高程，在蜗壳或引水管路的不同位置，测出的压力都不一样，说明安装位置（水压取出口）对测量的准确性影响很大。三是如果水压传感器测量的是蜗壳和尾水管压力，在机组导叶开启、关闭和调节的过程中，都会产生变化。尽管传感器可以实时地如实反映出实际水头，但这种实时性水头带有压力脉动、毛刺，对调速器控制毫无意义，调速器需要的是一种相对稳定的（毛水头减去水头损失）净水头，而不是实时的水压。为此，需要调速器程序进行一定的滤波和梯度赋值处理。即便调速器的自动水头投入，按照外部输入水头模拟信号计算，也会发现，该值和其他设备的水头也有一定的误差，甚至误差在若干米以上，种种因素导致调速器放弃了自动水头，而选择人工水头或半自动的人工水头（由运维人员在中控室，不定期集中远程下发）。

因此，需要研发一种专门的自动水头测量装置，采用不同的传感器，安装在不同的位置，以不同的测量原理，用科学的算法和比对，最终计算出准确而稳定的水头，下发给电厂各个需要水头控制或显示的自动化设备；此是最佳方式。

2. 导叶偏差故障

导叶偏差故障是早期没有大面积推广导叶传感器三选一策略时，提出的一种故障类型。一般大中型水电站，采用两套控制器和两套导叶传感器。传感器交叉冗余，两个反馈信号均送入每一套控制器。但会出现一种情况，在传感器品质正常的情况，如果两个采样产生偏差怎么办。由于没有第三支传感器，所以很难判断哪一支是正常，但此现象肯定为异常，需要报警给运维人员，因此提出了偏差故障。一般两者大于 3%～5%，即可报警，通常情况下该故障只报警不做控制上的动作。在早期某些电站，该故障在发电态报出，要求保持当前状态，不响应外部调节；在非发电态报出，调速器自行停机；同时上报监控系统停机故障，使得监控也同时走停机流程。

导叶偏差故障的产生，根据统计，主要发生在磁致伸缩式位移传感器上。该传感器的滑块间接与接力器的活塞杆通过紧固螺栓相连接，但随着长期的振动，螺栓会松动、松脱，最终导致磁块与接力器活塞杆相脱离，脱离后，磁块还卡在传感器感应杆上，其采样品质稳定且保持在正常行程范围内，这样程序很难识别此类机械故障，没有识别故障，冗余切换就不能发挥作用，这样调速器用失真不变的采样作为反馈引入控制，就会引发开环振荡、发散，产生极大的机组有功波动，给机组和系统造成极大危害。

后来广泛推行三传感器冗余，这样就很容易识别出导致偏差的那支传感器，但偏差故障报警依然保留。

3. 控制器死机

控制器死机是严重故障，多发生在设备的调试期间，但也会极小概率地在机组运行时发生。导致控制器死机的原因很多，有些原因确难于查明。根据历年的故障案例，从经验的角度，导致死机的主要因素：一是程序编程不科学、不严谨，导致计算溢出，常见的就是程序内大量的使用除法，分母为变量，当变量为零时，就好发生除零故障，导致死机。针对于此，可以增加除零保护，对算式增加一个分母不等于零的前提；也可提高编程技巧，尽量避免使用除法。二是控制器检测到硬件和软件组态不匹配，直接退出运行，此种情况往往是底板或插件松动，导致 CPU 无法检测到相应槽位的模块。三是有的控制器具备分时分周期的功能，如果在一个很短的周期程序段，写了大量的程序，在控制器上电重启或热启时，就会因在一个周期内没有扫完程序而发生退出运行的现象，表现为始终 RUN 不来。因此，在编写程序时，应该做到分时分任务，根据轻重缓急合理分配周期。四是通信会导致控制器死机。如果通信写的数据量过大，比如控制器与人机界面联机，在某一个界面的设置窗内写入了大量的关联数据，这时如果采用的是低质量的控制器，在点击参数，一键下发，容易一下子写死。还有就是与外部通信，比如常规的 MODBUS 通信，正负两根线，如果两套控制器同时与监控通信，且在通信的硬接线上没有按照规范连接，比如采用菊花链，而是直接并在一起链接，就后偶尔发生死机现象。关于通信导致的死机，出现的概率还是比较多的，针对的措施往往是先在线监视一下通信的数据量大小和通信程序段的占用率（负荷），如果数据量过大，可以将短周期适当加大，比如将 20ms 改成 100ms，不需要过快的数据扫描和交互。主从通信最好采用主机通信，从机不通信的方式，并进行硬接线切换隔离。五是外部强烈的电磁干扰，导致死机。尤其是供电或者外部的 AC 220 电源，出现大幅电压或频率波动（单机带厂用电的暂态调节过程），就会出现大面积的模块故障。

总之，在设备运行期间，尽量保持设备运行环境的干燥，潮湿的环境很容易导致电池亏电、丢参数、丢程序等现象，力所能及地避免电磁干扰产生和防范电磁干扰的影响，比如强功率劣势对讲机的远近、外接的试验仿真仪设备的可靠接地等，引起控制器运行异常。

4. 人机界面

人机界面俗称 HMI，在其他工业领域也称之为 SCADA，属性一致，可大可小，可以是触摸屏，也可以工控机。是非常关键的人机信息交互界面，尤其是调速器，属于机组侧重要的现场控制设备，在现场的控制柜配置一台信息丰富的、功能强大的人机交互屏，是非常有必要的。该设备很少出现死机，一般是临近寿命，会出现界面切换缓慢或点击无效，触摸或鼠标功能局部失效，界面出现横竖向的花屏，属于一种自然老化，需要更换。该设备的损坏往往是电源接线错误导致，比如正负接反，电源正误碰屏蔽地，导致显示屏损坏。

触摸屏或工控机本身的质量固然重要，比如分辨率、刷新周期、存储容量等，最重要的是软件编程，附着其上的软件编程是调速器的核心。

5. 软起故障

调速器油压装置要维持一定的压力和油气比，需要油泵电机进行打油，电机功率较大，就会选配软起或变频器。软起是重要的动力控制设备，使用行业广泛，标准化程度高。不同的使用环境和方式，软起的配置和参数设置还是有一定的差异。水电站油压的控制，油泵的出口会配置一个组合阀，旨在油泵电机在启动的初始阶段此装置可以实现排油，降低油泵启动的背压和启动电流大小，也可以降低轴系的扭矩，防止扭断。组合阀的作用和软起类似，宗旨都是保护电机，轻载缓慢启动，维护油泵和电机寿命。

6. 误跳空气开关

油源控制柜一般会配置动力电源的空气开关，便于设备的调试、维护和隔离。但现场发生过空气开关误跳的现象，且故障原因一般很难查找。导致空气开关动作的，根据实际案例的经验，主要为以下几点原因：一是控制程序使得空气开关跳闸，起到保护设备的作用。比如，压力过高、油位过低等（多为传感器信号误动），为了保护压力罐和油泵损坏。二是动力回路电流过大，比如运行的油泵突然抱死，导致瞬间电流大于空气开关设定值，过流动作。三是空气开关的选型过小、过流的阈值设置过小导致。现场也发现由于软起选型过小导致的跳空气开关现象。

7. 电机故障

由于国内为电机技术的成熟和方法应用，电机一般很少故障。电机故障很多是油控柜的报警表现，比如过载之类，其实仍然不是电机本身故障，而是外围原因导致，比如油泵卡阻、软起设置不当、缺相、组合阀启动时卸载失败等，导致电机无法正常启动和运行。电机故障如果出现，基本发生在设备调试初期，比如外部三相动力电缆未按照绕组实际接线、设置内部极性错误等。还有就是电机绝缘不够等。

8. 补气异常

调速器压力罐的补气异常，在外部信号正常的情况下，主要是程序控制不合理。比如，补气的设置启停条件和油泵控制设置交叉、混乱等，建议可以对补气的开关（启动和停止）控制的条件单独设置，与其他报警条件、油泵控制油压、油位等分开。采用合理的控制逻辑，所谓合理，就是结合补气的速度和压力罐的大小，独立地采用合理的补气时间。比如贵州某电站的给水泵汽轮机，补气功能一直未投入，探寻发现，由于压力罐容积过小，补气阀一开，1min内就完成压力补充，很容易把压力罐压力补过高。也可以采用基于波义耳定律，建立方程，依据方程进行补气。除去控制逻辑外，就是补气阀的质量和信息不可靠导致。比如，补气装置的电磁阀或电动阀的压力等级不足，导致密封漏气。补气反馈信号不可靠，无法正常报送给 PLC。

9. 轮换异常

油泵轮换完全是控制逻辑问题，单台油泵不存在，两台油泵轮换逻辑比较简单，也不容易出错。如果油泵在 3 台以上，轮换的逻辑难度就呈指数式上升。比如 4 台泵的轮换，包含正常轮换、故障轮换、人工切除后轮换等。轮换原则，可以是按照加载或启停次数轮换，也可以是按照加载或启停时间轮换。多为依据启停次数进行轮换。

轮换程序测试宜采集穷举法进行逐一验证，国内部分电厂的油泵控制比较特殊，比如机组运行时，主油泵一直旋转不停，只做加载和卸载。机组停机，油压系统也走停机流程，将所有油泵停止、隔离阀关闭等；机组开机时，油压系统也根据开机令，完成平压、开隔离阀、起泵等动作。

根据经验，油压装置的控制不宜复杂，要综合评估，提高系统的整体可靠性。比如组合阀加卸载控制，有的电厂设置了压力开关和压力变送器，来判断组合阀的加卸载失败，实际发现，组合阀本身很可靠，往往是压力开关和变送器信号不能及时反馈（在启泵、卸载、加载、卸载的过程中，油压存在复杂变动）导致误判组合阀故障，反而降低了系统的可靠性。因此，在监测一个对象的时候，要充分了解（通过广泛调研、咨询）对象的特征。

第二节　机械常见故障及处理

调速器包含有很多机械液压设备，比如伺服阀、主配压阀、事故配压阀等，这些设备功能独立又相互联系，工作的油质和外部信号对其功能和性能，影响又是决定性的。这些设备的故障发生机理、故障现象、危害程度显著有别于电气设备，总体而言，机械故障发生的概率要高于电气故障。下面就机械常见故障，从具体的设备角度进行梳理、阐述。

一、主配压阀

主配压阀是调速器的核心控制设备，作用就是实现控制信号的液压放大，来完成对导叶和桨叶接力器的操作。其故障主要表现为以下几点：

（1）主配压阀卡阻。主配压阀因其阀芯和阀套之间的大开口和大流量，一般很少被异物卡阻，即便油液内含油较大的异物也会被油流冲掉，或油液含有细微的坚硬异物，也因国内部分主配压阀阀芯阀套采用的为高强度材质，会将其碾碎，无法卡阻。但主配压阀卡阻的事故，也未必罕见，这主要发生在设备调试期间。

由于众所周知的原因，调速器虽然是核心设备，但在近十余年的市场竞争形势下，电站的机电安装和施工，存在层层外包现象，调速器的现场施工和安装也不例外，一些外包队伍不具备基本的专业知识、行业经验，甚至没有任何培训。这样调速器的管路系统，在安装、焊接和装配的时候，质量就大打折扣，就会出现严重的质量问题。比如，有一些破布遗漏在管道内，一些纸箱遗漏在压力罐内，甚至压力罐内部脱漆并未处理，管路在装配前，毫无防护地扔在路边或和垃圾一起堆放，诸如此类，都会给后期系统质量埋下重大隐患。云南某大型水电站就在一次调试期间，发生主配压阀卡阻现象，后返厂检查，竟然发现内部有一块抹

布。西北某水电站，调试期间，主配压阀卡阻，阀芯无法动作，现场检查油质，发现油液内

充满了碎纸屑。后经过进一步的排查，发现污染源是来自压力罐内部，前期工人在清理压力罐内表面油漆的时候，带进去了一个纸箱子，未取出导致。

当然也存在油质含有杂质，比如铁屑、铜粉等导致阀套拉毛，引起阀芯卡阻以致损坏的现象。如图 6-17 所示，因主配压阀阀芯卡涩，导致阀套脱落。

图 6-17　四川 GD 电站主配压阀阀套定位螺栓断裂

（2）主配压阀阀芯抽动。主配压阀阀芯抖动、抽动现象是始终存在的，但要上升到故障或异常，确实需要根据其表现和引起的后果而定。不同的机组类型，不同的主配压阀和接力器的匹配关系，不同的压力罐大小，就同样频率和幅度的抽动，对系统而言，整体表现结果都不一样；这个有时很难界定，需要一定的专家经验。

主配压阀阀芯抽动的表现特征为阀芯左右或上下有一定幅度的、周期性或间隔性的往复运动。往往伴随着主配压阀有明显的嚓嚓的过油声、管路振动或轻微的异响、油泵启动频繁、导叶开度不稳定、空载摆动大、功率调节超调等现象。

主配压阀阀芯抽动的原因，多是电气原因，比如主配压阀的传感器损坏、主配压阀反馈增益系数过于灵敏或主配压阀传感器选型不当（量程和模拟量的关系，之于调速器的导叶控制，其匹配性偏离最优范围），主配压阀传感器采用信号转换器产生响应滞后，导叶控制参数、频率或功率控制参数过大，参数与机组工况不匹配导致。就机械因素而言，抽动主要为：

一是零点因为主配压阀传感器本体紧固螺母松动出现漂移（偏移）。主配压阀零点漂移，非常常见。一时的危害不易被发现，一旦零点偏移过大，就会直接表现为导叶控制精度变差，比如导叶给定和反馈相差为 0.5%，如果原参数未变时，基本可确定零点偏移。零点偏移，会在导叶控制环节形成一个"回差带"，类似磁场的磁滞回曲线一样。对频率的小波动调节，会引起频率摆动过大甚至发散。对功率调节，引起功率调节超调和精度不足。

二是主配压阀传感器的感应面歪斜或感应杆内部连接松脱，不能正确反映阀芯的运动情况。如图 6-18 所示，为国内某云南大型水电站主配压阀内部传感器感应杆固定螺栓松动，最终引起管路剧烈振动和负荷波动。南网的 YJ 抽水蓄能也发生过主配压阀在中位抽动的现象，后经排查发现是主配压阀阀芯在中位时，倾斜的感应面与非接型触主配压阀传感器端面不平行，间隙歪斜，导致位移测量产生较大的非线性。

三是主配压阀窜油，导致控制油压力不稳定。主配压阀的遮程有大小，其内部油压泄漏也大小不一。尤其是美国 GE 公司生产的 FC 阀，内部泄漏较大。其中泄漏主要发生在阀芯和阀套之间，阀套和阀体之间，以及阀芯的轴向控制控制油缸的轴向窜油。主配压阀的本身泄漏，以及控制端的泄漏，会直接导致目标值的控制偏移，控制器为了纠正偏移，就会不断地调节，最终外在表现为主配压阀的抖动。

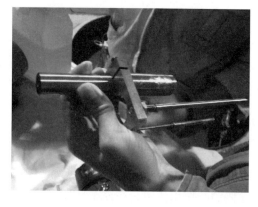

图 6-18　FC5000 主配压阀内部传感器连接杆松动

四是主配压阀的压力油或开关腔油路有窜油现象。主管路的失压，只要发生在双调机组的受油器环节，开关腔存在大量的内泄，桨叶位置无法长期稳定，会因内泄偏移，这样主配压阀就会不断纠正，引起主配压阀的频繁调节，这一点比较常见。也有部分电站，在回油箱内部的开关腔与内壁连接的法兰或密封损坏，导致油压泄漏，压力失稳，引起在主配压阀抽动。在广西某电站也发生主供油管的三通法兰密封损坏，这些泄漏点的位置在回油箱的透平油液面以下，一般很难发现。

当然这一点已经不是主配压阀本身的故障引起的主配压阀阀芯抖动，但显然的故障点是发生在主配压阀身上，姑且在此一起描述。

主配压阀窜油、漏油，主配压阀的窜油上面已经提出过，还需要指出的是，内部窜油绝对量是一定的，但对整个系统而言又是相对的。窜油本身是一定存在的，比如 FC 阀，阀芯和阀套的配合间隙本身就较大，遮程几乎为零，这是一种设计理念，旨在追求更高的调节精度和响应速度，在设备的量产和替代性上也更有效率，这一点的先进机械性能就国内电力系统而言，还未充分引起重视和挖掘。对承担着电力系统负荷和频率调节的重要机组的调速器主配压阀的响应速度是极为重要的。如果在主配压阀环节增加过大的遮程，模型计算再先进，控制结构再合理，理论上得出的一些小先进，都被这些机械迟滞抹杀了。执行环节能够很好地按照理论输出执行，这是任何一个控制系统和调速器的精髓所在，只有这一点实现了，一些理论方能落地。

至于主配压阀的漏油，也是调速器普遍存在的跑、冒、滴、漏问题，这些漏油有普遍性问题，也有主配压阀自身的特点导致的漏油，前者将在第三节具体阐述。主配压阀漏油主要在阀芯延伸杆与阀体端盖的环形密封处，因为此处为动静结合的部分，且阀芯长期往复移动，此处密封尺寸稍有偏差和损坏，即漏油，且在电厂处理起来极其麻烦。

二、事故配压阀或重锤关机阀

事故配压阀是水电机组和调速器重要的保护装置，非特殊因素，比如部分电站没有事故配压阀的安装空间（这本身就是设计缺陷），没有配置事故配压阀；事故配压阀是调速系统必备装置。事故配压阀也称为过速限制器，主要是指调速器失灵尤其是主配压阀失灵，无法关闭导叶，这时机组转速如果超过电气过速或机械过速，事故配压阀收到指令信号，通过自身的油压换向，甩开主配压阀，关闭导叶，以防止机组过速引起的事故扩大，起到保护机组的作用。

事故配压阀在实际应用中不受调速器自身控制，受来自系统外部的信号控制。在实际的机组控制流程中，其动作源来自监控系统的紧急停机流程或事故停机流程，已不再单单作为过速限制的作用使用。在控制环挂有重锤的贯流式机组，事故配压阀也可称重锤关机阀或泄压阀组，原理可以完全一样，后者也可以利用重锤的特有重力，将恒压油省简，但作用和动作原理大同小异。事故配在运维过程中，主要的问题可以归纳为以下几点。

（1）事故配压阀误动。事故配压阀误动是非常严重的故障，误动的概率和实际真正误动的次数，在国内 10 余年的运行中，也实乃罕见，但仍然会发生误动的现象。事故配压阀的结构大多数是插装阀式，如果插装阀的控制系统的恒压油压力过低，一旦大油管的操作油的压力大于控制油的压力，就会出现插装阀误动现象。这一点，在广西 CZ 水电站发生过若干次。

导致控制油压力降低或不稳定的因素，首先，是在事故配压阀的控制油小管路上毫无必要地增加滤油器，由于其内部滤芯堵塞，产生油压降低。其次，是控制管路的取油口位置不合适，错误地在液压系统的操作管路上，或远离压力罐的部位，当系统有大幅度的开关操作时，油液在流动变化的过程中，管路的压力会降低和不稳定，这时事故配压阀的小控制油的油压不足以保持处于截止位置的插装阀阀芯稳定。再次，是事故配压阀的控制油采用了和操作油不一致的油源，尤其是轴流机组，往往配有事故罐，这时事故配压阀的大油管的恒压油需要考虑，如果其源自事故罐，其小油管的控制油也应取自事故罐，而不应取自调速器的工作油罐，因为存在一种匹配，即调速器的工作油罐油压低于事故罐。经验丰富的设计者，往往会在事故配压阀和工作油罐之间，设计一个压力选取装置，二进一出，输出的总是两者中最高的油压给事故配压阀控制油。

为此，为了防范事故配压阀的自身误动（不包含外部指令信号的不可靠），一般不在事故配压阀的控制油管路上设置滤油器，因为在机组正常的运行下，该管路的油液几乎是静止的，起不到过滤效果且徒然引起压力衰减。还有，就是适当地增加插装阀的面积比，在相同的压强小，面积比越大，形成的压差就越大，不容易引起误动。

当然，现场机组运行时，误动的可能因素很多，比如人为关闭管路阀门、清洁时误动飞摆等，皆在实际发生过。还有一种重要因素导致的误动，就是在新建机组或大修机组，由于事故配压阀动作和复归动作次数较少，没有刻意进行排气，就在事故配压阀小控制油管路存在气体，该气体会导致先导电磁阀异常，事故配压阀误动。在云南 WDD 调试期间发生过两次。

还有一种假误动，即事故配压阀本身并没动作，而是事故配压阀的动作信号（一般是一种压力继电器）误动了，导致机组停机。此类往往是调试方法粗糙、错误，压力继电器不可靠等原因。当然，如果该信号误动，也不应直接启动机组停机流程，可以综合各种因素（比如结合飞摆动作信号，或采用 2 个独立的压力继电器等），也可不作为停机流程的设计（单点停机的必要性需结合实际小心论证），毕竟该信号是动作的结果，不能用动作的结果再作为机组事故停机的原因。部分电站，会将事故配压阀的动作信号作为机组落门的条件之一，此类设计，需在可靠性方面进行充分考虑。

（2）事故配压阀拒动。事故配压阀拒动的概率要大于误动，但往往机组正常运行时很少发生事故配压阀动作停机，该问题就被掩盖了，通常在机组检修、校验时才会被发现。比如云南 SNJ、贵州 MMY 和新疆 BBN 电站，均发生过类似现象。事故配压阀拒动的主要原因就是电磁阀或液控阀发卡，发卡的原因往往不是油液的杂质导致，而是油液内的水分，引起长期处于相对静止的阀芯和阀套生锈。事故配压阀的安装位置一般在主配压阀以下的位置，比如水轮机层，高程较低，加之先导部分的集成块和阀组的配管管路存在一定的弯曲，油液长期不流动，在此处很容易产生积水（或含水量较高，水的密度大于透平油），这样阀芯就很容易锈蚀。当然，也不排除管路被异物堵塞，比如广西 CZ 电站，在小管路中发现一个布团。

（3）事故配压阀动作迟滞。外部信号动作后，如果事故配压阀响应有 0.5s 以上的延迟，可定义为动作迟滞。该问题首先要检查液控阀、飞摆的换向阀等变位的阀件是否存在阀芯卡涩现象。动作的液压回路一般设计为失压动作，这样在液控阀弹簧的作用下，可以迅速变位，但弹力如果不足，或者事故配压阀的回油不畅，存在背压，就会导致动作迟滞。因此，根据经验，一般在事故配压阀的先导回路，避免设计为得压动作，而宜设计为失压动作。同时，机械过速装置至事故配压阀间的布置距离尽量缩短，其回油的回流尽量通畅，管径不要太细，如果回油箱高于事故配压阀，回油尽量回到漏油箱。此外，比如在高寒地区的青海 BD 电站，发生过因为油质黏度问题，导致的动作迟缓或异常，对高寒地区的坝后式厂房的电站，在冬季厂房温度很容易较低，根据经验调速器油温低于 8℃，电磁阀已动作异常。同时，还要确保透平油的高品质和牌号，比如高寒地区，推荐采用 32 号而不是 45 号透平油。

（4）事故配压阀动作后无法复归。动作后无法复归，主要是在小控制油管路内的一些气体很难、没有排出，导致电磁阀动作异常。在云南 NZD 和广西 QG 均发生过类似问题。下面就此问题，以一个完整的解决方案的形式，着重进行介绍。

1）概述。QG 水电站事故配压阀型号为 SG-150，图 6-19 所示为事故配压阀液压原理

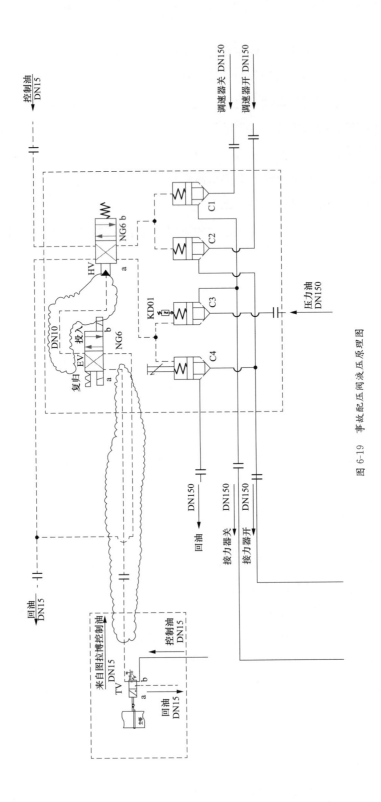

图 6-19　事故配压阀液压原理图

图，纯机械液压过速保护装置控制油经电磁阀 EV 至液控阀 HV 的液控端，由于现场纯机械液压过速保护装置距离事故配压阀管路较长，检修后此控制管路内的空气需排出，否则将存在事故配压阀无法复归、机组无法开机等隐患，原设计为拆解事故配压阀液控阀液控端的管路进行排气，但现场检修人员提出此方法速度较慢，容易喷油等问题。因此，为提高检修后机组恢复发电的速度，提高工作效率，防止喷油等问题发生，提出增设快速测压接头的方案。

2) 方案说明。

a. 方案一。排出控制管路中的空气，则需要在靠近液控阀的液控端处设置排气口，方案一在事故配压阀小控制油块至液控阀的液控端管路上（如图 6-20 所示），串联焊接 1 只焊接式测压接头（如图 6-21 所示）。

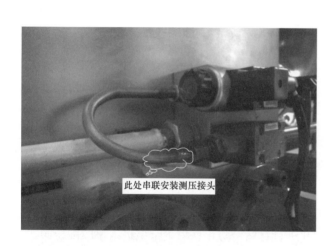

图 6-20 测压接头安装位置示意图

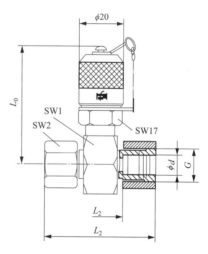

图 6-21 焊接式测压接头外形图

操作步骤：

a）将图 6-20 中的 U 形弯管拆下，将图 6-21 所示的测压接头串联焊接在管路中。

b）管路酸洗清理干净后回装。

c）通油，排气体，调试。

b. 方案二。在事故配压阀电磁阀和液控阀集成块上打孔攻螺纹，安装螺纹式测压接头。图 6-22 为测压接头安装位置示意，图 6-23 所示为集成块打孔位置图。

（a）操作步骤。

a）更换图 6-23 所示的集成块，或根据图 6-23 所示的尺寸现场打孔。

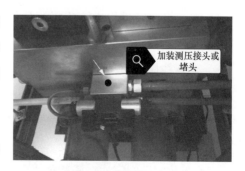

图 6-22 测压接头安装位置示意

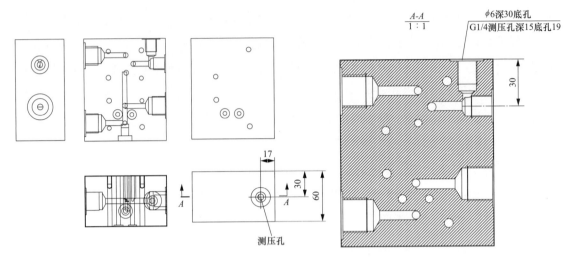

图 6-23 集成块打孔位置图

b）清洗集成块，回装。

c）安装测压接头。

d）通油、排气体、调试。

e）施工周期及注意事项。

（b）设备采购齐全后，现场施工，技术人员可根据需求和用户要求进行现场指导安装、调试及后期维护。在此需要注意以下几点：

a）操作过程，需无压、无油进行。

b）安装过程中，对事故配压阀各油孔进行封堵，防止铁屑等杂质进入事故配压阀。

c）机加工或者焊接完成后，需去毛刺、清洗阀孔，防止有铁屑、软边等杂质残留在集成块或者管路内。

d）回装完成后，缓慢打开控制油，检查测压接头密封性能，确认密封完好后再完全打开阀门。

e）全厂需配置测压线，排气时接通测压线进行排气，排气完成后断开测压线。

f）测压线排气过程中，应将测压线固定，防止高压油气导致测压线飞摆，造成人身伤害。

g）测压线应做明显标识，防止工作状态下的机组误将测压线接通导致系统压力下降。

h）改造完成后，需对事故配压阀重新调试与校核。

i）现场实施需有一定的安装经验和施工经验的人配合，施工、厂家和电厂技术人员三家在场，保证改造的质量和进度。

（5）事故配压阀窜油。插装阀式事故配压阀很难窜油，但实际中，确也存在窜油现象，比如插装阀的锥形接触面存在瑕疵，封不严密，或者内部的阀套的密封损坏，或者机械飞摆复归不到位，引起插装阀压不死，引起接力器位移漂移现象，比如越南的 KG 电站，发生过类似的溜负荷。窜油也有发生在事故配压阀外围的接头或法兰配管，国内有些小型机组，调速器设计很紧凑，阀芯采用插装阀式，将主配压阀和事故配压阀集成在一起，且布置在回油箱上表面，进出管路均在回油箱内部，这时如果底部的接头、法兰连接，密封损坏或螺栓松动，就会发生严重的窜油，且极其难以排查问题所在，该故障在新疆 KSTY 电站某台机发生过一次，后期排查和维护成本极高。因此，一般不建议将事故配压阀和主配压阀集成在一起设计，如果压力油物理上没分开，这也违背了事故配压阀的独立性，且一旦出现问题，很难隔离和排查。

（6）事故配压阀振动。插装阀式事故配压阀振动较为常见，一般发生在新设备投产和设备局部改造期间。这一点很难在出厂前出现或被测试出来，因为厂内的配置环境（管路的长度和走向、系统的完整性等）和电厂实际大相径庭，单独测试事故配压阀很难测出且意义不大，在现场完成事故配压阀与主配压阀、接力器、分段等设备一个完整的调速系统封闭配管时，这时操作主配压阀可能发生振动，该振动甚至可以传递到主配压阀上，对经验薄弱的工程师，一时难于界定振动源。

事故配压阀振动的本质原因是处于常开位置的插装阀阀芯在抖动，如图 6-24 所示，为插装阀机能示意图，当油流按照箭头方向流动时，由于顶部控制油接通回油，在油压 P 的作用下，阀芯上移，开口打开，形成通路。油流反向流动，也可形成通路。但这是理想状态，在实际中，如果油液的油压或流量在某种与端盖的弹簧弹力特定组合的情况下，尤其是出口 A 处的管路含有大量的气体，就可能发生阀芯上下抖动。定性分析，但油流在压力的作用下推开阀芯，油口打开，这时油液就会从开口处迅速流过，且流速较快，根据伯努利方程可知，当流体在局部油口快速流过，此处的压力就会下降，如果压力低于弹簧的弹力，阀芯就会下移关闭，当油口一旦变小或关闭，油压将再次推开插装阀阀芯，形成油液流通，如此循环，阀芯呈现上下往复运行，就会发出"哒哒哒"的声音。异响的声音大小和频率与油压、流量、插件的通径均有紧密联系。

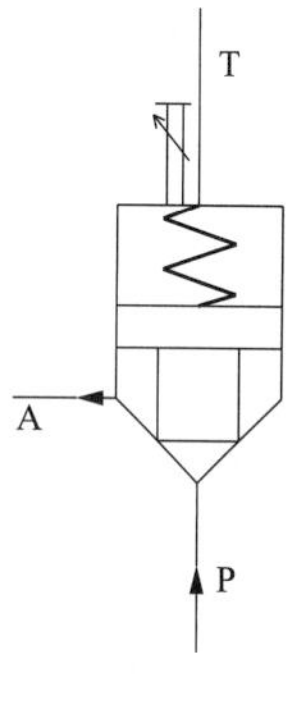

此种振动一般发生在以下几种情况下，需引起设计者和使用者注意。一是主配压阀和事故配压阀为不同的厂家提供，尽管外部管径一致，但在选型计算时各自依据自己的经验公式，这样就存在匹配性问题。如果是一家单位提供设备，至少在选型计算和经验应用上，不存在不一致问题。比如福建 HK 电厂就是类似振动原因。二是针对贯流式机组的事故配压阀，在通径选取计算时尤其不能忽略重锤的影响。四川的 TZH 电站为贯流式机组，就发生过由于未考虑重锤或重锤的质量，导致事故配压阀选型过小而产生较大的振动。至于重锤质量与

图 6-24 事故配压阀的插装阀

选型计算的具体关系，还没有明确的公式和方法，主要是依据经验，一般要比没重锤的通径选取大一些。三是在系统第一次充油调试，比如云南 WDD 电站现场，为了防止第一次充油对接力器和导水机构的冲击过大，一般是在低压下操作、充油，为了谨慎起见，现场液压系统的主供油阀未开启，而是打开其旁通阀，机械强制主配压阀开、关方向动作，事故配压阀就会发生剧烈振动；此为操作方法不当或不可取。

也有个别电站，比如云南 MYJ 电站，在机组停机后，主配压阀在急停阀动作的偏关状态下，事故配压阀有轻微的振动声音，但主配压阀在中位或正常停机后的偏关时，没有声音。此现象仍然符合上述分析的振动本质，急停状态下，主配压阀的泄漏要大一些，此种的流量形成的压力衰减工况和弹簧弹力正巧匹配导致。

要解决振动，一般采取破坏掉这种临界匹配即可。最简单的方法是将弹簧弹力增强或变弱，现场实用的排除方法是先改用硬弹簧（或增加垫片），如果振动加剧，则再改用软弹簧（或截短弹簧 1~2cm），先找方向，后确定弹力大小，循序渐进。

（7）事故配控制逻辑混乱。如果将事故配压阀置入整个机组的流程控制中来看，除去电气和机械过速为明确的动作驱动源，至于其他的动作信号，比如监控系统的紧急停机、事故停机（其中又分为电气事故和机械事故），以及事故低油压信号等，由于没有统一的流程设计标准，基本目前是按照电厂、设计院和厂家的经验进行设计，各有特色和具体的情况。动作事故配压阀和动作主配压阀都能停机，至于哪种可靠，还不好说。但总的有一个可以确定的原则，主配压阀失效后，再动作事故配才是合理的。问题的关键就是，如何检测出主配压阀失效，目前还没太多可靠的、直接的检测手段，如果没有此手段，也可以根据主配压阀失效表现出的事故性后果作为事故配压阀动作的条件，比如机组过速就是主配压阀（调速器）失控之一。关于事故配压阀动作逻辑不合理，在云南某大型电站在调试期间，因此发生过一次严重的调试事故。

该电站机组当时为新建机组动态调试期间，机组处于满负荷发电状态，完成负荷下的试验后，试验需要穿插完成一个电气事故模拟停机试验，以验证回路和动作的正确性。故障人工触发后，导叶迅速关闭至约 80% 的开度，即保持当前位置。这时机组已经和电网解列，巨大的水能和机组惯性能力使得机组转速迅速上升至 70Hz 左右。此时，无论自动、手动和各类停机指令，导叶均无法关闭。最终采用了下落进水门的方式，截断水能，将机组停机。

该电站的事故配压阀和主配压阀连接简图如图 6-25 所示，机组停机后进行排查后发现事故配压阀的主供油阀门没有打开，模拟电气事故，流程动作了事故配压阀，事故配压阀即刻甩开主配压阀，独立关闭导叶，但这时事故配压阀没有动力源，自然无法关闭导叶。在主配压阀和事故配压阀均处于失效状态，机组过速后，只能通过落门的方式降低能量。但其时，动水落门，在突发情况下，没有风险防范预案，依然存在较大的机组安全风险。此事故暴露出以下几个问题或提醒技术人员几点注意事项：

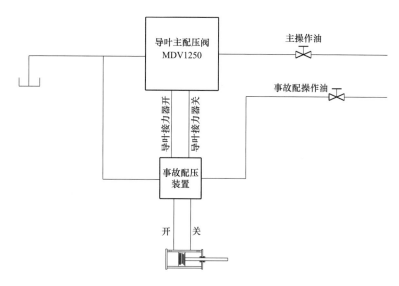

图 6-25　事故配压阀和主配压阀连接简图

1）静态测试一定要充分和全面，静态试验的项目要尽最大可能模拟动态试验，一些逻辑如果静态没有测，不宜动态下去实测；尤其和机组真实转速或负荷没有关联的逻辑，可以不测。很多试验本身是动态下才能开展的，另当别论。

2）要理解测试的本质，尤其是逻辑测试，无非是正确性和可靠性验证，静态和动态无二异，静态测试即可。现场测试可以采用替代法、合并法，比如做过速试验，主要目的是检测机组旋转部件的质量和安装质量，以及机械飞摆的动作值。此试验之前，应在静态下用发频仪模拟机组三级过速，完成输入和输出逻辑校验，在动态下只需做最后一级的机械过速试验即可。前面两级，出口闭锁。如果机械过速试验停机后，飞摆定值偏差超标或未动，也不宜再用实际机组再次做过速试验以调整、验证；因为此时，用真机和试验台，原理是完全一样的，如果有定值修改需求，建议在试验台上校验后，直接安装即可。

3）该事故发生后，才发现事故配压阀的供油阀没打开，在事故配压阀复归状态下，主配压阀动作是正常的，这就掩盖了隐患。因此，一些关键阀门应该机械、电气的方式明确指示、显示出阀位的开关状态。其次，就是监控系统的事故停机流程，胡子眉毛一把抓，信号一来，直接动作事故配压阀和主配压阀，没有细分故障的类型。动作事故配压阀的前提要检测主配压阀是否正常，但如何检测，尤其是监控系统检测主配压阀是否故障，手段是匮乏的，所以该判断最终还是由调速器完成。调速器判断也很难，因为上报给监控系统的主配压阀动作异常信号一般还不能用电气控制器来判断，因为导致主配压阀异常的一个重要因素可能是控制器故障了。所以，机械设备故障并以机械的方式报出来，是非常难的。目前常用的主配压阀拒动监测方法，在与主配压阀阀芯相连接的部位，安装一些电气或机械的位置开关，来大致对主配压阀阀芯处于"关"和"非关"进行监测和发信。但实践证明，多不可靠。

三、分段关闭装置

分段关闭装置，简称为分段，此非为电站所必需。如果水轮机调保计算允许，尽量不设置。如果设置了，该装置的可靠性和稳定性值就是非常关键的指标。

分段关闭装置有电气控制，也有纯机械控制，也有两者均具备的控制。电气控制准确性高一些，机械控制可靠性高一些。在国内的抽水蓄能电站已有明确的要求必须设置机械式分段关闭装置；在常规水电站，由于电气的可靠性也日益增强，大部分只采用电气控制。

分段关闭装置的问题主要发生在调试期间，表现的故障或问题主要是动作滞后、不精准、功能未投入、时间变化，导致这些因素很多，也可能发生在各个环节。总结起来主要有以下几点。

（1）功能未投入。电气式分段关闭首先在设计阶段，需要明确是调速器还是监控系统控制，其次是控制方法是什么。关于前者，目前还存在争议，目前实际应用中，调速器控制的多。如果是监控控制，往往在控制逻辑上做得比较简单，会出现一些额外的问题。常规的控制方法是当导叶开度小于分段关闭的拐点时，控制器开出动作信号，由中间继电器驱动分段电磁阀，电磁阀切换分段关闭装置至节流位置，产生速度变化的效果。到导叶全关（实际小于1%）时，分段关闭装置动作复归。一般分段关闭装置自身具备单向节流功能，即关闭有节流，开启没节流功能，这样电气控制就无需考虑导叶动作的方向，只需判断位置即可。这种控制方法简单、可靠，但实际运行时，会有一种情况，比如分段关闭的拐点较高；比如大于60%时，机组常态运行可能处于拐点之下，这时就会出现分段关闭装置始终在投入位置，会影响减功率的调节效果，同时对单线圈电磁阀，其线圈长期得电，也会缩短电磁阀线圈的寿命。针对这类特例，分段关闭装置的控制可以单独进行设计，正常开停机、带负荷时，分段功能不投入；当出现大波动调节时，比如甩负荷、紧急停机等，分段功能投入。

功能未投入原因无非是功能编程缺陷、电气回路不通、电磁阀卡阻、控制油压未通导致。根据排除法，比较容易查找。值得强调的是监控系统控制的分段，其开出有个大的前提，只有将其置身于机组控制流程中，监控才能开出分段控制，静态下的单步、单专业测试，未能联动，分段可能并不投入。因此，技术人员首先要弄清楚分段的控制机理，才能在出现"问题"时，及时解释和处理，提高机组调试和维护效率。

机械式分段关闭装置如果未能正常投入，需重点检查改变行程换向阀的机构（凸轮或楔形板）是否在拐点之后的行程内，适当地压住换向阀导向轮。尤其是调试期间，平行度和间距要求较高，需要精密施工和安装。根据经验，对有机械式分段关闭装置有需求的电站，在设计阶段就要获知接力器的行程及周围的安装空间，楔形板尽量设计得宽一些，降低安装难度。

（2）动作迟滞、不精准。分段关闭装置在油液快速流动的状态下进行节流，肯定存在一定滞后，但其引起的开度误差应不大于 2%，总体引起的时间变化应不大于 0.5s。电气式分段关闭装置动作迟滞不大且容易补偿，一般的做法就是在拐点设值的基准上增加 0.5% 或 1%，然后根据实测，校核实际曲线满足要求即可。机械式分段关闭装置动作迟滞和不精准是常见的，如果在设计和施工环节未能提前注意导致问题发生的可能因素，现场往往会出现动作迟缓、不精准的情况。机械式分段关闭装置，推荐设计为失压动作原理，液压管路布置尽量紧凑，压力传递的管路内避免产生气体（久而久之，悬空的非恒压油管内的油液可能漏掉），管路通径要大，回油要通畅，避免出现背压，比如可以将控制产生的回油回到高程较低的漏油箱等。

（3）二段时间发生变化。时间发生变化，首先确定是拐点不准导致，还是节流的速率发生了变化。如果是后者，需检查固定节流杆的螺母是否松动，或调节螺杆是否被误动。一般调整好二段斜率后，背紧螺母后需再检测一次，防止出现在背紧螺母的过程中，螺杆旋转引起变化。同时，背紧螺母应做划线标记，以便后期运维和故障定位。时间上，轻微的时间变化也是存在的，比如每次试验的油压的不同，油质的黏度的不同、有水和无水的差异性等均能导致时间的细微差别。

需要指出的是，所谓的一段和二段时间，就机组的调节保证而言，其实关注的本质应该是斜率。时间不能反映斜率的特质，这一点尤其要注意。

（4）自身质量问题。分段关闭装置属于机械装置，其自身故障虽然概率很小，但在电站应用中也因此发生过导叶拒动并由此产生严重的机组过速事故。下面以国内 CLS 抽水蓄能发生的案例，对排查和处理措施进行介绍。

CLS 抽水蓄能调速器分段液压原理示意如图 6-26 所示，发电停机关导叶时，导叶接力器开启腔排油回路如图中浅灰色实线，经过液动阀 403MDV 及 403EDV。发电方向甩负荷，导叶关闭规律采用先快后慢的模式，快关情况下经 403EDV 一个节流片，慢关情况下经 403MDV、403EDV 两个节流片实现。

某日电站 2 号机发电停机过程中，导叶关至 41% 开度时不再关闭，引发机械事故停机流程后，导叶拒动，进一步引发紧急事故停机流程，导叶仍然拒动，导致动水关球阀。

停机后现地手动励磁工况转换电磁阀 403EV，分段关闭装置切至水泵工况，此时导叶接力器开启腔排油不经过 403MDV、403EDV 的任一节流片，导叶得以顺利关闭。因此初步判断 403MDV 或 403EDV 节流片堵塞。

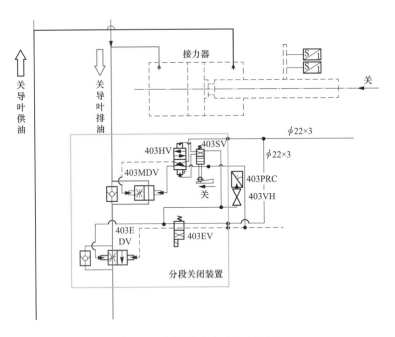

图 6-26　调速器分段液压原理示意图

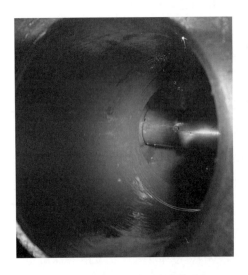

图 6-27　403MDV 粗调机构锥面

机组隔离检查，分析判断液动阀 403MDV 内部卡涩，更换 403MDV 后进行导叶开关试验，投紧停阀关导叶、投事故配压阀关导叶试验均正常。403MDV 粗调机构锥面如图 6-27 所示。

此事故可一句话概况：分段关闭在先导控制阀卡阻失效时，分段处于完全节流状态，导致开腔完全处于截止状态，回油无法流通，导叶无法关闭。

这一点可以从原理上、设计上、逻辑上入手避免。比如，用来控制制动的转速装置，如果其失电，物理上不应该将投入制动的信号给监控，同时监控在逻辑上也应有其他判据闭锁，防止出现机组高速、误投风闸的事故。

在云南 SRB 电站，现场在调节分段关闭阀的关机时间时，发现关机时间很慢，用扳手将螺杆往里面拧了一圈后，关机时间没有变化，依然截得很死，又往里面拧时发现有螺牙碎片，将控制压力油关掉，调节螺杆往里面拧了大概 5mm，打开压力油分段投退了一下，发现拧进去的部分被全部顶出，螺牙滑扣。后将调节螺杆上的并帽与分段分闭装置端盖焊接上，分段分闭装置一动作又将焊接部分顶裂。最后换了新的端盖和调节螺杆，分段分闭装置动作正常。

四、传感器

传感器故障有一部分是由于安装因素导致，尤其是近些年，导叶位移传感器多采用的为磁致伸缩式，每年都发生滑块脱落现象，并以此引起严重的导叶开度抽动、功率波动现象，如图 6-28 所示，甚至对电网产生威胁。关于传感器安装以及其故障后的保护措施，尤其值得业内重视。

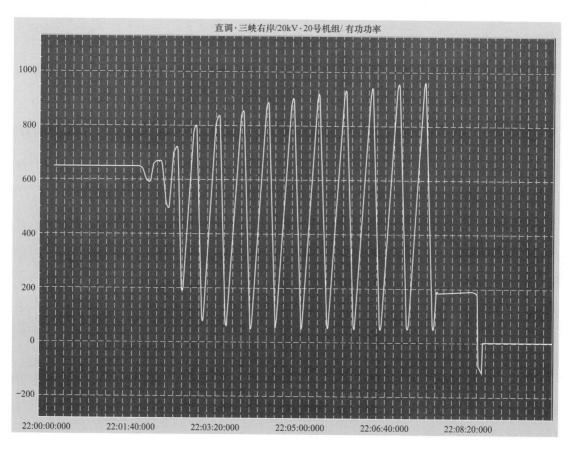

图 6-28　机组功率波动图

1. 导叶位移传感器

下面就是国内某巨型电站，早期因导叶传感器的滑块脱落导致的一件事故，在此简单做一分析和介绍。

事故过程：造成事故机组功率波动的原因为调速器的 A 套接力器传感器磁致滑块与拉杆连接的万向头螺纹磨损脱落，致使导叶开度反馈值失真，引起机组出力波动并逐步扩大。调速器切至导叶开度控制模式后，接力器传感器故障的影响仍然存在，最终造成水轮机导叶关闭，发电机逆功率保护动作跳闸。

原因分析：根据故障录波和资料看出，事故的根本在于事故机组的导叶传感器其中一个出现滑块脱落，由于调速器电气控制柜在程序内部未能全部判断出"传感器的各种状况故障"，或者说程序未能做到"两个传感器的故障判断和两个传感器切换上"的充分考虑，以致造成导叶控制失去控制。水轮机组调速系统的导叶控制是最根本的，事故机组调速器逻辑图如图 6-29 所示，无论什么模式（开度模式、频率模式、功率模式、大小网模式等）下，参控的导叶开度反馈失真（不能反映实际的位置），调速器就基本无法稳定。

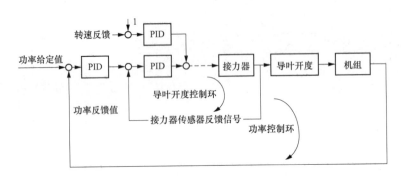

图 6-29　事故机组调速器逻辑图

（1）导叶传感器的类别和安装问题。该电站选用的磁致伸缩传感器的显著特点是质量可靠，一般自身不会损坏，但它对安装的要求非常高。暴露出的问题就反映出安装（二次装配）上不可靠。该传感器不像拉线绳式传感器，一旦断线，信号马上越限（调速判断传感器故障，主要有"越限""跳变"），就会报警。但此类传感器，如果滑块没有滑脱在地，而是脱落后还在传感器导杆上，该信号正常且保持不变。这时，调速器认为此传感器正常（未能精准识别此类故障），而未切换到备用。

如 6-30 所示，传感器 A 滑块脱落了，并且很可能早就脱落，只是导叶控制环节设置的死区，在无外部指令时，相对的稳定掩盖这一点。当产生扰动或调节时，调速在功率闭环模式，根据功率偏差去调节动作，但由于主用的导叶传感器 A 滑块脱落，反馈不变且失真，导叶环节是系统的内环且处于开环控制，在功率闭环的作用下，就会产生导叶抽动，直至完全发散。

（2）导叶控制的措施干预。发生此类事故，如果切到手动，如手动不是纯粹的开环控制（比如纯机械液压自复中类型），手动维持导叶平衡依然需要导叶反馈作为闭环控制，这时切到手动也是稳不住的。如果是纯机械手动或开环电手动，此种切到手动，是可以将导叶稳定控制。

（3）应对的措施。电厂侧应对该传感器在安装上，尤其是滑块的固定上，采取更可靠的措施。比如 XW 电厂，在投运初期，就把该滑块直接焊死在接力器的带动杆上。后期检修，

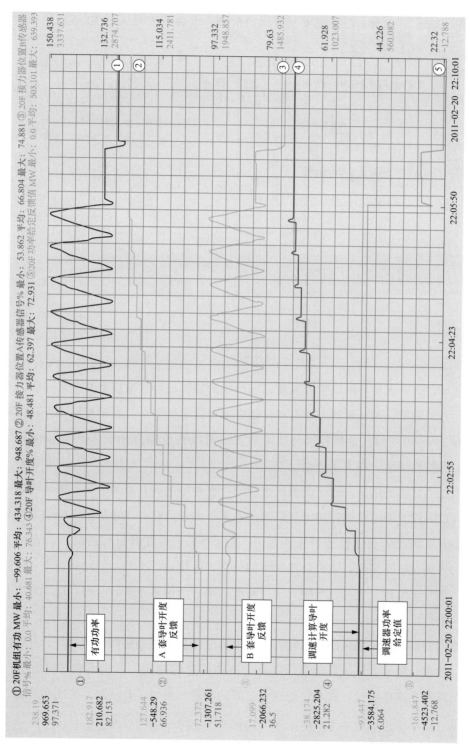

① 20F机组有功 MW 最小：−99.606 平均：434.318 最大：948.687 ② 20F 接力器位置A传感器信号% 最小：53.862 平均：66.804 最大：74.881 ③ 20F 接力器位置B传感器
信号% 最小：0.0 平均：40.681 最大：76.343 ④ 20F 导叶开度% 最小：62.397 平均：48.481 最大：72.931 ⑤ 20F 功率给定反馈值 MW 最小：0.0 平均：503.101 最大：639.393

图 6-30　事故过程中导叶、功率变化曲线

滑块又更换成非接触式滑块，这样只有一点接触，悬空，不易受振动而松脱。螺纹胶也是不可靠的，现场已经证明多次，还是滑脱。如果不是滑脱，仅仅是松动，加上滑块上的万向头安装不合适，如图 6-31 所示，横向安装，固定松动，也会造成死区过大，造成空载特性恶劣（比如，广西 BLT 电厂）。

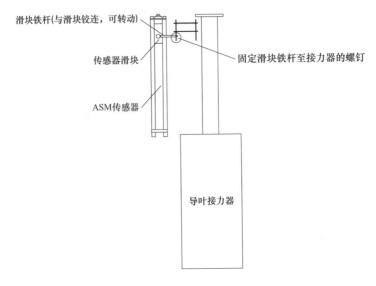

图 6-31 导叶传感器立式安装

空载摆动过大，无法并网，检查发现固定滑块的螺钉松动（滑块上有个万向头，万向头与滑块移动方向垂直，另一端通过螺钉和焊接在接力器上的一个钢板衔接）。由于螺钉松动，衔接处约有 2mm 的间隙，金属杆又将误差放大，滑块在位移方向有 5mm 左右的死行程，由此增大了静特性死区，加大了随动误差。

在程序上做好保护措施。对于类似机械故障，在程序上确实很难准确、快速识别，以致影响切换，这时设置两套传感器对于完全冗余意义不大。因此，出现类似特殊的滑块脱落但没脱离状态，可以比较两套传感器采样差值，相差 5%，若在开机和空载时，直接关闭导叶。并网时，调速器不调节，闭锁监控的增加操作，保持导叶不动，但此时会报"导叶采样偏差过大"信号至监控。也可以采用三选二测量，用三个传感器进行互判，这样可以有效剔除故障的一根传感器。

需要指出的是，电厂在长期运行时，运行人员应注意积累数据财富。及时、全面搜集导叶、水头、功率、频率、油压等信息，以及"各种信息的变化"所引起的"变化"。然后，技术人员可以利用这些数据，针对性地探寻之间的联系和规律，并将此反哺到调速器的控制上，这个可以让设备更可靠、更智能。比如在什么水头下，实际空载开度是多大，这样一旦出现故障（频率模式下的机频消失），导叶可以控制在空载开度附近，不会导致事故扩大。设置电气开限也是一样的，知道了开度和有功的关系，电气开限设置才不会太盲目，否则失去它的意义。

2. 桨叶位移传感器

由于安装空间和形式限制，桨叶传感器一般不建议选择磁致伸缩式，可以采用拉绳式。如图 6-32 所示，云南 LD 电站桨叶传感器采用的是磁致伸缩式，非接触滑块通过一个连杆连接，在机组运行中，发现滑块抖动幅度和频率均较大，并以此引起桨叶主配压阀间歇性地抽动，从而导致桨叶管路间歇性的异响。此传感器安装首先连接工装的强度不足，存在严重的晃动，其次滑块连接臂较长，放大了误差。

图 6-32　LD 电站桨叶传感器安装

也有些电站采用的是转角式传感器，其线性度和直线位移线性差别很大。这一点应引起重视，尤其是双调机组存在协联关系。如果桨叶开度或角度、测量或转换不准确，会导致效率低下，甚至机组振动等。

3. 齿盘探头

齿盘探头对安装要求较高，首先是探头之间有距离要求，不能太近，否则会彼此干扰。其次就是安装支架，尽量专门设计、定制（应考虑强度、可调整、便于检修等），而不是现场临时找一些下脚料凑合。

下面是四川 JP 电厂出现过开机过程中报齿盘跳变故障，此将排查过程简述如下。

在水车室，检查齿盘探头的安装及紧固情况。其中发现齿盘探头的安装面板加工不太规范，且 2 只探头间距较近。探头支架横向用人力单手可晃动，强度偏弱，如图 6-33 所示。

图 6-34 所示为齿盘探头安装面板示意图，其安装面为直面，这样边沿的 1、4 探头对中性就差一些；同时 2 只探头的间距为 38mm，已接近极限间距（34mm），探头间距过小，尤其在振动剧烈时，彼此可能存在电磁干扰，影响脉冲输出。

图 6-33　现场安装照片

　　综合排查，可确定引起频率跳变的原因为机组在开机过程，即调速器在得到开机令的10s内，导叶迅速开启，在蜗壳内形成强大的射流冲击转轮叶片，由于机组惯性较大，水能未充分转换成旋转动能，机组在9s只能基本处于不动和蠕动（0.5Hz以内）之间，巨大的能量会使下机架产生较大的振动，探头支架臂安装在下机架内侧，长度约600mm，由于支架臂在水平方向未做加强支撑，在末端瞬间会形成较强的抖动（放大误差）。此时，探头若正好处在齿沿（初始位置在齿沿或因蠕动使得探头扫过齿沿），就会形成交变高频脉冲（0－1－0－1……）。从而引起齿盘测频跳变，如图6-35所示。

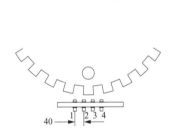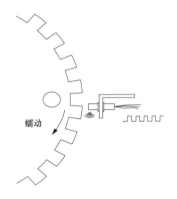

图 6-34　齿盘探头安装面板示意图　　　　　图 6-35　齿盘探头抖动和信号输出示意图

　　4次故障均发生在开机过程的初始阶段，也能证明振动对探头测频的影响。用铜棒单次撞击齿盘安装支架，模拟机组机架振动，观察是否发生齿盘跳变。由于探头正对齿高的齿面中央，未出现跳变。但发现探头抖动剧烈，振动频率较长时间（7～10s内）内无法平息。

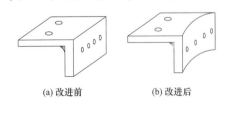

(a) 改进前　　　　(b) 改进后

图 6-36　齿盘安装面改进图

　　解决措施，首先从信号源头上进行保证。重新对现有齿盘探头支架进行横向加固（增加三角支撑）。同时对探头安装面板进行优化设计，安装面由直面改成与齿盘弧度一致的曲面，且将安装探头安装孔间距加大到80mm，如图6-36所示。

其次可以在程序上，对故障进行规避，因为此时频率突变，根据导叶开度、机组惯性，以及开机工况，基本可推断为失真数值，且对控制并没有实质影响，数据处理方面可以直接剔除。

五、油泵

在部分电站油泵的损坏概率比较高，油泵本身的质量固然是决定性作用，但也有部分因素是安装不当导致。通常，业内大中型电站的高质量油泵基本为国外品牌，尤其是德国和意大利油泵占比比较高。用户采购会在价格、质量以及投标规则三者间平衡，有时未必用到真正质量好的油泵。

油泵分类有多种，螺杆泵应用广泛。油泵分高转速和低转速泵，也分为重载泵和轻载泵，这些在质量上有很大区别。如果费用允许，选择低转速、重载油泵，故障率会低一些。还要，导致油泵损坏的一个重要原因是油泵安装不当。下面结合一些现场的多种事故案例，进行介绍。

四川 SW 电站 3 号机油泵在调试运行一个月时间后，突然发生打不到额定油压的情况，后经调整溢流阀溢流压力，油泵打油正常。后来也出现过多次达不到额定油压的情况。在一次打油过程中，泵出现一声闷响，最后拆解后发现三螺杆泵其中一根螺杆断裂，如图 6-37、图 6-38 所示。

图 6-37 发生抱死的部位

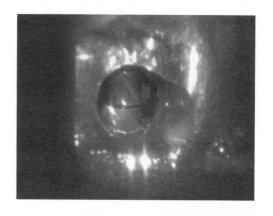
图 6-38 三螺杆泵断裂的螺杆

（一） GD 电厂油泵损坏及处理

四川 GD 电站也发生过油泵断轴现象。电机油泵装配如图 6-39、图 6-40 所示。

如图 6-39、图 6-40 所示，GD 电站油泵安装方式为卧式安装。油泵吸油口从回油箱侧壁通过 DN125 蝶阀、DN125 的 90°弯头、DN125×DN100 异径接头到油泵吸油口。油泵出油口通过 DN65 管路、DN65 的 90°弯头及 DN65×DN80 异径接头进入双切换滤油器，经过双切换滤油器出来通过 DN80 管路，再经过组合阀组去压力油罐。

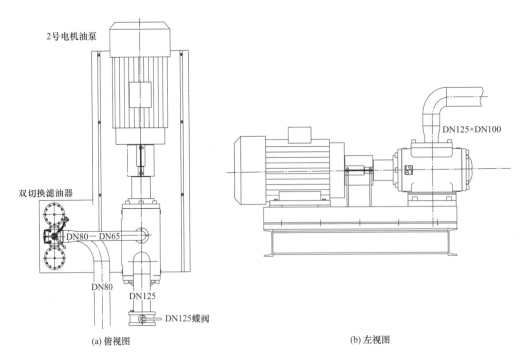

2号电机油泵

双切换滤油器

DN80—DN65

DN80

DN125

DN125蝶阀

DN125×DN100

(a) 俯视图

(b) 左视图

图 6-39 GD 电站电机油泵组装配图

油泵已累计启动次数 256 次。发生故障时，听到电机油泵组声音异常，且油泵打不上

图 6-40 GD 电站电机油泵组安装照片

油。电站将钟形罩打开后，发现油泵轴头从联轴器连接部位扭断；油泵出油口已经堵满铝屑。电机损坏照片如图 6-41 所示。

为了排查油泵故障，将所有可能的因素进行罗列，并逐一排除。

1. 电机油泵组安装误差过大

电机和油泵通过联轴器连接，如图 6-42 所示。从电机油泵组安装过程分析，这误差主要跟钟形罩的加工精度有关，跟现场安装方法关系不大。

处理方法：将钟形罩发回公司详细测量。在未详细测量之前，建议将钟形罩连同油泵和联轴器一起更换。

2. 油液清洁度差

打开回油箱，用手电筒照射回油箱内液压油，油液干净透明。油泵内部油液也干净透明。但是，回油箱未设置油泵吸油口过滤器，如果有大的异物吸入，油泵会瞬间损坏。

3. 油泵吸入空气及气泡

当油泵吸入空气及气泡时，螺杆之间会发生液压冲击造成油泵损坏。四川 GD 电站油泵为卧式安装，吸油口比较低，不会吸入空气。

图 6-41　电机损坏照片

4. 电机输出轴径向误差过大

因为电机主轴输出线性度误差过大，也会造成油泵损坏。经用千分表测量，电机主轴输出径向误差很下，电机输出正常。

5. 油泵吸油口和出油口管路应力过大

油泵吸油口及出油口为不锈钢管路，管路在焊接过程中存在一定应力，应力作用在油泵泵体上，在油泵启停过程中，容易使螺杆和油泵泵体摩擦损坏油泵。油泵在启停过程中会有振动，硬管连接会使泵体轻微变形，也可能造成油泵损坏。

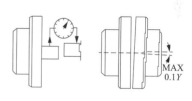

每 0.1° 的角向误差大约对应 0.2mm/100mm 的线性误差。

(a) 同轴度偏差　　(b) 角向对中

图 6-42　联轴器连接

Y—电机轴心线与水平线偏移的角度

处理意见：更换油泵后，油泵吸油管及出油管重新配管。更好的方法应该考虑油泵吸油口及出油口采用软连接，即吸油口增加减振喉，出油口采用高压软管。

最终结论：油泵、联轴器、钟形罩整体更换。现场与油泵连接的两根管路，重新配管或者油泵吸油口及出油口采用软连接。现场条件允许的情况下，增设油泵吸油口过滤器。完成整改后，油泵再也没损坏过。完成整改后的装配如图 6-43 所示。

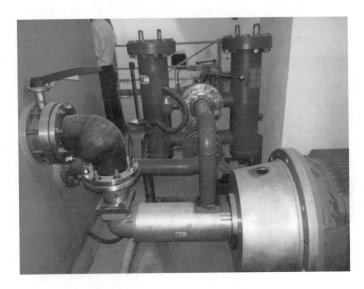

图 6-43　完成整改后的装配

在越能 SRB 电站连续发生油泵骨架油封损坏，后经过多次排查，发现是油泵在打油时，组合阀排油，在排油的过程中产生静电，产生火花现象。后将组合阀、电机接地，故障再未发生。

（二） JS 电厂油泵损坏及处理

1. 故障现象

四川 JS 水电站 3 号机组调速器 3 号泵损坏，2 号机组调速器 1 号泵损坏。追溯油泵故障，在此之前油泵陆续损坏过 6 台。

2. 故障排查

在电厂现场，对损坏的油泵以及现场安装、振动情况进行了全面的排查。

（1）3 号机组 3 号泵切开情况如图 6-44 所示。

切开油泵壳体，可以看出，内部的从动螺杆有硬损伤，螺杆表面以及壳体内部有明显的铝片，应该是螺杆损坏后，将铝制的壳体内部刮削下来的。

图 6-44　螺杆损坏照片 1

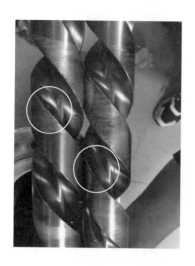

图 6-44　螺杆损坏照片 2

（2）吸油口滤油机检查。同时检查油泵吸油口的 Y 形过滤器滤芯，发现滤芯锈迹斑斑，甚至有铁丝脱落，如图 6-45 所示。

图 6-45　滤网锈蚀损坏照片

（3）油泵控制软起检查。对软件区设置参数和加卸载控制，进行全面检查，未发现异常设置。

（4）2 号机组 1 号泵切开情况。在更换 3 号机组油泵的过程中，突然电厂运行人员反映，2 号机组 1 号油泵软起过载故障，检查发现，1 号油泵已经螺杆抱死，无法旋转。将其擦除，切开油泵壳体，如图 6-46 所示。

图 6-46　三螺杆及壳体损坏照片

（5）油泵振动数据测量。测量数据如表 6-2 所示。

表 6-2　　　　　　　　　　　　　　测　量　数　据　　　　　　　　　　　　mm/s

项目		出油口		吸油口	
机组号	泵号	水平径向	竖直径向	水平径向	竖直径向
1 号机组	1 号	0	1	0	2
	2 号				
	3 号	0	0	0	0.9
2 号机组	1 号	1	2.2	0	3
	2 号	1.3	1.0	0	1.7
	3 号	0	0.2	0	1.1
3 号机组	1 号	1.3	2.7	0.3	2.4
	2 号	0.9	1.0	0	0.6
	3 号	2.3	3.3	1.0	2.9
4 号机组	1 号	0	0.4	0	1.7
	2 号	0	1.0	0	2.0
	3 号	0	1.2	0	1.5

3. 故障分析

根据了解，JS 项目已经损坏多台油泵，结合现场排查和对比，可以得出如下结论。

（1）现场油泵出口管路安装（斜拉安装）不规范、不合格。软管过短或几乎没有裕量。每次油泵加载，软管在压力的张紧下，缩短，会将油泵整体拉起，卸载瞬间，油泵下沉。如此往复牵拽，油泵壳体受力、变形、损坏，如图 6-47、图 6-48 所示。

图 6-47　油泵出口管路

图 6-48　油泵出口管路细节

根据调研其他电站，发现很少损坏油泵的电站的安装方式如图 6-49～图 6-52 所示。

图 6-49　DTX 电站油泵出口管路装配

图 6-50　JGS 电站油泵出口管路装配

（2）JS 电机油泵均采用比较大的功率，高达 160kW，在极限的流量和电机功率下，电机启动的 3s 时刻，产生较大的左右摆动，由于出口管路此时没有太多裕量，在泵体水平晃动时，仍然受到管路的牵拽，油泵壳体会持续受力和缓慢变形。

4. 临时措施和最终措施

根据现场技术分析，先决定对油泵进行一定的支撑。

（1）增加油泵支撑。现场将新泵更换后，重新设计和加工了 4 台机组的油泵支架。支架可以上下高度调节。

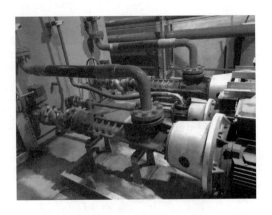

图 6-51　TZL 电站油泵出口管路装配　　　　图 6-52　LHK 电站油泵出口管路装配

　　现场固定、焊接后，发现油泵下沉现象没有了，但测量油泵吸油口竖直振动数据，变大到 4.2mm/s 左右。通过调整高度，降低到 3mm/s。

　　根据分析，增加支撑反而恶化振动数据的原因是底部焊接的钢板强度不足，是一个悬空的钢板，形成共振和放大效应。鉴于此，其他 3 台机组暂时未焊接。

　　可上下调整的油泵支架如图 6-53 所示，现场安装如图 6-54 所示。

图 6-53　可上下调整的油泵支架　　　　　　图 6-54　现场安装

　　（2）接口增加延长接头。以改动较小、代价最小为原则，在出口软管和滤油器的接口处增加一个延长接头，如图 6-55 所示。目的是延长管路，降低管路的应力。

　　接头的焊接，如图 6-56 所示，在出厂前预制好，现场安装即可，不需要焊接。

　　此方法在现场实施时，遇到了问题，事实证明不可行。因为压力软管的强度很硬，并没有想象的那样容易弯曲，过渡接头无法安装。

　　（3）为彻底解决安装问题，油泵出口管路建议采用如图 6-57 所示进行改造。竖向采用软管过渡，这样振动传递最小，且也能有效避免装配产生的应力危害。油泵出口管路，仍然采用不锈钢管路，先装配，后固定。固定位置确保在软管之前。

根据经验，油泵电机安装，一般需注意以下事项。

1）泵联轴器必须用螺母坚固好，并锁紧螺母，谨防螺母松动。

2）安装时应严格检查泵壳及管路中有无

图 6-55 增加过渡接头部位

石块、铁砂等杂物。电机和油泵衔接的联轴器处应有弹垫。

3）校正泵联轴器及电机动联轴器的安装间隙及同轴度，其不同轴度允许偏差为

图 6-56 油泵出油口管路
过渡延长接头方案

0.1mm。泵轴和电动机轴的高度差可在底脚上垫铜皮或铁皮调整。简单的方法是用双手错动电机轴和油泵轴，两者应有相对的圆周位移。然后转动电机上面的风扇叶片，无卡涩感。

4）吸入管路吸入口安装高度应尽可能地低于介质最低的储水平面，并尽量缩短吸入管的长度，少装弯头，这样有利于缩短自吸时间，提高自吸功能。

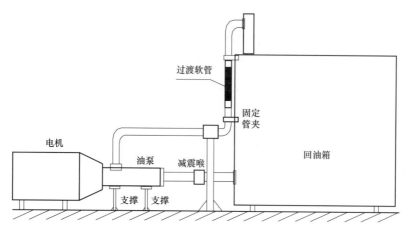

图 6-57 油泵出油口管路改造示意图

5）吸入管路中不允许有漏气现象存在。

6）应防止泵体内吸入固体等杂物，为此吸入管路上应设置过滤器。过滤器的有效过水面积应为吸入管截面的2～3倍。

7）吸入管路和突出管路应有自己的支架，泵体本身不允许承受管路的负荷。

第三节　系统性故障及处理

一、开机失败

如果从机组角度看，除却调速器导致机组开机失败的因素也特别多，比如锁锭未拔出、技术供水流量不足、风闸未退等，整个开机流程中的任一环节都有可能导致开机流程受阻。如果从调速器角度分析，可以大致进行如下的分类梳理。

（1）调速器未得到监控开机令。机组自动开机，调速器是整个开机流程中的一部分，如果调速器没有收到开机令，调速器无法从静止态转换到开机态，导叶也无法开启。这时需检查 LCU 开出、调速器开入硬接线回路是否松动，是否有其他程序设计的一些因素导致开机令没下发出来。

（2）调速器开机前未处在静止态。一般调速器设计的工况转换流程不可跳跃，调速器转入开机态的前提是需处于静止态。如果上次调速器停机，没有正常转入静止态，比如导叶开度变动，开度显示值大于 2%，或转速一直存在残值未消除，就可能导致机组停机后，虽然机组实际已经停转、导叶全关，但调速器工况没有转入到静止态。这时又没有故障报警，这样就会影响下次开机。

（3）水头丢失。一般而言，调速器开机是按照预设好的开启开度、加速开度进行分段开机的，这些梯级开度是依据水头，结合内部设置的水头与空载开度的关系数组，差值计算得出。水头如果丢失，开度给定的计算就出现差错，无法正常开机。水头一般分为人工水头和自动水头，需排查丢失的原因。根据统计，大部分电站采用的还是人工水头，其丢失是两点导致，一是人为误设定，比如修改其他参数，水头信息还未上传到触摸屏，直接就点击写入，就把 0 水头设入。二是控制器的电池亏电或电池未安装好，在检修时设备长期失电，然后上电也没做参数检查，一些参数就会丢失。

（4）比例伺服阀或切换阀卡涩。阀组卡涩较为常见，如果油质维护不当或过滤器滤芯长久未更换，杂质进入阀件，就会导致卡阻。手自切换阀卡阻会导致液压回路切换不到自动，比例阀卡阻导致自动液压回路不通，均无法动作主配压阀。四川 SRG 电站出现过伺服阀卡阻导致开机失败。下面对该电站的排查案例进行简单介绍。

1）故障现象：自动无法开启导叶。

2）可能的原因：电柜无输出电压；机柜和电柜之间线路不通；机柜逻辑回路某处错误；自动切换阀未切换到位，伺服阀卡涩。

3）排查过程：首先电柜进入调试态，机柜切自动，进行导叶扰动。导叶全关，导叶给定 5%，发现导叶不动作，测量电柜输出电压有 3.1V 左右。然后改变导叶给定为 10%，控制电压变为 6.2V 左右，然后测量控制电压输入到机柜为 6.2V。然后把给定改为 0%，电柜和机柜两处都为 0V。说明电柜和电柜机柜连线没有问题。

其次检查机柜，首先解掉电柜来的控制电压两根线，机柜切自动，手动改变主配压阀传感器上下位置，主配压阀阀芯不随动。测量主配压阀传感器反馈电压，有变化。于是切手动和自动，发现只有切自动时，阀芯一直下压。然后检查手动、自动和急停三个回路的切换，检查切换阀是否都正确得电，各个切换阀和按钮之间的切换关系都是正确的。初步判断液压自动回路的切换阀和伺服比例阀有卡涩。

准备专用工具和煤油，对切换阀和伺服比例阀进行清洗。在拆伺服比例阀的时候，发现阀芯不能按下去，正常状态是阀芯上下动作非常灵活。于是小心拿出阀芯，清洗，发现一个米粒大小的铁屑。初步判断是伺服阀发卡，且阀芯卡在关位所致。同时清洗了切换阀，回装。然后再做导叶扰动试验，均正常，模拟开机也正常。中控自动开机，开到空载，一切正常。

4）最终处理结果。伺服阀被铁屑卡涩导致无法自动开机，清洗，回装，处理完毕。同时，清洗切换滤油器滤芯，建议电厂尽快采购备品。

（5）导叶控制参数丢失。参数丢失，导叶环节计算无输出，电液转换器自然无法动作。参数丢失或异常，前文已论述，尤其特别要指出的是导叶环节的参数极其重要，且伺服阀、主配压阀和接力器的关系和匹配相对稳定，并不受有水、无水等影响。

（6）其他机械液压因素导致导叶无法正常开启，比如事故配压阀、急停阀未复归或锁锭未拔出，操作油管或控制油管路上的阀门开启和关闭位置不对，系统油压过低等。

二、空载并网困难

空载工况下的频率调节效果是检测调速器品质的一个关键要点，因为空载的控制对象是机组转速，其不稳定性比接力器和机组有功功率差得多，且频率要求的控制精度更高。正常情况下，空载工况对调速器而言是个非常态的过渡工况，尤其是抽水蓄能机组，基本开机后，目标就是为了快速并网，很少在空载工况长期等待。但对于常规机组，确实也出现机组在空载工况长期等待现象，此种无端耗费水资源和对机组的无形损坏，如果没有其他有利因素来平衡，无必要长期空载运行。空载频率稳定性差，并网困难，也不能完全画等号，频率稳定性差未必就无法并网，但标准对频率控制精度有要求，电网对并网时间有要求，因此应重视机组的转速控制。引起该故障的因素，可做如下总结。

（1）导叶控制精度差。对调速器控制而言，导叶控制是所有控制的基础，调速器所有的功能和性能实现，都是建立在导叶开度的控制上的。导叶开度控制自始至终全程参与控制。

因此，尽管空载，调速器是频率模式，以频率给定为控制目标，但导叶如果有 0.3% 以上的偏差，对于贯流式机组，其频率已经很难稳定了，几乎有 1Hz 的偏差。如果在 0.8% 以上，混流式机组很难稳定。当然，引起导叶精度差原因又有很多种，比如主配压阀零点漂移，主配压阀传感器内部连接或外部松脱，需要重新调整和紧固。

（2）空载参数不合理。空载 PID 参数是通过空载扰动优选的，一般是满足控制要求的，但随着试验结束，机组投产发电，经过长期运行，机组的工况可能和当时试验时发生大的变化，比如水头，这时空载参数可能就在当前水头下不匹配。空载扰动试验，尽量在额定水头附近开展，也可以根据水头的变化，优选多组参数，自动变参数控制，但要投入一定的精力和工作量。一般而言，大部分电站空载为一组参数。如果这组参数实际运行时并没有实质影响并网，用户一般也不会纠结此参数是否始终最优，也认为是比较适当的参数了。

（3）机械转速死区过大。在海南 QS 一个电站，空载稳不住，后来检查发现，手动变化 1% 左右的开度，转速没有大的变化，但很明显的是导叶接力器确实动作了。大概率断定是导水机构存在"脱节"现象，即接力器没有带动活动导叶。后停机检查，发现某一链接发生了松脱，导致接力器位移在传导过程中，被"空行程"环节损失，降低了导叶灵敏度。广西 BLT 电厂，同样因为导叶传感器的采样滑块与固定工装螺钉松动，接力器在小波动开关时，无法实时带动滑块，此类间隙死区，反向根据 b_p 折算出转速死区，如果过大就会影响空载自动调节，频率波动变大。

（4）水力稳定性差。这一点实非调速器问题，但表现出的频率波动会首先怀疑的是调速器。如果自动下，频率波动大，调速器应将导叶切至手动，保持导叶开度不变，观察频率最终是否稳定，摆动是否超过 ±0.2%。如果手动摆动超标，自动下的摆动超过 ±0.15% 是可以接受的。

这些问题多半出现在长引水管道机组、明渠式电站或调压井设计不合理的电站，"自平衡"能力差，空载扰动难度就较大。

（5）频率反馈异常。空载如果频率故障，是可感知和报警的，但有一种情况，机端 TV 输出的数值异常，但调速器的频率采样还是正常的，这时就很难被发现。排查这种现象出现，根据经验，往往可以通过测量 ABC 三相是否对称，检查 TV 柜内部相线是否存在接地、短路或绝缘下降，引起频率畸变。比如东北 BS 电站、云南 NZD 电站和福建 HK 电站，均出现空载频率稳不住现象，后经排查，TV 柜因短路发生了燃烧或线路融化。

三、功率波动和溜负荷

引起功率波动因素很多，其直接原因，从水轮机出力公式上可分为两大类，第一类是导叶开度波动引起，第二类是水压不稳定引起。广义上讲，溜负荷是功率波动的一种。早期的溜负荷概念较为狭义,既负荷单方向下溜为溜负荷,因为机组一般是满负荷运行且有电气或机械开限,上溜负荷的概率较小。功率波动的原因,根据实际常见的典型原因,总结如下。

(1)异常频率引起一次调频。如系统频率波动过大或频率采样异常,不稳定,超过死区后,在一次调频动作下,引起负荷溜动。正常的系统频率波动不大,一次调频调节也为正常现象。不正常的负荷波动,多来自频率本身异常。当然,如果一次调频采用了增强型,系统频率超过死区,调节量较普通型调节量变大,也会引起功率波动。

比如云南 LBG 水电站,空载并网时,TV 测频故障,切至齿盘控制,并网后,仍然以齿盘作为主用控制。这是齿盘测频不稳定,跳变剧烈,引起了机组有功功率波动。将一次调频功能退出,负荷稳定。水电机组,如果没有一次调频要求的,可以临时增大频率死区、退出一次调频功能或设置一定调频限幅。

(2)开度模式下,水头波动范围大,引起负荷变动。调速器在开度模式如无外部负荷调节指令,是以保持当前开度为控制目标。这时,如果水头(水压)波动,会引起功率的波动。云南 NZD 电站在机组投运调试期间,发生过一次功率波动,当时开度未变化,但功率周期性地波动。推测是蜗壳水压引起,调取频率、水压、开度和功率四者曲线,发现频率和开度为直线,水压和功率呈现规律一致的正弦波波动。分析水压并计算,当时水头已接近最小水头。

(3)手动下主配压阀或接力器漂移,负荷溜动。调速器手动如果是开环控制,主配压阀和接力器在中位稳定全部依赖于设备的加工和装配,这样时间一长,导叶开度难免会产生变化。缓慢的漂移是允许的,但如果过大,尤其在有水的情况下,手动方式,负荷溜动过快,就是严重的故障且不易处理。主配压阀阀芯复中差、由于动态的水推力导致导叶渐渐移动或者接力器窜油,针对此种情况,可以先清洗手动脉冲阀和节流阀,对主配压阀重新进行装配。根据经验,这些措施效果不大,如果可以判断出是主配压阀内泄或是机加工制造问题,只能对主配压阀进行更换。

(4)事故配压阀窜油。事故配压阀的插装阀靠面积差进行关闭,如果上端的控制油因堵塞出现压力降低,就可能被同样压强的操作油推开,这样就会导致接力器变化。当然在越南 KG 电站也发生过,机械飞摆未复归到位,引起事故配压阀缓慢误动;在云南 WDD 电站发生过 2 次由于气体未排除干净,导致事故配压阀误动,接力器缓慢关闭现象。事故配压阀的出现本意是为了调速器更安全,而不应该因此增加更多的问题。

(5)断路器位置信号松动,调速器误判甩负荷。断路器信号是调速器判断空载和发电两个工况的重要信号,原则上是绝对不允许松动。但每年还会因此断路器信号松动,发生不少的功率波动或甩负荷案例。此过程简述为,当调速器判断进入空载后,迅速关闭导叶,甩掉负荷,但这时监控系统判断的机组还在发电工况,功率调节还在起作用,检测到功率变小,会不断发脉冲增加令给调速器，调速器收到此信号改变自身频率给定，就会以频率模式去调整，但此时机组并网真实甩负荷，频率基本在额定附近不变，这时导叶就会开启，产生二次负荷波动。

因此，为了防止断路器信号抖动引起的危害，通常的做法，有的是对断路器信号增加防抖处理。有的是在发电转空载判断逻辑增加功率的辅助判断，断路器信号消失且功率小于30%，调速器方视为转入空载。有的是增加功率衰减斜率辅助判断，也是可行的。在设计时，也可以将断路器位置节点取反，比如0是断路器闭合，作为发电判断；1断路器分位，作为空载判断，这样可以有效避免断路器抖动引起的甩负荷。有的电站调速器为国外设备，且设备老旧，几乎无法修改程序，为了增加可靠性，就增加一个位置信号的硬接线，两根并在一起送给调速器使用，也是一种方法。同时，调速器的一些重要工况其实也可以送给监控，这样也不至于出现功率拉扯的现象。

（6）导叶控制参数丢失，电气自动控制无效导致负荷缓慢溜动。这是一个可能的因素，但实际很少发生。需强调的是，在设备运维时，应重视和加强参数的管理。比如，调速器的全部参数，整理成电子和书面定值单的形式。

（7）其他因素。功率波动还有很多因素导致，根据实际发生过的统计，比如比例伺服阀卡阻、自动控制模件和插件松动、反馈环节的响应滞后和松动，反馈信号接地、励磁电流不稳等。

四、油泵打油频繁

由于不同的设计理念和应用经验，对打油频繁有着巨大的认知差异，比如美国 GE 公司的调速器，FC 主配压阀的死区为 0 或负遮程，内泄"很大"，油泵打油间隔不足 10min。

由于在国内，几乎所有的用户基本不能接受油泵打油间隔过短，比如小于 10min，所以这一"故障"就应该尽量消除。根据应用和故障案例，引起油泵打油频繁的因素很多，下面逐一介绍。

（1）隐藏在回油箱内部的管路破裂，三通、弯头或焊接处漏油。现在油压装置设计整洁、紧凑，很多调速器的管路在回油箱内部走管，这就导致内部的螺栓、密封等很难检查，一旦出现问题，无从得知。在国内外电站均发生过比如内部密封损坏、排油阀关闭不严等漏油等现象。这些与材质、焊接工艺和管路的布置方式均有关系。如图 6-58 所示，为越南SRB4 电站，外协厂家为降低成本采用的劣质法兰，越南 SRB4 油压装置调试中，压力升到约 1.8MPa 时，DN40 长柄球阀配套的法兰裂，引起回油箱内部窜油，给问题排查带来极大的难度，也耽搁了工期。

（2）导叶接力器（桨叶受油器）、锁锭接力器窜油。导叶除非被拉伤，窜油的可能性很小，但桨叶受油器就很容易窜油。窜油引起桨叶开度失稳，调速器就好实时调整纠正，这过程又引起主配压阀调节耗油，两者叠加，就会发现轴流转桨机组或贯流机组调速器打油比较频繁。锁锭电磁阀的操作油源也是来自调速器，该阀多为 10 通径，云南 XW 电站现场也发生过因此电磁阀卡阻，导致剧烈窜油。

图 6-58　劣质法兰损坏

（3）油温过高，黏度降低，造成主配压阀泄漏量大。油液的黏度和其温度关系密切，如果油泵启动频繁，就会将油温推高，油温高，黏度低，稀如水，主配压阀泄漏加剧，油泵打油效率降低，更加推高油温，如此循环恶化，油温继续升高。因此，必要时需要采用降低油温的办法，比如采样水冷器，国外为追求极致的调节品质，设计的通流式主配压阀，打油间隔很短，一般设有冷却器。根据实际验证，如果油温高于 42℃，不加以冷缺干预，任其发展，油温就会呈现失控状态，严重危及调速器和机组安全。

（4）主配压阀间隙过大，泄漏严重。此或是油泵打油频繁的主要原因，主配压阀配合间隙如果不当，会导致严重的内部泄漏。这和整体加工工具先进性有关，也和加工工艺以及质量管理有关。主配压阀的内泄发生在三个部分，即阀芯和阀套之间、阀套和阀体之间和阀芯轴向控制端。任何一个环节没有在密封上精细设计和考虑，内泄就较大。停机后，一般主配压阀处于偏关状态，这时阀芯始终处于关闭位置，如果偏关电压过大，伺服阀的控制油轴向驱动阀芯，就会产生大量窜油。

图 6-59　压力罐增加气罐

（5）压力罐容积选型过小。调速器压力罐容积有标准的选型计算公式，原则上压力罐容积不会设计偏小，但实际设计中要结合机组实际而定，比如机组是否有黑启动或孤网运行的要求、是否承担着二次调频任务（负荷设定频繁）、电网频率稳定性是否很差、主配压阀本身内泄是否过大、双调机组桨叶受油器内泄等，综合考虑后，方能最终确定其容积。如图 6-59 所示，为新疆 CHWS 电站，早期为一个压力罐，后来电厂承担着地区二次调频的任务，由于油泵启停频繁，每年都损坏油泵，经济损失很大，后来根据现场空间，配置了一个气罐，这样油泵启停间隔变长，避免了油泵损坏。

（6）调速器参数选取不当。如果调速器导叶和频率控制参数选取不当，主配压阀反复调节，过于灵敏，会造成严重耗油。这里就要及时调整导叶的 PI 参数、主配压阀的反馈增益、主配压阀零点，在主配压阀的灵敏性和稳定性寻找一个平衡。调速系统，尽量在调节上降低耗油，如果主配压阀频繁调节，对接力器也非常不利。这一点可以通过切手动（开环手动或机手动）进行排查，如果切至手动，油耗明显降低，基本可以判断是调节耗油导致。

排查漏油，要建立总体思维，首先把所有耗费调速器油压的设备和管路梳理出来，然后根据排除法，比如逐步关闭阀门，将问题范围缩小，最终锁定漏洞。还有就是要弄清楚两个概念，是漏油还是调节耗油，这有本质不同。

某电站主配压阀阀芯位移传感器松脱，导致主配压阀抽动、耗油，需重新调整和紧固，如图 6-60 所示。云南 NZD 电站检修时，发生严重的窜油，通过排除法，后来发现是事故配压阀窜油导致，如图 6-61 所示。拆开事故配压阀，发现插装阀被管路内部的异物缠绕，失去密封作用。

图 6-60　某电站主配压阀零点调整

图 6-61　事故配阀芯被异物卡阻

五、跑、冒、滴、漏

新疆 XNDQ 电站油压装置表阀漏油如图 6-62 所示。根据应用经验，引起的原因主要有以下几点。

（1）密封圈损坏。密封圈的质量首先并没有引起重视，很多是三无产品，价格便宜，毫无品牌。质量差的密封圈，应用不足三年基本就失去弹性，没有任何密封作用。其次，就是密封圈选用不匹配，尤其是粗细不当。还就是现场准备不足，又急用时，就用密封条现场切割、黏合制作，都不是正确方法，不建议采用。

（2）阀门质量。根据多年处理漏油的经验，阀门通径越大，越容易关闭不严，阀门质量差、冒牌、压力等级不匹配的现象较为常见。有的用户在采购阶段可以提升一个压力等级采购阀门，也是避免阀门质量不足、规避风险的一个办法。

云南 XW 电站险发生过一次阀门质量引起的停机事故。由于负荷原因，机组不能停机，在发电下，拟对油泵组合阀进行一个故障处理（油泵打油缓慢、振动，初步怀疑是单向阀卡阻），依照安全措施，关闭组合阀的隔离球阀，切除油泵电机。在拆解组合阀单向阀盖板时，发生猛烈的喷油现象。好在单向阀盖板螺栓仅

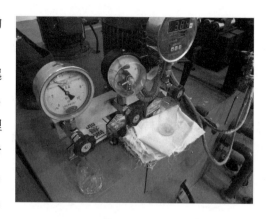

图 6-62　新疆 XNDQ 电站油压装置表阀漏油

是松动，未全部拆出。技术人员冒着巨大风险紧固了螺栓，防止了事故发生。后期停机检查，发现球阀把手虽处于关闭状态，但内部球心早已脱落，且处于半开半闭状态，这也是一起打油异常的根本原因。

（3）密封面的粗糙度不足。比如阀件和集成块之间，若集成块的加工面不平整，等级不够，无论怎样紧固，重则冒油，轻则缓慢渗油。此种情况，只有重新对结合面进行加工。

（4）螺栓和螺栓孔不匹配。在广西 QG 电站发生过事故配压阀底部端盖喷油现象，无论怎样更换密封和紧固螺栓，都无法控制住喷油。后用游标卡尺进行测量，发现螺栓孔浅但螺栓长，肉眼看间隙虽很小，但盖板始终压不死。处理措施是增加垫片或更换螺栓。

（5）设计缺陷导致无法紧固。有的管路连接设计不合理，由于直通管很难有伸缩量，这些管路的法兰或阀门连接部分，就很容易漏油。如图 6-63、图 6-64 所示。管路可以采用 U 形或弯曲设计。图 6-65 所示为四川 JP 电站回油箱和压力罐之间管路连接示意图，现场发现油泵进油管一端和回油箱法兰连接，一端和压力罐法兰连接，中间无任何弯曲。这样，在现场检修管路和阀门时发现，此种设计几乎无法拆卸和回装阀门，现场管路阀门回装如图 6-66 所示，带来了极大的不便，密封几乎无法正常完好回装，且很容易产生漏油。应该避免这种直通设计，同时在现场安装时，也尽量避免阀门承受重力、应力等。

图 6-63　管路直连

图 6-64　接头处无法密封

图 6-67 所示为青海 BD 电站调速器桨叶开关腔配管，在机组投产期间，发现管路上的

两个阀门本体漏油，后协调阀门厂家更换了 2 只，仍然漏油。之后再次更换 2 只阀门，并在厂内完成打压测试，阀门无漏油，但现场安装后，依然漏油。后经阀门厂家现场诊断，确定漏油不是阀门质量所致，而是管路配管问题。由图 6-67 可见，阀门连接了上下两个管路，拆掉阀门后，发现两根管路中心线存在严重的错位，偏差超过 1cm，其次下方的管路从下一层悬空穿出，且底部没有支撑，由于自重和应力，下降很大距离。可以想见，在阀门安装时，将两根管路硬生生拉齐，阀门壳体承受了严重的拉力和剪切力，壳体形变，无法密封。

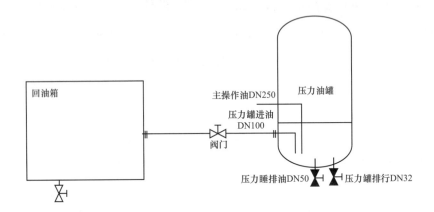

图 6-65　回油箱和压力罐之间管路连接示意图

图 6-66　现场管路阀门回装

图 6-67　青海 BD 电站调速器桨叶开关腔阀门

六、机组过速

机组过速如果未在预期，就是一个严重的机组事故。尽管各个电厂主观上都不希望和尽力避免发生机组过速。但无论如何，每年都有一些电厂发生类似事件，有的还非常严重。对机组过速的控制，不是认识问题，而是理解和能力问题，要在本质上深刻理解其诞生的根源，并具体去梳理导致过速的所有因素，然后再针对性地提前弥补，增强局部和整体的可靠性，方能确保避免过速事件。下面以近十余年发生的过速事件，以案例的形式进行介绍。

（一）锁锭设计不合理

事件过程描述：某日新疆 TLH 电站，由于遭受雷击，造成远方断路器跳闸，进而导致 TLH 一级、二级电站 6 台机组停机。但一级站 3 号机组发生了过速飞逸，过速时间持续近 2h，期间接力器拒动，导叶不能关闭，蝶阀不能关闭，事故门失电落不下。最后，依靠柴油发电机供电落下了事故门。

各专业人员闻讯响应，抵达现场，现场一直保留着事故发生后的原始状况。在进行检查之前，电站技术人员介绍，对单机 4.8MW 的机组，若接力器的液压锁定投入，则即使调速器给出手动关机或紧急停机信号，接力器也动作不了；为了再次验证，现场操作调速器机柜面板上锁定位置切换把手，至锁定退出位置，只听到"咚"一声，然后出现油流声，接着，调速器导叶开度从原始的 84%（机柜面板显示）关到 0%，压力表显示的油压力也从 5.6MPa 降到 5.3MPa（此时机组过速飞摆仍保持在原有事故停机输出状态，当锁定拔出时，调速器继续执行紧急停机指令，使导叶全关）。

随后，电站运行人员进行过速保护装置复归和紧急停机复归操作，将调速器切入手动状态，操作手动增减导叶开度正常，操作紧急停机动作正常。判断事故过程中调速器动作正常。

经现场试验、分析认为：此次机组过速飞逸，是由于接力器液压锁定处于投入状态，调速器输出的关机指令没有被执行，导致接力器保持在原有开度（84%左右）不变。新疆 TLH 电站锁锭液压原理如图 6-68 所示，其锁锭功能的实现是在接力器的开腔上串联了一个液控单向阀，单向阀 X 处的控制端由电磁阀 1V1 控制，但电磁阀投入时，单向阀处于截止位置，开腔的油液不能回流，这样就切断了调速器输出至接力器的控制油路，表面上起到接力器锁定的作用。

进一步分析，为何锁锭电磁阀处于投入位置呢，在发电工况，监控的流程逻辑，不存在开出信号到电磁阀，所以此点尚未明确。可以解释的

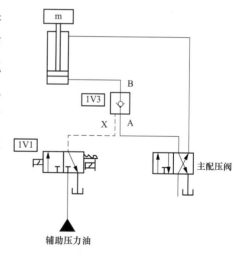

图 6-68　新疆 TLH 电站锁锭液压原理

原因是实际发生过，比如电磁阀在油压波动或者回油背压下产生跳位，阀的本身质量不行，也不排除人工误动。

很显然这一锁锭原理和锁锭的本质意义和作用是相违背的，锁锭的作用是锁止全开和全关，而不是在中间任意位置可以锁止。

（二） 伺服阀或液压回路卡阻

事件过程：某日云南 MW 电站 4 号发电机组执行由集控远方自动开机并列操作。其后自动开机流程执行完成 4 号机组由停机至空转态，在空转至空载执行流程投入励磁后（未并网），4 号机组电气过速紧急停机，停机过程正常。

设备检查经过及原因分析。接到中控室电话后，电厂运维人员立即到厂房对 4 号机组进行全面检查。查看监控系统信号，并全面对调速器电气柜、机械柜进行了检查。检查发现 4 号机调速器电气柜报 "A 套导叶液压故障"，调速器机械柜 "紧急停机" 指示灯点亮，手动综合模块 "平衡/显示 1" 保持着 "－9.32" 的输出。

专业人员对 4 号机组调速器控制参数与修前备份数据进行了核对，控制参数正常，未发现参数丢失或异常的情况。导叶位移传感器检查未发现异常，磁感应滑块紧固，传感器接线紧固。申请集控同意，在筒阀全关的情况下，模拟机组自动开机过程。短接远方开机信号，调速器收到开机令后将导叶开至空载开度 18%。

对测频回路检查，使用调速器综合实验装置给 4 号机组调速器电气柜加入 45Hz 频率信号，调速器测频正常；将频率信号加至 50Hz，调速器测频正常。

模拟机组发电状态下调速器频率特性实验。模拟机组发电态，给 4 号机组调速器电气柜加入 45Hz 频率信号，导叶开度增加至 25%，将频率信号加至 50Hz，导叶开度减少至 17%，导叶开度响应正常。

查阅监控系统开机至过速停机时导叶开度与机组转速过程曲线，如图 6-69 所示。

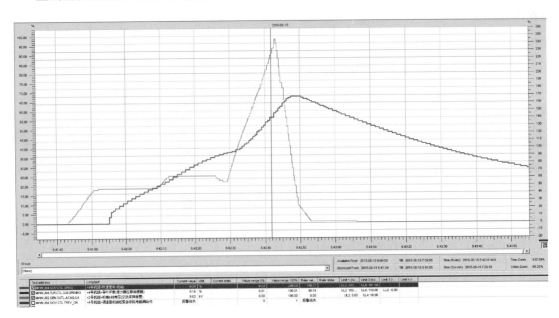

图 6-69　过速过程曲线

从图 6-69 可以看出：收到开机令后导叶快速开至 19%，保持约 20s，转速上升至 70%，调速器继续打开导叶至空载开限 25%，持续约 14s，机组转速进一步上升至 90%，导叶开始回关至 24%，紧接快速开至全开，用时约 10s，上述动作过程表明主配压阀能够正常在开、关方向动作，4 号机组过速停机初步原因可能为电气控制回路误开出或者机械液压回路在导叶开方向卡塞。

具体分析：①电气控制回路在转速升至 90% 时误调节开出一个较大的开机量，导致导叶快速打开至全开，从停机后现场检查看，调速器电气柜报导叶液压故障（导叶液压故障原理为导叶反馈在调节时间内未达到给定值，从故障报警可排除电气柜误开出可能，若为调速器电气柜开出全开信号，则该告警信号不会报出），综合模块"平衡/显示 1"保持着"−9.32"的输出，再结合前期出现过机组过速情况看（调速器故障情形一致）：调速器综合模块故障可能性较高。②不排除机械液压回路存在卡塞现象，但从检修后电厂油化实验指标看油质是合格的，阀组内部其他异物卡塞在停机后模拟试验也未出现，分析：机械液压回路卡塞可能性较低。

图 6-70 所示为 4 号机组正常状态下开机的开机导叶与转速采样录波曲线。

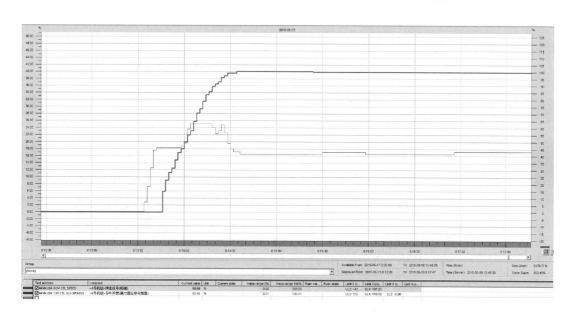

图 6-70 开机导叶与转速采样录波曲线

从图 6-70 可以看出：调速器收到导叶开机令后迅速开至约 17%，转速上升至 45%，持续约 19s，后继续开至空载开限 25%，持续 15s，机组转速进一步上升至 90%，后导叶开始调节回关至空载开度 16.5% 左右，转速达到额定。结合 4 号机组过速时导叶开度与机组转速采样图，可以看出在机组转速上升至 90% 开始回调时调节过程基本一致，佐证了调速器电气柜基本无异常。

综上所述，导致 4 号机组过速的直接原因是在机组转速上升至 90% 时导叶回关后未关至空载开度反而快速开至全开，初步分析为调速器机械液压回路卡塞，因为电网负荷需要和伺服阀已经正常动作，机组及时恢复发电。下一步电厂计划利用夜间低谷段申请停机全面检查调速器系统：拆卸伺服比例阀检查有无剐蹭现象，同时检查电源模块输出性能，进行调速器压油装置透平油颗粒度复测。

（三） 窜电

事故过程：某日印度 BDHE 电站 1 号机组做假同期试验，试验开始前，11kV 母线带电，电网频率稳定在 49.97Hz 左右，机组出口断路器处在分闸位置，调速器处于空载状态，导叶开度为 16.5% 左右，机组频率为 50.00Hz 左右。20：28：06 试验开始，监控投入同期装置；20：28：11 监控收到转速超过 115% 的动作信号；20：28：13 监控收到导叶全开动作信号；20：28：15 监控系统收到调速器主配压阀拒动信号，随即监控系统启动事故停机流程（转速超过 115% 加主配压阀拒动），发紧急停机信号给调速器机械柜，发投入过速限制器信号给过速限制器；20：28：15 监控同时收到调速器紧急停机动作信号和过速限制器动作信号；20：28：15 收到转速超过 140% 动作信号；20：28：33 监控收到导叶空载位置动作信号；20：28：40 监控收到转速超过 140% 复归信号；20：28：43 监控收到导叶全关动作信号；20：28：54 监控收到转速超过 115% 复归信号；20：34：39 监控收到转速小于 5% 动作信号，机组停机。

在此次试验过程中，导叶意外全开导致机组转速升高，最高升高到 80.05Hz，机组高转速运行，导致机组内部转子部分磁极和磁极之间的连接线损坏。

事故后的检查：对调速器系统进行检查，调速器手动回路、自动回路、紧急停机回路动作正常，紧急停机时间为按照给出的时间 7.55s。模拟自动开机到空载，调速器频率给定为 50.00Hz，导叶给定为空载开度 15%，监控系统发增速、减速脉冲到调速器电气柜，调速器频率给定会增加减小，变化正常。通过 5 月 14 号的测试，一号机组调速器在静态下暂时没有发现问题，介于此次事故是发生在空载状态下，需要给调速器外加频率，模拟实际的机组转动状态，再做分析。

5 月 15 日，再次进行模拟联调，给调速器开机令，导叶开至空载开度 15%，使用信号发生器，外加频率给调速器电气柜，频率为 50.00Hz，通过监控设备发增速信号给调速器电气柜，将频率给定由 50.00Hz 逐渐升高到 50.50Hz、再升高到 51.50Hz，此过程中，导叶开度给定由 15% 逐渐升高，最终导叶给定达到导叶开度限制值的 25%，最终不再变化，导叶实际开度也由 15% 逐渐升高到 25%，稳定在 25% 不再变化。然后通过监控设备发减速信号给调速器电气柜，将频率给定由 51.50Hz 减小到 50.00Hz，再减小到 48.50Hz，导叶开度给定由 25% 逐渐减小至 15%，最终开度给定为 0，导叶实际开度也由 25% 逐渐减小到 0。此实验证明，调速器控制柜在监控系统增速减速的过程中，能够稳定地控制导叶开度在开度限制以内，不会导致导叶全开。

通过上面的检查，调速器电气柜程序运行正常，能够将导叶控制在空载开限以内。随后准备模拟同期，原因为故障发生在同期瞬间。但监控发出同期信号后，导叶突然开启。反复模拟，故障复现。

后经过仔细排查，发现是调速器和监控系统之间的配线发生错误，将同期的 24V 电源接入到调速器综合控制模块之中，抬高的整体电压，使得伺服阀朝开方向运行。BDHE 电站试验暴露出另一个问题，就是过速试验应该在真假同期试验之前，而不是之后。且导叶全开时间较短，导叶全开时间不建议低于 15s。

关于外部电源窜入调速器伺服控制电源内引起控制异常的现象偶有发生，此一定引起重视。比如新疆 TLD 电站，2 号机在发电状态下接力器抽动，检查发现锁锭位置信号外部线对大地有电，因此将调速器机柜 24V 电源拉低，导致功放板无法稳定工作。青海 BD 电站也发生过，传感器厂家（第三方传感器）在水轮机端子箱私自调整供电系统，调速器机柜 24V GND 窜入外部的 24V，引起调速器伺服和导叶控制异常。新疆 CHE 电站发生过外部强电 AC 220V 接入到 PLC 的供电 24V 系统，损坏控制器。

云南 XW 电站 5 号机组也发生过监控系统的模拟量通道被交流电源污染的现象。为了找到监控 24V 电源 AC 1.2V 的来源，运用排除法最终检查到该来源来自 5 号发电机流量仪表柜上的十多个测量冷却水的模拟量数显仪表。5 号冷却水流量仪表盘仪表接线原理图如图 6-71 所示，依次甩线，每次甩掉一个仪表上 3、4 号端子线后，DC 24VGND 交流电源幅度基本降低 0.1V 左右的电压，十多个仪表上的端子接线依次全部甩开，交流电压依次从 1.2V 降低到 0V 左右。可以判断，该电源来自这些模块。随后专门对模块的 3、4 号端子空端子（端子接线甩掉）对地测量，发现对大地竟然有 AC 103V 交流电，后来用示波器观察，是一个等幅的、50Hz 的正弦交流电，但没有功率。

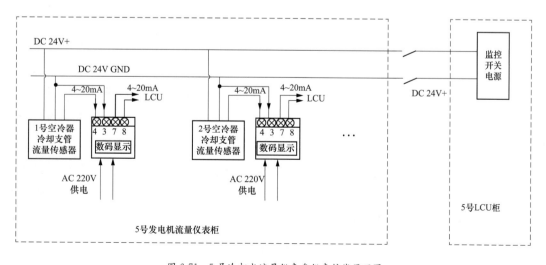

图 6-71 5 号冷却水流量仪表盘仪表接线原理图

由此可以判断，LCU 直流 24V 系统内 1.2V 的交流杂波原因，是十多个流量数显仪本身造成的，每一个数显仪的模拟量都有 0.11V 左右的交流源，这样叠加起来，造成 24V GND 有 1.2V 的杂波。

XW 电站 1 号、2 号、3 号机组的流量数显仪已经做了新型号的更换，并且 5 号上也有两个新型号的数显仪，其通道本身也没有交流输出。这说明其余十多个模块可能是不可靠的，需要测试或者更换。根据经验，一般这种传感器或者模拟量显示器的供电电源选择 DC 24V，很少选取 DC 220V，AC 220V 的更少。如果选取后者，首先很容易造成模块损坏（交流电采用厂用电，且波动时），其次非常不安全，如果内部绝缘减低或者电磁兼容做得差，对模拟表计、模拟量传输、模拟量信号地非常有害。

（四）电磁干扰

事件经过：某日四川 TZL 电站，运行人员远方自动开 1 号机至空载，开机 81s 后，过频保护动作跳灭磁开关，开机 130s 后，机组转速最大达到 64.8Hz，调速器进入空载态运行，调速器 A 套一般故障报出，切换至 B 套主用运行，将机组转速调整至 50Hz，1 号机在空载态下正常运行。15：01：11，运行人员下发 1 号机停机令，停机对 1 号机进行检查。

事件原因分析：目前调速器开机规律为机组在停机态收到开机令后，桨叶从启动角位置以 2.5%/s 开度的速率回关至 3% 位置，同时导叶从全关位置以 0.5%/s 开度的速率开至 2% 开度，后停止 5s，然后继续以 0.5%/s 开度的速率开至当前水头对应的空载开度+5% 开度位置，机组转速逐渐上升，当机组频率大于 47.5Hz 时，机组进入空载态，进行 PID 调节。

本次开机过速的直接原因是残压测频、齿盘 1 测频、齿盘 2 测频、网频测频 4 路频率全部故障，频率始终为 0，无法按照频率大于 47.5Hz 进入空载，而且开机限时设置为 130s，远大于实际开机时间，导致机组过速后才报频率故障，切换到 B 套运行。

事件应对处理：

（1）程序上的防范，目前的开机规律在 4 路频率全故障的特殊条件下，且开机限时设置过大，无法控制转速，开机过程中有过速的风险。针对这种情况，修改开机规律：调速器在收到开机令后，先将导叶按 0.5%/s 开启到 2% 开度，等待 5s 后，再将导叶开启到空载开度，等待机组频率大于 15Hz 后，开启到空载开限，快速地将机组转速升到额定附近，然后再进行空载调节。另外，将开机限时设置略大于实际开机时间，初步确定为 70s。

应用这种开机规律和限时，可有效避免因为频率问题而导致开机失败过速的情况发生。

（2）硬件故障原因的排查。本次过速的根本原因在于 4 路测频完全失效，其失效在于测频的 ip161 硬件发生了故障。根据以往运行数据，该模块故障多次发生在 TZL 水电站，故障率远高于其他电站。针对一号机 ip161 多次故障的问题，分析引起该模块的故障可能。

一是调速器设备自身问题，比如电源回路是否正常，包括对地电压、电源中成分是否纯净；外部模拟量信号是否可靠接地，平行电缆中是否有干扰信号的纯在；外部开关量信号中是否有强电感产生；强弱电分离布置。

二是调速器之外设备的电磁干扰。需对监控开出操作的电磁阀线圈信号进行检查和模拟。有水情况下，监控系统在开机前操作技术供水电磁阀、空气围带电磁阀、制动电磁阀投切时，由于上述电磁阀线圈未按通常要求增加续流二极管保护回路，会对其相关电路连接部分的回路造成影响，使薄弱环节绝缘击穿。同时将产生强大的电源回路干扰信号。

电磁阀增加续流二极管如图 6-72 所示。

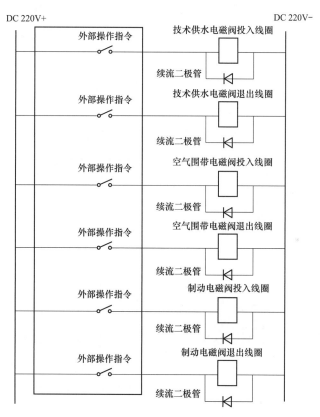

图 6-72 电磁阀增加续流二极管图

七、一次调频不合格

（一）面临的问题

水电机组一次调频是调速器的基本功能之一，其基本原理是调速器根据检测到的频率，变动开度或功率，完成与频率方向和大小相匹配的输出特性和调节，以及调差关系。

原理清晰简单，设备投产时涉网试验中也包含了一次调频且校验合格，满足电力标准技术要求；但在机组实际运行中总是会出现大面积的、严重的考核问题，此需要进一步深入研究，找出原因所在。

（二） 问题产生的原因

根据多年的经验和数据分析，被考核的原因主要为以下几点：

（1）考核依据不同。一次调频试验依据的是 DL/T 1245—2013《水轮机调节系统并网运行技术导则》，而机组投产发电，电网考核是电网的企业标准，且南网和国网考核指标、方法也不完全相同。

（2）频率变化特征不同。电科院做一次调频试验，基本是依据±0.15Hz 或±0.2Hz 进行方波突变式的大阶跃；而机组并在大网运行，机频随着网频进行缓慢周期性变化，后者比前者柔和。同样的频率变化量，频率的变化过程不同，调速器的响应完全不同。即便运行中出现大的频率波动，频率变化也仍然不是方波，而是平滑的正弦波形状。

（3）接力器和导叶开度（如图 6-73 所示）的非线性、导叶开度和功率非线性。一是，接力器行程的百分比和导叶开度（相邻导叶之间构成水流通道，此通道的最小宽度叫作导叶开度 a_0）是非线性关系，如图 6-74 所示，调速器实际控制应用中，是将前者替代后者。导叶开度和功率的关系有 2 个维度，一是相同水头下，不同的开度变化量对应的功率变化量是不同的，尤其是在导叶开度大于 90%～95% 之后，由于水轮机效率变低，同样的功率变化，需要的导叶变化更大，如图 6-75 所示。二是，不同的水头下，相同的开度位置和变化量，功率位置和变化量，也是不同的。

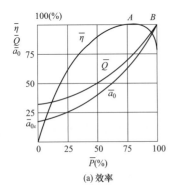

图 6-73　导叶开度

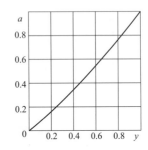

图 6-74　接力器行程和导叶开关关系

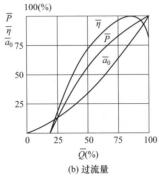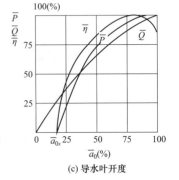

(a) 效率　　　　　　(b) 过流量　　　　　　(c) 导水叶开度

图 6-75　水轮机工作特性曲线

$\overline{Q}$—过流量；$\overline{\eta}$—效率；$\overline{a}_0$—导水叶开度

（4）功率的反调和响应滞后现象。由于水流存在惯性，在导叶开启和关闭瞬间，机组有功功率在此时会出现与此方向相反的调节。尤其长引水式、一管多机，功率响应滞后，较为明显，且机组之间在导叶变化时，功率还存在相互影响的现象。导叶关闭规律对水击压力上升的影响如图 6-76 所示。

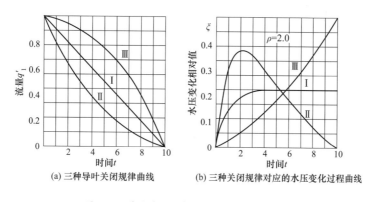

图 6-76　导叶关闭规律对水击压力上升的影响

（5）模式不同。调速器在开度模式下运行，依据的是频率-开度关系（b_p），在功率模式下运行，依据的是频率－功率关系（e_p）调节。前者，实质上未聚焦电网关切，且随水头变化功率输出均不相同。

（6）频率的一致性问题。调速器一次调频的频率源来自机端 TV，而电网考核一次调频的频率不是机端 TV。尤其是出现大频率波动（往往是事故，解列为小网），这时的频率一致性很差。

关于并列运行发电机动态特性，有对频率的一致性描述，即并列运行于同一电网中的机组，在稳定工况下各机组是同步的，电网各点频率是相同的，而在工况变化的动态过程中，各机组转速发生变化，频率可能不一致。电网功率平衡破坏后引起的电磁过程比水轮机转速调节过程快得多，电压调节过程也比转速调节过程快，因此在小波动过程中可以假定各机组转速与电网频率是同步的，即所谓各机组与电网是"刚性连接的"。在"刚性连接"的前提下，并列运行各机组可以当作一个刚体。

（7）机械液压部分的响应损失。机组正常运行，频率正常波动，一次调频动作后，产生的最终导叶给定变化较微弱，实际导叶可能因各环节机械死区而不动，这是传递间隙的非线性导致（静态机械死区）。即便是微弱的导叶动作，功率变化也被其自身功率波动或水压波动引起的功率变化而"淹没"。

传递间隙的非线性，在机械液压系统中杠杆系统部分有间隙，其特性如图 6-77 所示。离心摆也存在死区，其静特性是一条带子，其特性也类似间隙非线性。

设上时段输入为 u_i，输出为 w_i，当前输入为 u_{i+1}。

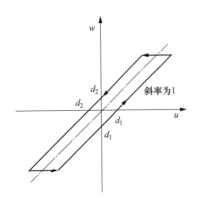

若　　$u_{i+1}-u_i>0$

且　　$w_i\leqslant u_{i+1}-d_1$

则　　$w_{i+1}=u_{i+1}-d_1$

上述情况相应在右边一条线上工作。

若　　$u_{i+1}-u_i<0$

且　　$w_i\geqslant u_{i+1}+d_2$

则　　$w_{i+1}=u_{i+1}+d_2$

图 6-77　传递间隙非线性

上述情况相应在左边一条线上工作。凡不属于上述两种情况时，$w_{i+1}=w_i$。

产生传递间隙的原因分析，可用图 6-78 进行解释。

（8）双调机组的桨叶响应慢。双调机组，桨叶变化对功率影响很大，但在并网发电态，桨叶给定跟踪的是导叶开度，自身一般调节得较慢，且往往人工设置了控制死区，这样就会因为桨叶变化滞后，减弱一次调频的响应效果。

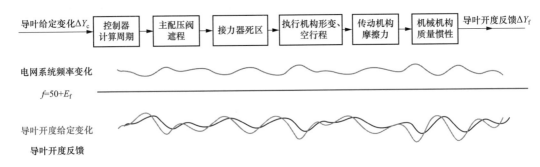

图 6-78　影响调速器控制精度和产生死区的各环节

（9）一次调频和二次调频配合不当。在无监控负荷调节的前提下，调速器一次调频动作产生的变化量不应该被监控的功率调节功能干涉，目前试验已很全面，两者配合基本不存在问题。

（三）解决措施

根据以上总结的可能原因（可能还不全，还有其他因素），提出整改措施如下。

1. 控制、技术策略改进

（1）控制原理的改进。主要从一次调频的速动性出发，创新一种新的控制原理，如图 6-79 所示。

（2）导叶的柔性调节。在导叶控制上，为减弱反调节，在导叶开启和关闭初期，采用柔性处理。通过变速率控制，有效减给水泵汽轮机组在快速开启、关闭导叶过程带来的较为明显的"水锤效应"，采用"慢—快—慢"的柔性控制方式，在机组负荷调整过程中减少水锤效应引起的功率反调值，又满足调节速动性的要求。导叶的柔性处理如图 6-80 所示。

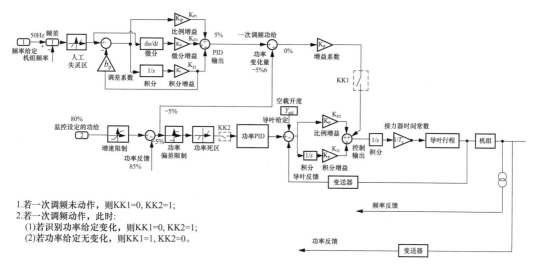

1. 若一次调频未动作，则KK1=0，KK2=1；
2. 若一次调频动作，此时：
   (1) 若识别功率给定变化，则KK1=0，KK2=1；
   (2) 若功率给定无变化，则KK1=1，KK2=0。

图 6-79 新控制模型

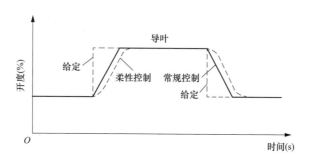

图 6-80 导叶的柔性处理

导叶给定与反馈偏差较大时，引入给定变化一阶惯性环节（或斜率限制），减缓导叶动作速度。

（3）功率反馈的滤波技术。调速器的功率调节和一次调频（功率模式下），功率反馈至关重要，结合水电机组有功功率采样的特点，即能剔除失真的毛刺，又能进行精准和实时性高的采样，需要采用一种独有的滤波技术。期望得到的滤波效果图如图 6-81 所示。

图 6-81 期望得到的滤波效果图

关于简单有效的滤波，可采用如下的滤波方法。

假设，A 点的功率信号的模拟量为 12mA，对应码值为 19659；B 点（下一个周期的采样点）的功率信号的模拟量为 18mA，对应码值为 29489；如果采用均值滤波，处理方法为 $(A+B)/2=$

24574。本发明，采用的是对当前采样值和上一个周期采用值进行开方，然后相乘的方法处理，即

$$p = \sqrt[2]{P(t-1)} \times \sqrt[2]{P(t)}$$

式中　p——功率采取。

采用开方，根据开方数据曲线特性（非线性弯曲，如图 6-82 所示）可知，可以有效将瞬间的畸变高峰削弱，如果毛刺较密，可以采用

$$p = \sqrt[2]{P(t-2)} \times \sqrt[2]{P(t)}$$

即拉大周期。

以上述数值为例，对 A、B 点处理后的采样值应为

$$p = \sqrt[2]{19659} \times \sqrt[2]{29489} = 24078$$

与均值法计算的结果相比，该数值更接近实际数值。

功率波动示意如图 6-83 所示。

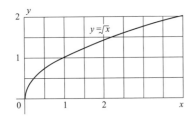

图 6-82　曲线方程

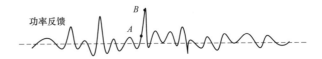

图 6-83　功率波动示意图

2. 在试验方法上完善

一次调频试验本身，以及有助于一次调频调节改进的机组数据，目前都存在提升和改进的空间，下面从试验角度，提出如下改进方法。

（1）建立接力器和导叶开度的关系。在静态试验期间，测量和建立接力器行程百分比和实际导叶开度的关系数据。针对调速器采用开度模式的，一次调频中的主反馈按照推算出（插值或拟合方程的方式）的导叶开度进行控制，有助于开度模式下的一次调频调节。

（2）建立导叶开度和功率的关系。发电态，在某一确定的真实、准确的水头下，建立导叶开度和机组有功功率的关系。如果水头条件允许，尽量多地记录两者关系。

获知此关系后，根据曲线，可以在调节速度和调节量上针对性地进行补充。

需说明的是，此项工作可实施性不高，试点工程可以，但大面积推广工作量较大。可以采用"自记忆、自调整"的控制方法。在一段周期内，调速器根据检测到的开度、功率数值，自动建立计算关系。

获知此关系后，针对开度模式，可以采用开度补偿的方法，改变调节深度；针对功率模式，可以采用变参数，改变调节过程。

如图 6-84 所示，在导叶大于 95％以后，同样的开度变化量，与低开度相比，功率变化量较小。对采用开度闭环的调速器，如何克服在满发或接近满发负荷附近运行时一次调频积分电量不够问题，值得深思。图 6-84 中，斜线填充的面积为水轮机在低效率区，在同样开度下对应的功率，如果假设效率没有降低，则应该是点填充的面积为理论功率。因此，可以根据这个面积差，找出应该在低效率区补充的功率量。然后，去针对性地多动作导叶。

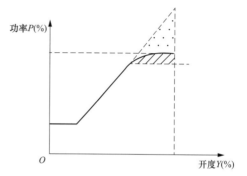

图 6-84 功率补偿关系图

这一技巧，在云南 NZD 电站调速器一次调频控制方面，获得应用。

（3）小导叶偏差调节的灵敏度和速动性。在静态调试期间，补充小导叶偏差的扰动试验。以调保计算时间为参考依据，以验证小开度调节的速动性、准确性和稳定性。此实现需要 PCC 录波或专业试验仪录波，反复开关方向阶跃，反复分析改进。

举例，针对±1％副环扰动的速动性和精度要求，推荐的方法如下：

在主配压阀零点确定后，副环扰动本质是选择合适的参数 K_P 和 DB（积分输出限幅），满足导叶控制的精度、稳定性、速动性。即"快、准、稳"三字要求。但这可能满足基本的空载和发电控制，对一次调频的控制要求还是不足。为此需要进行小偏差扰动。如下：

在开关机时间完成调整，且副环 0％－100％－0％的扰动，也符合调节保证计算书的时间后，在分段开度以上，进行±1％的副环扰动，如图 6-85 所示。

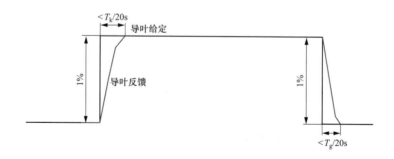

图 6-85 导叶副环±1％扰动

此要求 1％的调节时间应小于 $T/20s$。比如：全开 T_k 为 20s，开方向 1％的扰动调节小于 1s；全关 T_g 为 10s，关方向 1％的扰动调节时间小于 0.5s。以此类推。

注意：此时通过 3 个参数完成，即 K_P 和 DB 和 W_4（主配压阀反馈增益）。且需同时确保主配压阀阀芯不抖动，大小扰动不超调。大扰动指的是 2％以上的扰动。

如果实在无法兼顾大小扰动的最佳品质，可以优化出 2 套参数。以便在一次调频动作时，进行参数切换。

3. 大频差一次调频时对导叶启动时刻斜率的削弱

正常情况下网频变化较为柔和，波动量也不大。但也存在由于电网事故，出现频率快速上升的现象，这时导叶突然动作（初始动作陡峭），会产生较为严重的反调。

"反调"是一次调频不合格的核心因素之一。为此，需要设法减弱导叶启动时的陡峭斜率。此处，可以改变程序，对导叶进行一定的速度限制，也可以通过改变 PID 参数的方法。

为了不做大的改变，此处可以通过变参数的方法：当网频大于 50.12Hz 时，主环 $K_P=0$

4. 实际并网一次调频拷机校验

在一次调频结束后，如果条件允许（或和电厂提前沟通解释，写入试验方案），根据网频波动的大小，将一次调频死区临时设置为 0 或 0.01Hz，同时对频率、开度、功率进行精密录波，时间越长越好。最好在不同的水头下和不同的负荷段，进行网频跟踪录波。

根据录波的曲线数据，分析一次调频实际动作和调节情况，以真实调节考验调速器的一次调频响应的性能。

（四）难点

（1）频率的一致性问题，需要协同努力，单依靠调速器很难完成。

（2）由于水头的不确定性，凡是获知与水头关联的机组数据、参数的工作，较为麻烦。在现场试验，一般只能获知当前水头下的数据，其他水头需较长时间的等待，且电厂还需具备试验条件，此项工作较花费精力。

八、甩负荷不合格

甩负荷试验是检验调速器性能一个重要试验，也是检验机组安装、质量、其他控制系统的一个重要试验。甩负荷试验，有的要求甩后直接停机，比如大部分抽水蓄能电站机组和国外电站。国内大部分常规水电站甩负荷是机组保持在空载状态，以利于快速并网。

但也有甩负荷发生"异常"的现象，总结如下。

（1）机组过速停机。如果发生机组过速停机，首先要查机组过速了多少，如果是 115% 停机，说明这个停机流程设计得不好，或静态未测试充分，或"主配压阀拒动"的信号不可靠或逻辑用反了。所以这时，就要对"主配压阀拒动"进行一定的说明和理解。

如图 6-86 所示，主配压阀拒动是安装在主配压阀阀芯连接杆附近的一个位移开关，当阀芯向关闭方向动作时，这个开关就会由 1 变为 0，即由闭合变成断开。

主配压阀向关方向动作时，如未将行程触点（动断点）断开，就产生"主配压阀拒动"，当机组转速一直上升达 115% N_e 时，导叶开度又在空载以上，此回路行成通路，则动作事故配压阀，进行事故停机。

其实此处应该增加一定的延时。此行程开关只判断主配压阀关方向动作，主配压阀开方向动作和平衡位置皆不做判断。

如果任何一点匹配不当，就会导致甩负荷，出现误停机。

"115％＋主配压阀拒动"事故停机流程如图 6-87 所示。

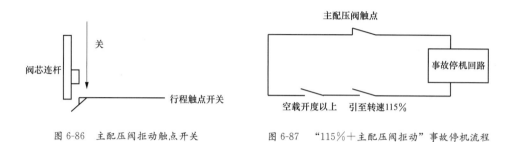

图 6-86 主配压阀拒动触点开关　　图 6-87 "115％＋主配压阀拒动"事故停机流程

当然如果出现 145％以上的停机，这时就要首先检查导叶关闭速率和规律，是否满足调节保证计算要求，是否变慢了，分段关闭装置拐点是否正常。如果满足，说明调节保证计算书给出的定值不对。如果不符合调保计算，说明执行有问题，变慢了，这时要重点分析、查找、解决调速器的某个环节（原理设计、试验调整、设备质量）出了问题。

（2）机组低频。甩负荷低频，多发生在贯流机或轴流转桨式机组。业界认为，甩负荷后机组低于 45Hz 为低频。理由是，励磁会逆变灭磁，不能维持机组在空载，只能空转。混流式机组，一般惯性大，不容易低频。低于 45Hz，重新励磁并网，也没有本质上的损坏。

低频的根本原因是桨叶关闭都较慢导致，甩负荷前期，桨叶大开口，关闭较慢，水形成很大的泄流，水能很快释放，转速快速下探，当导叶开启试图拉升机组转速时如果桨叶还有一定开度，这时转速拉升得会很慢。

因此，调速器常规的甩负荷策略可能不满足，需要改变。有经验的处理方法，常见的有加快桨叶关闭时间、导叶做最小开度限制、加大导叶开启方向的开限等方法。比如，SH 电站的优化策略如下：

导叶开机时间处理：与水轮机厂协商，将导叶开机时间调整到 23s（已经修改）。

导叶提前开启：有甩负荷标志，且转速变化斜率为负，且机组转速低于 62.5Hz，调用导叶提前开启控制：若导叶给定 2.5 倍空载开度，则导叶给定等于 2.5 倍空载开度，此时电气开限变成 3 倍空载开度；若转速变化率绝对值小于 0.4Hz/s，则退出导叶提前开启程序，导叶给定正常 PID 计算，开限变成 1.5 倍空载开度。

（3）不动时间超标。甩 25％负荷有个不动时间的要求，如果这个时间真正超标，又在甩负荷试验发现，比较麻烦。根据经验，可以从以下几个方面着手排查。

1）检查调速器透平油是否含有了气体，尤其是连续试验，导致油泵启停频繁，不断地打油、用油、泄油，就会使油液中含有大量的气体。

2）主配压阀的机械死区是否过大（调取出厂测试记录或静态实际测量），这一点是制造问题，很难一时根除。

3）更换电液转换器，比如比例伺服阀的响应时间是否过长，是否卡涩。

4）试验方法或数据分析是否不对，尤其是分析导叶开始关闭的起始点，一定要将数据放大，用光标逐帧移动，一旦发现导叶开始变小（检测码值）即可认为调速器开始动作了，而不是仅凭肉眼大致的粗估。

5）导叶开度最好直接来自导叶传感器，而不是 PLC/PCC 的模拟量输出，这个转换过程会有一定的时间损失，40～200ms 不等。如果来自信号分配模块，也应注意模块的响应时间。

（4）轴流机抬机过大。轴流式机组甩负荷或正常停机，会出现抬机现象，如果抬机量过大，超标，需要进行处理。

1）现场现象描述。调节保证计算是保障机组安全稳定运行的重要保证，该电站机组原始调保计算结果为导叶关闭规律分两段关闭，拐点为 30%。第一段关闭时间 $T_g=4.2s$，

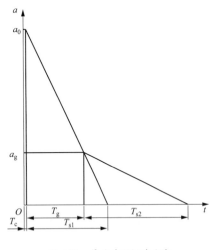

图 6-88　导叶关闭规律曲线

$T_{s1}=6s$；第二段关闭时间 $T_{s2}=7.5s$。导叶开口最大为 430mm 对应 100% 导叶开度。导叶关闭规律曲线如图 6-88 所示。桨叶全关时间 $T=30s$，桨叶启动角度为 30%。

该电站 2 号机组投产前调试过程中，机组由空载转入停机时，产生较大抬机现象，威胁机组安全运行。抬机过程现象描述如下：

机组空转状态下，开度为 11% 左右，停机令下达，导叶回关，桨叶开向起始角，约 2.5s 导叶全关。当导叶关至 0% 时，抬机现象出现，抬机量为 17～18mm，抬机持续时间大约为 4s。机组安装桨叶转轮与抗磨环之间要求的间距为 15mm。表明此时抬机产生的转轮轴向位移量已导致转轮与抗磨环摩擦，将顶盖向上推移 2～3mm。

2）抬机原因分析。轴流机组由于其特点，一般在甩负荷、紧急停机、事故停机等大波动调节工况时，会出现抬机现象。理论分析，主要有两种原因：

一是水轮机进入制动工况（水泵工况），形成水泵升力从而产生反向轴向推力，当轴向推力大于机组转动部分总质量时，产生抬机现象。

二是反水锤抬机，导叶迅速关闭，由于尾水管水流惯性的作用，在转轮区会出现真空。

若真空度过大，导致水流脱离转轮，即产生"脱流"。此时，在下游水压作用下，尾水管里的水会倒流以充满转轮区的空腔。转轮高速旋转，遮断反向水流前进，反向水流惯性形成水锤冲击顶盖和转轮，伴随抬机现象出现。

由于该机组抬机现象出现在由空转状态转为静止的正常停机过程，较为少见。轴流机组抬机从现场来考虑主要有以下几种可能因素引起：水力因素、机组结构设计、真空破坏阀动作时机和进气量、导叶关闭规律（时间）不合理、尾水水位等因素。

3）现场排查过程。根据现场出现的现象或故障，从可能引起抬机各因素依次进行排查试验，从解决问题入手，利用排除法，依次进行试验排查，步骤简述如下：

a. 桨叶传感器采样越限。当机组收到停机令，导叶关至全关位置时，桨叶行程反馈传感器报出故障，桨叶开启过程停顿，3～4s 后，故障消失。经查，发现是由于抬机导致桨叶采样值低于最小定位值过大，造成越限报错。经完善程序，重新试验。停机过程中，导叶回关，桨叶按照既定速度正常开启至启动角，抬机现象依然存在，抬机量未减少。

b. 桨叶启动时间较长。空载时，由于桨叶未进入协联工况，处于最小开度。停机令下达，导叶回关，桨叶开始开启。桨叶主配压阀向受油器开方向供油，但是桨叶全关位置全部压死，欲往开方向动作，此刻有较大的死区，需要较长时间才能开始向开方向动作。故将桨叶最低开度限制在全行程 4%，当需要开启时可以较快响应。程序完善后，重新试验，抬机现象依然存在，抬机量未减少。

前两项措施都是停机过程中通过改善桨叶控制措施，使桨叶在水中产生阻力，使得机组转速较快速度下降。减少处于制动工况时间。但都未能起到明显效果。说明产生抬机的真正原因并非于此。

c. 真空破坏阀动作时间和动作量。检验真空破坏阀动作是否灵敏，动作是否充分。正常停机过程中，安排人员在水车室内观察 4 个真空破坏阀的动作效果。导叶开始回关后，短时间内即动作，动作幅度大约为 3mm。怀疑其动作量偏小，欲增大补气量，可将装置内更换为弹力较小的弹簧或者可以将弹簧拆掉。由于现场没有相匹配的弹簧，故采用拆掉弹簧的措施重新试验。经观察发现浮球动作量增大，由原来 3mm 扩大至 5mm，但抬机量并没有任何改变。不排除真空破坏阀选型失准，造成补气量不足，但现场已无法实施更换。

d. 尾水围堰的影响。由于土建工作未能全部完工，尾水围堰拆除不彻底，2 号机试验过程中，1 号机处于正常发电状态。两台机同时开机，可能引起尾水下泄流量增加，造成尾水位抬高。使得出现反向倒流水压增大的可能。经协调，将 1 号机停止发电，等待若干小时后单独进行 2 号机空转至停机的试验。抬机现象依然存在，抬机量未减少。单独试验 1 号机组，发现也有抬机存在，且抬机量与 2 号机相当。也排除了不同机组间的差别和引出水管道位置不同的影响。另观察，尾水位也没有明显下降。可见，围堰的影响也不是根本原因。

e. 其他系统原因：风闸提前投入。该电站风闸投入判断逻辑为当转速低于额定转速25%时，风闸投入。怀疑由于此时励磁尚未投入，齿盘测频做主用。抬机造成齿盘探头未能对准齿盘中心位置，不能保证测到正常转速，风闸误判投入，进而加重抬机量。后经对风闸投入时间观察，并未出现上述状况，故也非抬机原因。

f. 调速系统自查及分析。机组空转态，导叶、桨叶控制切为手动。一边将桨叶手动缓慢开启至启动角位置，一边将导叶手动缓慢关闭；导叶缓慢关闭到0%的同时，桨叶缓慢开启到30%，观察和记录抬机情况。发现此时抬机现象基本消除，说明缓慢关闭可以作为解决抬机问题的一种途径。决定完善调速关机控制程序，实现正常停机过程中导叶自动关闭时按照设定速率关闭。由于机组正常停机过程，非大波动过程，对导叶关闭速度要求不高。这样更改也是可行的。逐步加长空转停机时导叶关闭时间，发现当由空载开度（11%左右）关闭至全关时间为10s时，抬机现象消失。关闭时间一旦低于此值则抬机现象在导叶关闭完成后依然会出现，且抬机量没有任何减小。

未变更导叶关闭时间和规律前，1号机组甩负荷过程，各位置监视机组没有出现明显抬机现象。更改调保计算前机组甩75%负荷录波图形如图6-89所示。从录波图形中可以看出，调节过程中导叶最小开度未关至0%。没有造成断流，尾水管内没有出现拉真空，虽然是大波动工况，但经现场观察并未造成明显抬机现象。对比空载停机抬机现象，表明该电站造成抬机的原因主要是反水锤。

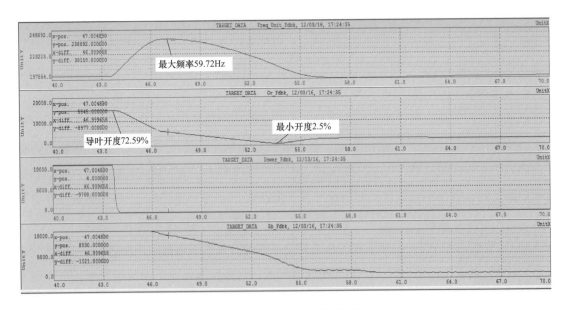

图6-89 更改调保计算前机组甩75%负荷录波图形

（4）电站抬机解决方案。大部分轴流机组均在甩负荷阶段出现较大抬机现象，威胁机组安全运行。但该电站，特别在于正常停机导叶全关后出现非常大的抬机量，远大于甩负荷时出现的抬机量。虽然甩负荷属于大波动工况，但由于调节过程导叶并未关至全关，所以也未造成较大抬机，反而是正常关机，在既定的二段关闭速率完成导叶全关后，由于转轮式内抽真空，尾水反推造成了极大的抬机量。由此可见，本案例要对甩负荷、紧急停机以及正常停机各工况均衡考虑，根据现场试验信息反馈，重新建立模型，调整各项安全裕度。修正调保计算，特别在一段关闭限制了最高转速和最大水压上升值出现后的基础上，适当调整拐点位置，并减慢二段关闭速率，可以在总关闭时间变化不大的情况下，最终使得反水锤压力降低，避免大强度的抬机现象产生。转速上升率及蜗壳水压上升率满足设计规范要求。

利用调速器功能的拓展解决水轮机抬机是方便有效的弥补和改善手段。目前，微机调速器的调节控制功能已有了很大的提高，调速器机械液压系统的随动性和准确性品质也非常优秀。实践证明调速器对于关机时间的灵活控制，对改善机组的抬机现象非常简便有效。

根据现场反馈信息，经过重新计算得出的调保计算结果如下。

第一段关闭时间：$T_g = 6.3$s，$T_{s1} = 7$s。

第二段关闭时间：$T_{s2} = 12$s。

拐点位置：$a_g = 10\% a_0$。

调保计算模拟结果各项指标均在安全范围内。现场另分别对空载关机及甩负荷试验进行验证，抬机现象消失，各项指标均符合设计规范要求。更改调保计算后机组甩 100％ 负荷录波图形如图 6-90 所示。

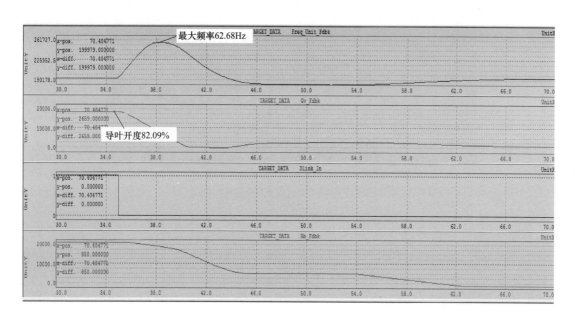

图 6-90　更改调保计算后机组甩 100％负荷录波图形

（5）结论。根据现场验证，通过反算修正导叶关闭规律，并通过调试器试验来验证各种工况下不会出现大幅度抬机现象。这也提示我们在前期电站设计时尽可能获取全面真实的现场资料，进行机组安装高程确定、转轮选型设计和调保计算时，不仅考虑满足大波动工况转速上升率和水压上升率指标、机组空化空蚀性能等指标，还要考虑到保证空载转停机工况的安全。对机组尾水管的结构尺寸、机组的吸出高度、机组的效率、空化系数、机组的刚度强度进行综合优化，这样既能发挥机组最大效能，满足各项指标要求，又不出现类似高强度抬机现象。希望通过该电站轴流转桨机组抬机现象个案分析，可以为同类型机组提供借鉴。

（6）接力器关闭过快或弯曲。大部分电站，接力器选项和调速器计算选项计算都是合适的，在甩负荷时，如果不是设备质量问题，一般不会出现关闭过快或弯曲现象。但在实际试验中，确实发生过原本应直线关闭的接力器曲线发生弯曲现象，如果有轻微的弯曲问题不大，但有的比较严重。

导致接力器关闭曲线异常的问题，归纳下来主要有三点，一是接力器选型过小，操作功不足；二是关闭时由于事故配压阀动作，产生油压叠加，三是设计过于理想，控制油在大波动调节过程中无法稳定，引起事故配压阀或主配压阀异常。

1）接力器关闭过程中停顿。图 6-91 所示为 YMD 电站静态接力器导叶关闭曲线，可见是一条直线，且保证了导叶关闭时间：$100\% \sim 10\%$，用时 14s，斜率为 $6.43\%/s$；$10\% \sim 0\%$，为 8s，斜率为 $1.25\%/s$。满足调节保证要求。

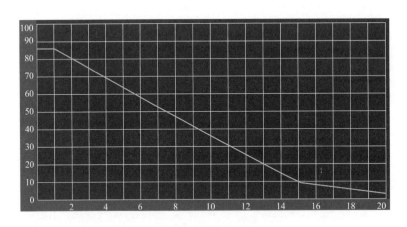

图 6-91 静态接力器导叶关闭曲线

在甩负荷试验中，导叶关闭时间一般也不会明显变化，但如果水头、接力器、传动机构选择不当，也会发生导叶关闭速度变化现象，一般多表现为变短、呈现曲线、中间停顿等现象，如图 6-92、图 6-93 所示。

定性分析，产生该现象的直接原因，调速器在甩负荷的时候，导叶迅速回关，接力器关腔及管路充压力油，开腔通回油。但此时，由于水力矩作用，水力通过传动机构的传递和加强，该力作用在导叶上的力应是向关的方向。一般而言，Q（流量）一定，V（容积）也一定，那么时间就是一定的值。但时间变短，应该是接力器关腔上不仅仅施加了调速器作用于

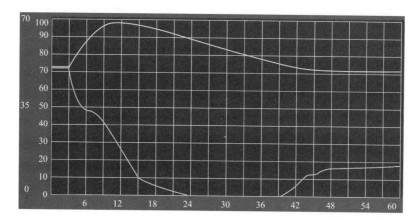

图 6-92　甩 75％负荷导叶频率录波曲线

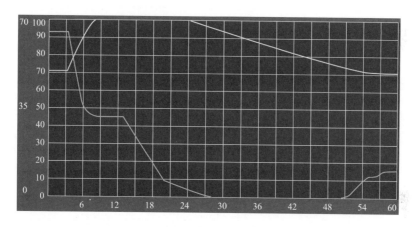

图 6-93　甩 100％负荷导叶频率录波曲线

接力器的作用力 F_1，还施加了水力矩 F_2，这样由于叠加，产生了 $F = F_1 + F_2$。但在关闭瞬间，F 力很大，活塞移动迅速，可以迅速关闭导叶，关腔里产生真空（这时关腔的压力油甚至来不及充满接力器关腔，水力矩 F_2 应该非常大），当真空到一定程度，压力油充满时继续关导叶，因此在此过程中，中间呈现一个停顿，使曲线弯曲畸变。

也可以定量进行计算，电站的接力器是否选型过小。下面以西藏 TB 电站为例，计算其接力器容积选型过小。

a. 选型计算所需已知量见表 6-3。

表 6-3　　　　　　　　　　　　选型计算所需已知量

序号	名称	符号	参数	单位
1	导叶接力器内直径	D_G	0.60	m
2	导叶接力器行程	L_G	0.595	m
3	导叶活塞杆直径	d_G	0.20	m
4	导叶接力器个数	N_G	2	个

序号	名称	符号	参数	单位
5	导叶最快关机时间	T_{GS}	5	s
6	导叶接力器总容积	V_G	0.3176	m^3
7	操作油流速	v	5	m/s
8	额定油压	p	6.3	MPa
9	最低操作油压	p_2	4.7	MPa

b. 接力器容积计算。

导叶接力器总容积 V_G 为

$$V_G = \left(N_G \frac{\pi D_G^2}{4} - \frac{\pi d_G^2}{4} \right) \quad L_G = \left(2 \times \frac{\pi \times 0.6^2}{4} - \frac{\pi \times 0.2^2}{4} \right) \times 0.595$$

$$V_G = 0.3176 m^3 = 317.6 L$$

依据上述实际的接力器容积，计算接力器最小操作功。

最低操作油压下的接力器最小操作功 $S_{n1} = 4.7 MPa \times 0.3176 m^3 = 1492.72 kN \cdot m$；

最小工作油压下的接力器操作功 $S_{n1} = 5.7 MPa \times 0.3176 m^3 = 1810.32 kN \cdot m$；

最大工作油压下的接力器操作功 $S_{n1} = 6.3 MPa \times 0.3176 m^3 = 2000.88 kN \cdot m$。

c. 根据机组参数，计算应有的接力器操作功。

TB 机组参数已知量见表 6-4。

表 6-4   **TB 机组参数已知量**

名称	符号	参数	单位
最大水头	H_{max}	121.3	m
额定流量	Q	364.4	m^3/s
转轮直径	D_1	6.3	m
重力加速度	g	9.8	m/s^2

a) 公式 1 计算为

$$A = 30 \times Q \times \sqrt{H_{max} D_1} \times g \quad (N \cdot m)$$

机组所需的调速功为

$$A = 30 \times 9.8 \times Q \times \sqrt[2]{H_{max} \times D_1} = 30 \times 9.8 \times 364.4 \times \sqrt[2]{121.3 \times 6.3}$$

$$= 2961599.81 (N \cdot m) = 2961.6 kN \cdot m$$

b) 公式 2 计算为

$$A = (200 \sim 300) \times Q \times \sqrt{H_{max} \times D_1} \quad (N \cdot m)$$

按照最小值定值计算，机组所需的调速功为

$$A = 200 \times Q \times \sqrt[2]{H_{max} \times D_1} = 200 \times 364.4 \times \sqrt[2]{121.3 \times 6.3}$$
$$= 2014693.75(\text{N} \cdot \text{m}) = 2014.7\text{kN} \cdot \text{m}$$

按照最大值定值计算，机组所需的调速功为

$$A = 300 \times Q \times \sqrt[2]{H_{max} \times D_1} = 300 \times 364.4 \times \sqrt[2]{121.3 \times 6.3}$$
$$= 3022040.62(\text{N} \cdot \text{m}) = 3022.04\text{kN} \cdot \text{m}$$

d. 计算结果对比见表 6-5。

根据对比，可知接力器的最大操作功为 2000.88kN·m，仍然小于根据机组参数推算得出的操作功的最小值 2014.7kN·m，总体可知接力器容积是偏小的。

处理类似停顿的故障，最根本的方法为更换接力器，加大容积。如果临时处理，也可以在接力器开腔增加一个单向节流阀，在调整接力器关机时间之前，把节流阀调整到一定位置，然后再调整主配压阀阀芯限位螺母，调整时间。

表 6-5　　　　　　　　　　　　　　　计 算 结 果 对 比

实际接力器在 3 种压力情况下的操作功		机组参数预算需要的操作功	公式
压力值	实际值	理论值	
4.7MPa	1492.72kN·m	2961.6kN·m	公式 1
5.7MPa	1810.32kN·m	2014.7kN·m	公式 2
6.3MPa	2000.88kN·m	3022.04kN·m	公式 2

2) 接力器关闭过程瞬间加速。在贵州 TY 电站发生导叶快速关闭现象，当甩 75％负荷时，由于 115％过速＋主配压阀拒动误开出，导致监控开出，事故停机，在投入事故配压阀的瞬间，水压二次上升，超出设计上限，如图 6-94 所示。更正主配压阀拒动信号后，重甩 75％负荷，主配压阀按调保规律正常关闭，水压上升正常，如图 6-95 所示。

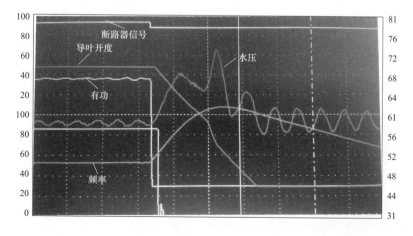

图 6-94　甩 75％负荷时，投入事故配压阀关机曲线

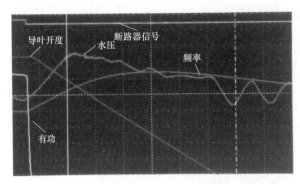

图 6-95 甩 75% 负荷时，未投入事故配压阀关机曲线

对曲线分析，导叶在关至 35% 时，投入事故配压阀，这时明显看到，导叶关机速度加快，产生第二次水压的提升。水压上升接近最高承受水压。导叶加速这段时间为 0.6s，导叶关了接近 10% 开度。

图 6-96 所示为事故配压阀液压原理图，经过分析，事故配压阀在 4.0MPa 投入时，液控阀由交叉位到平行位有一个过程，在 0.6s 这一瞬间内 C1、C2、C3、C4 同时打开，这时主配压阀的油和事故配压阀的油同时作用于接力器，油液瞬间叠加，造成加速。这是机械特性造成，机械动作的延时。

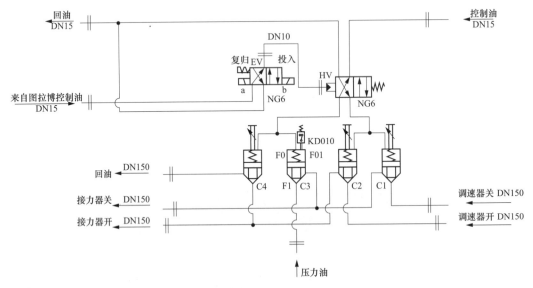

图 6-96 事故配压阀液压原理图

这一点，在江西 XJ 电站也发生过，贯流式机组，在甩负荷时，在重锤关机阀动作了，重锤关机阀和事故配压阀不同，并不能截止主配压阀下来的油液，这样接力器关腔的油液，来自主配压阀和重锤关机阀叠加，又在重锤重力和水推力作用下，最终出现接力器关闭过快，导致拐臂的弹簧全部断裂。

此类处理方法可以从程序上入手，开出信号不允许同时动作主配压阀和重锤关机阀。或在静态的时间调整时，主配压阀和重锤关机阀一起动作，完成时间调整。

3）接力器关闭规律失效。导叶关闭失效，有的是设备问题，有的是设计问题。比如插装阀式主配压阀或事故配压阀，在一种组合和特定工况下，会出现插装阀误动（崩溃、差动），引起导叶快速关闭。云南 LZ 电站在甩负荷时，由于主配压阀的插装阀差动，接力器 2s 全关，进水球阀瓣体螺栓出现炸开现象。

在广西 DTX 电站现场投运，也出现导叶关闭的一段和二段时间动态和静态不相符的现象。下面对此案例进行介绍。

DTX 电站，机组 135% 电气过速后，当导叶开度开到 78%，转速到达 135%，监控执行事故停机流程，给事故配压阀下发事故配压阀投入信号，同时给调速器导叶主配压阀下发急停信号，即事故配压阀动作和主配压阀关，事故关机时间变快。

导叶实际关闭曲线如图 6-97 所示。

分析曲线，发现导叶第二段关闭规律不正确。

静态关闭曲线、过速试验无水关闭曲线、有水停机关闭曲线，一切正常。过速或者甩大负荷就出现分段失效。结合液压原理

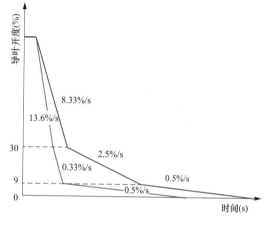

图 6-97　导叶实际关闭曲线

图，分段不动作原因，13C1 插装阀为一直打开状态，考虑到静态调试时，发现分段 13C1 插装阀上端盖已处理扩孔问题，排除油路不畅可能。

DTX 原设计分段控制油从接力器关腔取油，在导叶关闭过程中，关闭腔通压力油，开腔通接力器回油。

但是通过观察在静态导叶关闭过程中接力器关腔压力表为 5.4MPa 左右，开腔压力表为 1.1MPa 左右，证明关腔取油压并非系统压力。其次，过速过程中，水流水压变化导叶和接力器产生反向操作功，可能导致关腔开腔油压差继续下降的可能，控制油压降低，分段节流插装阀无法完全关闭，判断分段控制油取油问题。

最终的处理方法为更改油路，将分段装置控制油取自关腔压力油改为压力罐控制油。

第四节　调速器液压系统维护

一、影响液压滤芯寿命的因素

过滤器的使用寿命是实际液压系统的一个重要问题，对于滤芯制造商来说，除了生产高

质量的滤芯来保证使用寿命外，针对滤芯使用者的工况条件来设计滤芯参数也是延长寿命的重要手段。对于滤芯使用者来讲，合理确定系统目标清洁度，选择和布置相对应的过滤器以实现此目标，不但可延长滤芯寿命，对于降低液压系统的故障发生率也有作用。

（一）液压油方面

1. 液压系统目标清洁度等级

目标清洁度等级是指液压系统运行所必需的基本清洁度，在目标清洁度下工作的液压系统能够尽量避免由于系统污染所造成的元件磨损和延长系统寿命。

通常，采用油液对液压系统的预期寿命间和污染不构成系统中任何元件失效，来确定净化目标。通过自动颗粒计数器检测液压油样中给定尺寸的污染颗粒数。并确定其清洁度代号。关于液压油或润滑油的清洁度确定见 ISO 4406《油液清洁度等级》。

目标清洁度确定后，始终保证液压系统在目标清洁度等级下工作非常重要。采用多次通过过滤器性能 p 试验确定过滤器（滤芯）针对某个污染颗粒的过滤效率。结合系统清洁度代号和滤芯的过滤效率就可选择相应的过滤精度的滤芯。液压用户可采用 PODS（便携式油液分析仪）监测液压油液的污染度，一旦出现油液达不到目标清洁度等级，必须更换滤芯。清洁度等级定得太高，选择滤芯过滤精度就高，而且更换滤芯的次数增加（相当于滤芯的寿命降低），造成使用成本提高；清洁度等级定得太低，会选择过滤精度低的滤芯，这样更换滤芯的次数较少（相当于滤芯的寿命延长），但是使液压系统的安全隐患增加。由此看来。液压系统目标清洁度等级间接地决定滤芯的寿命。

2. 液压油的污染度

实际液压系统中滤油器（滤芯）失效的主要原因是污染侵入率高。高污染侵入率增加了滤芯的负担，缩短了滤芯使用寿命。液压油的污染程度越大，滤芯的寿命越短（见表 6-6）。

表 6-6 滤芯精度和寿命表

上游污染度（NAS）	绝对过滤精度（μm）	滤芯展开面积（cm²）	试验寿命（min）
9	15	3300	115
12	15	3300	82
10	2	3300	95
12	2	3300	79

一旦油液污染得不到有效控制，液压元件磨损产生的系统故障就增加。检查和维修系统又引起大量的污染物侵入液压系统。这是已形成了液压系统油液污染度失去控制的恶性循环局面（如图 6-98 所示）。避免滤芯由于液压油污染而减小滤芯的寿命关键在于严格限制将要进入液压系统的环境污染的通路。来自周围环境的污染侵入液压系统，特别是行走设备（例如战车、长途机车），由于用途、地区甚至天气条件（即大风）不同，液压系统运作环境不

断变化，有时相当苛刻。在此环境下工作，良好的系统性污染控制，要求油箱设计成在运行期间保持密封，而在维修期间需要拆下的任何孔盖很容易回装。应该尽量仔细保证敞开的油口保持盖住或堵住，而元件的分解和重装要在经过保护、防止过多空气粉尘和污染的场所中进行。

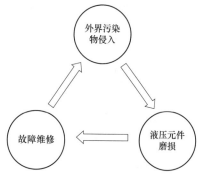

图 6-98　液压油被污染的恶性循环

（二）滤芯性能方面

1. 过滤精度

过滤精度是指过滤材料（器）对不同尺寸颗粒污染物的滤除能力。规定液压过滤器的国际标准是多次通过过滤器性能 β 试验。结果用被试过滤器上游大于所注尺寸的颗粒数对下游相同尺寸颗粒数的比值，结果表达成 β 比（过滤比）。β 比和相应的过滤效率（η）关系为

$$\eta = 1/(1-\beta) \times 100\%$$

一般认为 $\beta=75$ 时的污染颗粒尺寸为滤芯的绝对过滤精度，过滤精度高，滤芯的寿命较短（见表 6-7）。精度高的滤芯，对于控制较宽的污染颗粒尺寸和数量是有效的，但对于高效使用液压系统是不明智的，必须根据目标清洁度来选择滤芯。

表 6-7　　　　　　　　　　　　滤芯多次通过试验数据

滤材	绝对过滤精度（μm）	滤芯展开面积（cm²）	视在纳污容量（g）	试验寿命（min）
金属纤维（进口）	25	2730	22	22
金属纤维（国产）	15	2730	13.8	13.8
玻璃纤维（进口）	20	2730	25.3	25.4
玻璃纤维（Vickers）	10	2730	27	27
玻璃纤维（国产）	10	2730	13	13

2. 纳污量

纳污量是指在试验过程中过滤材料的压降达到规定的数量值时，单位面积的过滤材料所能容纳的颗粒污染的质量。滤芯孔经通道易受颗粒污染物的淤积滞留，使其压差增大。当压差达到规定的最大极限值时，使用寿命终止（见图 6-99）。一般而言，过滤材料过滤精度越高纳污量越低。而相对应于过滤精度低的过滤材料而言。小于其孔道尺寸的颗粒污染物易于通过孔道不易被捕捉，孔道不易被污染物淤积堵塞，所形成的污垢层也不是很紧密。因此。所容纳污染物数量要比高精度的过滤材料高。

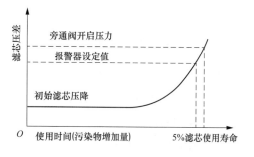

图 6-99　滤芯压差与使用寿命的关系

滤芯寿命终止的最直接的参数反映就是滤芯上下游的压差达到了旁通阀开启的压力，此

时滤芯的纳污容量也达到了最大值。如果在设计和制造滤芯时考虑提高滤芯的纳污能力，也就是提高了滤芯的寿命。

二、蓄能器的维护检查

部分小型电站，调速器采用的为蓄能器式油压装置，蓄能器可以省掉一套补气系统，有着特有的优势。蓄能器在使用过程中，须定期对气囊进行气密性检查。对于新使用的蓄能器，第一周检查一次，第一个月内还要检查一次，然后半年检查一次。对于作应急动力源的蓄能器，为了确保安全，更应经常检查与维护。

蓄能器充气后，各部分绝对不允许再拆开，也不能松动，以免发生危险。需要拆开时应先放尽气体，确认无气体后，再拆卸。对额定压力为 16MPa 的蓄能器，一般起始压力（油泵打油后，蓄能器呈现的初始压力）在 8～9MPa，不宜过高。在控制方面，组合阀的机械安全阀要绝对可靠地在全排压力下完成泄压，同时其控制系统应保留硬回路跳闸功能，确保蓄能器运行安全。

在有高温辐射热源环境中使用的蓄能器可在蓄能器的旁边装设两层铁板和一层石棉组成的隔热板，起隔热作用。

安装蓄能器后，系统的刚度降低，因此对系统有刚度要求的装置中，必须充分考虑这一因素的影响程度。

在长期停止使用后，应关闭蓄能器与系统管路间的截止阀，保持蓄能器油压在充气压力以上，使皮囊不靠底。

蓄能器在液压系统中属于危险部件，在操作当中要特别注意。当出现故障时，切记一定要先卸掉蓄能器的压力，然后用充气工具排尽胶囊中的气体，使系统处于无压力状态方可进行维修，才能拆卸蓄能器及各零件，以免发生意外事故。

三、用"感觉诊断"法诊断液压系统故障

一个设计良好的液压系统与同等复杂程度的机械或电气结构相比，故障发生的概率是较低的。但由于液压系统故障具有隐蔽性、可变性和难于判断性，所以，寻找故障的部位和原因就显得非常困难。

近年来，许多设备维修单位开始采用状态监测技术，即维修人员可以在液压系统运行中或基本不拆卸零件的情况下，利用简单的诊断仪器和凭个人的实践经验，了解和掌握系统运行状况，对液压系统出现的故障进行诊断，判断产生故障的部位和原因，并能准确地预测出液压系统未来的技术状态，用以指导维修和改造。由于这种故障诊断主要是通过人的感觉和简单的仪器进行检测，故又称为"感觉诊断法"。这种方法简便易行、实用有效，具有一定

的推广价值。

1. 视觉诊断法

视觉诊断法就是通过用眼睛观察液压系统工作的真实现象来判断故障的方法。通过观察执行机构的运动情况来观察液压系统各测压点的压力值及波动大小；观察油液是否清洁、是否变质发黑或乳化，油量是否满足要求，油的表面是否有泡沫；观察液压管路接头处、阀板结合处、液压缸端盖处及油泵传动轴等处，是否有渗漏、滴漏和出现油垢现象；观察液压缸活塞杆或工作台等运动部件工作时有无跳动现象。

根据设备加工出来的产品，判断运动机构的工作状态、系统压力和流量的稳定性，观察电磁铁的吸合情况，判断电磁铁的工作状态。为判断液压元件各油口之间的通断情况，可用灌油法，将清洁的液压油倒入某油口，另一出油的油口为相通口，不出油的油口则为不通口。

2. 听觉诊断法

听觉诊断法就是通过用耳听判断液压系统或液压元件的工作是否正常等来判断故障的方法。听液压泵和液压系统噪声是否过大，溢流阀等元件是否有尖叫声；听工作台换向时冲击声是否过大、液压缸活塞是否有冲击缸底的声音，听油路板内部是否有细微而连续不断的声音；听液压泵运转时是否有敲打声。

听换向阀的工作状态，如果电磁铁发出"嗡嗡"声，则是正常的；若发出冲击声，则是由于阀芯动作过快或电磁铁铁芯接触不良或压力差太大而发出的声音。听液压元件和管道内是否有液体流动声音或其他声音，听检判断液压油在油管中的流通情况，可用一根钢质杆，一端贴在耳边，另一端与油管外壁接触，若听到管内有"轰轰"声，为压力高而流速快的压力油在油管内的流动声；若听到管内有"嗡嗡"声，则为管内无油液而液压泵运转时的共振声，听到管内有'哗哗'声，为管内一般压力油的流动声；若一边敲击油管一边听检，听到清脆声为油管中没有油液，听到闷声为管中有油液。

3. 触觉诊断法

触觉诊断法就是通过用手摸运动部件的温升和工作状况来判断故障的方法。用手摸液压泵外壳、油箱外壁和阀体外壳的温度时，若手指触摸感觉较凉者，为 5～10℃；若手指触摸感觉暖而不烫者，为 20～30℃；若手指触摸感觉热而烫但能忍受者，为 40～50℃；若手指触摸感觉烫且只能忍受者，为 50～60℃；若用手指触摸感觉烫并急缩回者，为 70℃以上。一般温度在 45℃以上，就应检查原因。

用手摸运动部件和油管，可以感到有无振动，一般用食指、中指、无名指一起接触振动体，以判断其振动情况。若手指感觉略有微脉振感，为微弱振动；若手指感觉有波颤抖振感，为一般振动；若手指感觉有颤抖振感，为中等振动；若手指感觉有跳抖振感，为强振动。

用手摸油管，可判断管内有无油液流动。若手指没有任何振感，为无油的空油管；若手指有不间断的连续微振感，为有压力油的油管；若手指有无规则振颤感，为有少量压力波动油的油管。用手触摸工作台，可判断其慢速移动时是否有爬行现象。用手摸挡铁和微动开头等控制部件，可判断其紧固螺钉的松紧程度。

4. 嗅觉诊断法

嗅觉诊断法就是通过闻液压系统工作环境的气味来判断故障的方法。若闻到液压油局部有"焦化"气味，则为液压泵等液压元件局部发热，使周围液压油被烤焦，并据此判断其发热部位及原因；闻液压油是否有恶臭味或刺鼻的辣味，若有则说明液压油已严重污染，不能继续使用；闻工作环境中是否有异味，以判断电气元件绝缘是否烧坏等。

四、液压阀失效分析及处理措施

水轮机调速器液压系统可靠性至关重要，其关键是要确保各类电磁阀、比例阀可靠工作，但在实际运行中，会发生阀卡阻现象。液压阀失效会对整个液压系统产生巨大的影响，为此有必要以液压阀失效的几种常见现象为出发点，对液压阀失效原因进行简要的总结，并给出一定的解决措施，力争将阀卡阻概率降到最低，以至最终根治。

（一）阀卡阻的原因分析

根据经验和理论分析，阀卡阻原因主要为以下几点：

1. 机械性失效

（1）磨损：液压阀芯、阀套、阀体等机械零件运动其间，在使用时不断产生摩擦（油液里难免有细微颗粒），使得零件尺寸形状和表面质量发生变化而失效。

图6-100所示为云南MW电站出现的比例伺服阀阀芯划痕照片。划痕的出现会导致阀芯运动不灵活，此时如果油质不佳，两者因素叠加，就会很容易出现阀芯卡阻。

图6-100　比例伺服阀阀芯划痕照片

（2）疲劳：在长期变载荷下工作，液压阀中的弹簧会因疲劳造成弹簧变软、弹簧长度缩短或整个折断；阀芯、阀座也会因疲劳，产生裂纹、剥落或其他损坏。这些都有可能使阀失效。

此现象在调速器的液控阀上出现过阀芯动作迟滞现象，一般是以增加垫片的方式增强弹簧强度，来提供阀芯动作的速动性。

（3）变形：液压阀零件在加工过程中的残留应力和使用过程中的外载荷应力超过零件材料的屈服强度时，零件产生变形，不能完成正常功能而失效。

此现象较为罕见，但现场调试和运行时，发生过主配压阀（实质为滑阀）因出口法兰螺栓旋得过紧，加上配管错位，扭力和剪切力导致阀体受力，产生阀套形变，以致阀芯卡死。

（4）锈蚀：液压油中混有过多的水分，长时间使用后，会腐蚀液压阀中的有关零件，使其丧失应有的精度而失效。

透平油中含水的主要危害归纳为：

1）水分能够与液压油起反应，形成酸、胶质和油泥，水也能析出油中的添加剂。

2）水的最主要影响是降低润滑性，溶于液压油中的微量水能加速高应力部件的磨损，仅从含水（100～400）$\times 10^{-6}$的矿物油滚动轴承疲劳寿命研究表明，轴承寿命降低了30%～70%。

3）水能造成控制阀黏结，在泵入口或其他低压部位产生气蚀损害。

4）引起腐蚀、锈蚀金属。

此现象多发生在安装高程较低的事故配压阀和分段关闭装置，在云南SNJ、贵州MMY水电站发生过，电磁阀和液控阀阀芯被锈蚀现象。在一些中小电站，油液中含有水，是常发生的，一些长期阀芯不动的电磁阀，又得不到维护，就会在阀芯表面形成一层黄色的浮锈。

至于油液中含有水分，可归纳水进入液压系统的几个主要途径：在湿热和潮湿的环境下，油箱呼吸而带入；未曾干燥处理的气体，通过自动补气装置的气系统进入；冷却器损坏或密封损坏，冷却水混入油液中。

因此，针对油混水的现象，电站运维人员可以加强油中水含量的监测，若条件允许，油系统可安装"超级吸附型"干燥过滤器、回油箱呼吸孔或在自动补气的气管上安装干燥器。

（5）滤饼效应：液压油自身不可避免地含有尺寸各异的颗粒，在一些长期不动的电磁阀的阀芯和阀套之间，油液会在间隙中渐渐渗透、流走，但其中的杂质会堆积在间隙之中，久而久之，就复合了一层过滤介质，再次起到过滤作用。因此，"滤饼效应"一旦出现，会加剧卡阻的可能。

2. 液压卡紧

压力油液流经液压阀圆柱形滑阀结构时，作用在阀芯上的径向不平衡力使阀芯卡住，称为"液压卡紧"。

此条为理论分析，在现场很难验证。早期大面积出现过，在16MPa高油压系统下，意大利迪普玛比例阀，处于静止态或发电无负荷调节时，时间一长，待下次开机或调整负荷时，出现阀芯不动作现象。只要外部人工手动桶一下阀芯或手动自动切换一下（自动回路的油压产生压力变化），阀芯就能正常动作。

且调速器处于空载或发电运行时或在6.3MPa及其以下油压，阀芯动作均正常。

后来通过更换博世比例阀的方式基本完成了处理。

3. 液压冲击，阀芯跳位

液压系统由于迅速换向或关闭油道，使系统内流动的油液突然换向或停止流动，而引起压力急剧上升，形成一个很大的压力峰值，即为液压冲击。

此现象是较为常见的，俗称"阀芯跳位"。早期在福建一些小电站，出现过带锁止机构的电磁阀，在调速器开机过程中，阀芯不能保持当前位置的现象，引起开机失败。

同样地，随着博世电磁阀的国产，以至成本下降，目前调速器均统一为博世电磁阀，该现象很少再发生。

4. 气穴现象

在液压系统中，因液体流速变化引起压力下降而产生气泡的现象叫作"气穴"。气穴和空蚀使液压系统工作性能恶化，可靠性降低。产生气体，也可能是油液中本来就含有气体导致。

综上所述，液压阀的机械性失效除加工制造因素外，也与设备管理密切有关，因此液压系统的正常工作，需要在未出现故障前，在技术和管理两个方面加以重视。平时要更多地预判断、预处理，将液压阀失效产生的设备故障消除在萌芽状态。

（二）阀卡阻处理措施

阀卡阻现象，时有发生，影响极大。根据上述故障机理分析，结合调速器的设计、生产、调试和运维几个环节，经过部门内分析讨论，建议的处理措施如下：

1. 采购高质量阀

（1）在项目成本相差不大、利润可观的前提下，如无特殊需求，必须采用德国力士乐品牌阀件。

（2）杜绝不合格阀流入采购环节，当电磁阀采购价格偏离制造成本的常识认知时，采购员应引起警觉，技术上可以咨询事业部技术人员。

2. 设计优化

（1）根据设计原理和电磁阀机能，尽量采用单线圈、弹簧位为常态的设计。比如伺服阀的切换阀、手自动切换阀、分段电磁阀等。

（2）力戒电磁阀的回油口T接通压力油P的设计，优选阀机能可达到。

（3）主配压阀滤油器单独设置，且双切换滤油器统一采用10μ高精密、大品牌滤芯，比如流量大于200L/min。差压发信器报警定值小于0.2MPa，使之报警灵敏。

（4）组合阀的排油管和压力阀的排油管，必须远离油泵吸油口，所有的回油、排油管口应切为斜面，且浸入油液液面以下。

（5）带隔离阀且停机关闭的液压系统设计，主配压阀、事故配压阀控制油取自其前端或单独从压力罐取。

（6）油泵出油口均应设置流量和精度匹配的过滤器。

（7）在液压系统中，比如组合阀、主配压阀集成块、事故配压阀集成块，适当设计测压接头，便于排气和故障排查。

3. 制造和现场调试

（1）主配压阀、液压集成块、油压装置和现场管路配管，必须严格遵循技术标准，重点对加工残屑、焊接焊渣、管道内壁进行专业化清理。在出厂前、发货和现场装配过程中，做好管口、法兰、接口、阀门等敞露部位的防尘、防潮、防锈的防护措施。

如图6-101所示，在四川GD电站现场发现，FC20000主配压阀未将铸造过程中出现的翻砂清除干净。如图6-102所示，在云南NZD电站现场调试过程中，主配压阀损坏后发现内部有一块抹布。

 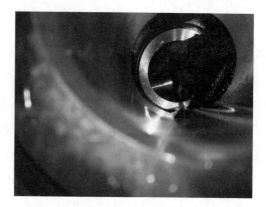

图6-101　GD新主配压阀内发现翻砂未清理干净　　图6-102　NZD主配压阀内发现一块抹布

（2）调试人员必须将调速器管路系统内气体排尽，尤其是轴流的桨叶、机械过速、事故配压阀控制油管，应充分排气（若排净难度较大，可采用拆阀、拆管路接头的方式）。

（3）在控制程序上，完善电磁阀卡阻预报警、故障诊断和切换保护。

4. 运维维护

（1）告知电厂运维人员双切换滤油器定期切换，滤芯定期更换；在滤油器上粘贴"告知小铭牌"，明确切换和更换的要求、频度。

（2）在合同的备件源头，充实足够多的调速器滤芯备件。

（3）油温控制在 10～50℃ 之间，加热器、冷却器配置，以及高寒地区的 46 号或 32 号透平油，斟酌采用。

（三）提升建议

（1）如果项目允许，适当配置一些传感器，比如油质在线监测仪（可测温度、颗粒度、含水量等）、贴片温度计（测量伺服阀温度）。

（2）在市场营销环节，明确在线滤油机为油压装置不可分割的一部分，写入合同。

五、液压换向阀的使用及常见故障排除

液压换向阀是调速器应用最多的一类电磁阀或液控阀，主要实现一些液压的逻辑功能。根据经验，其使用中注意以下几个方面。

（一）液压换向阀使用

换向阀在选用上，应根据所需控制的流量选择合适的通径。如果阀的通径大于 10mm，则应选用液动换向阀或电液动换向阀。使用时不能超过产品所规定的额定压力以及流量极限，以免造成动作不良。选择过大或过小，均不最优，合适的才是最优的。

在安装方面，根据整个液压系统各种液压阀的连接安装方式协调一致的原则，选用合适的安装连接方式。

根据自动化程度的要求、重要性、工作环境情况选用适当的换向阀操纵控制方式。如调速器主配压阀、事故配压阀和分段关闭装置的液压设备，由于工作场地固定，且有稳定电源供应，通常要选用电磁换向阀或电液动换向阀。比如主配压阀或事故配压阀的紧急停机功能非常重要，或者厂用电不可靠性的情况下，可以考虑多配一路手动换向阀，

对电磁换向阀，也要根据所用的电源、使用寿命、切换频率、安全特性等选用合适的电磁铁。比如设计上不可避免但需长期得电的电磁阀，线圈应采用 DC 24V 电源，不宜采用220V 电源。油泵出口的组合阀的加载电磁阀，宜采用直流线圈，而非交流，否则很容易出现组合阀不稳定，引起油泵打油噪声。

电控方面，双电磁铁电磁阀的两个电磁铁不能同时通电，在设计液压设备的电气控制系统时应使两个电磁铁动作互锁。

在液压设计原理上，回油口 T 的压力不能超过规定的允许值。液动换向阀和电液动换向阀应根据系统的需要，选择合适的先导控制供油和排油方式，并根据主机与液压系统的工作性能要求决定所选择的阀是否带有阻尼调节器或行程调节装置等。

根据液压系统的工作要求，选用合适的滑阀机能与对中方式。电液换向阀和液动换向阀在内部供油时，对于那些中间位置使主油路卸荷的三位四通电液动换向阀，如 M、H、K 等滑阀机能，应采取措施保证中位时的最低控制压力，如在回油口上加装背压阀等。

（二） 常见故障原因及排除方法

液动换向阀与电磁换向阀的区别仅在于推动阀芯移动的力不同而已，前者为压力油的液压力，后者为电磁铁的吸力，液压换向阀的故障分析与排除方法有以下几点。

1. 不换向或换向不良

原因：是推动阀芯移动的控制压力油的压力不够；或者控制油液压力虽够，但阀芯另一端控制油腔的回油不畅，不畅的原因可能是污物阻塞、开口量不够大或者回油背压大等。这些情况均造成液动换向阀的阀芯无法移动或者移动不灵活，从而不能换向或者产生换向不良。

解决办法：

（1）适当提高控制油的压力，压力为 6.3MPa 系列的液动换向阀的控制油压力范围为 0.3～6.3MPa，32MPa 系列的阀控制压力油压力范围为 1～32MPa，低于最低值液动阀不可能换向。

（2）对中间位置处于卸荷状态的 m、h、k 型的液动换向阀，如果控制油取自系统，则必须在回油路上装设一背向阀，且背向调节值要足够大，方能有足够的压力控制油使阀芯移动换向。

（3）对复位弹簧折断不能换向者，须更换复位弹簧。

（4）拆修时阀盖方向装错，会导致控制油无进油或回油不通，造成不能换向。此时，应更正阀盖装配方向，阀盖上的控制油口要正对阀体端面上的控制油口；对于控制油从顶盖板引入者，也要注意盖板方向不能装错。

2. 换向振动大， 存在换向冲击

原因：换向冲击是换向时油口压力急剧变化时发生的，此时一般式阀芯换向速度过快。

解决方法：为使压力变化缓慢，就要设法使阀芯换向速度变慢，可在阀两端的控制油路上串联小型可调单向节流阀；或采取将换向阀芯台肩部设计或加工成圆锥面或者开三角节流槽等措施，冲击问题大多能解决。

六、齿轮泵常见故障及其原因

调速器采用齿轮泵，一般用在高油压或蓄能器式油压装置上，流量小，电机功率小，但总体运行故障率较低。

（一） 泵不出油

首先，检查齿轮泵的旋转方向是否正确；其次，检查齿轮泵进油口端的滤油器是否堵塞。

（二） 油封被冲出

齿轮泵轴承受到轴向力，齿轮泵承受过大的径向力。主要是油泵的配管的法兰错位，螺栓旋紧后存在应力，或者油泵和电机之间安装歪斜，导致轴承受力。

（三） 建立不起压力或压力不够

多与液压油的清洁度有关，如油液选用不正确或油液的清洁度达不到标准要求，均会加速泵内部的磨损，导致内泄。内泄就会导致油泵效率较低，有时会出现发热过载现象。

应选用含有添加剂的矿物液压油，防止油液氧化和产生气泡。过滤精度：输入油路小于 $60\mu m$，回油路为 $10\sim25\mu m$。

（四） 流量达不到标准

进油滤芯太脏、堵塞，吸油不足。泵的安装高度高于泵的自吸高度。齿轮泵的吸油管过细造成吸油阻力大。一般最大的吸油流速为 $0.5\sim1.5m/s$。吸油口接头漏气造成泵吸油不足。通过观察油箱里是否有气泡即可判断系统是否漏气，漏气也伴随着噪声加剧，以此可以判断。

（五） 轮泵炸裂

铝合金材料齿轮泵的耐压能力为 $38\sim45MPa$，在其无制造缺陷的前提下，齿轮泵炸裂肯定是受到了瞬间高压所致。

（1）出油管道有异物堵住，造成压力无限上升。

（2）安全阀压力调整过高，或者安全阀的启闭特性差，反应滞后，使齿轮泵得不到保护。

（3）系统如使用多路换向阀控制方向，有的多路阀可能为负开口，这样将遇到因死点升压而憋坏齿轮泵。

当然也出现过误操作，油泵出口阀门忘记打开，或调试安全阀时调整过程速度不当，且出口未和蓄能器连通，很容易导致油泵损坏。

（六） 发热

（1）系统超载，主要表现在压力或转速过高。

（2）油液清洁度差，内部磨损加剧，使容积效率下降，油从内部间隙泄漏节流而产生热量。

（3）出油管过细，油流速过高，一般出油流速为 $3\sim8m/s$。

（七） 噪声严重及压力波动

（1）滤油器污物阻塞不能起滤油作用；或油位不足，吸油位置太高，吸油管露出油面。

（2）泵体与泵盖不垂直密封，旋转时吸入空气。

（3）泵体与泵盖的两侧没有上纸垫，产生硬物冲撞。

（4）泵的主动轴与电机联轴器不同心，有扭曲摩擦；或泵齿轮啮合精度不够。

齿轮泵自吸性能最好，耐污染性强，结构简单，价格便宜。其缺点是不能变量，但能做成三联、四联式实现分级变量，而且可以制成派生产品齿轮式分流器，可实现数缸同步。齿轮泵最大的缺陷是寿命过短。外啮合齿轮泵的设计寿命为 5000h，但目前一般达不到此要求。

七、液压系统的故障特征与诊断步骤

液压系统故障在整个调速器系统中占比最高，出现的问题也五花八门，在产品生命周期的不同阶段、在不同运行工况，都有可能发生不同特征的故障。现归纳如下。

（一）液压系统的故障特征

1. 液压设备不同运行阶段的故障

（1）液压设备调试阶段的故障。液压设备调试阶段的故障率较高。其特征是设计、制造、安装等质量问题交叉在一起。除了机械、电气的问题以外，液压系统常发生的故障有：

1）漏油。主要发生在接头和有关元件的端盖连接处。

2）执行元件运动速度不稳定。在有的厂内调试期间，由于没软设置软起，试验条件简陋，发生过电机带动油泵，直接启动，损坏油泵的现象。

3）液压阀的阀芯卡死或运动不灵活，导致执行元件动作失灵。有时发现液压阀的阀芯方向装反，要特别注意二位电控电磁阀。也发生过组合阀的单向阀和卸载阀的插件装反现象。

4）压力控制元件的阻尼小孔堵塞，造成压力不稳定。

5）阀类元件漏装弹簧、密封件，造成控制失灵。有时出现管路接错而使系统动作错乱。

6）液压系统设计不完善。液压元件选择不当，造成系统发热、执行元件同步精度低等故障现象。

（2）液压设备运行初期的故障。液压设备经过调试阶段后，便进入正常生产运行阶段，此阶段故障特征是：

1）管接头因振动而松脱。

2）密封件质量差，或由于装配不当而被损伤，造成泄漏。比如云南 XW 电站投产初期，发生一台油泵出口的 SAE 法兰密封损坏问题，导致每次泵油时间过长，由于暂时不能停机处理，最终引起油温过高。

3）管道或液压元件油道内的毛刺、型砂、切屑等污物在油液的冲击下脱落，堵塞阻尼孔或过滤器，造成压力和速度不稳定。

4）由于负荷大或外界环境散热条件差使油液温度过高，引起泄漏，导致压力和速度的变化。

（3）液压设备运行中期的故障。液压设备运行到中期，属于正常磨损阶段，故障率最低，这个阶段液压系统运行状态最佳。但应特别注意定期化验油品，必要时更换透平油，控制油液的污染。

（4）液压设备运行后期的故障。液压设备运行到后期，液压元件因工作频率和负荷的差异，易损件先后开始超差磨损。此阶段故障率较高，泄漏增加，效率降低。针对这一状况，要对液压元件进行全面检验，对已失效的液压元件应进行修理或更换。以防止液压设备不能运行而被迫停产。

2. 突发性故障

这类故障多发生在液压设备运行初期和后期。故障的特征是突发性，故障发生的区域及产生原因较为明显。如发生碰撞、元件内弹簧突然折断、管道破裂、异物堵塞管路通道、密封件损坏等故障现象。比如云南 MW 电站，检修期间更换了调速器油压装置的压力罐，但其余部位的管路的清洁工作不到位，透平油未更换新油也未充分过滤，导致压力罐刚换完后的第一天，调速器主配压阀比例伺服阀卡，打破了运行 4 年未卡的记录，导致功率波动，最终停机。

突发性故障往往与液压设备安装不当、维护不良有直接关系。有时由于操作错误也会发生破坏性故障。防止这类故障的主要措施是加强设备日常管理维护，严格执行岗位责任制，以及加强操作人员的业务培训。

（二）液压系统的故障诊断

液压系统的故障有时是系统中某个元件产生故障造成的，因此，需要把出了故障的元件找出来。下面为检查列出的步骤，可以找出液压系统中产生故障的元件。

第一步：液压传动设备运转不正常，例如，没有运动，运动不稳定，运动方向不正确，运动速度不符合要求，动作顺序错乱，输出力不稳定，泄漏严重，爬行等。无论是什么原因，都可以归纳为流量、压力和方向三大问题。

第二步：审校液压回路图，并检查每个液压元件，确认它的性能和作用，初步评定其质量状况。

第三步：列出与故障相关的元件清单，逐个进行分析。进行这一步时，一是要充分利用判断力，二是注意绝不可遗漏对故障有重大影响的元件。

第四步：对清单中所列出的元件按以往的经验和元件检查的难易排列次序。必要时，列出重点检查的元件和元件的重点检查部位。同时安排测量仪器等。

第五步：对清单中列出的重点检查元件进行初检。初检应判断以下一些问题：元件的使用和装配是否合适；元件的测量装置、仪器和测试方法是否合适；元件的外部信号是否合适，对外部信号是否响应等。特别注意某些元件的故障先兆，如过高的温度和叹声、振动和泄漏等。

第六步：如果初检中未查出故障，要用仪器反复检查。

第七步：识别出发生故障的元件，对不合格的元件进行修理或更换。

第八步：在重新启动主机前，必须先认真考虑一下这次故障的原因和后果。如果故障是由于污染或油温过高引起的，则应预料到其他元件也有出现故障的可能性，同时对隐患采取相应的措施。例如，由于污染原因引起液压泵的故障，则在更换新泵前必须对系统进行彻底清洗和过滤。

（三）液压系统的故障诊断方法

1. 直观检查法

直观检查法又称初步诊断法，是液压系统故障诊断的一种最为简易且方便易行的方法。这种方法通过"看、听、摸、闻、阅、问"六字口诀进行。直观检查法即可在液压设备工作状态下进行，又可在其不工作状态下进行。

（1）看。观察液压系统工作的实际情况。一看速度，指执行元件运动速度有无变化和异常现象；二看压力，指液压系统中各压力监测点的压力大小以及变化情况；三看油液是否清洁、变质，表面是否有泡沫，液位是否在规定的范围内，液压油的黏度是否合适；四看泄漏，指各连接部位是否有渗漏现象；五看振动，指液压执行元件在工作时有无跳动现象；六看产品，根据液压设备及产品质量，判断执行机构的工作状态、液压系统的工作压力和流量稳定性等。

（2）听。用听觉判断液压系统工作是否正常：一听噪声，听液压泵和液压系统工作时的噪声是否过大及噪声的特征，溢流阀、顺序阀等压力控制元件是否有尖叫声；二听冲击声，指工作台液压缸换向时冲击声是否过大，活塞是否有撞击缸底的声音，换向阀换向时是否有撞击端盖的现象；三听空蚀和困油的异常声，检查液压泵是否吸进空气，及有否严重困油现象；四听敲打声，指液压泵运转时是否有因损坏引起的敲打声。

（3）摸。用手触摸允许摸的运动部件以了解其工作状态：一摸温升，用手摸液压泵、油箱和阀类元件外壳表面，若接触两秒感到烫手，就应检查温升过高的原因；二摸振动，用手摸运动部件和管路的振动情况，若有高频振动应检查产生的原因；三摸爬行，当工作台在轻载低速运动时，用手摸有无爬行现象；四摸松紧程度，用手触摸挡铁、微动开关和紧固螺钉等的松紧程度。

（4）闻。用嗅觉器官辨别油液是否发臭变质，橡胶件是否因过热发出特殊气味等。

（5）阅。查阅有关故障分析和修理记录、日检和定检卡及交接班记录和维修保养情况记录。

（6）问。访问设备操作者，了解设备平时运行状况：一问液压系统工作是否正常，液压泵有无异常现象；二问液压油更换时间，滤网是否清洁；三问发生事故前压力或速度调节阀是否调节过，有哪些不正常现象；四问发生事故前是否更换过密封件或液压件；五问发生事故前后液压系统出现过哪些不正常现象；六问过往经常出现过哪些故障，是怎样排除的。

由于每个人的感觉、判断能力和实践经验的差异，判断结果肯定会有差异，但是经过反复实践，故障原因是特定的，终究会被确认并予以排除。应当指出的是：这种方法对于有实践经验的工程技术人员来讲，显得更加有效。

2. 对比替换法

这种方法常用于在缺乏测试仪器的场合检查液压系统故障，并且经常结合替换法进行。对比替换方法有两种情况：

一种情况是用两台型号、性能参数相同的机械进行对比试验，从中查找故障。试验过程中可对机械的可疑元件用新件或完好机械的元件进行代换，再开机试验，如性能变好，则故障所在即知；否则，可继续用同样的方法或其他方法检查其余部件。

另一种情况是对于具有相同功能回路的液压系统，采用对比替换法更为方便，而且，现在许多系统的连接采用高压软管连接，为替换法的实施提供了更为方便的条件。遇到可疑元件，要更换另一回路的完好元件时，不需拆卸元件，只要更换相应的软管接头即可。例如，在检查三工位母线机（主要完成定位、折弯、冲孔动作）的液压系统故障时，有一回路工作无压力，怀疑液压泵有问题。结果对调了两个液压泵软管的接头，一次就消除了故障存在的可能性。

对比替换方法在调试两台以上相同的液压站时非常有效。

3. 逻辑分析法

采用逻辑分析法分析液压系统的故障时，可分为两种情况。对较为简单的液压系统，可以根据故障现象，按照动力元件、控制元件、执行元件的顺序在液压系统原理图的基础上，结合前面的几种方法，正向推理分析故障原因。例如玻璃涂胶设备出现涂不出胶的故障，直观来看就是液压缸的输出力（即压力）不足。根据液压系统原理图来分析，造成压力下降的可能原因有吸油过滤器堵塞、液压泵内泄漏严重、溢流阀压力调节过低或者溢流阀阻尼孔堵塞、液压缸内泄漏严重、管路连接件泄漏、回油压力过高等。考虑这些因素后，再根据已有的检查结果，排除其他因素，逐渐缩小范围，直到解决问题为止。

4. 仪器专项检测法

有些重要的液压设备必须进行定量专项检测，即检测故障发生的根源型参数，为故障判断提供可靠依据。

（1）压力。检测液压系统各部位的压力值，分析其是否在允许范围内。

（2）流量。检测液压系统各位置的油液流量值是否在正常值范围内。

（3）温升。检测液压泵、执行机构、油箱的温度值，分析是否在正常范围内。

（4）噪声。检测异常噪声值，并进行分析，找出噪声源。

应该注意的是：对于有故障嫌疑的液压件要在试验台架上按出厂试验标准进行检测，元件检测要先易后难，不能轻易把重要元件从系统中拆下，甚至盲目解体检查。

（5）在线检测。很多液压设备本身配有重要参数的检测仪表或系统中预留了测量接口，不用拆下元件就能观察或从接口检测出元件的性能参数，为初步诊断提供定量依据。如在液压系统的有关部位和各执行机构中装设压力、流量、位置、速度、液位、温度、过滤阻塞报警等各种监测传感器，某个部位发生异常时，监测仪器均可及时测出技术参数状况，并可在控制屏幕上自动显示，以便于分析研究、调整参数、诊断故障，并予以排除。

5. 模糊逻辑诊断方法

故障诊断问题的模糊性质为模糊逻辑在故障诊断中的应用提供了前提。模确诊断方法利用模糊逻辑来描述故障原因与故障现象之间的模糊关系，通过隶属函数和模糊关系方程解决故障原因与状态识别问题。

模糊逻辑在故障领域中的应用称为模糊聚类诊断法。它是以模糊集合论、模糊语言变量及模糊逻辑推理为基础的计算机诊断方法，其最大特征是，它能将操作者或专家的诊断经验和知识表示成语言变量描述的诊断规则，然后用这些规则对系统进行诊断。因此，模糊逻辑诊断方法适用于数学模型未知的、复杂的非线性系统的诊断。从信息的观点来看，模糊诊断是一类规则型的专家系统。

6. 智能诊断方法

对于复杂的故障类型，由于其机理复杂而难于诊断，需要一些经验性知识和诊断策略。专家系统在诊断领域的应用可以解决复杂故障的诊断问题。

液压设备故障诊断专家系统由知识库和推理机组成。知识库中存放各种故障现象、引起故障的原因及原因和现象间的关系，这些都来自有经验的维修人员和领域专家，它集中了多个专家的知识，收集了大量的资料，扣除了个人解决问题时的主观偏见，使诊断结果更接近实际。

一旦液压系统发生故障，通过人机接口将故障现象输入计算机，由计算机根据输入的故障现象及知识库中的知识，按推理机中存放的推理方法推算出故障原因并报告给用户，还可提出维修或预防措施。

目前，故障诊断专家系统存在的问题是缺乏有效的诊断知识表达方法及不确定性推理方法，诊断知识获取困难。

近年来发展起来的神经网络方法，其知识的获取与表达采用双向联想记忆模型，能够存储作为变元概念的客体之间的因果关系，处理不精确的、矛盾的、甚至错误的数据，从而提高了专家系统的智能水平和实时处理能力，是诊断专家系统的发展方向。

7. 基于灰色理论的故障诊断方法

研究灰色系统的有关建模、控模、预测、决策、优化等问题的理论称为灰色理论。通常可以将信息系统分为白色系统、黑色系统和灰色系统。白色系统指系统参数完全已知，黑色系统指系统参数完全未知，灰色系统指部分参数已知而部分参数未知的系统。灰色系统理论就是通过已知参数来预测未知参数，利用"少数据"建模从而解决整个系统的未知参数。

实践证明，液压系统发生故障的原因是多方面的、复杂的，既有简单故障，也有多个部位或部件同时发生故障的情况。由于故障检测手段的不完善性、信号获取装置的不稳定性及信息处理方法的近似性，或者缺少有效的观测工具，造成信息不完全，对故障的判断预测，带有估计、猜想、假设和臆测等主观想象成分，导致人们对液压系统故障机理的认识带有片面性。

另外，由于液压系统是"机一电一液"系统的复杂组合，在生产过程中产生的故障往往呈现出一定的动态性，也给液压设备的故障判别带来一定的困难。因此，液压设备、液压系统在运行过程中发生故障与否是确定的，但人们对故障的认识和判别受技术水平的限制，不同的人对故障信息掌握的充分程度不同，会得出不同的诊断结果。由此看出液压系统故障由于信息的不完全带有一定的灰色性。灰色理论用于液压设备故障诊断就是利用存在的已知信息去推知含有故障模式的不可知信息的特性、状态和发展趋势。液压设备故障诊断的实质是故障模式识别，采用灰色系统理论中的灰色关联分析方法，通过设备故障模式与某参考模式之间的接近程度，进行状态识别与故障诊断。这种方法的特点是建模简单、所需数据少，特别适用于生产现场的快速诊断。

八、液压系统清洗

1. 循环冲洗作用

从使用的角度看，液压系统正常工作的首要条件是系统内部必须清洁。在新的设备运行之前或一台设备经过大修之后，液压系统遭到污染是不可避免的，在软管、管道和管接头的安装过程中都有可能将污染物带入系统。即使新的油液也会含有一些令人意想不到的污染物。必须采取措施尽快将污染物滤出，否则在设备投入运行后不久就有可能发生故障，而且早期发生的故障往往都很严重，有些元件例如泵、电动机有可能会遭到致命性的损坏。

系统冲洗的目的就是消除或最大限度地减少设备的早期故障。冲洗的目标是提高油液的清洁度，使系统油液的清洁度保持在系统内关键液压元件的污染耐受度内，以保证液压系统的工作可靠性和元件的使用寿命。

2. 循环冲洗装置

循环冲洗装置一般采用独立的大流量高压冲洗装置或系统的工作泵站进行管道的循环冲洗作业。独立的大流量高压冲洗装置的输出流量一般在 1000L/min 以上，应由 3～4 台高压泵和 1 台低压泵组成，按照冶金液压系统的参数高压泵（31.5MPa）流量配置以 250L/min、

160L/min、100L/min、63L/min 和低压泵（2.5MPa）400～600L/min 可以组成不同的冲洗压力/流量的需要。

循环冲洗装置的输出管道接口应既能使所有冲洗泵的输出流量同时冲洗一个冲洗回路，也能组成同时冲洗多个独立的冲洗回路。

采用系统本身的工作泵站进行管道的循环冲洗作业也越来越多地获得广泛的应用和认可，采用工作泵站对系统管道冲洗是高效快速达到冲洗质量的可靠方法，并具有更多的优点，具体表现在节省了宝贵的时间工期，节省了大量的临时配管材料，可利用工作泵站本身的正式的电气保护和系统中循环冷却、内循环过滤功能使管道的系统冲洗效果更好更快。

3. 循环冲洗的步骤

循环冲洗一般分为液压泵站到控制阀架主管道的冲洗和控制阀架到油缸和油电动机支管道的冲洗。按照管道冲洗精度要求又分为中间管道的粗冲洗和所有管道的精冲洗。

液压泵站到控架主管道的冲洗连接回路较为简单，只需要在主管道的尾端连接起来。

控制阀架到油缸和油电动机支管道的冲洗相对复杂一些。有时需要制作很多临时冲洗配管来组成一个个冲洗回路，并注意串联和并联冲洗时应该考虑的一些因素。

液压系统冲洗，可以按如下步骤进行：

在未安装敏感元件（如伺服阀等）之前，将管道及对污染物不敏感元件先装配起来，并将管子端部密封严实。

用跨接线代替敏感元件，将液压回路连接起来，并充液加压，进行冲洗，达到规定的清洁度为止。

选择的冲洗回路应跳过敏感元件，并尽可能减少流动阻力。冲洗时应避免脏油通过已经冲洗干净的管道，对于较复杂的系统，可选择回路先从支路冲洗到主管道，然后将支路与主管道隔开，再冲洗主管道，在冲洗回路的回油路上，装设滤油器或滤网，冲洗初期由于杂质较多，一般采用 80 目滤网，冲洗后期改用 150 目以上的滤网。

为了提高冲洗效果，在冲洗过程中的液压泵以间歇运动为佳，其间歇时间一般为 10～30min，可在这一间歇时间内检测冲洗效果。在冲洗过程中，为了有利于管内壁上的附着物脱落，可以用木棒或橡皮锤等非金属锤轻轻敲击管道，可连续或间歇地敲击。

冲洗介质的选用通常是实际使用的液压油或试车油。避免使用酒精、蒸汽等，以防腐蚀液压元件、管道、油箱及密封件等。

冲洗液的用量一般以油箱工作容量低 60%～70% 为宜，冲洗时间不要太长，一般为 2～4h，在特殊情况下不超过 10h。冲洗效果以回路过滤网上无污染杂质为标准。冲洗后的液压油需要经过质量检测才能确定能否继续使用。

冲洗过程中还应该注意：

（1）油箱要封闭，减少现场空气中颗粒进入油箱的机会。

（2）油箱中加入冲洗油时应使用带过滤器的加油小车，以滤除桶装油中的污染物。

（3）更换滤芯时暂停冲洗泵，注意不要带入杂质。

（4）对排空和排污要定期进行，以确保系统充满，并及时排出气体和污染物。

（5）在冲洗的前期，油中水分蒸发很重要，在冲洗油箱上应有蒸汽逸出的窗口。

（6）冲洗合格后在抽出冲洗油、管线使用前要注意保护，以免污染物进入系统。

4. 循环冲洗的参数

要获得良好的冲洗质量选择好循环冲洗的压力和流量是非常重要的一个保证。一般 30～40 个单元回路的液压系统的冲洗精度为 NAS7 级时的冲洗时间常常为 10～15 天，对于液压伺服系统当要求的冲洗精度为 NAS5 级时冲洗时间甚至更长。

要达到理想的冲洗效果，冲洗时的雷诺数必须在 4000 左右（光滑圆壁管道的临界雷诺数为 2200～2300）。工程实践告诉我们经过酸洗后配管的碳钢管道每个单元回路的冲洗时间 3～4h 后化验油样清洁度基本上达到 NAS6-7 级，当冲洗回路较短时油样清洁度甚至达到 NAS4-5 级。雷诺数与管道的尺寸、管道内介质的流速和介质的运动黏度有关。

管径 DN50 以上的单元冲洗回路的沿程压力损失很小，冲洗一百米管道长度的单元回路压力损失也不会超过 10bar（1bar＝0.1MPa）。而冲洗 100m 长 DN10 或 DN15 的管道单元回路压力损失则超过 150bar。

上面是当采用 46 号液压油（40℃的黏度值）冲洗时的数据，然而一般常温状态下例如现场环境温度为 25℃时，46 号液压油的黏度值为 105Cst，因此这时冲洗的沿程压力损失更大。正常冲洗要求冲洗油的油温在 40～60℃之间，下面再给出油温在 50℃时一些冲洗时的数据，相同管径的流量只为原来的 60% 左右，沿程压力损失只有前面的 30%～40%。

在开始冲洗初期由于没有达到正常的冲洗温度，也达不到雷诺数在 4000 左右的要求，不过经过一段时间冲洗后油温会逐步提高，冲洗的压力也将相应下降，当达到正常冲洗温度后 3～4h，取样化验被冲洗的单元回路清洁度就可达到或超过系统要求的清洁度而进行下一个单元回路的冲洗。

5. 小结

装配后的系统冲洗对新投入使用的液压系统是必要的，经过严格的冲洗后，可以减少和避免系统调试和早期运行中的故障，缩短系统的调试周期，减少不必要的损失。但是，系统的污染控制是一个不断进行的过程，在系统运行期间还要定期检测油液状态，并控制污染物，使其保证在系统允许的清洁度范围内。

九、液压系统污染控制及注意事项

液压系统的故障 80% 以上是由油液污染引起的，控制油液污染可以延长液压元件和液压油的使用寿命，保证系统连续，可靠运转。

对液压系统油液的污染控制主要有两种措施，一是防止污染物侵入系统，二是液压系统油液的过滤净化。

油泥的产生如图 6-103 所示。

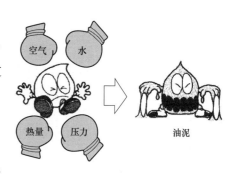

图 6-103　油泥的产生

1. 防止污染物侵入系统

相当防止病从口入。设计密封良好的油箱，选用过滤性能良好的空气滤清器，安装系统时注意清除元件及管路杂质，油缸采用良好防尘密封，注入系统的新油经过严格过滤，这些是防止污染物侵入系统的措施。油压设备如图 6-104 所示。

图 6-104　油压设备

2. 液压系统油液的过滤净化

吸油过滤器，管路过滤器和回油过滤器完成油液过滤净化，选用过滤器要注意以下几点：

（1）吸油口过滤器应该选用过滤精度低、通流能力大的过滤器，流通能力差的吸油过滤器容易造成空穴，吸油过滤器用于阻挡大颗粒污染物进入液压泵，防止悬浮于油液的气泡进入系统。柱塞泵一般不要用吸油过滤器。

（2）管路过滤器一般安装在比较重要的元件上游，过滤精度要高于元件摩擦副配合间隙，伺服系统管路过滤器不要用旁路单向阀，滤芯耐压力要高。

（3）回油过滤器耐压低，在活塞杆较粗的系统，流过过滤器的流量要大于泵流量，选用过滤器流量要注意，过滤器流量要大于泵流量与油缸活塞前后腔面积比的乘积。

（4）过滤器流量的选择：适当加大过滤器流量会延长过滤器寿命。

（5）过滤器精度的选择：在选择系统的主要过滤器，例如管路过滤器精度时，过滤器应该能够清除液压元件运动副动态油膜厚度的颗粒，因为这种尺寸的颗粒一旦进入运动副的间隙内，将引起元件表面磨损，并使间隙增大，从而使尺寸较大的颗粒进入间隙，引起进一步的磨损，造成严重磨损的"链式反应"，快速导致元件失效。

以上介绍液压系统污染控制主要是针对固体颗粒，液压系统污染源还包括水和空气，危害同样不可忽视。总之，液压系统的设计、制造、安装、使用和维护的整个过程都要重视液压系统污染的控制。

十、机电设备安装与调试常见的技术问题

机电设备安装并不能以施工结束作为标准，设备的调试、测试以及试运行、验收等，都属于机电设备安装项目管理中的重要流程。尤其是在工程中经常会应用到许多中小型机电设备，尽管体积较小、安装调试相对简单，但所涉及的配套组件和对应标准会更多；大型机电设备安装调试则更多地牵涉到人、机、料、能等单项管理的协调管理，这些都为机电设备的安装调试带来了客观上的困难。本文就机电设备安装与调试中的常见技术问题做一些总结与归纳，以期更好地促进工程领域机电设备安装问题的解决。

1. 机电设备安装中的常见技术问题

伴随着生产设备标准化、现代化水平的提升，尤其是自动化设备的应用，机电设备安装、调试工艺也日趋复杂，专业分工细化，设备安装专业逐步向技术密集型方向倾斜，这就为机电设备安装工程的工期造成了相当程度的阻碍。这就要求机电设备安装进度计划必须周密考虑好各项工序的时间预测，兼顾工程投产与技术调试的需要。通常来说，常见机电安装问题主要包括以下几点：

（1）螺栓连接问题。螺栓连接是机电安装中最基本的装配，但操作不当如连接过紧时，螺栓就可能由于电磁力和机械力的长期作用，出现金属疲劳，以至于诱发剪切、螺牙滑丝等部件装配松动的现象，埋下事故隐患。尤其是用于电气工程传导电流的螺栓连接，更应当把握好螺栓、螺母间机械效应与电热效应的处理，要压实压紧，避免因压接不紧造成接触电阻增大，由此引发发热—接触面氧化—电阻增大等一系列连锁反应，最后导致连接处过热、烧熔，出现接地短路、断开事故。

（2）振动问题。振动问题原因通常包含3方面：

1）泵，主要是由于轴承间隙大，转子与壳体同心度差或转子和定子摩擦过强烈等因素的影响所造成。

2）电机，其成因包括轴承间隙大、转子不平衡或与定子间的气隙不均匀。

3）安装操作，工艺操作参数如偏离额定参数过多，极易造成泵运行稳定性失衡，如出

口阀流量控制不稳定导致的振动等，这就要求设备安装工艺应尽可能地接近于额定参数来操作。

（3）超电流问题。出现此种情况，可能存在三种原因：泵轴承损坏，设备内部有异物；电机过载电流整定偏低，线路电阻偏高等；工艺操作所用介质由于密度大或黏度高超出泵的设计能力。

（4）电气设备问题。

1）隔离开关安装操作不当导致动、静触头的接触压力与接触面积不足，致使接触面出现电热氧化、电阻增大的情况，最后触头烧蚀酿成事故。

2）断路器弧触指及触头装配不正确，插入行程、接触压力、同期性、分合闸速度达不到要求，将使触头过热、熄弧时间延长，导致绝缘介质分解，压力骤增，引发断路器爆炸事故。

3）调压装置装配存在误差或装配时落入杂物卡住机构，如不及时加以处理，也会出现不同程度的安全事故。

4）主变压器绝缘损坏或被击穿。主变压器吊芯与高压管安装时落入螺母等杂物、密封装置安装有误差等都会直接影响到主变压器绝缘强度的变化，极可能致使局部绝缘遭损毁或击穿，酿成恶性事故。

5）电流互感器因安装检修不慎，使一次绕组开路，将产生很高的过电压，危及人身与设备安全。

2. 安装调试人员的组织管理

大型机电设备在初次安装调试中应要求供应厂商派出技术人员具体负责；中小型机电设备设计相对简单，且多数设备出厂前已安装调试好，但也有部分技术精密、价格昂贵的设备须由厂方技术人员主持安装调试。购置单位在负责选配调试协调组成员时，要注意落实以下问题：一是辅助安装人员选拔，所选人员应符合业务熟练、反应灵活、责任感强等基本素质要求，就大中机械的不同分别从液压、机械与钳工、机械工等工种中选拔技术人员担任机长。二是组织好安装调试前的培训工作，在选配操作人员的基础上，进行岗位分工与现场技术培训。

3. 机电设备安装过程管理

机电设备安装过程通常包括三个环节：拟定安装准备计划、准备、安装。

（1）正式安装前，设备安装人员应结合以往实务经验拟定计划，对机电设备安装选址、设备进场以及组织安排等做好细致的规划，合理预测安装过程中可能遇见的困难，并提出应急预案。

（2）安装前的准备工作。主要是检查所需材料、配件等是否齐全，质量是否达标。如设备安装地点电力布置是否合理、设备螺母有无松动现象等。

（3）安装。设备安装过程中，保证人员人身安全是第一要务，安全帽、绝缘手袋、防眩目镜等要装备齐全；其次应当就设备零部件及附属装置做好外观质量检查。安装要依据拟定计划分工协作、定岗定责。完成任务后，再对设备的完整性、安全性做初步的检查。

4. 机电设备调试

机电设备安装好之后，后续工作就是尽快地使设备投入生产。要实现这一目标，调试是不可避免的过程。充分细致的设备装配检查是设备调试工作顺利完成的基础与前提，调试前需要再次对设备装配的完整性、安全性以及安装条件等做好检查工作。设备调试的内容主要包括设备使用性能、工作质量以及运行是否正常等。调试过程中，相应机械技术人员与辅助人员须按时足员到位，在调试过程中进一步熟悉设备的操作要领、基本程序以及各项功能控制方法。

调试过程应有专门人员笔录设备调试的各项步骤，通过对设备安装经验的系统总结，可比较客观地归纳出设备的基本运行状态及特征。也可以为将来设备运行中可能出现的各种技术问题解决提供一手资料，对于设备的升级改造也能起到积极的辅助作用。

在设备的调试过程中，必须遵循两项基本原则：其一，"五先五后"原则，即先单机后联调、先就地后遥控、先点动后联动、先空载后负载、先手动后自动。其二，"安全第一"为基本准则。人身安全与设备安全必须放在第一位考虑，不能淡化安全调试的重要性。

十一、油压装置总体质量控制和维护

油压装置及其控制部分为调速器提供能源电力的一个比较完整的液压系统，机、电、液也全部包含。在新建电站的设备招投标、设计，现场安装和调试，各个环节均要尤其每个设备的质量，以及在设备集成、安装过程可能引起的质量风险。下面以该系统的生产制造、现场安装的顺序为轴线，从质量控制和运维的角度，进行归纳总结。

（一）设计优化和技术响应

一个项目在招标的前期，由于技术投入的不足，很可能就埋下了质量缺陷的隐患，这种隐患往往是前期商务合同不完善导致，而非因技术能力不足。因此，在项目设备的需求提报阶段，对油压装置的组成、体积大小、技术要求、布置方式等，应尽量多地进行明确。只有这样，才能得出相对准确的预算，采购到与此费用相适应的设备和确保质量。

就设计技术而言，液压设备的设计压力、容积大小、尺寸均需严格按照标准和合同进行计算选型。此处有三个关键点，一是由设备选型计算得出设计参数，并依此来确定的设备大小、容积、功率等；二是设备选型清单中的设备自身质量和品牌；三是整个液压系统的科学性、先进性和无隐含缺陷。这是设计体现技术含量重点要素。

（二） 设备制造和验收

设计图纸一旦形成，后一个质量环节就是生产制造。寻求一家专业的、真正有能力的制造厂，非常关键。

设计完成后的设备质量是制造决定的，而非出厂验收决定。厂家的自身质量体系以及在制造过程中的甲方的质量监督，是非常重要的。在成熟的加工工具下，生产过程管理本质上决定着设备的质量。

（三） 运输和储存

油压装置对水电站而言属于大型设备，其运输要高度重视，尤其是在运输防护方面，必须严格安装标准要求，标准中均有明确规定。避免野蛮运输，如果对设备防护不到位，对设备固定不到位，很容易酿成大错。

在运输中常导致的设备缺陷问题，一是由于没有（没有认知、慵懒或利润最大化思想导致）采取必要的固定措施，在货车拐弯时，设备从车厢中甩出。还有一种是在利润最大化驱使下，采用配载，设备不断地在不同的车之间换来换去，增加了掉落、磨损的风险，有的设备上面放置其他设备，压坏电磁阀或电机。此外，也存在不该裸运的裸运，对电机、回油箱、主配压阀等毫无防尘、防水、防潮措施，发生设备锈蚀、精密元件被污染的现象。

设备运输到位后，也发生过设备早到，堆放在露天仓库，雨淋日晒，由于管理缺位，毫无专业防护，最终导致设备根本无法使用。

（四） 安装与调整

设备准备安装前，应对设备的外观以及内部油漆进行检查，是否有脱落、生锈。图 6-105 中，为 XW 电站现场打开压力罐人孔，发现内部防锈漆脱落，需要现场重新打磨补漆。

图 6-105　压力罐现场处理

油压装置的所有零部件在工地安装前必须仔细清洗，然后将所有管路用压缩空气吹净，再按图纸进行组装。组装时各连接部位必须连接紧密，不允许有任何外部泄漏。清洗时应注意轻放，不能划伤零件。

1. 安装时的注意事项

（1）螺杆油泵与电动机由联轴器连接后，用手轻轻转动，要求转动灵活、轻便，不准有卡阻现象。

（2）螺杆油泵与吸油管的连接紧密，保证密封性能良好，不准有任何吸气现象。

（3）初次安装或螺杆泵检修后投入运行前，应向泵内注满工作油液后方能投入运行。

2. 充油调试前措施

油压装置在充油调试之前一般都要经过冲洗，冲洗的目的就是要清除残留在系统内的污染物、金属屑、纤维化合物、铁芯等，在最初 2h 工作中，即使没有完全损坏系统，也会引起一系列故障。因此应该按下列步骤来清洗系统油路。

（1）用一种易干的清洁溶剂清洗油箱，再用经过过滤的空气清除溶剂残渣。最后可以面团对回油箱内壁以及管路附着的杂质异物进行清洁。

（2）清洗系统全部管路，某些情况下需要把管路和接头进行浸渍。

（3）在管路中装油滤，以保护阀的供油管路和压力管路。

（4）在集流器上装一块冲洗板以代替精密阀，如比例伺服阀等。

（5）检查所有管路尺寸是否合适，连接是否正确。

系统中电液转换器如果使用的是比例伺服阀，伺服阀的冲洗板要使油液能从供油管路流向集流器，并直接返回油箱，这样可以让油液反复流通，以冲洗系统，让油滤滤掉固体颗粒，冲洗过程中，每隔 1～2h 要检查一下油滤，以防油滤被污染物堵塞，此时旁路不要打开，若是发现油滤开始堵塞就马上换油滤。

冲洗的周期由系统的构造和系统污染程度来决定，若过滤介质的试样没有或是很少外来污染物，则装上新的油滤，卸下冲洗板，装上阀工作。

3. 安装后的第一次启动

（1）回油箱充足够多的透平油后，将螺杆油泵到压力罐的阀门均打开，为油泵打油做好准备。

（2）控制柜切至手动，用点动方式启动螺杆油泵，检查电动机的旋转方向，应与螺杆油泵上箭头所指的方向一致，然后再启动螺杆油泵，向压力罐中送油，直到压力罐中油位达到正常油位值。这期间应注意油泵运转是否平稳，有无振动及异常的噪声。然后打开自动补气装置的手动补气阀，向压力罐中充以压缩空气，使压力至 1.5MPa，检查油管路及各组件连接处的密封性，应保证不漏油、气。

（3）继续向压力罐内充气，将压力提高到 3MPa，持续时间为 30min。此时，油位还应维持在正常油位处。进一步观察各连接处的密封性，不得有渗漏现象发生。

（4）继续向压力罐内充气，将压力提高到 6.3MPa，持续时间为 30min，若无异常现象即可投入运行。向压力罐内补充的压缩空气，必须是经过气水分离的干燥压缩空气。

4. 整定压力开关

压力开关压力整定应根据设计要求在其安装前，在标准试验台上整定好，现场完成安装、接线后，进行再次校核即可。

5. 调整安全先导阀 （机械安全阀）

通过调整组合阀上的机械安全先导阀的调节螺杆，使组合阀（泄压插装阀）在工作油压高于额定油压 105% 之前应全部开启，达到全排，并使压力罐内的油压不再升高。当压力降到最低工作油压之前，应全部关闭。调整时，在起泵前，逆时针旋转螺杆至全开，油泵完全卸载，油泵启动后，按顺时针方向缓慢转动螺钉，边旋转边观察油压上升情况，压力逐步达到整定值，停止旋转。然后再反复对全排定值测试几次，同时注意记录从起主泵开始至停泵的打油时间，时间应在 50s 以内。整定压力值无变化和时间满足要求后，将调节螺钉用螺母锁紧。

6. 单向阀检查

观察油泵停止工作后，单向阀是否能迅速关闭严密（主要观察电动机是否倒转和停止是否迅速），防止压力罐的油倒流。若动作不灵活，应检查阀芯有否卡阻，控制孔是否堵塞，排除异常后重新试验。

7. 低压启动先导阀检查

油泵电动机从静止状态到额定转速时，减载时间一般为 3～6s，减载时间若太长，应仔细清洗零件，保证活塞滑动轻快，没有卡阻现象，或加大阻尼节流孔，若减载时间太短，应减小节流孔，延缓动作速度。

8. 空气安全阀检查

空气安全阀由制造厂按要求出厂前调整好。在油压装置试验时当油压高于压力罐设计压力时开启，反复动作几次整定压力值无变化。

9. 压力罐液位信号计开关的整定

将报警油位开关按要求分别置于补气油位（高油位）、正常油位（停补气油位）、低油位、事故低油位，当油位处于各位置时均能发出信号。

10. 回油箱液位信号计开关的整定

将报警油位开关按要求分别置于高油位、低油位，当油位处于各位置时均能发出信号。

（五） 运行维护

（1）调速器用油，应根据设备的环境温度和黏度要求，选择合适黏度透平油，一般选用

46号汽轮机油，如果在高寒地区，又未设置加热器，厂房温度又很低的，推荐选用32号汽轮机油，其质量应符合国家有关规定。部分电站，采用的定值透平油，或更品质高一级的航空液压油。

（2）油压装置首次投入运行一个月后，需要重新更换清洁的新油或将原来使用的油经过细致的过滤后再使用。以后定期（如3个月）进行油的物理化学性能化验分析，根据化验结果决定充添部分新油或全部更换新油。

（3）回油箱中的滤油网需规定7天或按实际使用情况决定清洗。

（4）工作油泵和备用油泵应定期交替使用。

（5）油压装置上的压力开关、其他电气设备均应定期检修，检修周期按实际情况决定。

有计划的维护：建立系统定期维护制度，对液压系统较好的维护，保养建议如下：

1）至多500h或是3个月就要检查，若质量不合格更换油液。

2）定期冲洗、更换油泵的进口油滤。

3）检查液压油被酸化或其他污染物污染情况，液压油的气味可以大致鉴别是否变质。

4）修护好系统中的泄漏。

5）确保没有外来颗粒从回油箱的通气盖、油滤的塞座、回油管路的密封垫圈以及油箱其他开口处进入油箱。

十二、机械设备"零故障"管理

设备故障形成的过程如图6-106所示。

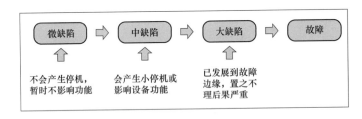

图6-106　设备故障形成的过程

设备故障不是突发的，是存在一个渐变的过程：灰尘、油污、积水中存在化学物质，造成锈蚀，进而松动、振动，最后发展成为故障，造成停机。松动与振动伴随磨损、泄漏、脱落、裂纹、发热、变形等微缺陷与中缺陷，逐步发展成大缺陷。

故障形成是一个渐变过程，通过诊断（点检）实现预防管理，在设备运行的过程中进行点检，识别缺陷，主动寻找改进机会，在故障未形成之前组织预防保养与预知维修。

设备故障形成的原因非常复杂，表现形式非常多，应多开展小团体活动，进行诊断与头脑风暴，往往比较容易找到原因与解决方案方法。为此，全员参与和小团体活动成为实现零故障的基础。

实现"零故障"运行的逻辑，通过追求缺陷零化、故障零化、浪费零化实现效率最大化。"故障零化，灾害零化，浪费零化，不良零化"是起因，是驱动轮。如何实现零化？做事前预防和过程预防成为不二选择，事前预防与过程预防相结合，通过全员参与的预防管理实现零化目标，通过小团队活动优化设备运行状态。

实现"零故障"运行六步骤，使潜在的故障明显化。通过清扫发现微缺陷（灰尘、污垢、偏斜、疏松、泄漏、声音、温度、振动、腐蚀、变形、伤痕、龟裂、磨损等），找出潜在的故障。

提倡低成本的半自动化、自动化和全智能化的机器设备。

互联网与设备"零故障"运行之间的关联。利用互联网传感技术、热成像、在线振动监测、在线压力监测、在线温度监测等手段，使设备运行过程状态可视化，实时反映设备的维修保障需求，实时掌握系统中设备的可用程度，实时对所获取采集的信息数据进行处理，预测后续设备运行的状态，对设备维修进行精确管理。

附录 水轮机调速器智能化展望

1 总体说明

近年来，国家电网有限公司已明确提出建设坚强智能电网的发展目标，并大力发展水电、抽水蓄能等清洁能源项目。智能化、数字化水电站建设则是其中重要的组成部分，该部分是建设以服务坚强智能电网为目标，以通信信息平台为支撑，具有信息化、自动化、互动化特征，包含机组状态检修、经济运行、大坝观测、机组监控系统、调速、励磁、保护等各环节，实现"电力流、信息流、业务流"的高度一体化融合的现代化智能水电厂。

目前国内的水电站智能化需求强烈。一方面，已建电站面临升级改造，迫切需要引入新的技术和产品。国网新源公司松江河、白山电站作为第一批试点单位，已完成智能化改造；四川映秀湾水电厂、新安江水电厂、湖北黄龙滩水电厂、陕西安康水电厂等已完成智能化水电站建设方案的编制，部分电站已展开实施；三峡总公司所属的葛洲坝水电厂在智能化建设方面开展较早，已完成部分机组调速、励磁、保护、监控设备、主设备状态监测的升级改造、基于 IEC 61850 标准体系的数据建模及通信网络连接，以及统一软件平台的初步建设。另一方面，新建电厂也面临新技术、智能化的大量要求，通过设计单位、生产厂家、五大发电集团的共同努力，目前已经形成了部分标准体系，如南瑞集团公司主编的 DL/T 1547《智能水电厂基本技术导则》、IEC 61850-7—410《水力发电厂监视和控制通信》、IEC 61850-7—510《水力发电厂建模原理与应用指南》已经发布。

按照构建基于统一数据平台、信息共享、网络控制的智能化水电的标准和要求，智能化水电站信息平台分为三层，按"过程层""单元层""厂站层"的结构层次布置。逻辑上有三层设备、两层网络（厂站层网为 MMS 网、过程层网为 GOOSE 网和 SV 网）组成。这样厂站层网、过程网网络物理上相互独立，可以减少相互之间的影响。其中站控层采用 MMS 网通信，过程层以 GOOSE 通信方式，主要采集开关量、模拟量、温度量等，电流、电压信号则以 SV 网方式通信。相应就要求调速器、励磁能同 GOOSE、SV 采集信号，以 GOOSE 和 MMS 上传信号。不再有常规电缆输入信号。对于励磁、调速系统来说，即实现测量智能化、通信网络化、功能一体化和信息互动化。

其中，GOOSE（Generic Object Oriented Substation Event）是一种面向通用对象的电站事件。它是 IEC61850 中的一种快速报文传输机制，用于传输智能电子设备（IED）之间重要的实时性信号，包括传输跳合闸、联闭锁等多种信号（命令）。GOOSE 采用网络信号代替了常规装置之间硬接线的通信方式，大大简化了二次电缆接线，具人高传输成功概率。

SV（Sampled Value）是采样值，它基于发布/订阅机制，交换采样数据集中的采样值的相关模型对象和服务，以及这些模型对象和服务到 ISO/IEC 8802-3 帧之间的映射。

MMS 层（Manufacturing Message Specification）是一种应用层协议，可实现出自不同制造商的设备之间具有互操作性，使系统集成变得简单、方便，在智能电站中 MMS 用于监控网络。

相对于传统的水电站，智能化电站以通信的方式进行整站的控制、调节、运行，不再以电缆作为传输信息的主要介质，而采用具有高抗干扰能力的光纤替代。通过 IEC 61850《变电站通信网络与系统》MMS 层的应用，实现励磁、调速器与电站智能化通信，取代传统电缆硬接线及速度慢、兼容性差的串行 485 等通信规约。励磁系统、调速器借助高速的网络通信，获取控制、运行所需要的发动机电压、电流等模拟量，以及启、停机等开关量命令，实现对励磁系统、调速器的实时控制和信号采集。智能化水电站站控层采用 MMS 网通信，过程层开关量、模拟量、温度量等以 GOOSE 通信，电流、电压信号以 SV 网通信。这就要求励磁系统、调速器能以 GOOSE、SV 采集信号，以 GOOSE 和 MMS 上传信号。IEC 61850 通信规约的 GOOS/SV 网、MMS 网在调速器、励磁系统中的运用是实现智能化电站数据采集的必要条件。

调速器、励磁系统中高速的数据交换可以通过 GOOSE 和 SV 网实现，励磁系统及调速器采用专用板卡或者智能控制器接受发电机合并单元的机端电流、电压的 SV 数据，调速器、励磁系统对开关量的采集及发送同过 GOOSE 报文实现。

2　调速器智能化解决方案

2.1　调速器智能化发展现状

水轮机调速系统是电站的核心设备，承担着机组的启动、停止、工况转换、负荷调整等重要任务，直接关系到机组和电网的安全稳定经济运行。然而目前国内已经投产和正在建设的电站，调速器产品仍然按常规设计，在 TCP/IP 网络通信接口、GPS 对时、信息冗余、状态监测、仿真与测试接口等方面不能满足当前电网智能化环境的特殊要求。智能电网以及智能化水电站建设将集国内外的先进技术之大成，引领世界水电厂智能化的标准建设和发展方向。这就要求相应的调速系统具有高速可靠的通信网络、先进的传感和测量技术、冗余可靠的设计、高级的控制策略以及方便灵活的仿真测试接口，最终实现水电站机组的智能化、信息化及安全可靠运行。

随着电子式电流电压互感器、智能变送器、智能变电站等技术的日趋成熟，以及计算机高速网络、光纤技术在实时系统中的应用，构建基于统一数据平台、信息共享、网络控制的智能化水电厂已逐渐成为可能。

目前，国网系统内的部分电站以及三峡葛洲坝电站已按照智能化水电厂标准进行建设，松江河、白山电站作为第一批试点单位，已完成智能化改造，其上位机系统已按照统一数据平台、信息共享模式设计并实施，现地设备调速系统已具备统一网络接口（满足 IEC 61850 通信标准），但仅作为数据通信的功能（调速器上行），取代原来的串行通信模式，且采用了第三方 IEC 61850 通信转换器来实现通信功能。葛洲坝电站则更进了一步，控制器及 IEC 61850 通信网关全部采用了贝加莱公司的产品，且实现了调速器与监控系统上位机的双向通信，以及网络统一对时，为实现现地设备的网络化实时控制打下了坚实基础。不过，目前调速器产品仅支持站控层 IEC 61850 MMS 网，无法支持过程层 GOOSE 网和 SV 网。

2.2 智能化调速器解决方案

2.2.1 现状分析

目前，常规水电站使用的微机调速器具备常规调速系统的全部控制功能：导叶开度控制、频率（转速）控制、功率控制，一次调频功能、机组开停机控制等，以及必要的开度（功率）限制、过速保护等功能，调节器还配置了 RS-485 串行通信接口，支持 Modbus 协议，可以通过串行通信方式与 LCU 完成数据通信。但大多不具备以太网接口，不能适应智能化要求。机械柜不能实现液压元件的状态监测和故障诊断等高级功能。

2.2.2 实施目标

可靠的网络通信是智能化水电站建设基础。要求相应的电站基础设备调速系统具有高速可靠的通信网络、冗余可靠的设计、高级的控制策略以及方便灵活的通信接口，实现发电厂机组的可靠、安全、经济运行。

智能化调速系统必须具备强大的通信功能，满足 IEC 61850 站控层、过程层等通信网络及规约，实现与智能电站现场通信总线、监控系统的快速实时信息交换和协调控制，保证智能化电站运行的可靠性。

2.2.3 采用南瑞 MB 智能控制器的解决方案

统一数据平台是智能水电站的一个基本特征。水电站现地级包括监控、调速器、励磁、辅机系统等不同设备。水电站目前的一体化平台将现地数据采集和测量按"过程层""间隔层""站控层"的结构层次布置，采用两层网络：站控层网采用 MMS 网、过程层网采用 GOOSE 网和 SV 网组成。全站网络采用高速光纤以太网组成。

站控层由监控系统主机（操作员站）和智能设备接口机等构成，智能设备接口可将调速系统、监控 LCU 设备等接入站控层 MMS 网，监控系统，实现管理控制间隔层、过程层设备以及其他设备功能，形成全站监控、管理中心，并能与远方调度中心通信，通信标准符合 IEC 61850。

考虑上述统一数据平台结构，设计的调速系统控制和通信结构如附图 1 所示：调速器的控制核心采用南瑞水电公司统一的硬件平台，与监控主控装置同型号的 MB 系列控制器，该装置满足 IEC 61850 数据建模及通信功能，全面支持 MMS 网，GOOSE 网和 SV 网，2 套控制器为双机热备用状态。

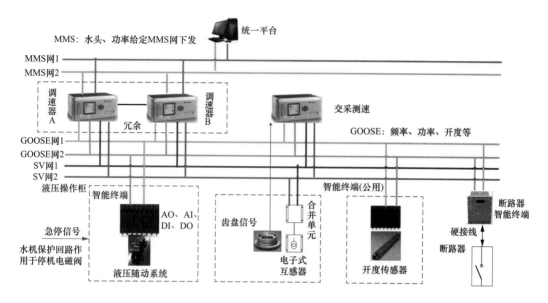

MMS：水头、功率给定MMS网下发 统一平台
MMS网1
MMS网2
调速器A 冗余 调速器B 交采测速
GOOSE：频率、功率、开度等
GOOSE网1
GOOSE网2
SV网1
SV网2
液压操作柜 智能终端 智能终端(公用) 断路器智能终端
AO、AI、DI、DO 齿盘信号 合并单元 硬接线
急停信号 断路器
水机保护回路作用于停机电磁阀 液压随动系统 电子式互感器 开度传感器

附图 1 采用南瑞 MB 控制器方案图

南瑞 MB 系列智能可编程控制器是南瑞集团公司开发的具有自主知识产权的高性能 PLC 控制器，该 PLC 采用了工业控制领域的一系列最新成果和最新思想，如 CPU 模件采用符合 IEEE P996.1 的嵌入式技术，Pentium 级；通信方面具有 100M 以太网接口 6 个，支持 IEC 61850 MMS、GOOSE、SV 三种通信建模标准及规约，具有多个 RS-232 或 RS-485 串行通信接口，支持 Modbus RTU 规约。I/O 模件采用 ARM 系列控制器，通过 IEC 61850 GOOSE、SV 双冗余总线网络与主 CPU 交换数据，具有数据采集、故障自诊断、抗干扰能力强等特点。

控制器的频率信号与有功功率信号采集有两种方式，首先都要配置专用的电子式 TV、TA 互感器，通过专用合并单元转化为网络信号，传输到专用 SV 数据网上。一是调速器主控制器通过 SV 网接口直接从 SV 数据总线上获取电压、电流的瞬时值，进行傅里叶分析变换，计算出有功和频率；二是先通过交采测速装置将 SV 数据总线上获取的电压、电流瞬时值计算好频率、有功、无功后，再传输到 GOOSE 数据总线上，调速器可通过主控制器的 GOOSE 网接口来读取，这种方式可以减轻调速器主控制器的负担，不用进行原始值处理，且交采装置计算好后的数据其他设备都可以通过 GOOSE 网共享，数据刷新可以达到 5ms，完全满足调速器控制需求。机组转速信号通过安装在大轴上的齿盘探头来检测，信号首先输入到交采测速装置，交采装置计算出机组转速再传输到 GOOSE 网上，调速器主控制器通过

GOOSE 网接口来获取转速信息。断路器信号则通过智能断路器终端转换成 GOOSE 网络信号供调速器获取。控制器的输出信号（控制电液转换器的电气信号和电磁阀的切换、开关信号）通过 GOOSE 网输出给调速器智能终端（布置在液压操作柜中），液压操作柜实现对主配压阀的实时闭环控制。LCU 主控单元对调速器的控制信号（开机、停机、增加、减少等）通过 GOOSE 网下发给调速器控制器。功率给定和水头设定可以通过 MMS 网从监控系统上位机获取。

调速智能终端布置在液压操作柜内，通过 GOOSE 网和主控制器相连并接收主控制器下发的控制电液转换单元的指令，智能终端与机械柜的连接则采用常规模拟量方式。见图 1，液压操作柜的（调速器）智能终端为标准配置，包括 1 块底板、1 块电源模件、一块通信模件、1 块 AI 模件、1 块 AO 模块（±10V）、1 块 DI 模件、1 块 DO 模件。主要用于电液转换器的电气闭环控制，手自动切换电磁阀、增减电磁阀、紧急停机电磁阀的控制等。此外，智能终端还预留了导叶开度信号、断路器信号、齿盘测速信号等硬接线输入接口，可作为信号网路采集备用。

水机保护的紧急停机信号采用硬布线直接作用于调速器紧急停机电磁阀，紧急情况下可以直接关闭主配压阀，从而关闭导叶。

图 1 中，所涉及的调速器主控制器、智能终端、交采测速装置技术说明如下。

2.2.4 南瑞智能控制器基本技术参数

2.2.4.1 主控制器基本功能

实现机组开机控制、停机控制、空载调节、频率跟踪、并网负荷调节、功率闭环控制、一次调频功能、孤网调节、甩负荷控制、紧急停机控制等调节与控制功能。

2.2.4.1.1 主要特点

（1）支持 B 码、NTP、硬触点等多种对时方式；

（2）丰富的通信接口，具备 IEC 61850 通信功能，每个 MMS、GOOSE、SV 接口拥有完全独立的 MAC；

（3）大容量数据存储，具备故障录波、实时录波、触发录波等多种录波方式，最大支持 30 天运行数据记录；

（4）便捷的仿真功能，内嵌水轮机、发电机模型，可模拟机组开机、停机、并网、负荷调整、一次调频、功率闭环、甩负荷等试验；

（5）完善的状态监测功能，可实现水轮机调速系统关键部件的状态监测，对设备运行状态进行评估，并对状态进行显示和记录，对异常状态作出报警，为设备的故障分析、性能评估和安全工作提供基础支撑。

面板布置图如附图 2 所示，机械尺寸图如附图 3 所示。

附图 2　面板布置图

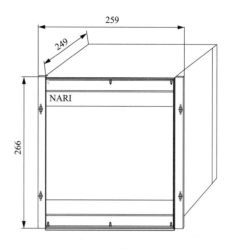

附图 3　机械尺寸图

2.2.4.1.2　通信端口

通信端口见附表 1。

附表 1
通　信　端　口

双机通信接口		
以太网电口	端口个数	1
	传输速率	100Mbit/s
MMS 通信接口		
以太网电口	端口个数	2
	传输速率	100Mbit/s
对时端口		
IRIG-B 电口/RS-485（EIA）	端口个数	1
	传输距离	＜500m
	对时标准	IRIG-B
GOOSE/SV 接口		
GOOSE/SV 接口	端口个数	GOOSE、SV 接口各 2 个光口，可扩
	传输速率	100Mbit/s
	传输距离	＜1500m
	光纤类型	多模光纤
	通信规约	IEC 61850 协议

2.2.4.2　智能终端基本功能（布置在机械柜）

实现开关量、模拟量以及频率信号的采集与控制功能，并通过 GOOSE 接口完成与调速器电气调节智能主控装置的数据交互。

2.2.4.2.1　基本特点

（1）高性能的多处理器硬件设计平台，具备 IEC 61850 通信功能，每个 GOOSE 接口拥有完全独立的 MAC；

（2）完善的装置自检策略，模块化设计，插件的配置可灵活组合；

（3）支持 B 码、脉冲、硬触点等对时方式；

（4）I/O 模件全部智能化，除完成数据采集任务外，能够对采集的数据进行处理，同时具有自诊断功能，保证在工业现场的恶劣环境下更稳定运行，同时能更好地避免一些干扰信号对数据采集的影响。

2.2.4.2.2　基本结构

调速器电气调节智能终端采用模件底板安装方式，底板上下的安装孔用于固定模件底板。各模件采用 6U 高、前出线接口形式，可以根据现场的需求灵活配置模件的数量。

面板布置图如附图 4 所示，背板图如附图 5 所示。

附图 4　面板布置图

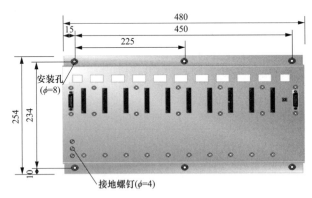

附图 5　背板图（单位：mm）

2.2.4.2.3　通信端口

通信端口见附表 2。

附表 2　　　　　　　　　　　　通　信　端　口

对时端口		
IRIG-B 电口/RS-485（EIA）	端口个数	1
	传输距离	<500m
	对时标准	IRIG-B
GOOSE 接口		
GOOSE 接口	端口个数	GOOSE 接口 2 个
	传输速率	100Mbit/s
	传输距离	<1500m
	光纤类型	多模光纤
	通信规约	IEC 61850 协议

2.2.4.2.4　电源及 I/O 接口

电源及 I/O 接口见附表 3。

附表 3   **电源及 I/O 接口**

信号类型	参数
工作电源	DC 24V，功耗小于 50W
开关量输入	直流 24V、负逻辑、32 点输入
开关量输出	32 路，板内光耦型，继电器在端配上，继电器为无源触点，额定电压为 AC/DC 250V，接通电流 5A 继电器输出
模拟量输入	4～20mA 10 路；－10V～＋10V 6 路；采集时间＜0.02s；精度＜0.2％ FS（FS 表示满量程）
模拟量输出	－10V～＋10V 4 路；响应时间＜0.02s，精度＜0.2％ FS（FS 表示满量程）

2.2.4.3 交采测速装置基本功能

通过高速 SV 网络接口测量数字电压电流信号波形，并进行相应的变换和处理，实现对发电机组有功和频率的检测，同时对齿盘探头感应的机械脉冲信号进行检测，实现对机组转速的测量和控制。并将数据上送到 GOOSE 网供调速、监控等设备共享。

2.2.4.3.1 产品特点

（1）支持 B 码、NTP、硬触点等多种对时方式；

（2）丰富的通信接口，具备 IEC 61850 通信功能，每个 MMS、GOOSE、SV 接口拥有完全独立的 MAC；

（3）记忆和录波功能，具有过速最大值记忆和录波功能，当转速大于 105％时自动启动记忆和录波功能，记录转速曾经到达的最大值；

（4）完善的自诊断和自恢复功能，装置能自动识别信号断线，并锁定断线前的输出状态，面板仍显示装置所测到的转速值。若机械和电气测值发生差异，则及时报警，并根据输出策略决定是否输出。

2.2.4.3.2 通信端口

通信端口见附表 4。

附表 4   **通 信 端 口**

双机通信接口		
以太网电口	端口个数	1
	传输速率	100Mbit/s
MMS 通信接口		
以太网电口	端口个数	2
	传输速率	100Mbit/s
对时端口		
IRIG-B 电口/RS-485（EIA）	端口个数	1
	传输距离	＜500m
	对时标准	IRIG-B

GOOSE/SV 接口		
GOOSE/SV 接口	端口个数	GOOSE、SV 接口各 2 个光口，可扩
	传输速率	100Mbit/s
	传输距离	<1500m
	光纤类型	多模光纤
	通信规约	IEC 61850 协议

2.2.4.3.3　电源及 I/O 接口

电源及 I/O 接口见附表 5。

附表 5　　　　　　　　　　　　　　**电源及 I/O 接口**

信号类型	参数
工作电源	DC 24V，功耗小于 50W
频率信号输入	4 路，0~200Hz，分辨率 0.001Hz，采样速度<0.02s

2.2.5　统一对时

调速器的对时非常关键，内部及外部产生的重要信号变化都需要记录较精确的时钟信息，特别是当系统发生故障时，只有在统一精确的时钟系统的控制下才能准确地记录下事件动作的先后时间，从而为分析事故原因、事故类型、事故发生发展过程提供可靠依据。

对时方案如附图 6 所示。

附图 6　对时方案

NTP 网络对时是以通信报文的方式实现的，这个时间包括年、月、日、时、分、秒、毫秒在内的完整时间。由于网络对时实现起来比较方便，因此被广泛采用。在工程中调速器采用网络软对时的方式进行 GPS（或北斗）对时。

GPS（或北斗）时钟源从 GPS（或北斗）卫星上获取标准时钟信号信息，将这些信息在网络中传输，电站设置 1 台对时服务器，安装对时软件，调速器控制器和服务器进行物理以太网连接。将服务器时钟源作为 NTP 服务器，调速器控制器作为 NTP 客户端，作为 NTP 服务器的 GPS 时钟源将时间信号在网络中传输，作为 NTP 客户端的调速器控制器接收时间信号，这样就可以使调速器与标准时间源同步。作为 NTP 客户端的调速器通信协议可以通过在软件中调用相应的功能模块实现。

目前 NTP 对时最高精度为 10ms，能够满足调速系统故障报警、事件记录、数据及故障录波对时钟的要求。调速器对时钟的最低要求也是 10ms，若需要更高的时钟分辨率，可以采用硬件 IRIG-B 码对时或结合分脉冲、秒脉冲采用软硬件组合对时。通用 PLC、PCC 控制器不能实现分（秒）脉冲与 B 码对时功能，南瑞自主品牌的智能控制器及智能终端均能够具备脉冲与 B 码对时功能。

2.2.6　南瑞 MB 系列控制器与常规 PLC 控制器的比较

（1）在网络接口方面，采用常规 PLC 方案，目前只能支持 IEC 61850 MMS 协议，而南瑞 MB 智能控制器全面支持 IEC 61850 MMS、IEC 61850 GOOSE、IEC 61850 SV 三层网络协议，可以实现全智能化、网络化的数据建模、采集、控制、记录等。

（2）常规 PLC 控制器部分信号，不能接受电子式光 TV、TA 互感器信号，必须采用通信或其他转换方式，南瑞控制器具备 SV 网络接口，可以实现与光 TV、TA 信号的无缝连接和快速采集、分析、提取。

（3）由于仅靠 MMS 网传输信号，实时性不能满足控制要求，常规 PLC 控制器部分信号必须采用硬接线连接，如导叶开度反馈、齿盘测速、断路器位置开关，而南瑞控制器具备 GOOS 网、SV 网接口，全部可以通过网络采集，无需另外接线。

（4）南瑞 MB 系列智能控制器及智能终端可以组成调速、监控、交流采样、振动摆度等装置，具有统一的外观和硬件平台，通信接口与上位机软件平台完全兼容，互联互通易于实现，可靠性及实时性更高。而常规 PLC 控制器组成的调速产品则不具备这些特点。

（5）关于统一对时方面，采用南瑞 MB 系列 PLC 组成的调速器控制系统可以实现网络对时、IRIG-B 码对时及秒脉冲（分脉冲）对时，采用常规 PLC 产品大多只能采用网络软件对时。

（6）在外部信号输入方面，采用常规 PLC，有些模拟量信号和开关量必须采用硬接线，包括导叶开度、齿盘探头（测转速）、机组 PT 和电网 PT（测频率）、三相交流电压电流（测有功），断路器位置信号；而采用南瑞 MB 智能控制器则全部可以通过网络获取，可以通过交流采样及测速装置获得频率和转速、有功，从安装在水机室的智能终端获得导叶开度，从保护智能终端获得断路器位置信号。

南瑞 MB80 智能控制器目前提供了满足 IEC 61850 MMS 网智能化通信的直接解决方案，其功效在实验室中得到了验证，正在研发的 MB90 智能控制器满足 IEC 61850 MMS 网、GOOSE 网、SV 网智能化通信需要。待 MB90 智能控制器研发成功后，调速器可以满足智能化电站的要求。

2.3　智能化调速器具体需求

系统的输入输出需求分析见附表 6～附表 10。

附表 6　　模拟量输入部分（通过 IEC 61850 采集）

序号	信号内容	采样通道	采样速度	来源	备注
1	导叶行程	Goose 网	10ms	导叶接力器智能变送器	也可以考虑模拟输入做备用
2	电网频率	SV 网	10ms	合并单元	采用光 TV 模式时
3	机组 TV 测频	SV 网	10ms	合并单元	采用光 TV 模式时

序号	信号内容	采样通道	采样速度	来源	备注
4	机组齿盘测频	Goose 网	10mss	智能测速装置	也可以考虑齿盘探头输入做备用
6	功率	SV 网	10ms	合并单元	采用光 TV、TA 互感器时
7	水位信息	MMS 网	100ms	监控上位机	

附表 7　　开关量输入部分（通过 IEC 61850 采集，成对开关量列在一起）

序号	信号内容	采样通道	采样速度	来源	备注
1	断路器位置	Goose 网	10ms	保护智能终端	也可考虑采用硬接线备用
2	开机、停机	MMS 网	100ms	监控上位机	
3	功率增加、减少	MMS 网	100ms	监控上位机	有功增减
4	频率增加、减少	MMS 网	100ms	监控上位机	频率增减
5	一次调频投/退	MMS 网	100ms	监控上位机	
6	功率/导叶模式投退	MMS 网	100ms	监控上位机	
7	调速器手自动投/退	MMS 网	100ms	监控上位机	
8	孤网模式投/退	MMS 网	100ms	监控上位机	

附表 8　　　　开关量输出部分（通过 IEC 61850 输出）

序号		信号内容	采样通道	采样速度	去向	备注
1	故障信息	调速器重故障	MMS 网	100ms	监控上位机	
2		调速器轻故障	MMS 网	100ms	监控上位机	
3		导叶反馈故障	MMS 网	100ms	监控上位机	
4		机组反馈故障	MMS 网	100ms	监控上位机	
5		网频反馈故障	MMS 网	100ms	监控上位机	
6		功率反馈故障	MMS 网	100ms	监控上位机	
7		水位反馈故障	MMS 网	100ms	监控上位机	
8		伺服阀故障	MMS 网	100ms	监控上位机	
9		主配压阀故障	MMS 网	100ms	监控上位机	
10		切换阀故障	MMS 网	100ms	监控上位机	
11		手动操作阀故障	MMS 网	100ms	监控上位机	
12		急停阀故障	MMS 网	100ms	监控上位机	
13		双机通信故障	MMS 网	100ms	监控上位机	
14		内部通信故障	MMS 网	100ms	监控上位机	
15	状态信息	一次调频动作	MMS 网	100ms	监控上位机	
16		一次调频投入	MMS 网	100ms	监控上位机	
17		功率模式投入	MMS 网	100ms	监控上位机	
18		调速器手动投入	MMS 网	100ms	监控上位机	
19		调速器处于调试态	MMS 网	100ms	监控上位机	
20		主从机状态	MMS 网	100ms	监控上位机	

附表 9　　　　　　　模拟量输出部分（通过 IEC 61850 输出到上位机）

序号	内容	网络层	采样速度	去向	备注
1	导叶行程反馈	MMS 网	100ms	监控上位机	
2	机组转速	MMS 网	100ms	监控上位机	
3	导叶给定	MMS 网	100ms	监控上位机	
4	功率给定	MMS 网	100ms	监控上位机	
5	功率模式 PID 参数	MMS 网	100ms	监控上位机	包含 K_P、K_I、K_D 3 个参数
6	导叶模式 PID 参数	MMS 网	100ms	监控上位机	包含 K_P、K_I、K_D 3 个参数
7	孤网模式 PID 参数	MMS 网	100ms	监控上位机	包含 K_P、K_I、K_D 3 个参数
8	空载 PID 参数	MMS 网	100ms	监控上位机	包含 K_P、K_I、K_D 3 个参数
9	频率死区	MMS 网	100ms	监控上位机	
10	调差系数	MMS 网	100ms	监控上位机	
11	PID 综合输出	MMS 网	10ms	监控上位机	包含比例、积分、微分 3 个输出
12	导叶副环 PID 输出	MMS 网	10ms	监控上位机	包含比例、积分、微分 3 个输出
13	导叶开度限制	MMS 网	100ms	监控上位机	
14	一次调频限幅	MMS 网	100ms	监控上位机	
15	频率偏差	MMS 网	100ms	监控上位机	
16	功率偏差	MMS 网	100ms	监控上位机	

附表 10　　　　　　其他输出部分（机械柜内部硬接线连接）

序号	内容	信号类型	刷新速度	去向	备注
1	导叶控制信号 1	模拟量输出	10ms	机械柜伺服比例阀 1	机械柜内部连接
2	导叶控制信号 1	模拟量输出	10ms	机械柜伺服比例阀 2	机械柜内部连接
3	主备用伺服阀控制	开关量输出	100ms	机械柜伺服切换阀	机械柜内部连接
4	切手动电磁阀控制	开关量输出	100ms	机械柜手自动切换阀	机械柜内部连接
5	停机电磁阀控制 1	开关量输出	100ms	机械柜停机电磁阀 1	机械柜内部连接
6	停机电磁阀控制 2	开关量输出	100ms	机械柜停机电磁阀 2	机械柜内部连接

2.4　保留硬接线分析

考虑建设初期网络信号的可靠性以及反馈信号冗余及可靠性的要求，建议以下重要的信号采用硬接线方式输入。

2.4.1　断路器位置信号

采用南瑞 MB 智能装置：一方面从断路器智能终端，采用 GOOSE 网络获取（10ms 采样周期）；另一方面增加硬接线直接送到调速器机械柜远程 IO 采集（做备用，也可不用）。

2.4.2　紧急停机信号

直接通过水机保护回路，连接到调速器机械柜，采用硬布线直接驱动紧急停机电磁阀回路。在整个系统失灵时紧急控制使用。

2.4.3　导叶反馈信号

采用南瑞 MB 智能装置：一方面从智能终端，采用 GOOSE 网络获取（10ms 采样周期）；

另一方面增加硬接线直接送到调速器机械柜远程模拟量通道采集（做备用，也可不用）。

2.4.4 齿盘测频信号

采用南瑞 MB 智能装置：一方面从智能终端，采用 GOOSE 网络获取（10ms 采样周期）；另一方面增加硬接线直接送到调速器机械柜远程测频通道采集（做备用）。

2.4.5 电柜和机柜之间连线

主要为双冗余比例伺服阀控制、切换阀控制、手自动转换阀控制、急停阀控制。

采用南瑞 MB 智能装置：电气柜布置智能控制器（CPU），机械柜配置相应的智能终端（IO 模块）。智能终端具备 IEC 61850 GOOSE 网接口，可以与调速器主控制器通过 GOOSE 网交换数据，主控制器下发调节指令，如导叶位置控制、导叶紧急关闭等，液压系统的故障信息及状态信息则由智能终端上送主控制器供调速器处理。因此，电柜与机柜之间主要通过网络连接，不需要外部常规电缆。硬接线主要有机柜内部连接的电磁阀控制线缆，如比例伺服阀、切换阀、增减阀、停机阀等，各阀的位置反馈等。

参 考 文 献

[1] 沈祖诒. 水轮机调节. 3 版. 北京：水利电力出版社，1988.

[2] 蔡卫江. 抽水蓄能机组及其辅助设备技术　调速器. 北京：中国电力出版社，2019.

[3] 魏守平. 水轮机调节系统仿真 [M]. 武汉：华中科技大学出版社，2011.

[4] 魏守平. 现代水轮机调节技术 [M]. 武汉：华中科技大学出版社，2002.

[5] 陈帝伊. 水轮机调节系统 [M]. 北京：中国水利水电出版社，2019.

[6] 郭建业. 高油压水轮机调速器 [M]. 北京：长江出版社，2007.

[7] 刘延俊. 液压与气压传动. 4 版. 北京：机械工业出版社，2020.

[8] 叶宏金. 属材料与热处理. 2 版. 北京：化学工业出版社，2015.

[9] 林锦园. 过程控制. 南京：东南大学出版社，2009.

[10] 陈晓勇，张太祥，王新乐，等. 浅谈水电厂调速系统建模参数辨识试验 [J]. 水电自动化与大坝监测，2013，37（1）：4-7.

[11] 周攀，王青，王玮，等. 300MW 级国产抽蓄调速系统在响水漳电站的应用 [J]. 水电自动化与大坝监测，2014，38（2）：80-89.

[12] 颜宁俊，冯陈，黄灿成. 水轮机调速器电液随动系统建模及其辨识方法 [J]. 水电能源科学，2019，37（11）：166-169，82.

[13] 张雷，吴缙，孙延岭，等. 一种水轮机调速器主配压阀故障诊断方法 [J]. 工业仪表与自动化装置，2019，（6）：74-77.

[14] 陈仲华，曾继伦，邵宜祥. 论水轮机调速器模式选择 [J]. 电力系统自动化，1999，23（4）：36-45.

[15] 丁占涛，蔡卫江，赵文利，等. 智能水轮机调速器的调节策略优化与实践 [A]. 中国水力发电工程学会自动化专委会 2021 年年会暨全国水电厂智能化应用学术交流会 [C]，2021.

[16] 杨成毅，董运涛，焦凡效. 浅谈水轮机调速器主配压阀位移测量偏差改进方法 [A]. 2021 年电力行业技术监督工作交流会暨专业技术论坛 [C]，2021.